Peter Busch
Elementare Regelungstechnik

Peter Busch

Elementare Regelungstechnik

Allgemeingültige Darstellung ohne höhere Mathematik

4., überarbeitete Auflage

Vogel Buchverlag

Peter Busch
Jahrgang 1950. Nach dem Studium an der Technischen Hochschule Darmstadt (unter anderem Regelungstechnik) Staatsexamen für das Lehramt an beruflichen Schulen, Fachrichtung Elektrotechnik und Mathematik. Wissenschaftlicher Mitarbeiter der Handwerkskammer Hamburg. Dort tätig als Leiter des Fachbereichs Regeltechnik. Verantwortlich für Aufbau und Durchführung von verschiedenen Fortbildungskursen über Themen der Regelungstechnik. Im Rahmen dieser Fortbildungskurse entstand auch dieses Buch.
Seit 1993 Studienrat an der Berufsschule in Lüneburg.

Die Deutsche Bibliothek – CIP-Einheitsaufnahme

Busch, Peter:
Elementare Regelungstechnik: allgemeingültige Darstellung ohne höhere Mathematik / Peter Busch. – 4., überarb. Aufl. – Würzburg: Vogel, 1999
(Vogel-Fachbuch)
ISBN 3-8023-1770-X

ISBN 3-8023-1770-X
4. Auflage. 1999

Herstellung: Alois Erdl KG, Trostberg

Vorwort

In technischen Wissenschaften werden komplizierte Zusammenhänge meistens mit Hilfe der Mathematik erklärt. Dies ist auch in der Regelungstechnik, einer durch die zunehmende Automatisierung an Bedeutung und Einfluß gewinnenden Technik, üblich.

Die meisten Fachbücher über die Grundlagen der Regelungstechnik setzen fundierte Kenntnisse in höherer Mathematik (Differential- und Integralrechnung, Differentialgleichungen) voraus.

Anliegen dieses Buches ist es, dem Leser die Zusammenhänge in Regelkreisen verständlich zu machen, ohne daß die mathematischen Betrachtungen zu kompliziert werden. Angesprochen werden soll damit ein breiter Leserkreis, z. B. Schüler und Studierende an beruflichen Gymnasien, Fachschulen (Technikerschulen), Fachhochschulen. Das Buch ist aber auch geeignet für entsprechende Fortbildungsveranstaltungen sowie – dank der zahlreichen Beispiele und Übungsaufgaben mit Lösungen – zum Selbststudium.

Ganz auf die Mathematik zu verzichten, ist nach meiner Meinung nicht der richtige Weg. Diese Methode führt dazu, daß der Leser keine Zusammenhänge erkennt, sondern gezwungen ist, «Rezepte» auswendig zu lernen. Bei der Vielzahl der möglichen Kombinationen von Regler und Strecke ist dies ein aussichtsloses Unterfangen.

Die Regelungstechnik als Wissenschaft ist nicht auf ein Gebiet beschränkt, z. B. auf die Elektrotechnik. Gleichwohl werden in diesem Buch die Grundlagen an einfachen Beispielen aus der Elektrotechnik, z. B. Grundschaltungen von Operationsverstärkern, erarbeitet. Dies hat seine Begründung darin, daß sich über diese Beispiele sehr einfach die komplexe Rechnung einschließlich der Darstellungsmöglichkeiten in der komplexen Ebene oder als Bode-Diagramm erschließen. Dadurch können Berechnungen von Differentialgleichungen vermieden werden. Die gewonnenen Ergebnisse sind allerdings allgemeingültig – unabhängig davon, ob es sich um die Regelung einer elektrischen, mechanischen, hydraulischen oder pneumatischen Größe handelt.

Für Leser, denen Operationsverstärker-Schaltungen nicht vertraut sind, werden die benötigten Grundlagen kurz zusammengefaßt. Wer diese Themen bereits beherrscht, sollte zumindest die angebotenen Übungsaufgaben zur eventuellen Auffrischung des Stoffes bearbeiten. Gleiches gilt für die Kapitel über imaginäre und komplexe Zahlen sowie die Ortskurven-Darstellung in der komplexen Ebene.

Ein gewisses Interesse an der mathematischen Lösung von technischen Problemen muß vorausgesetzt werden. Damit der praktische Aspekt nicht zu kurz kommt, wird nach jeder allgemeinen Betrachtung ein konkretes Beispiel berechnet. Zur Selbstkontrolle werden zusätzlich Übungsaufgaben mit Lösungen angeboten.

Der Leser soll nach Studium des Buches in der Lage sein, eine Regelstrecke nach regelungstechnischen Kriterien zu analysieren und einen dafür passenden Reglertyp auszuwählen und einzustellen.

Bei komplizierten Strecken würde die exakte mathematische Berechnung zu umfangreich. Für diese Fälle wendet man in der Praxis experimentell gewonnene Näherungsverfahren an, die in diesem Buch ebenfalls vorgestellt werden.

Seit der 3. Auflage des Buches ist ein neues Kapitel über *Fuzzy-Logik* und deren Einsatz in der Regelungstechnik enthalten. Dieses Gebiet gewinnt zunehmend an Einfluß; daher bin ich der Meinung, daß dieses Thema inzwischen Teil der «Elementaren Regelungstechnik» geworden ist.

Für die Verbesserungsvorschläge von Lesern möchte ich mich an dieser Stelle sehr herzlich bedanken.

Winsen/Luhe

Peter Busch

Inhaltsverzeichnis

1 Einführung

1.1 Steuern – Regeln

In der Umgangssprache werden die Begriffe *Steuern* und *Regeln* oftmals sehr unkorrekt verwendet. Deshalb sollen diese Begriffe klar gegeneinander abgegrenzt werden, bevor mit der Betrachtung von regelungstechnischen Vorgängen begonnen wird.

1.1.1 Steuern

DIN 19226 gibt folgende Definition:

Das Steuern – die Steuerung – ist der Vorgang in einem System, bei dem eine oder mehrere Größen als Eingangsgrößen andere Größen als Ausgangsgrößen aufgrund der dem System eigentümlichen Gesetzmäßigkeiten beeinflussen.

Diese Definition wird an einem einfachen Beispiel erläutert (Bild 1.1). Ein Elektromotor soll mit einer konstanten Drehzahl betrieben werden. Im einfachsten Fall legt man eine konstante Spannung an, wodurch sich der Motor mit einer bestimmten Geschwindigkeit dreht. Verändert man die Spannung, dreht sich der Motor schneller oder langsamer.

Eingangsgröße ist bei diesem Beispiel die Spannung bzw. die Stellung des Potentiometers. Sie beeinflußt die Drehzahl, die die *Ausgangsgröße* darstellt. Die Drehzahl läßt sich also durch die Einstellung des Potentiometers steuern.

Eine Veränderung der Drehzahl durch *Störgrößen* wirkt sich nicht auf die Potentiometerstellung aus. Als Störgröße kann z.B. eine Laständerung oder eine Schwankung der Betriebsspannung wirken. Eine Änderung der Ausgangsgröße wirkt bei einer Steuerung nicht auf die Eingangsgröße zurück.

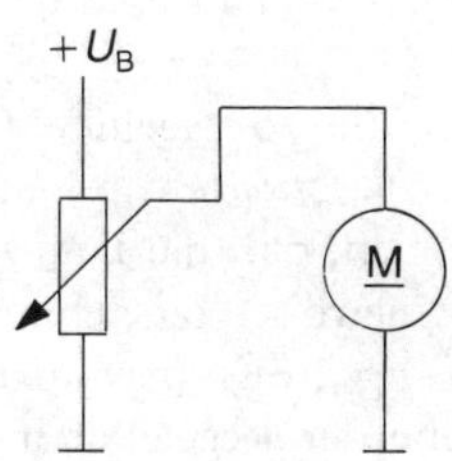

Bild 1.1 Drehzahlsteuerung

Kennzeichnend für eine Steuerung ist der offene Wirkungsablauf. Störgrößen werden *nicht* ausgeregelt.

1.1.2 Regeln

Auch hierfür zuerst die Definition von *DIN 19226:*

Das Regeln – die Regelung – ist ein Vorgang, bei dem eine Größe, die zu regelnde Größe (Regelgröße), fortlaufend erfaßt, mit einer anderen Größe, der Führungsgröße, verglichen und im Sinne einer Angleichung an die Führungsgröße beeinflußt wird.

Nimmt man bei dem obigen Beispiel einen Drehzahlmesser als Anzeiger und verändert die Potentiometerstellung per Hand derart, daß die Drehzahl auch bei Störungen konstant bleibt, so ergibt sich ein *Regelkreis.*

Der Mensch als *Regler* beobachtet laufend die aktuelle Drehzahl und vergleicht sie mit dem gewünschten Wert (Bild 1.2). Sobald hierbei eine Abweichung auftritt, greift der Mensch in das System ein und gleicht durch Verändern der Potentiometerstellung die tatsächliche Drehzahl der gewünschten Drehzahl an. Bei diesem Beispiel liegt somit eine *Handregelung* vor.

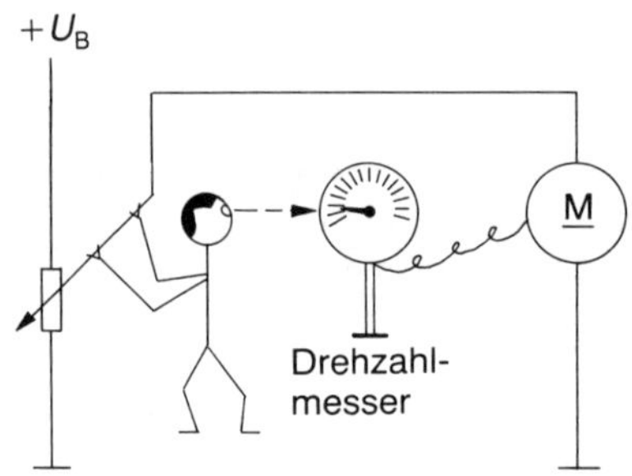

Bild 1.2 Drehzahlregelung, Handregelung

Die gewünschte Drehzahl stellt in regelungstechnischem Begriff die *Führungsgröße w* dar. Ist die Führungsgröße ein konstanter Wert, wird von *Festwertregelung* gesprochen. Im Gegensatz dazu spricht man von *Folge-* oder *Zeitplanregelung*, wenn sich die Führungsgröße ändert. Sie ist dann meistens eine zeitabhängige Funktion, die z.B. durch ein Programm gesteuert wird. Ein allgemein bekanntes Beispiel hierfür ist die Nachtabsenkung bei einer Heizungsregelung, die nachts einen niedrigeren Wert vorgibt als tagsüber. Der Wert der Führungsgröße ist der *Sollwert* x_S.

Die Drehzahl als die zu regelnde Größe heißt *Regelgröße x*. Ihr jeweiliger aktueller Wert wird als *Istwert* x_i bezeichnet.

Um nun zu erreichen, daß die Drehzahl trotz auftretender Störungen konstant bleibt, muß die Regelgröße (tatsächliche Drehzahl) laufend erfaßt und mit der vorgegebenen Führungsgröße (gewünschte Drehzahl) verglichen werden. Dieser Vergleich ist Aufgabe der Regeleinheit, in Bild 1.2 führt ihn der Mensch durch.

Bild 1.3 Automatische Drehzahlregelung

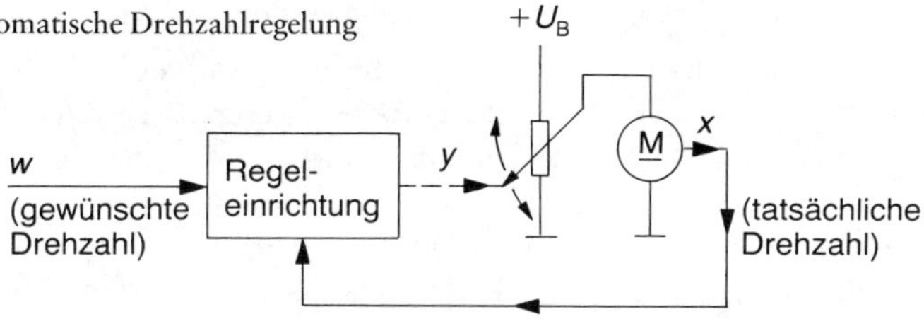

Natürlich kann der Mensch durch eine technische Regeleinrichtung ersetzt werden. Dies ergibt eine *automatische Regelung* (Bild 1.3).

Der Vergleich erfolgt durch Differenzbildung von Regel- und Führungsgröße. Das Ergebnis des Vergleichs ist die *Regeldifferenz* $e = w - x$.

Ist die ermittelte Differenz ungleich Null, dann wird ein entsprechender Befehl, die *Stellgröße* y, an das *Stellglied* gegeben. Im Beispiel ist das Potentiometer das Stellglied, eine Stellgröße verändert somit die Potentiometerstellung. Diese Stellgröße wirkt bei richtiger Wahl des Reglers so lange, bis die Regeldifferenz zu Null geworden ist, also bis Sollwert gleich Istwert ist.

Es soll nicht unerwähnt bleiben, daß die meisten Autoren sich bei den Formelzeichen nicht an die seit 1981 gültige DIN 19221 halten. Sie benutzen für die Regeldifferenz anstelle des e als Formelzeichen x_d. Sehr oft wird anstelle der Regeldifferenz auch mit der *Regelabweichung* x_w gearbeitet, die wie folgt definiert wird: $x_w = x - w = -e$.

Kennzeichnend für eine Regelung ist der Sollwert-Istwert-Vergleich, der laufend in einem geschlossenen Wirkungsweg durchgeführt wird. Bei geeigneter Wahl des Reglers werden Störungen ausgeregelt.

Der Vorgang, der als «Steuern eines Autos» bezeichnet wird, ist nach diesen Definitionen eine Regelung, da der Sollwert (konstanter Abstand vom rechten Fahrbahnrand) ständig mit dem Istwert (aktuelle Position auf der Straße) verglichen wird. Durch Störgrößen bedingte Abweichungen werden vom Fahrer ausgeregelt. Der Fahrer ist also der Regler; als Störgrößen können z.B. Seitenwind, Kurven, verschiedene Fahrbahnverhältnisse o.ä. auftreten.

1.2 Aufgaben des Regelungstechnikers

Der Regelungstechniker hat die Aufgabe, für einen bestimmten Anwendungsfall aus dem großen Angebot von Reglern den geeigneten auszuwählen und optimal einzustellen. Optimal eingestellt ist ein Regler, wenn die Regelgröße bei Störungen möglichst konstant bleibt bzw. möglichst schnell den Sollwert wieder annimmt. Auch bei Änderungen der Führungsgröße soll der Regler in der Art reagieren, daß die Regeldifferenz möglichst schnell wieder zu Null wird.

Um diese Aufgabe lösen zu können, muß der Regelungstechniker fähig sein, das technische Verhalten der Anlage, die geregelt werden soll, mit regelungstechnischen Kriterien zu beschreiben. Außerdem muß er natürlich das Verhalten der verschiedenen Reglertypen kennen und beurteilen können, wie sie zu der zu regelnden Anlage passen.

Da die jeweils zu regelnden Größen unterschiedlichster Natur sind, wurden für die Regelungstechnik eigene Darstellungen geschaffen. Dadurch ist es möglich, regelungstechnische Vorgänge unabhängig von einer speziellen Anwendung zu untersuchen. Egal, ob es sich z.B. um elektrische, mechanische, hydraulische, pneumatische, chemische, biologische Prozesse handelt: alle können mit den Beschreibungsformen der Regelungstechnik behandelt werden.

1.3 Blockschaltbilder

Die genauen Konstruktions- oder Schaltpläne eines Regelsystems sind oft kompliziert und unübersichtlich. Damit der Regelungstechniker für seine Aufgaben überschaubare Pläne erhält, werden die Systeme in Form von *Blockschaltbildern* symbolisiert (Bild 1.4). Jeder Teil des Systems bildet einen Block mit einer *Eingangsgröße* x_e und einer *Ausgangsgröße* x_a. Diese auch Ein- bzw. Ausgangssignale genannten Größen können verschiedener Art sein, z.B. Temperatur, Druck, Länge, Kraft, elektrische Spannung oder Strom usw. Sie werden durch Wirkungslinien dargestellt, deren Pfeilspitzen die Übertragungsrichtung der Signale angeben. Ein solches Regelkreisglied wird *Übertragungsglied* genannt.

In den folgenden Betrachtungen werden x_e und x_a elektrische Größen sein.

Für die Ein- und Ausgangsgrößen von Übertragungsgliedern werden bewußt nicht die Formelzeichen verwendet, die nach DIN 19221 vorgeschrieben sind. Nach dieser Norm ist die Eingangsgröße mit u, die Ausgangsgröße mit v zu bezeichnen. Dies hat sich in der Praxis aber nicht durchgesetzt. Die Mehrzahl der Autoren benutzt die Formelzeichen x_e und x_a. Die Eingangsgröße ist nicht zwangsläufig eine elektrische Spannung, deshalb ist u als Formelzeichen verwirrend.

Zur Kennzeichnung seines Verhaltens wird in einem Block entweder die mathematische Gleichung angegeben, die den Zusammenhang zwischen Ein- und Ausgangsgröße beschreibt, oder die grafische Darstellung des zeitlichen Verlaufs der Ausgangsgröße bei sprungförmiger Änderung der Eingangsgröße.

Außer diesen Blöcken für die einzelnen Übertragungsglieder werden bei Blockschaltbildern *Additions-* und *Verzweigungsstellen* verwendet.

An einer Additionsstelle treffen mehrere Signale zusammen und werden addiert bzw. subtrahiert (Bild 1.5).

An einer Verzweigungsstelle erfolgt eine Verzweigung des Signals. Hierbei ist zu beachten, daß eine Verzweigungsstelle keine Aufteilung des Signals symbolisiert, wie dies z.B. bei einem Stromknoten in einer elektrischen Schaltung bezüglich des Stromes der Fall ist. Beide Ausgangsgrößen sind dieselben wie die Eingangsgröße (Bild 1.6).

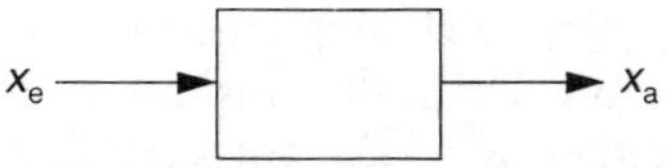

Bild 1.4 Übertragungsglied

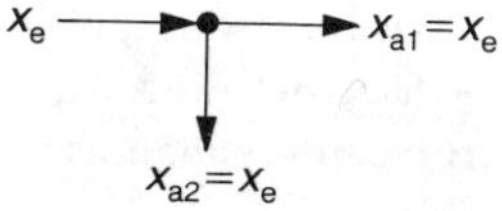

Bild 1.6 Verzweigungsstelle

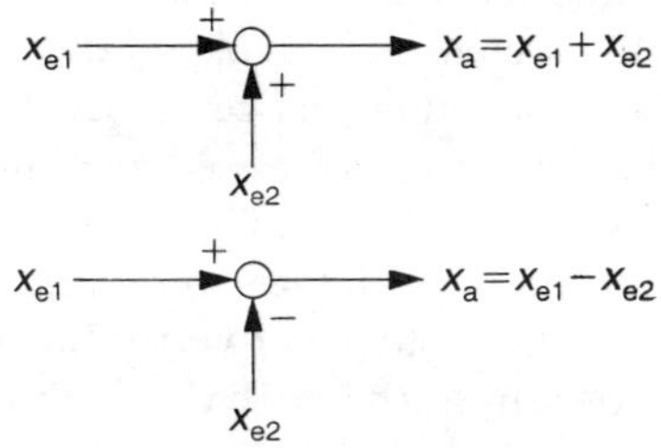

Bild 1.5 Additionsstelle

Unter Verwendung von Blöcken für die einzelnen Übertragungsglieder, Additions- und Verzweigungsstelle kann die Drehzahlregelung als Blockschaltbild gezeichnet werden (Bild 1.7). Diese Darstellung gibt nur die wirkungsmäßigen Zusammenhänge zwischen den Signalen wieder, ohne gerätetechnische Einzelheiten zu berücksichtigen.

Die *Regelstrecke* ist der Teil des Systems, in dem eine physikalische Größe geregelt werden soll. In dem Beispiel der Drehzahlregelung ist dies der Motor, dessen Drehzahl geregelt wird.

Das Stellglied beeinflußt die Regelstrecke in der Art, daß die Regelgröße den gewünschten Wert annimmt und beibehält. Es erhält als Eingangssignal die Stellgröße, die vom Regler aus der Regeldifferenz erzeugt wird. Oft wird das Stellglied auch als Teil des Reglers oder der Strecke angesehen.

Eingangsgröße des Reglers ist die Regeldifferenz e, die die Additionsstelle aus dem Sollwert w und dem mit negativem Vorzeichen rückgekoppelten Istwert $-x$ bildet: $e = w - x$.

Damit die Additionsstelle die Differenz bilden kann, muß der Istwert x_i beim Rückkoppeln invertiert werden, das heißt, sein Vorzeichen muß umgekehrt werden. Die Notwendigkeit dieser *Gegenkopplung* ergibt sich auch anschaulich aus der Forderung, daß eine störungsbedingte Änderung der Regelgröße durch die Regelung abgeschwächt werden soll. Würde die Rückkopplung mit positivem Vorzeichen vorgenommen, ergäbe dies eine *Mitkopplung*, die die Wirkung von Störungen noch verstärken würde.

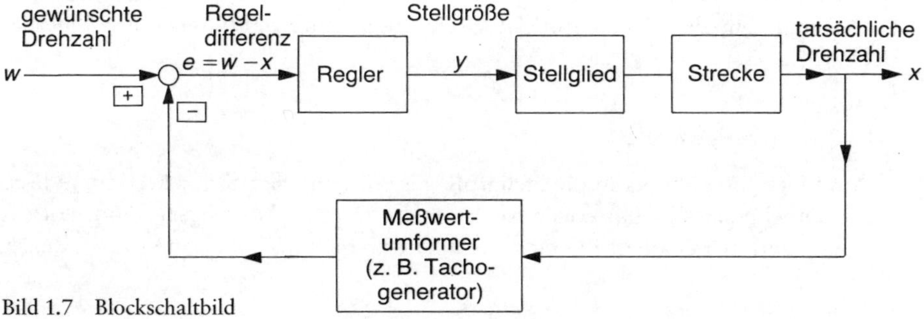

Bild 1.7 Blockschaltbild

Der *Meßwertumformer* formt die Regelgröße vor der Rückkopplung auf den Eingang in eine andere physikalische Größe um, die Drehzahl wird in eine elektrische Spannung umgewandelt. Das erfordert, daß auch der Sollwert eine Spannung ist. Der Regler erhält dann als Eingangssignal die Differenz dieser beiden Spannungen zugeführt, aus der er die Stellgröße y erzeugt. Da elektrische Größen heute sehr einfach weiterverarbeitet werden können, wird die Regelgröße bei der Rückkopplung vorwiegend in elektrische Spannung oder Strom umgewandelt. In diesem Buch werden deshalb Beispiele aus der Elektrotechnik behandelt.

1.4 Einteilung der Regler

Grundsätzlich werden die Regler nach ihren Ein- und Ausgangsgrößen eingeteilt in *digitale* und *analoge* Regler. Bei den analogen Reglern wird noch einmal unterschieden zwischen *stetigen* und *unstetigen* Reglern.

1.4.1 Analoge Regler

Sie verarbeiten analoge Strom- oder Spannungswerte über spezielle elektronische Schaltungen. Wichtigstes Bauteil dieser Schaltungen ist, wie gezeigt wird, der *Operationsverstärker* (kurz OP genannt) in seinen Grundschaltungen als *invertierender* oder *nichtinvertierender Verstärker, Subtrahierer, Integrierer* oder *Differenzierer.* Wegen der Wichtigkeit dieser Grundschaltungen werden sie am Ende dieses Kapitels kurz vorgestellt. Grundkenntnisse über Operationsverstärker werden allerdings hierbei vorausgesetzt!

1.4.1.1 Stetige Regler

Bei den stetigen Reglern kann die Stellgröße als Ausgangssignal jeden Wert zwischen konstruktiv bedingten Endwerten annehmen. Beim OP wird das Ausgangssignal z.B. durch den von der Betriebsspannung bestimmten Aussteuerbereich begrenzt.

1.4.1.2 Unstetige Regler

Bei unstetigen Reglern kann die Stellgröße als Ausgangssignal nur bestimmte feste Werte annehmen. Ein unstetiger Regler mit nur zwei Ausgangszuständen kann z.B. ein- und ausschalten. Bei einer Temperaturregelung kann ein solcher Regler nur entweder die gesamte Heizleistung einschalten oder total abschalten. Zwischenwerte kann er nicht einstellen. Ohne zusätzliche Maßnahmen können an eine solche Regelung natürlich keine hohen Ansprüche bezüglich der Temperaturkonstanz gestellt werden.

Ein unstetiger Regler mit drei Ausgangszuständen kann z. B. zusätzlich zum Ein- und Ausschalten der Heizleistung bei Bedarf noch einen Ventilator betätigen. Damit ergeben sich die drei Zustände: Heizen–Aus–Kühlen. Wird ein Motor angesteuert, so könnten die drei Zustände lauten: Rechtslauf–Stopp–Linkslauf. Es kann damit aber nicht wie mit einem stetigen Regler die Drehzahl des Motors kontinuierlich verändert werden.

1.4.2 Digitale Regler

Digitale Regler benötigen ein digitales Eingangssignal. Meistens wird die analoge Eingangsgröße mit einem Analog-Digital-Wandler umgeformt. Aus dem so erzeugten digitalen Eingangssignal errechnet ein *Mikrocomputer* mit dem in ihm gespeicherten Rechenprogramm die Stellgröße. Dieses digitale Ausgangssignal wird mit einem Digital-Analog-Wandler wieder in eine analoge Spannung oder Strom umgewandelt, mit der das Stellglied arbeiten kann.

Die Zusammenhänge der Regelungstechnik gelten sowohl für die analoge als auch die digitale Regelung. Aufgrund des immer einfacheren und preiswerteren Einsatzes von Mikrocomputern gewinnt die digitale Regelung in der Praxis zunehmend an Bedeutung. Da zum Verständnis der digitalen Regelung jedoch die Kenntnis der Zusammenhänge bei Analogreglern unumgänglich ist, soll mit den Grundlagen der analogen Regelungstechnik begonnen werden.

1.5 Grundschaltungen von Operationsverstärkern

Ein Operationsverstärker ist ein Spannungsverstärker in integrierter Form mit zwei Eingängen (E_+ und E_-) und einem Ausgang A. Zwischen dem Eingang E_- und dem Ausgang ergibt sich eine Vorzeichenumkehr, daher wird E_- auch *invertierender Eingang* oder *Minus-Eingang* genannt. Dagegen besteht zwischen E_+ und dem Ausgang keine Vorzeichenumkehr, E_+ heißt deshalb *nichtinvertierender Eingang* oder *Plus-Eingang* (Bild 1.8).

Bild 1.8 Operationsverstärker (OP)

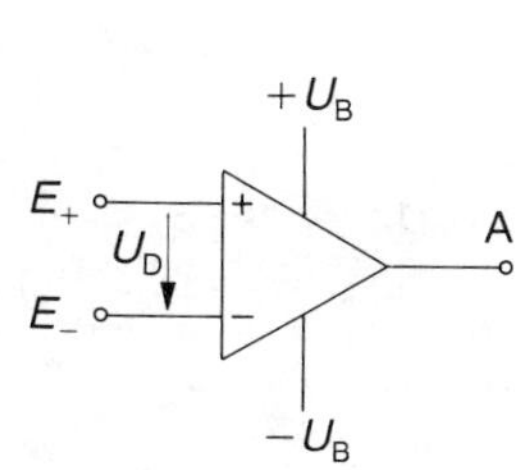

Die beiden Anschlüsse für die symmetrische Betriebsspannung $+U_B$ und $-U_B$ werden bei der Darstellung von OPs in Schaltplänen meistens nicht gezeichnet. Die Betriebsspannungen müssen aber in jedem Fall angeschlossen werden.

Der OP hat eine sehr hohe Leerlaufverstärkung ($V_0 \approx 10 \cdot 10^3 \ldots 100 \cdot 10^3$). Es gilt

$$u_A = V_0 \cdot u_D \quad mit \quad u_D = u_{E+} - u_{E-}.$$

Durch entsprechende externe Beschaltung kann die Verstärkung auf nahezu jeden gewünschten Wert eingestellt werden. Zu beachten ist, daß diese Verstärkung der Gesamtschaltung nicht mit der Leerlaufverstärkung V_0 verwechselt werden darf. Mit solchen Verstärkerschaltungen können sowohl Gleich- als auch Wechselspannungen verstärkt werden.

Mit entsprechender Beschaltung lassen sich mit OPs auch Subtrahierer, Integrierer oder Differenzierer aufbauen.

Die Ausgangsspannung ist bei allen Schaltungen mit OPs – innere Spannungsverluste vernachlässigt – durch die Betriebsspannung U_B begrenzt.

1.5.1 Invertierender Verstärker

Der Verstärker erhält eine Gegenkopplung, das heißt, die Ausgangsspannung wird gegenphasig auf den Eingang zurückgekoppelt. Diese gegenphasige Rückkopplung wird dadurch erzielt, daß auf den Minus-Eingang zurückgekoppelt wird. Die Ausgangsspannung u_A hat einen endlichen Wert, deshalb wird die Differenzspannung u_D wegen der sehr hohen Leerlaufverstärkung V_0 nahezu Null:

$$u_D = \frac{u_A}{V_0} \approx 0$$

Dies bedeutet, daß beide Eingänge des OPs gleiches Potential haben, da zwischen ihnen keine Spannung besteht. Da am E_+-Eingang Nullpotential anliegt, hat auch E_- die Spannung 0 V. Der Knotenpunkt vor dem Eingang E_- wird deshalb auch *virtueller* oder *scheinbarer Nullpunkt* genannt (Bild 1.9).

Damit liegt die Eingangsspannung u_e, die ja von E nach Masse gezählt wird, am Eingangswiderstand R_E an und treibt den Strom i_1. Wegen des hohen Eingangswiderstandes des OPs kann dieser Strom nur durch den Gegenkopplungswiderstand R_G abfließen. Zu beachten ist hierbei, daß der Punkt VN kein wirklicher Masse-

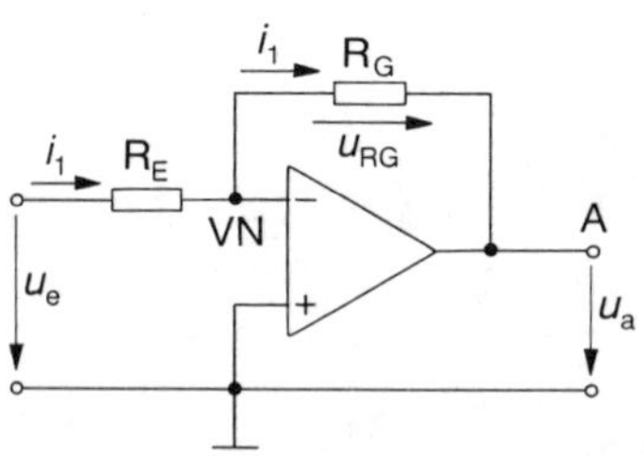

Bild 1.9 OP als invertierender Verstärker

«Anschluß» ist, sondern nur Massepotential hält. Sonst würde natürlich i_1 dort nach Masse abfließen. Also kann i_1 nur durch R_G fließen. Im Widerstand R_G erzeugt er nach dem Ohmschen Gesetz eine Spannung

$$u_{RG} = R_G \cdot i_1;$$

i_1 wird von u_e an R_E erzeugt und kann ebenfalls nach dem Ohmschen Gesetz berechnet werden:

$$i_1 = \frac{u_e}{R_E};$$

damit wird

$$u_{RG} = \frac{R_G}{R_E} \cdot u_e;$$

die Spannung u_{RG} wird von dem Punkt VN, der ja wie gesehen Massepotential hat, nach dem Ausgang A gezählt. Gerade umgekehrt gerichtet ist aber u_a, nämlich von A gegen Masse, so daß gilt: $u_a = -u_{RG}$ oder

$$\boxed{u_a = -\frac{R_G}{R_E} \cdot u_e}$$

Die Verstärkung zwischen u_e und u_a ist also unabhängig von V_0 nur noch vom Verhältnis der beiden Widerstände R_E und R_G bestimmt:

$$V_u = \frac{u_a}{u_e} = -\frac{R_G}{R_E}$$

Das Minuszeichen deutet auf die Vorzeichenumkehr hin.

Oftmals wird der invertierende Verstärker auch nur zur Vorzeichenumkehr verwendet. Dies läßt sich sehr einfach realisieren, indem die beiden Widerstände den gleichen Wert erhalten. Dann wird $V_u = -1$ und $u_a = -u_e$ (Bild 1.10).

Bild 1.10 OP mit $V_u = -1$

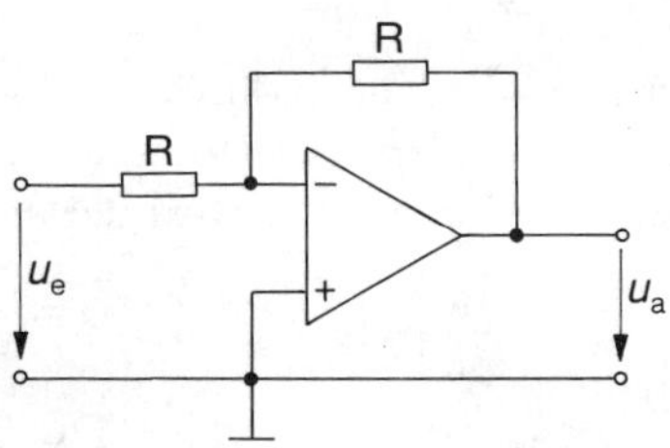

Berechnungsbeispiel
Der Verstärker in Bild 1.11 hat als Eingangsspannung:

a) $U_e = +2$ V
b) $U_e = -2$ V

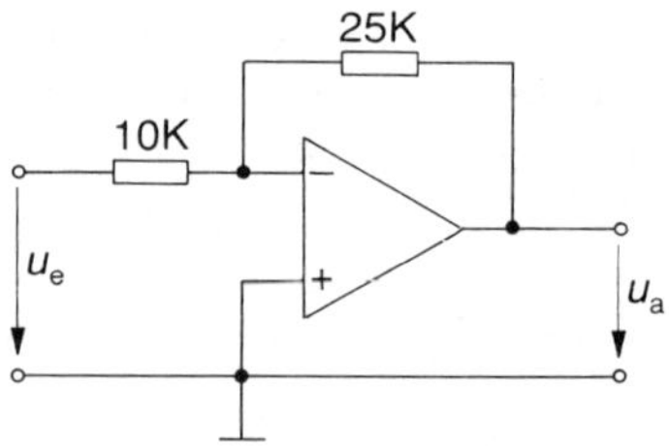

Bild 1.11 OP mit $V_u = -2{,}5$

Berechnen Sie für beide Werte die Ausgangsspannung!

Lösung:

$$V_u = -\frac{R_G}{R_E} = -\frac{25\ \text{k}\Omega}{10\ \text{k}\Omega} = -2{,}5$$

$$U_a = -2{,}5 \cdot U_e$$

a) $U_a = -2{,}5 \cdot (+2\ \text{V}) = -5\ \text{V}$

b) $U_a = -2{,}5 \cdot (-2\ \text{V}) = +5\ \text{V}$;

beachten Sie bei den Ergebnissen die Vorzeichenumkehr zwischen Ein- und Ausgangsspannung.

1.5.2 Nichtinvertierender Verstärker

Auch diese Grundschaltung (Bild 1.12) enthält eine Gegenkopplung. Allerdings wird jetzt die Eingangsspannung am Plus-Eingang angelegt. Wie beim invertierenden Verstärker ist u_D wieder Null, so daß auch bei dieser Schaltung beide Eingänge gleiches Potential haben, allerdings *nicht* Nullpotential. Denn der Eingang E_+ liegt hierbei auf dem Potential von u_e. Damit liegt auch E_- potentialmäßig auf u_e. Die Eingangsspannung u_e fällt somit an R_E ab und treibt einen Strom i_1, der sich nach dem Ohmschen Gesetz ergibt zu

$$i_1 = \frac{u_e}{R_E}$$

Dieser Strom i_1 fließt auch durch R_G (Eingangsstrom des OPs ist Null wegen seines hohen Eingangswiderstandes) und erzeugt dort die Spannung $u_{RG} = R_G \cdot i_1$. Mit der obigen Beziehung für i_1 wird daraus

$$u_{RG} = \frac{R_G}{R_E} \cdot u_e.$$

Die Ausgangsspannung u_a wird von A gegen Masse gezählt. Bei einem Spannungsumlauf über die beiden Widerstände ergibt sich nach dem Kirchhoffschen Gesetz $u_a = u_{RE} + u_{RG}$ oder mit $u_{RE} = u_e$ und u_{RG} wie oben

$$u_a = u_e + \frac{R_G}{R_E} \cdot u_e;$$

nach Ausklammern von u_e wird daraus

$$u_a = \left(1 + \frac{R_G}{R_E}\right) \cdot u_e$$

Auch bei dieser Schaltung hängt V_u nur von den Widerständen R_G und R_E ab. Es gibt keine Vorzeichenumkehr:

$$V_u = \frac{u_a}{u_e} = 1 + \frac{R_G}{R_E}$$

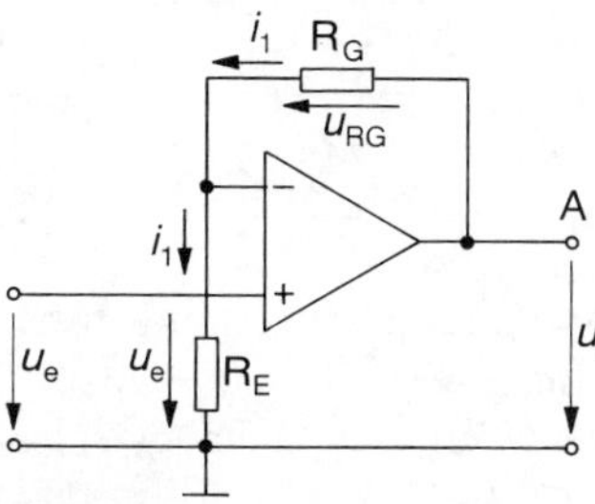

Bild 1.12
OP als nichtinvertierender Verstärker

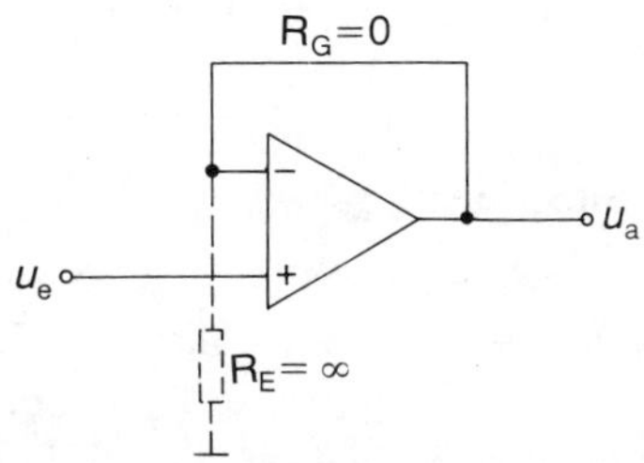

Bild 1.13
OP als Impedanzwandler

1.5.2.1 Impedanzwandler

Eine spezielle Variante des nichtinvertierenden Verstärkers ergibt sich, wenn der Eingangswiderstand R_E unendlich groß und der Gegenkopplungswiderstand R_G 'Null gewählt wird (Bild 1.13). Dann wird die Verstärkung

$$V_u = 1 + \frac{0}{\infty} = 1$$

Dadurch ist die Ausgangsspannung gleich der Eingangsspannung: $u_a = u_e$. Als Verstärker ist diese Schaltung demnach nicht einsetzbar. Ihr Vorteil liegt in dem hohen Eingangswiderstand und dem niedrigen Ausgangswiderstand der Schaltung. Ein solcher Impedanzwandler wird zur Entkopplung von mehrstufigen Schaltungen genommen, damit sich die einzelnen Teile nicht gegenseitig beeinflussen.

1.5.3 Subtrahierer

Eine Kombination von invertierendem und nichtinvertierendem Verstärker ist der Subtrahierer (Bild 1.14). Er wird hier nicht so ausführlich behandelt wie diese beiden Verstärkerschaltungen. Am einfachsten werden die Zusammenhänge zwischen den beiden Eingangsspannungen und der Ausgangsspannung, wenn alle vier Widerstände den gleichen Widerstandswert haben. Dann gilt:

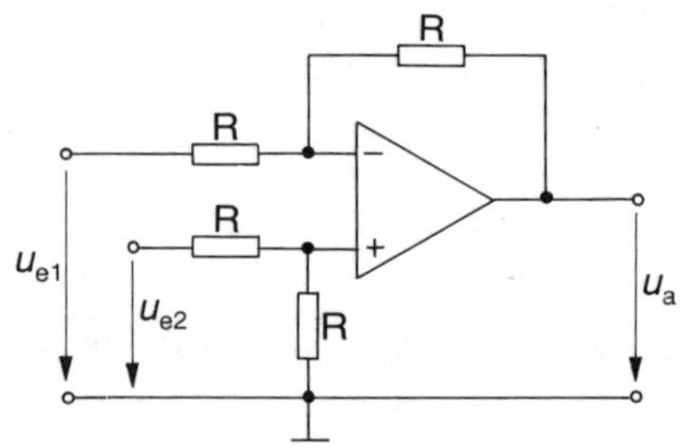

Bild 1.14 OP als Subtrahierer

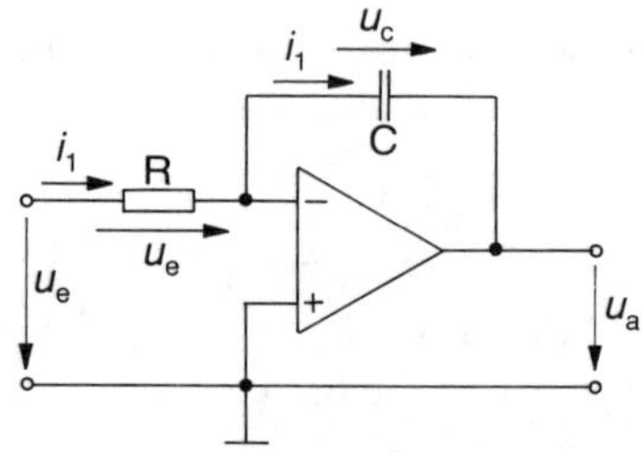

Bild 1.15 OP als Integrierer

$$u_a = u_{e2} - u_{e1}$$

1.5.4 Integrierer

Wird bei einem invertierenden Verstärker der Gegenkopplungswiderstand durch einen Kondensator ersetzt, ergibt die Schaltung einen Integrierer. Eine Gleichspannung der Größe $\hat{u}_e$ treibt einen konstanten Strom i_1 durch den Eingangswiderstand, da wieder gilt, daß $u_D \approx 0$ (Bild 1.15).

Mit diesem konstanten Strom wird der Kondensator im Gegenkopplungszweig aufgeladen (Eingangsstrom des OPs ist Null). Wird ein Kondensator mit konstantem Strom geladen, steigt die Kondensatorspannung linear an. War der Kondensator vor Anlegen der Eingangsspannung ungeladen, beginnt die Kondensatorspannung bei Null anzusteigen. Die Kondensatorspannung u_C ändert sich pro Zeiteinheit Δt um

$$\Delta u_C = \frac{1}{C} \cdot i_1 \cdot \Delta t.$$

Mit

$$i_1 = \frac{\hat{u}_e}{R}$$

wird daraus

$$\Delta u_C = \frac{\hat{u}_e}{R \cdot C} \cdot \Delta t$$

Damit läßt sich berechnen, um welche Spannung Δu_C sich die Kondensatorspannung während der Zeitdifferenz Δt ändert.

Ist der Kondensator vor Einschalten der Eingangsspannung bereits auf eine Spannung U_0 aufgeladen, berechnet sich der Spannungswert nach der Zeit Δt aus der Summe

$$u_C = \Delta u_C + U_0$$

$$u_C = \frac{\hat{u}_e}{R \cdot C} \cdot \Delta t + U_0$$

Die bereits am Anfang vorhandene Spannung U_0 wird *Anfangswert* genannt. Diese Beziehung gilt aber nur, wenn u_e eine Gleichspannung ist!

Entsprechend der Überlegung beim invertierenden Verstärker gilt auch hier wieder $u_a = -u_C$.

Damit wird

$$u_a = -\left(\frac{\hat{u}_e}{R \cdot C} \cdot \Delta t + U_0\right)$$

Auch diese Beziehung ist nur gültig, wenn u_e eine Gleichspannung ist!

Damit ergeben sich für u_a und u_C die nebenstehenden qualitativen Verläufe (Bild 1.16). Sie erinnern an das Integrieren, eine Methode der höheren Mathematik zur Flächenberechnung. Daher hat diese Grundschaltung des OPs ihren Namen.

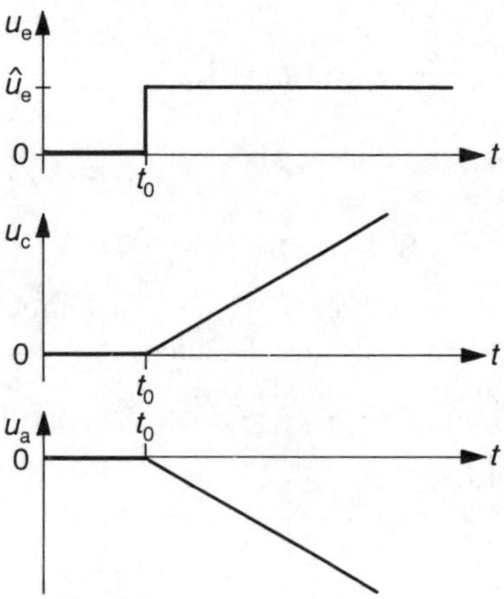

Bild 1.16 Spannungsverläufe beim Integrierer, wenn $U_0 = 0$

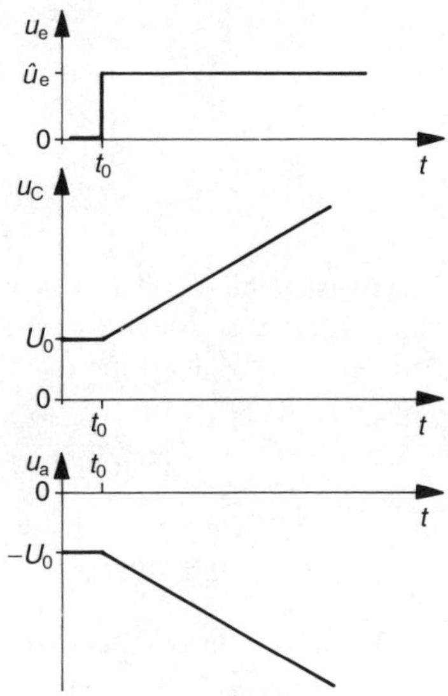

Bild 1.17 Spannungsverläufe beim Integrierer, wenn $U_0 \neq 0$

Berechnungsbeispiel

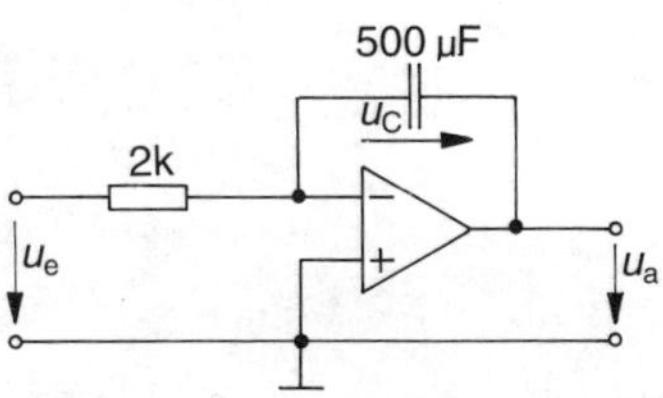

Bild 1.18

An den Eingang der OP-Schaltung (Bild 1.18) wird zur Zeit $t = 0$ eine Gleichspannung mit $\hat{u}_e = 1,6$ V angelegt. Der Kondensator ist zur Zeit $t = 0$ auf eine Spannung $U_0 = 1,2$ V aufgeladen. Bestimmen Sie die Verläufe der Spannungen u_C und u_a!

Lösung: $u_C = \Delta u_C + U_0$

1. $t = 0$; da $\Delta t = 0 \Longrightarrow \Delta u_C = 0 \Longrightarrow u_C = U_0 = 1,2$ V
   $u_a = -u_C \Longrightarrow u_a = -1,2$ V

2. $t = 1$ s; $\Delta t_1 = 1$ s $\Longrightarrow \Delta u_C = \dfrac{1,6\ \text{V}}{2\ \text{k}\Omega \cdot 500\ \mu\text{F}} \cdot 1$ s; $\Delta u_C = 1,6$ V

   u_C (1 s) $= 1,6$ V $+ 1,2$ V; $u_C = 2,8$ V
   u_a (1 s) $= -2,8$ V

3. $t = 2$ s; *Entweder:* $\Delta t_2 = 2$ s und $U_0 = 1,2$ V

   $$\Delta u_C = \frac{1,6\ \text{V}}{2\ \text{k}\Omega \cdot 500\ \mu\text{F}} \cdot 2\ \text{s};\ \Delta u_C = 3,2\ \text{V}$$

   u_C (2 s) $= 3,2$ V $+ 1,2$ V; u_C (2 s) $= 4,4$ V
   u_a (2 s) $= -4,4$ V

   Oder: $\Delta t_3 = 2\ \text{s} - 1\ \text{s} = 1$ s und $U_{01} = u_C$ (1 s) $= 2,8$ V

Beachten Sie hierbei den neuen Anfangswert U_{01}! Betrachtet wird die Zeitspanne von 1 s bis 2 s. Anfangswert ist jetzt die Spannung, die der Kondensator am Anfang dieser Zeitspanne Δt (also bei $t = 1$ s) hat!

$$\Delta u_C = \frac{1,6\ \text{V}}{2\ \text{k}\Omega \cdot 500\ \mu\text{F}} \cdot 1\ \text{s};\ \Delta u_C = 1,6\ \text{V}$$

u_C (2 s) $= 1,6$ V $+ 2,8$ V; u_C (2 s) $= 4,4$ V
u_a (2 s) $= -4,4$ V

Die Werte sind in Bild 1.19 zu finden.

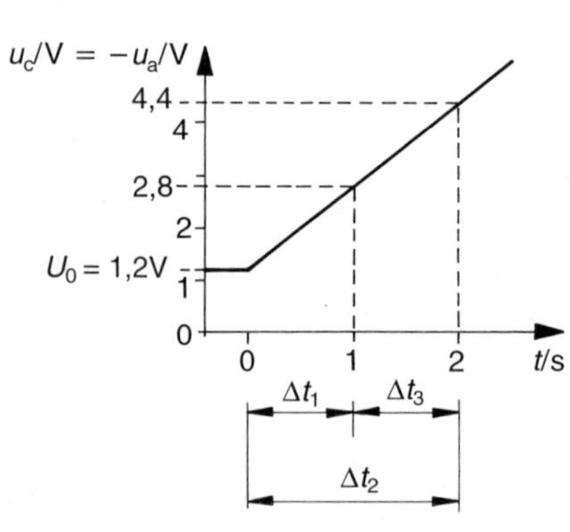

Bild 1.19

1.5.5 Differenzierer

Wird beim invertierenden Verstärker der Eingangswiderstand durch einen Kondensator ersetzt, wird daraus ein Differenzierer (Bild 1.20). Ausgegangen wird bei den folgenden Betrachtungen zuerst von einem idealen Differenzierer. Dabei wird angenommen, daß der Generator zur Erzeugung von u_e keinen Innenwiderstand hat ($R_i = 0$); außerdem werden die Leitungen als widerstandslos angesehen. Der Kondensator sei vor dem Einschalten der Gleichspannung u_e ungeladen. Dann lädt er sich beim Einschalten in unendlich kurzer Zeit auf durch einen unendlich großen Strom i_1, der im Einschaltmoment fließt. Ist der Kondensator aufgeladen, fließt kein Strom mehr. Der gleiche unendlich große impulsförmige Strom fließt wieder durch R und erzeugt dort eine Spannung, die den gleichen Verlauf hat wie der Strom. Die Ausgangsspannung u_a ist wieder dieser Spannung entgegen gerichtet, wie den Zeichnungen zu entnehmen ist, die die qualitativen Verläufe dieser Spannungen und des Stromes zeigen (Bild 1.21).

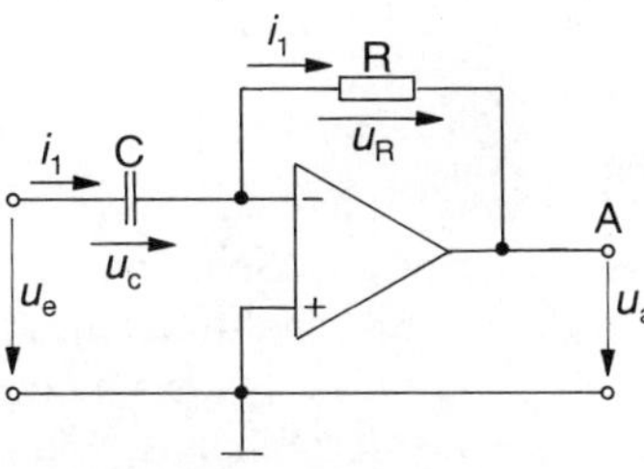

Bild 1.20 OP als idealer Differenzierer

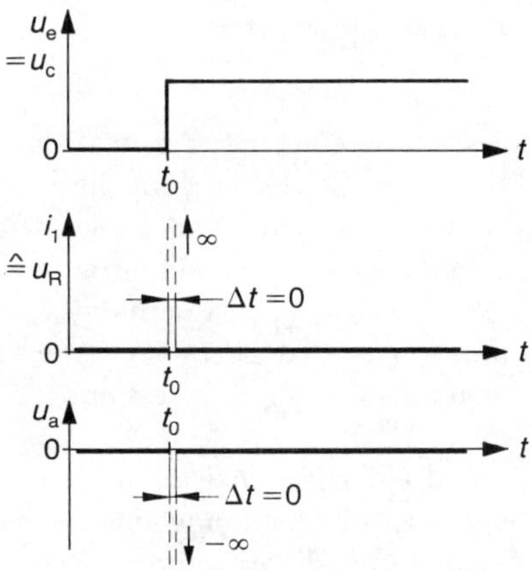

Bild 1.21 Konstante Eingangsspannung am idealen Differenzierer

Dieser eigenartige Verlauf läßt sich auch mathematisch herleiten. Die Spannung am Kondensator ist die Eingangsspannung, somit läßt sich i_1 bestimmen:

$$i_1 = C \cdot \frac{\Delta u_e}{\Delta t};$$

bzw. mit

$$u_a = -R \cdot i_1$$

wird

$$u_a = -R \cdot C \cdot \frac{\Delta u_e}{\Delta t}$$

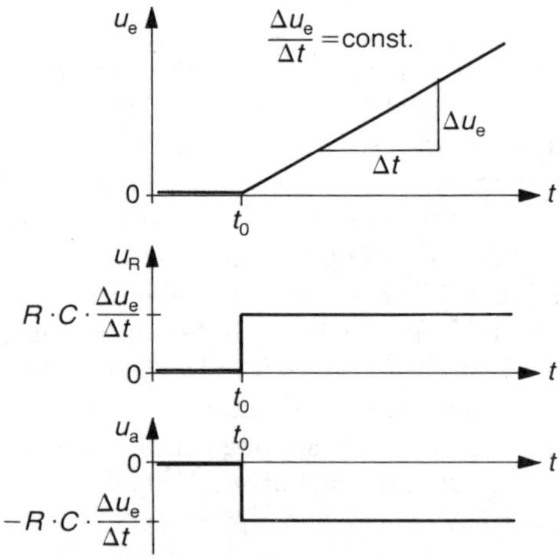

Bild 1.22 Lineare Eingangsspannung am idealen Differenzierer

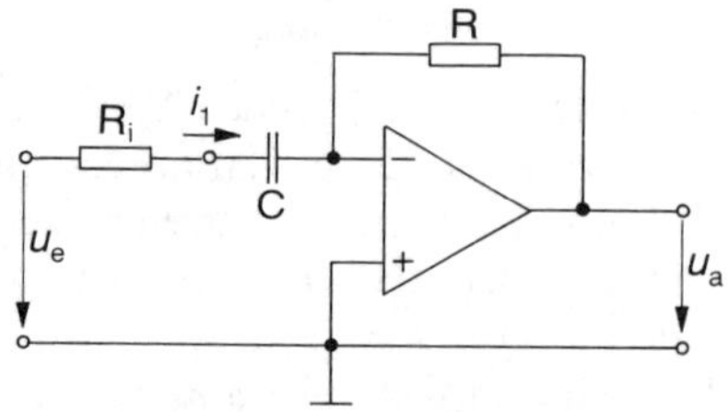

Bild 1.23 OP als realer Differenzierer

Diese Beziehungen sagen aus, daß i_1 und u_a jeweils proportional zur Steigung $\Delta u_e/\Delta t$ der angelegten Eingangsspannung sind. Diese Steigung der Spannung ist aber zu allen Zeiten Null außer dem Zeitpunkt t_0. In diesem Einschaltmoment t_0 ist die Steigung unendlich groß.

Weil die Ausgangsspannung u_a proportional zur Steigung der Eingangsspannung u_e ist, wird diese Schaltung Differenzierer genannt nach einem mathematischen Verfahren zur Berechnung der Steigung von Kurven, der Differentialrechnung.

Wird ein Differenzierer mit einer linear ansteigenden Spannung angeregt, hat seine Ausgangsspannung einen konstanten Wert, da bei einem solchen Verlauf die Steigung überall konstant ist (Bild 1.22).

Diese Betrachtungen sind insofern unrealistisch, als es keine Generatoren ohne Innenwiderstand und keine verlustlosen Leitungen gibt. Außerdem gibt es in der Praxis natürlich keine unendlichen Größen. Bei einem realen Differenzierer werden die ohmschen Verlustwiderstände berücksichtigt. Der Widerstand R_i stellt den Innenwiderstand des Generators und den Drahtwiderstand der Leitungen dar (Bild 1.23). Durch diesen R_i wird der Einschaltstrom begrenzt auf

$$i_{1\max} = \frac{\hat{u}_e}{R_i},$$

und es gilt nach der bekannten Funktion für den Ladestrom eines Kondensators, der über einen Widerstand aufgeladen wird:

$$i_1 = i_{1\max} \cdot e^{-\frac{t}{R_i \cdot C}}$$

Mit der obigen Beziehung für $i_{1\max}$ und $u_a = -R \cdot i_1$ wird

$$u_a = -\frac{R}{R_i} \cdot \hat{u}_e \cdot e^{-\frac{t}{R_i \cdot C}}$$

Die Verläufe von i_1 und u_a sind in Bild 1.24 dargestellt.

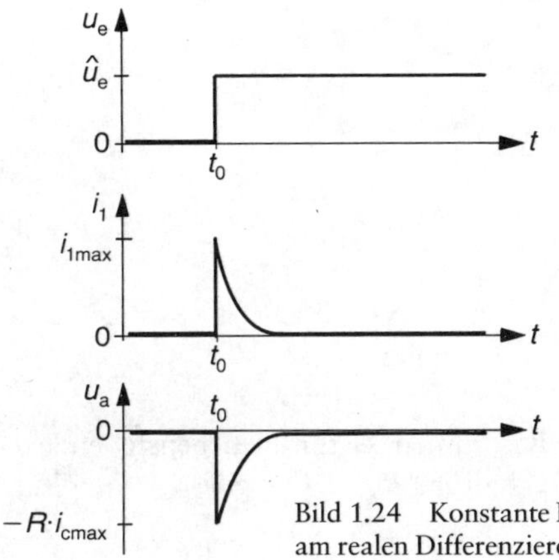

Bild 1.24 Konstante Eingangsspannung am realen Differenzierer

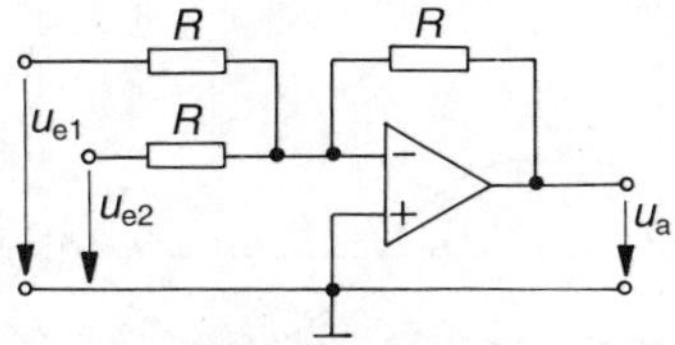

Bild 1.25 OP als Addierer

1.5.6 Addierer

Aus einem invertierenden Verstärker mit OP läßt sich durch parallelgeschaltete zusätzliche Eingangswiderstände ein Addierer aufbauen, wie Bild 1.25 für zwei Eingangsspannungen zeigt.

Besonders einfach wird die Berechnung, wenn alle Widerstände den gleichen Widerstandswert haben. Dann gilt:

$$u_a = -(u_{e1} + u_{e2})$$

Übung 1

In welchen Grenzen kann die Spannungsverstärkung des nebenstehenden Verstärkers verändert werden?

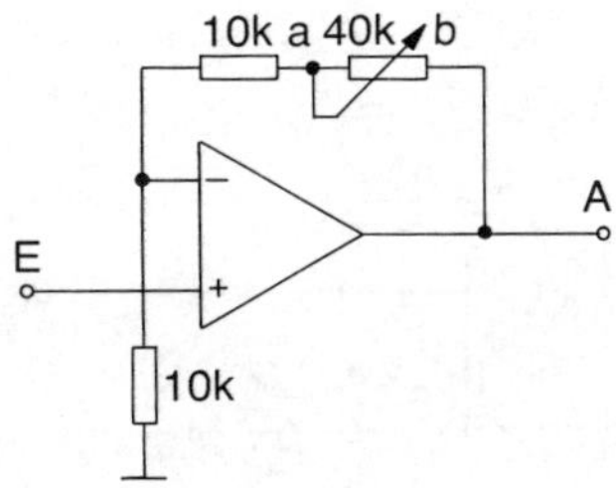

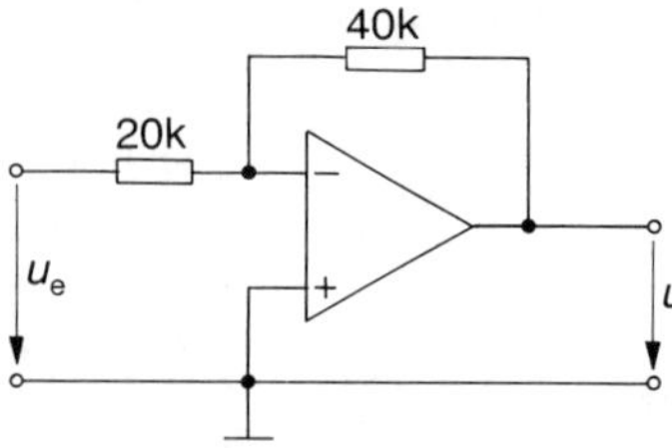

Übung 2

Der nebenstehende Verstärker wird mit einer sinusförmigen Spannung ($\hat{u}_e = 2$ V; $f = 500$ Hz) angeregt. Ermitteln Sie die Ausgangsspannung u_a und zeichnen ihren Zeitverlauf phasenrichtig zu u_e in das Diagramm.

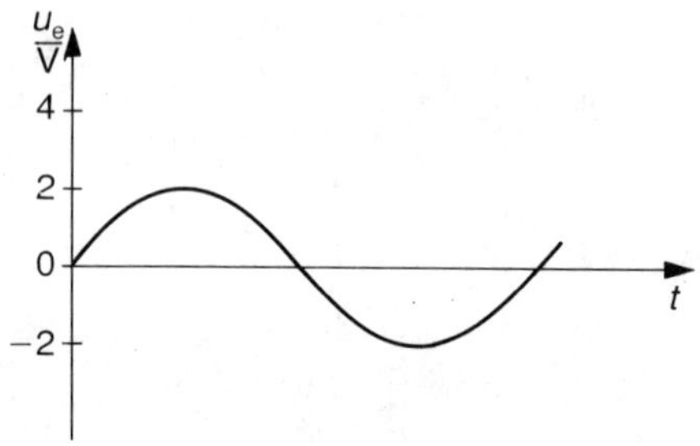

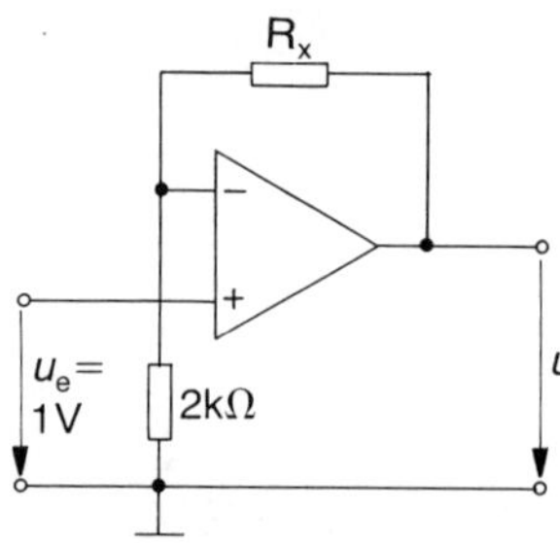

Übung 3

Bestimmen Sie für die nebenstehende Schaltung R_x so, daß gilt: $u_a = +6$ V.

Übung 4

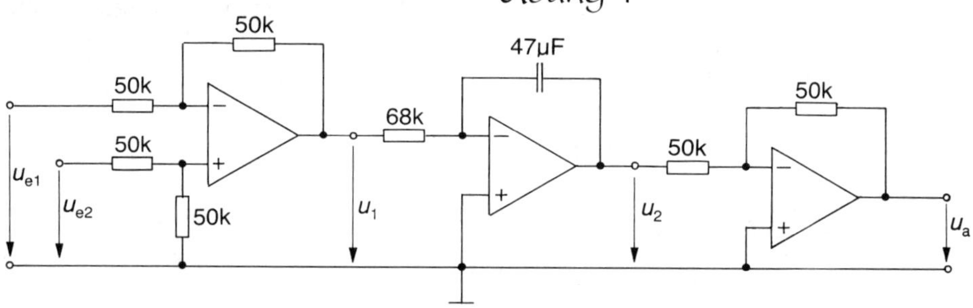

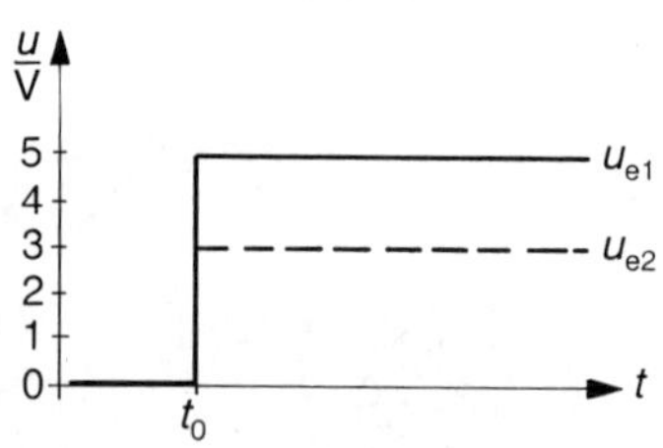

Drei OPs sind zu einer Schaltung kombiniert. In nebenstehender Zeichnung sind die Zeitverläufe der beiden Eingangsspannungen dargestellt. Der Kondensator ist vor dem Einschaltmoment t_0 auf die Spannung $U_0 = 2$ V aufgeladen. Ermitteln Sie den Zeitverlauf der Ausgangsspannung.

2 Analyse von Übertragungsgliedern

Für die Untersuchung und Beschreibung des Verhaltens von Übertragungsgliedern werden in den folgenden Abschnitten zwei Methoden vorgestellt: die Betrachtung des Zeitverhaltens und die Betrachtung im Frequenzbereich. In beiden Fällen wird das zu untersuchende Übertragungsglied mit einem bestimmten Eingangssignal als Testsignal angeregt. Das sich dabei ergebende Ausgangssignal ermöglicht die Analyse seines Übertragungsverhaltens. Die Kenntnis dieses Verhaltens ist in der Regelungstechnik die Grundlage für die Betrachtung von Regelvorgängen.

Als einfache Zeitfunktionen für das Testsignal haben sich erwiesen die *Sprungfunktion*, die *Anstiegsfunktion* sowie die *Sinusschwingung*, die im folgenden näher erläutert werden.

Diese Untersuchungsmethoden lassen sich unabhängig davon anwenden, ob das zu untersuchende Übertragungsglied im Regelkreis als Regler oder als Strecke eingesetzt ist.

2.1 Zeitverhalten

Unter Zeitverhalten eines Übertragungsgliedes versteht man den zeitlichen Verlauf des Ausgangssignals bei bestimmter Änderung des Eingangssignals. Dieser Verlauf heißt die *Antwort* des Gliedes.

2.1.1 Sprungantwort

Eine sehr anschauliche Untersuchungsmethode ist die Aufnahme der Sprungantwort. Hierzu wird die Eingangsgröße des Regelkreisgliedes sprunghaft von null auf einen Endwert $\hat{x}_e$ verändert. Diese sprungartige Testfunktion wird kurz Sprungfunktion genannt. Die zeitliche Änderung der Ausgangsgröße als Reaktion auf dieses Eingangssignal ist die Sprungantwort (Bild 2.1).

Nach ihren Sprungantworten werden die Grundtypen von Übertragungsgliedern charakterisiert. Alle Regelkreisglieder – sowohl Regler als auch Regelstrecken – bestehen aus Sicht der Regelungstechnik entweder aus solchen Grundtypen oder Kombinationen von ihnen. Die Sprungantworten für diese Grundtypen und ihre Kurzbeschreibungen sind in der Zeichnung dargestellt (Bild 2.2).

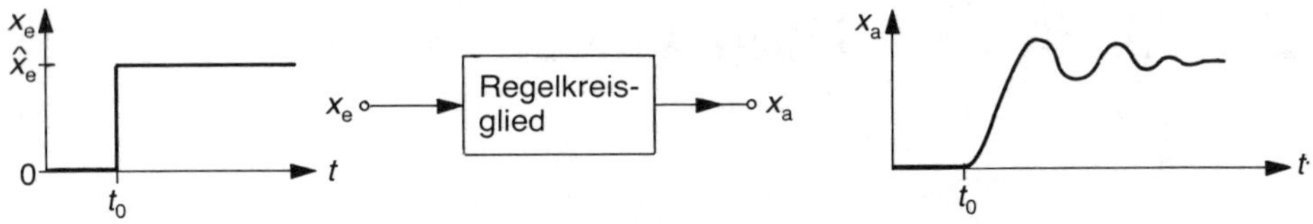

Bild 2.1 Sprungantwort

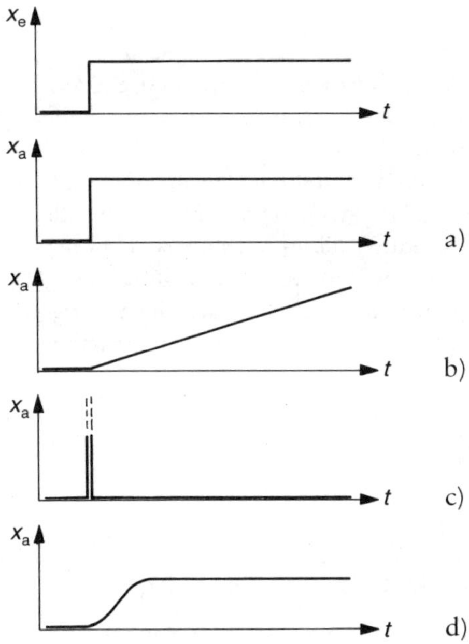

Bild 2.2 Sprungantworten von Grundtypen

a) *Proportionalglieder (P-Glieder):*
Ausgangssignal ist proportional dem Eingangssignal.

b) *Integralglieder (I-Glieder):*
Zusammenhang zwischen Ein- und Ausgangssignal wie bei der Integriererschaltung mit OP.

c) *Differentialglieder (D-Glieder)*
Ausgangsgröße ist proportional zur Änderungsgeschwindigkeit der Eingangsgröße wie bei Differenziererschaltung mit OP.

d) *Verzögerungsglieder (T-Glieder):*
Ausgangsgröße erreicht ihren Endwert mit zeitlicher Verzögerung.

Als Regler werden Glieder mit P-, I- oder D-Verhalten genutzt. Meistens werden hierbei zwei oder drei dieser Grundtypen miteinander kombiniert, um ihre jeweiligen Vorteile auszunutzen, bzw. ihre Nachteile abzuschwächen. Geringe zeitliche Verzögerungen lassen sich nie vermeiden, sind aber bei Reglern in jedem Falle ungewollt.

Regelstrecken haben in der Praxis immer zeitliche Verzögerungen. Strecken mit D-Verhalten kommen nicht vor, so daß P- und I-Strecken mit verschiedenen Zeitverzögerungen zu untersuchen sein werden.

Die Sprungantworten werden häufig in die Blocksymbole der Übertragungsglieder gezeichnet, um ihr Übertragungsverhalten anzudeuten. Damit gibt es die in Bild 2.3 dargestellten Blocksymbole für Grundglieder, die bei den weiteren Betrachtungen verwendet werden.

Bild 2.3 Blocksymbole

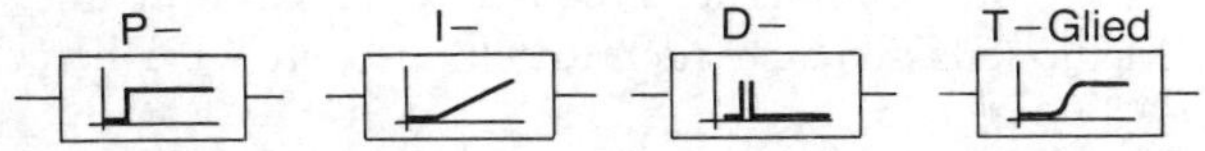

Die Sprungantwort kann berechnet oder experimentell ermittelt werden. Die experimentelle Ermittlung ist besonders einfach, wenn Ein- und Ausgangsgröße elektrische Spannungen sind. Dann wird der Eingangsgrößensprung durch Einschalten einer Gleichspannung erzeugt. Bei schnell reagierenden Übertragungsgliedern kann mit einer Rechteckspannung gearbeitet werden. Dies entspricht einem wiederholten Ein- und Ausschalten einer Gleichspannung. Dadurch erhält man bei Aufnahme der Sprungantwort mit einem Oszilloskop bei entsprechender Triggerung ein stehendes Bild. Reagiert das Übertragungsglied dagegen langsam, benötigt man dazu ein Speicheroszilloskop oder einen Linienschreiber (x-t-Schreiber) zum Aufzeichnen der Sprungantwort. Schnell reagieren im allgemeinen elektronische Regler, während z.B. das Anlaufverhalten von Motoren oder das Temperaturverhalten von Temperaturregelstrecken zum Teil sehr langsame Vorgänge sind.

Auf die Auswertung von Sprungantworten wird noch eingegangen. Die Sprungantwort eines Differentialgliedes läßt sich nicht quantitativ auswerten, das heißt, es können daraus nicht die charakteristischen Parameter des Gliedes ermittelt werden. Deshalb wird bei der Analyse von Übertragungsgliedern mit D-Anteil eine andere Testfunktion als Eingangssignal bevorzugt, die Anstiegsfunktion.

2.1.2 Anstiegsantwort

Das Eingangssignal hat hierbei eine *konstante Änderungsgeschwindigkeit.* Dadurch wächst es linear an. Diese Funktion wird Anstiegsfunktion genannt, der zeitliche Verlauf der Ausgangsgröße ist die Anstiegsantwort (Bild 2.4).

Erzeugen läßt sich eine Anstiegsfunktion von einem Funktionsgenerator, der eine Dreieckspannung liefert. Die Anstiegsantwort kann dann wieder mit einem Oszilloskop aufgenommen werden.

Diese beiden zeitabhängigen Analyseverfahren haben den Vorteil, daß sie sehr schnell und anschaulich experimentell durchgeführt werden können. Ihr Nachteil

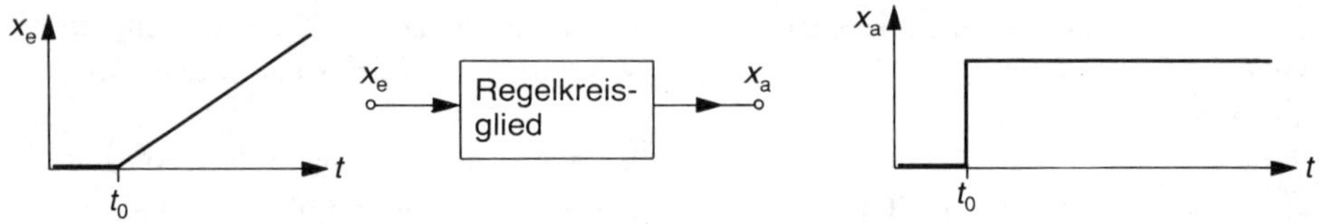

Bild 2.4 Anstiegsantwort

besteht in der schwierigen mathematischen Behandlung. Besonders die Berechnung des Regelverhaltens eines kompletten Regelkreises ist im Zeitbereich nur mit Methoden der höheren Mathematik möglich. Mathematisch wesentlich einfacher ist die Betrachtung des Frequenzverhaltens von Übertragungsgliedern. Mit dieser Methode lassen sich auch Regelkreise einfacher berechnen.

2.2 Frequenzverhalten

Das zu untersuchende Regelkreisglied wird mit einer in der Amplitude konstanten und in der Frequenz variablen Sinusschwingung angeregt. Das Ausgangssignal wird dann ebenfalls eine Sinusschwingung sein. Ihre gegenüber dem Eingangssignal veränderte Amplitude und die Phasenverschiebung zwischen x_e und x_a lassen Rückschlüsse auf das Verhalten des Gliedes zu (Bild 2.5).

In der Praxis kann das Frequenzverhalten mit einem Oszilloskop aufgenommen werden. Zur Messung der Phasenverschiebung ist Zweikanalbetrieb erforderlich. Der Nachteil dieser Methode liegt darin, daß die Messung für verschiedene Frequenzen durchgeführt werden muß. Dies ist wesentlich zeitaufwendiger als z. B. die Aufnahme von Sprung- oder Anstiegsantwort, für die jeweils nur eine Messung notwendig ist.

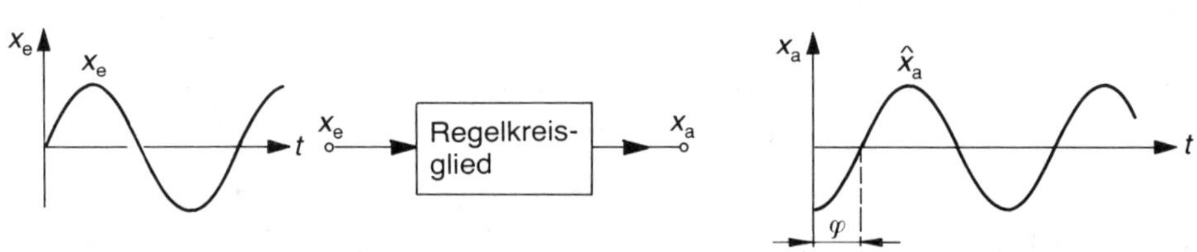

Bild 2.5 Frequenzverhalten

3 Zeitverhalten von Übertragungsgliedern

Zuerst wird das Zeitverhalten der Grundtypen stetiger analoger Regelkreisglieder betrachtet.

3.1 Proportionalglieder

Bei P-Gliedern ist das Ausgangssignal proportional zum Eingangssignal. Ändert sich die Eingangsgröße, erfolgt die dadurch bedingte Änderung der Ausgangsgröße bei einem reinen P-Glied ohne zeitliche Verzögerung.

Als Parameter des P-Gliedes wird der *Proportionalbeiwert* K_P eingeführt (Bild 3.1). Er kann direkt aus der Sprungantwort ermittelt werden:

$$K_P = \frac{\hat{x}_a}{\hat{x}_e}$$

Allgemein läßt sich die Ausgangsgröße eines P-Gliedes bestimmen:

$$x_a = K_P \cdot x_e$$

Hierbei kann x_e jeden beliebigen Zeitverlauf haben. Auch aus seiner Anstiegsantwort (Bild 3.2) läßt sich die Proportionalität eines P-Gliedes erkennen: $x_a \sim x_e$.

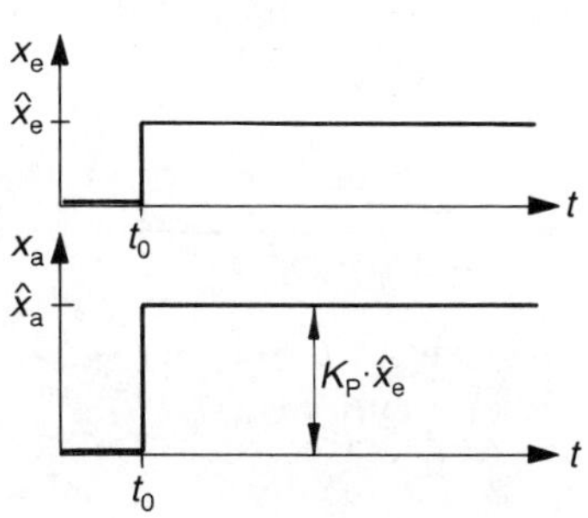

Bild 3.1 Sprungantwort: P-Glied

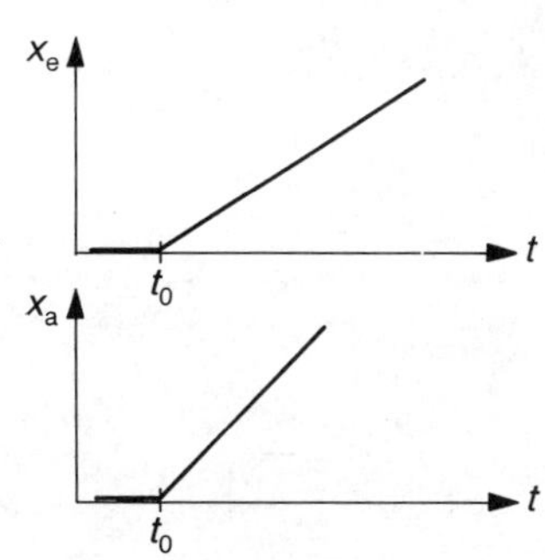

Bild 3.2 Anstiegsantwort: P-Glied

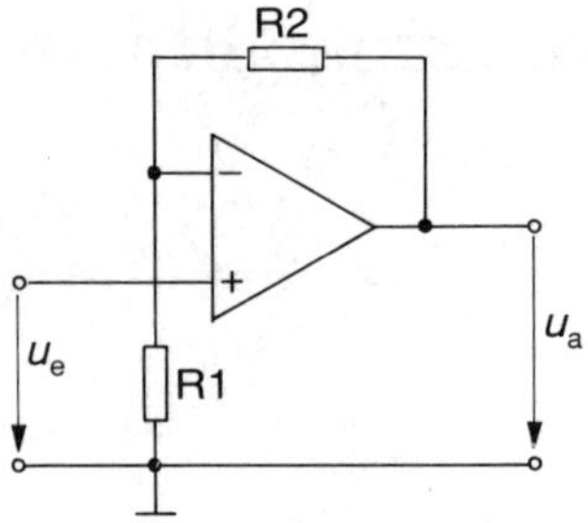

Bild 3.3 P-Regler

3.1.1 P-Regler

Ein elektronischer Regler mit P-Verhalten läßt sich sehr einfach mit einem Operationsverstärker aufbauen, der als nichtinvertierender Verstärker beschaltet ist (Bild 3.3). Die Ein- und Ausgangsgrößen sind hierbei die Spannungen u_e und u_a. Berechnen läßt sich die Schaltung:

$$u_a = \left(1 + \frac{R_2}{R_1}\right) \cdot u_e$$

Nach der Beziehung $u_a = K_P \cdot u_e$ kann der Proportionalbeiwert K_P daraus bestimmt werden:

$$K_P = 1 + \frac{R_2}{R_1}$$

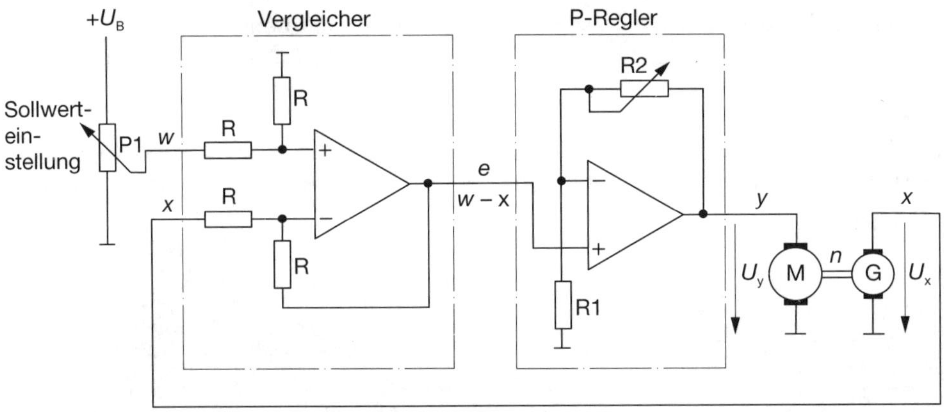

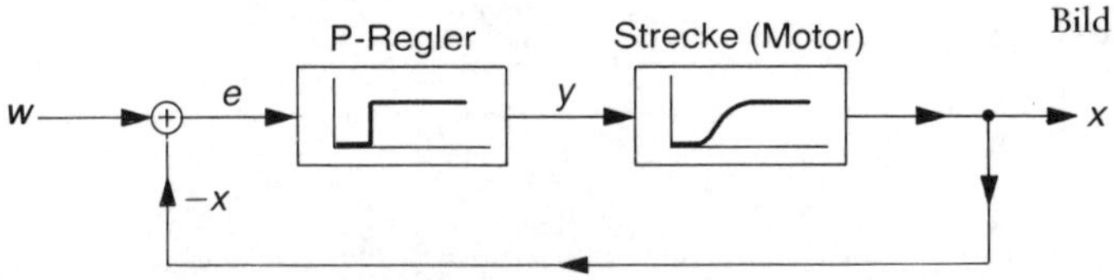

Bild 3.4 Drehzahlregelung

Wird auch die Differenzbildung zur Berechnung der Regeldifferenz mit einem OP durchgeführt, der als Subtrahierer beschaltet ist (Abschnitt 1.5.3), kann die Drehzahlregelung gerätetechnisch durch eine Schaltung entsprechend Bild 3.4 realisiert werden. Darunter ist zum Vergleich das in der Regelungstechnik übliche Blockschaltbild zur Darstellung der wirkungsmäßigen Zusammenhänge gezeichnet.

Mit dem Potentiometer P_1 wird der Sollwert w vorgegeben. Der nachfolgende Vergleicher bildet aus diesem Sollwert und dem von einem Tachogenerator erzeugten Istwert x ($u_x \sim n$) die Regeldifferenz $e = w - x$. Der P-Regler erzeugt als Stellgröße y eine Spannung, die proportional der Regeldifferenz ist:

$$y = \left(1 + \frac{R_2}{R_1}\right) \cdot (w - x) = K_P \cdot e; \quad y \sim e$$

Wird die Belastung des Motors erhöht, so muß er eine größere Leistung abgeben. Ohne Regelung würde dadurch die Drehzahl absinken. Der Regler hat die Aufgabe, dem entgegenzuwirken. Durch die Verringerung der Drehzahl würde die Spannung des Tachogenerators (wegen $u_x \sim n$) ebenfalls kleiner werden. Sie bildet aber den Istwert der Regelgröße, so daß eine größere positive Regeldifferenz e die Folge wäre. Sie würde eine positive Vergrößerung der Ausgangsspannung des Reglers bewirken. Als Folge dieser größeren Ausgangsspannung stiege die Drehzahl des Motors wieder an, er kann damit die größere Belastung ausgleichen. Bei einer Entlastung würde der umgekehrte Vorgang ablaufen. Der Regler würde dafür sorgen, daß die angestiegene Drehzahl wieder absinkt. Wenn er schnell genug arbeitet, bleibt somit die Drehzahl konstant. Der in diesem Beispiel eingesetzte P-Regler hat gerade den Vorteil, daß der geschilderte Regelvorgang sehr schnell abläuft.

Dem steht aber ein großer Nachteil gegenüber, der charakteristisch ist für alle P-Regler. Eine Stellgröße ist wegen der Proportionalität von Ein- und Ausgangsgröße des Reglers nur vorhanden, wenn eine Regeldifferenz vorhanden ist. Daher wird es mit einem P-Regler niemals möglich sein, daß Soll- und Istwert gleich groß werden. Sonst wäre die Regeldifferenz Null. Sie ist aber die Eingangsgröße des Reglers, und wegen der Proportionalität wäre damit auch seine Ausgangsgröße Null. Selbst wenn keine Störgröße eingreift, wird immer eine Regeldifferenz bestehen bleiben.

Tritt jetzt eine Störgröße auf (z. B. höhere Belastung des Motors), kann sie nur durch eine geänderte Stellgröße (höhere Ausgangsspannung) ausgeregelt werden. Eine Änderung der Stellgröße setzt wegen der Proportionalität des Reglers eine Änderung der Regeldifferenz voraus. Da der Sollwert konstant bleibt, kann die Änderung der Regeldifferenz und damit der Stellgröße nur durch einen neuen Istwert erreicht werden! Es stellt sich somit nach jeder aufgetretenen Störung eine andere Drehzahl ein.

> Mit einem P-Regler kann eine Störung nicht vollständig ausgeregelt werden. Es bleibt immer eine Regeldifferenz!

Diese *bleibende Regeldifferenz* ist um so kleiner, je größer der Proportionalbeiwert K_P ist, der auch die Verstärkung des Reglers genannt wird. Sie kann aber nicht beliebig vergrößert werden. Dadurch wird die bleibende Regeldifferenz kleiner, aber gleichzeitig nimmt die Schwingneigung des Regelkreises zu. Das kann dazu führen, daß das Regelsystem instabil wird. Diese Zusammenhänge lassen sich am besten bei der mathematischen Betrachtung von Regelkreisen erkennen. Darauf wird später noch eingegangen.

Dieser Nachteil der bleibenden Regeldifferenz kann durch Kombination des P-Reglers mit anderen Reglertypen kompensiert werden. Bei diesen Kombinationen wird der P-Regler wegen seiner Schnelligkeit eingesetzt.

3.1.2 P-Strecken

Eine Regelstrecke mit reinem P-Verhalten kommt in der Praxis nicht vor, da es immer Verzögerungen bei der Übertragung von x_e zu x_a geben wird. Die ideale P-Strecke wird aber für theoretische Betrachtungen herangezogen. Außerdem kommt P-Verhalten sehr oft in Kombination mit Verzögerungsgliedern vor, wobei die Kenntnis des P-Verhaltens Voraussetzung für das Verständnis ist. Eine verzögerte P-Strecke ist z.B. eine Temperaturregelstrecke, die je nach umgesetzter Leistung einem bestimmten Temperaturendwert zustrebt und diesen nach einer bestimmten Zeit erreicht.

Berechnungsbeispiel
Ein P-Glied zeigt nebenstehende Anstiegsantwort (Bild 3.5). Bestimmen Sie K_P!

Lösung: Zu einer beliebigen Zeit werden x_e und x_a bestimmt. Wählen wir $t = 4$ s: $x_e(4\text{ s}) = 2$; $x_a(4\text{ s}) = 4$.

Daraus folgt

$$K_P = \frac{x_a(4\text{ s})}{x_e(4\text{ s})} = 2$$

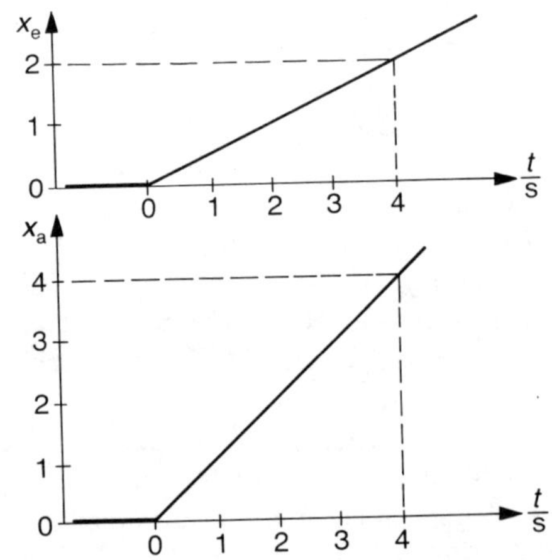

Bild 3.5 P-Glied: Anstiegsantwort

3.2 Integralglieder

Die unerwünschte bleibende Regeldifferenz beim P-Regler hat ihre Ursache in dem starren Zusammenhang zwischen Regeldifferenz als Eingangsgröße und Stellgröße als Ausgangsgröße des Reglers. Wird nicht die Ausgangsgröße selbst, sondern die Geschwindigkeit, mit der sie sich ändert, von der Eingangsgröße abhängig gemacht, so ergibt sich ein integral wirkendes Regelkreisglied, ein I-Glied.

> Beim I-Glied ist die Geschwindigkeit der Ausgangsgrößenänderung proportional der Eingangsgröße. Die Reaktion der Ausgangsgröße erfolgt ohne zeitliche Verzögerung.

Ist die Eingangsgröße konstant ungleich Null, dann steigt die Ausgangsgröße des I-Gliedes linear, also mit konstanter Änderungsgeschwindigkeit, an (Bild 3.6). Sie ist abhängig von der *Integrationszeit* T_I sowie von der Eingangsgröße:

$$\frac{\Delta x_a}{\Delta t} = \frac{\hat{x}_e}{T_I}$$

Aufgelöst nach Δx_a:

$$\Delta x_a = \frac{\hat{x}_e}{T_I} \cdot \Delta t$$

Die Summe aus der Änderung Δx_a und dem *Anfangswert* x_{a0} ergibt den aktuellen Wert der Ausgangsgröße:

$$x_a = \Delta x_a + x_{a0}$$

$$x_a = \frac{\hat{x}_e}{T_I} \cdot \Delta t + x_{a0}$$

Die Sprungantwort zeigt die Bedeutung der Integrationszeit; bei $t = T_I$ ist die Ausgangsgröße gerade **um** den Wert der Eingangsgröße $\hat{x}_e$ angestiegen. Anstelle der Integrationszeit wird oft mit dem *Integrierbeiwert* K_I gearbeitet: $K_I = 1/T_I$. Damit wird $x_a = K_I \cdot \hat{x}_e \cdot \Delta t + x_{a0}$.

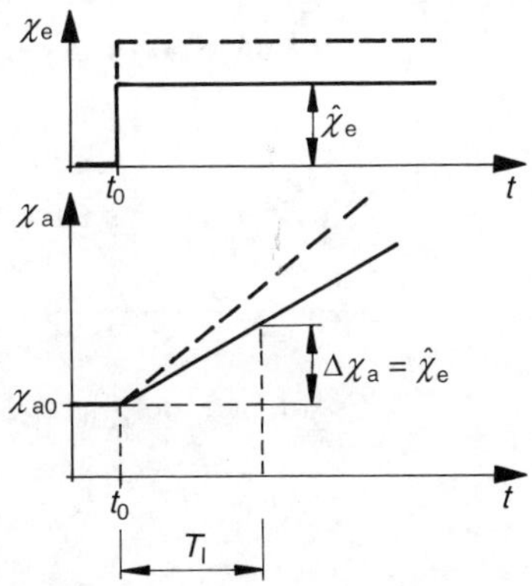

Bild 3.6 I-Glied: Sprungantwort

Diese einfachen Beziehungen für x_a gelten nur bei konstanter Eingangsgröße! Ist das nicht der Fall, kann die Ausgangsgröße nur mit Hilfe der Integralrechnung ermittelt werden, die hier aber weder behandelt noch vorausgesetzt wird.

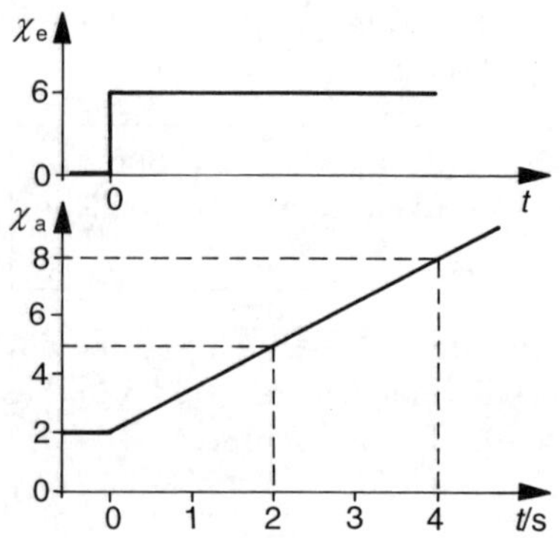

Bild 3.7 I-Glied: Sprungantwort

Berechnungsbeispiel
Ein I-Glied zeigt obenstehende Sprungantwort (Bild 3.7). Ermitteln Sie daraus die Integrationszeit T_I und den Integrierbeiwert K_I!

Lösung: 1. Ermitteln von T_I

Entweder wird T_I an der Stelle abgelesen, an der gilt:
$\Delta x_a = \hat{x}_e \Longrightarrow \Delta x_a = 8 - 2 = 6 = \hat{x}_e \Longrightarrow T_I = 4$ s.
Oder es wird ein beliebiger Zeitpunkt gewählt, z.B.
$t = 2$ s. Dort ist x_a (2 s) = 5. Für den Anfangswert gilt $x_{a0} = 2$.

$$x_a = \frac{\hat{x}_e}{T_I} \cdot \Delta t + x_{a0} \Longrightarrow T_I = \frac{\hat{x}_e \cdot \Delta t}{x_a - x_{a0}}$$

$$T_I = \frac{6 \cdot (2\text{ s} - 0\text{ s})}{5 - 2}; \; T_I = 4\text{ s}$$

2. Ermitteln von K_I

$$x_a = K_I \cdot \hat{x}_e \cdot \Delta t + x_{a0} \Longrightarrow K_I = \frac{x_a - x_{a0}}{\hat{x}_e \cdot \Delta t}$$

Zur Zeit $t = 1$ s ist $x_a = 3{,}5$:

$$K_I = \frac{3{,}5 - 2}{6 \cdot (1\text{ s} - 0\text{ s})} = \frac{1{,}5}{6\text{ s}} \Longrightarrow K_I = 0{,}25\text{ s}^{-1}$$

Es gilt wie definiert: $K_I = 1/T_I$

3.2.1 I-Regler

Auch ein elektronischer Regler mit I-Verhalten (Bild 3.8) kann mit einem Operationsverstärker aufgebaut werden, der als Integrierer beschaltet wird (Abschnitt 1.5.4). Vergleicht man die Formel zur Berechnung der Ausgangsspannung dieser Schaltung mit der Gleichung eines I-Gliedes, kann durch Koeffizientenvergleich die Integrationszeit bestimmt werden:

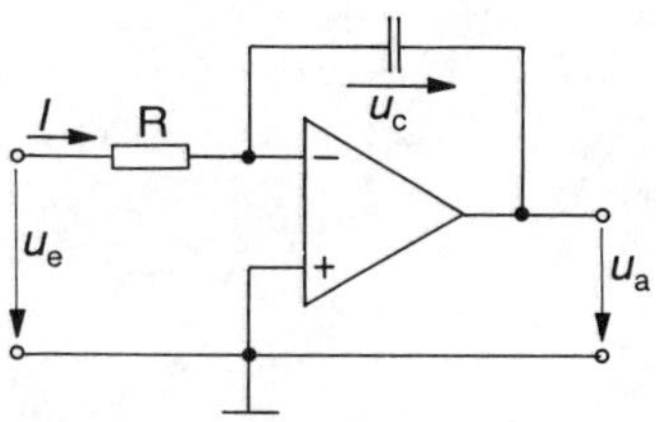

Bild 3.8 I-Regler

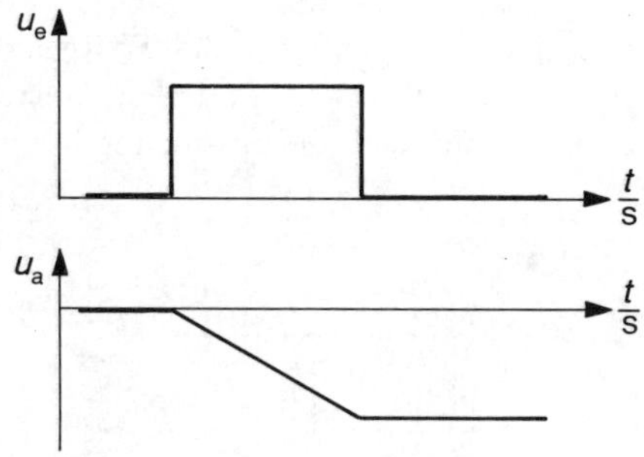

Bild 3.9 Verlauf der Ausgangsspannung

$$u_a = -\left(\frac{\hat{u}_e}{R \cdot C} \cdot \Delta t + U_0\right) \quad \text{und} \quad x_a = \frac{\hat{x}_e}{T_I} \cdot \Delta t + x_{a0}$$

Es gilt $u_a \triangleq x_a$, $-U_0 \triangleq x_{a0}$ und $\hat{u}_e \triangleq \hat{x}_e$. Damit kann T_I bestimmt werden: $T_I = -R \cdot C$. Durch Verändern von R und/oder C kann die Integrationszeit beeinflußt werden und damit die Änderungsgeschwindigkeit der Ausgangsgröße bei konstanter Eingangsgröße.

Die Ausgangsspannung steigt bei positiver Eingangsspannung wegen der invertierenden Wirkung des OPs auf eine negative Spannung. Sie steigt so lange weiter an, bis entweder der OP in die Spannungsbegrenzung gerät (bei $-U_B$ bzw. bei negativer Eingangsspannung bei $+U_B$) oder bis die Eingangsspannung wieder zu Null wird. Wird u_e zu Null, behält die Ausgangsspannung den zuletzt erreichten Wert bei (Bild 3.9).

Das Ausgangssignal eines I-Reglers wird also so lange ansteigen, bis die Regeldifferenz als seine Eingangsgröße zu Null geworden ist – er integriert Regeldifferenzen weg.

> Ein I-Regler ist in der Lage, Störungen ohne bleibende Regeldifferenz auszuregeln. Sein Nachteil besteht in der langsamen Reaktion auf Änderungen des Eingangssignals oder auf Störungen.

Natürlich kann der I-Regler durch die Wahl einer kleinen Integrationszeit T_I schneller auf Störungen reagieren. Dies erhöht aber wiederum die Schwingneigung des Regelkreises.

Der Nachteil der langsamen Regelung läßt sich vermeiden, indem der I-Regler mit einem schnellen P-Regler zu einem PI-Regler kombiniert wird.

3.2.1.1 PI-Regler

> Der PI-Regler verbindet die Vorteile von P-Regler (schnelle Regelung) und I-Regler (keine bleibende Regeldifferenz).

Wie die Sprungantwort des PI-Reglers zeigt (Bild 3.10), setzt sie sich aus dem Sprung des P-Anteils und dem ansteigenden Verlauf des I-Anteils zusammen. Genauso läßt sich die Sprungantwort berechnen: $x_{aPI} = x_{aP} + x_{aI}$.

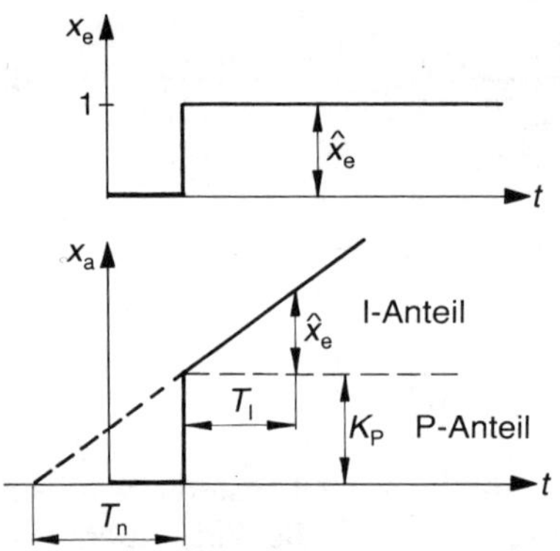

Bild 3.10 PI-Glied: Sprungantwort

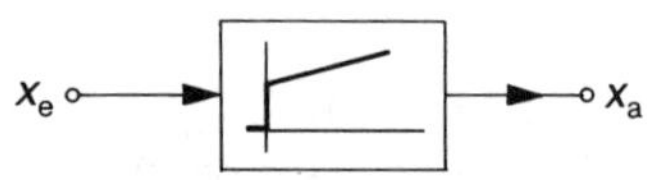

Bild 3.11 PI-Glied: Blocksymbol

Es wird angenommen, daß der Anfangswert des I-Anteils Null sei. Mit den bekannten Beziehungen für die Sprungantworten von P- bzw. I-Glied wird daraus:

$$x_{aPI} = K_P \cdot \hat{x}_e + \frac{1}{T_I} \cdot \hat{x}_e \cdot \Delta t$$

Durch Ausklammern von K_P ergibt sich:

$$x_{aPI} = K_P \cdot \left(\hat{x}_e + \frac{1}{K_P \cdot T_I} \cdot \hat{x}_e \cdot \Delta t\right)$$

Der Faktor $K_P \cdot T_I$ wird *Nachstellzeit* T_n genannt:

$$x_{aPI} = K_P \cdot \left(\hat{x}_e + \frac{1}{T_n} \cdot \hat{x}_e \cdot \Delta t\right) \qquad \text{mit } T_n = K_P \cdot T_I\text{, wenn } x_{I0} = 0$$

T_n ist in der Sprungantwort zu finden als die Zeit, um die der PI-Regler schneller ist als ein reiner I-Regler.

Die symbolisierte Sprungantwort findet sich auch beim PI-Regler in seiner Blockdarstellung wieder (Bild 3.11).

Ist entgegen der obigen Annahme der Anfangswert des I-Anteils nicht Null, so wird dieser Wert x_{I0} zur Ausgangsgröße addiert:

$$x_{aPI} = K_P \cdot \left(\hat{x}_e + \frac{1}{T_n} \cdot \hat{x}_e \cdot \Delta t\right) + x_{I0}$$

Berechnungsbeispiel
Ein elektronischer PI-Regler hat den Proportionalitätsfaktor 1,5 und die Integrationszeit 5 s. Als Eingangsgröße wird zur Zeit t_0 eine Gleichspannung von 2 V eingeschaltet (Bild 3.12). Der Anfangswert des I-Anteils sei:

a) $x_{I0} = 0$ V
b) $x_{I0} = 4$ V

Bestimmen Sie jeweils den Verlauf der Ausgangsspannung!

Lösung: $K_P = 1{,}5$; $T_I = 5$ s; damit wird

$$T_n = K_P \cdot T_I = 7{,}5 \text{ s}$$

a) $$x_{aPI} = 1{,}5 \cdot \left(2\text{ V} + \frac{1}{7{,}5\text{ s}} \cdot 2\text{ V} \cdot \Delta t\right) = 3\text{ V} + \frac{3\text{ V}}{7{,}5\text{ s}} \cdot \Delta t$$

$$x_{aPI} = 3\text{ V} + 0{,}4\,\frac{\text{V}}{\text{s}} \cdot \Delta t$$

berechnen wir zwei Werte:
$x_{aPI}\ (t = 0) = 3$ V und $x_{aPI}\ (t = 10\text{ s}) = 7$ V.
Die Werte sind in der Sprungantwort zu finden (Bild 3.12).

b) Zu den in a) berechneten Werten wird der Anfangswert x_{I0} addiert:
$x_{aPI}\ (t = 0) = 7$ V und $x_{aPI}\ (t = 10\text{ s}) = 11$ V.
Die Werte sind in der Sprungantwort zu finden (Bild 3.12).

3.2.2 I-Strecken

Auch I-Strecken kommen in der Praxis nur mit zeitlichen Verzögerungen vor. Ein anschauliches Beispiel einer Regelstrecke mit integralem Verhalten ist eine Flüssigkeitsniveauregelung. Dabei wird über ein Ventil der Zufluß einer Flüssigkeit in einen Behälter geregelt. Wird das Ventil konstant offen gehalten, steigt der Pegel mit konstanter Geschwindigkeit an, bis entweder das Ventil geschlossen wird oder die Flüssigkeit den oberen Rand des Behälters erreicht und überläuft. Leicht verständlich ist hierbei die Bedeutung des Anfangswertes. Ist der Behälter beim Öffnen des Ventils nicht leer, so muß die Anfangshöhe der Flüssigkeit zu der berechneten Höhenänderung addiert werden. Das Ergebnis ist dann der aktuelle Flüssigkeitsstand.

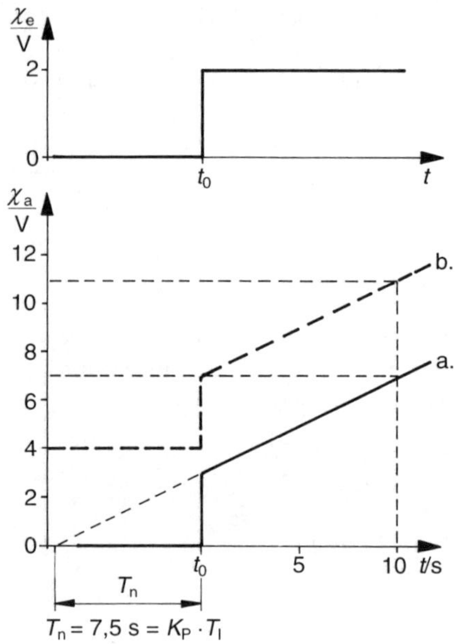

Bild 3.12 PI-Glied: Sprungantworten

Ein weiteres Beispiel für Strecken mit I-Verhalten sind Positionierregelstrecken, z. B. bei Werkzeugmaschinen. Ein Schlitten wird von einem Motor über eine Spindel bewegt. Dreht der Motor mit konstanter Drehzahl, so entfernt sich der Schlitten mit konstanter Geschwindigkeit von seiner Anfangsposition. Ausgangsgröße dieser Strecke ist der Abstand des Schlittens von einer festen Position, der Nullposition. Der aktuelle Wert des Abstandes errechnet sich aus der Summe des Anfangswertes und der Abstandsänderung.

Auch ein unbelasteter Motor kann I-Verhalten zeigen, wenn seine Drehzahl kontinuierlich ansteigt.

Berechnungsbeispiel

Der Schlitten einer Werkzeugmaschine bildet eine Regelstrecke mit I-Verhalten. Sie hat eine Integrationszeit

$$T_I = 0{,}2\ \frac{\text{mA} \cdot \text{s}}{\text{cm}}$$

Der Steuerelektronik des antreibenden Elektromotors wird ein Stromsignal (–20 mA bis +20 mA) zugeführt. Dieser Strom bildet das Eingangssignal der Strecke. Ausgangsgröße ist der Abstand des Schlittens von der Nullstellung. Durch die unterschiedlichen physikalischen Dimensionen von Eingangsgröße (mA) und Ausgangsgröße (cm) ergibt sich die Dimension von T_I in mA · s/cm. Zur Zeit $t = 0$ hat der Schlitten einen Abstand von 60 cm von der Nullstellung. Den Verlauf des Eingangssignals zeigt Bild 3.13.

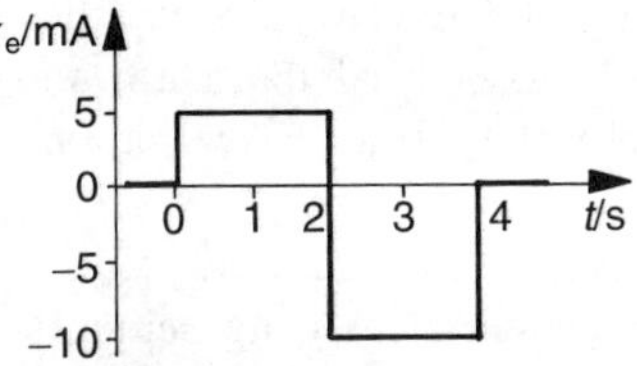

Bild 3.13

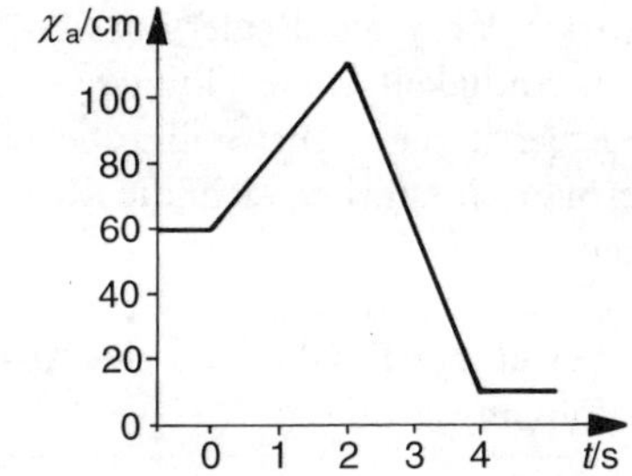

Bild 3.14

Bestimmen Sie den zeitlichen Verlauf der Schlittenposition!

Lösung: Die Ausgangsgröße wird abschnittsweise berechnet:

1. $t = 0\ \text{s} \Longrightarrow \Delta t = 0 \Longrightarrow \Delta x_a = 0$
   $x_a = x_{a0} = 60\ \text{cm}$
2. $t = 2\ \text{s} \Longrightarrow \Delta t = 2\ \text{s} - 0\ \text{s} = 2\ \text{s}$
   $$\Delta x_a = \frac{\hat{x}_e}{T_I} \cdot \Delta t = \frac{5\ \text{mA}}{0{,}2\ \text{mA} \cdot \text{s/cm}} \cdot 2\ \text{s};\ \Delta x_a = 50\ \text{cm}$$
   $x_a\ (2\ \text{s}) = 50\ \text{cm} + 60\ \text{cm} = 110\ \text{cm}$
3. $t = 4\ \text{s} \Longrightarrow \Delta t = 4\ \text{s} - 2\ \text{s} = 2\ \text{s};\ x_{a0} = x_a\ (2\ \text{s}) = 110\ \text{cm}$
   $$\Delta x_a = \frac{(-10\ \text{mA})}{0{,}2\ \text{mA} \cdot \text{s/cm}} \cdot 2\ \text{s};\ \Delta x_a = -100\ \text{cm}$$
   $x_a = -100\ \text{cm} + 110\ \text{cm} = 10\ \text{cm}$
4. $t > 4\ \text{s}:\ \hat{x}_e = 0 \Longrightarrow \Delta x_a = 0 \Longrightarrow x_a = 10\ \text{cm}$

Den Verlauf von x_a zeigt Bild 3.14:

3.3 Differentialglieder

Es gibt Regelvorgänge, bei denen sehr starke plötzliche Störgrößen wirksam werden. Dadurch werden große Abweichungen des Istwertes vom Sollwert zu erwarten sein. Auf diese schnellen durch die Störung bedingten Änderungen kann der I-Anteil eines PI-Reglers nur langsam reagieren. Bis er diese Änderung ausgeregelt hat, bewirkt der P-Anteil abhängig von K_P eine mehr oder weniger große Regeldifferenz.

Ein erfahrener Mensch als Regelperson würde in einem solchen Fall ruckartig versuchen, die Stellgröße zu verändern, damit keine unzulässigen Abweichungen auftreten und die Regeldifferenz möglichst bald wieder zu Null wird. Der Mensch wirkt dabei als Regler, dessen Ausgangsgröße proportional der Änderungsgeschwindigkeit seiner Eingangsgröße ist. Die Eingangsgröße des Reglers ist die Regeldifferenz. Die Stellgröße als Ausgangsgröße des Reglers wird dann um so größer, je stärker sich die Regeldifferenz ändert. Dieses Übertragungsverhalten zeigt ein D-Glied.

> Bei einem D-Glied ist die Ausgangsgröße proportional der Änderung seiner Eingangsgröße.

Dieser Zusammenhang zwischen Ein- und Ausgangsgröße läßt sich mathematisch formulieren:

$$x_a \sim \frac{\Delta x_e}{\Delta t};$$

als Parameter eines D-Gliedes wird der *Differentialbeiwert* K_D eingeführt:

$$x_a = K_D \cdot \frac{\Delta x_e}{\Delta t}$$

Als Sprungantwort eines idealen D-Gliedes erhält man wieder den Nadelimpuls mit unendlicher Höhe und Breite Null (Bild 3.13), wie er von den Betrachtungen des Differenzierers mit OP bekannt ist (Abschnitt 1.5.5). Da sowohl mechanische als auch elektrische Reglerbauteile immer eine Trägheit aufweisen und außerdem die Ausgangsgröße über einen gewissen Wert nicht hinauswachsen kann, wird es eine solche Nadelfunktion in der Praxis nicht geben. Realisieren lassen sich D-Glieder nur mit zeitlicher Verzögerung.

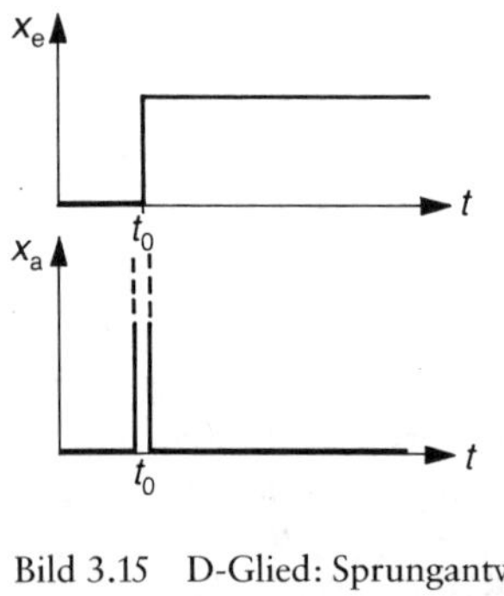

Bild 3.15 D-Glied: Sprungantwort

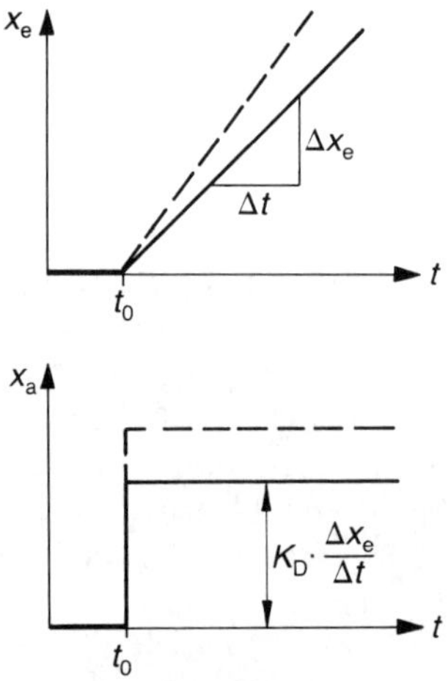

Bild 3.16 D-Glied: Anstiegsantwort

Zur Untersuchung von D-Gliedern ist die Anregung mit einer Sprungfunktion nicht sehr sinnvoll, da sich die Sprungantwort schlecht auswerten läßt. Sinnvoller ist hierbei die Aufnahme der Anstiegsantwort (Bild 3.16). Da die Eingangsgrößenänderung bei Anregung mit einer Anstiegsfunktion konstant ist, wird die Ausgangsgröße einen konstanten Wert haben:

$$x_a = K_D \cdot \frac{\Delta x_e}{\Delta t}; \text{ da } \frac{\Delta x_e}{\Delta t} = \text{const.} \Longrightarrow x_a = \text{const.}$$

Bild 3.17 D-Glied: Anstiegsantwort

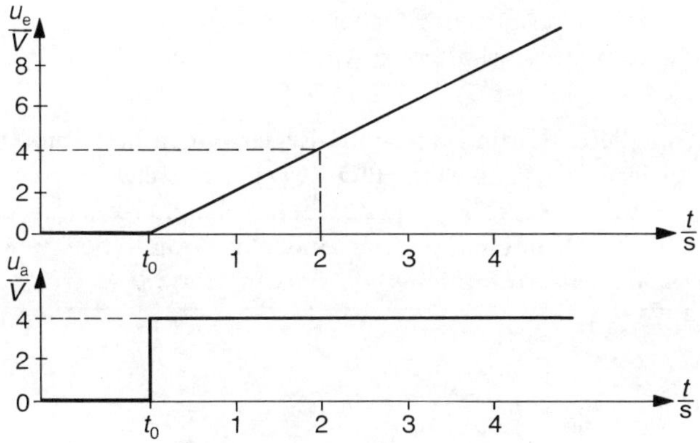

Aus der Anstiegsantwort läßt sich direkt der Differentialbeiwert K_D bestimmen.

Berechnungsbeispiel
Ein elektronisches D-Glied zeigt obenstehende Anstiegsantwort (Bild 3.17). Bestimmen Sie den Differentialbeiwert!

Lösung: Zuerst muß die Steigung der Eingangsspannung bestimmt werden. Dazu wird an beliebiger Stelle ein Steigungsdreieck gezeichnet. Es ist

$$\frac{\Delta u_e}{\Delta t} = 2\frac{\text{V}}{\text{s}}; \; u_a \text{ ist konstant: } u_a = 4\text{ V}.$$

$$u_a = K_D \cdot \frac{\Delta u_e}{\Delta t} \Longrightarrow K_D = u_a \cdot \frac{\Delta t}{\Delta u_e}$$

$$K_D = \frac{4\text{ V}}{2\text{ V/s}} \Longrightarrow K_D = 2\text{ s}$$

3.3.1 D-Regler

Auch ein elektronischer D-Regler kann mit einem OP aufgebaut werden (Bild 3.18). Dazu wird er als Differenzierer beschaltet (Abschnitt 1.5.5). Über den

Vergleich der Beziehung zur Berechnung seiner Ausgangsspannung mit der des D-Gliedes kann K_D bestimmt werden:

$$u_a = -R \cdot C \cdot \frac{\Delta u_e}{\Delta t} \quad \text{und} \quad x_a = K_D \cdot \frac{\Delta x_e}{\Delta t}$$

Damit wird $K_D = -R \cdot C$.

Wie die Sprungantwort des D-Gliedes erkennen läßt, gibt es bei konstanter Eingangsgröße kein Ausgangssignal.

Ein D-Regler alleine ist zur Ausregelung von Störungen nicht zu gebrauchen, da er nur eine Stellgröße abgibt, solange sich sein Eingangssignal ändert. Eine konstante Regeldifferenz würde von einem D-Regler nicht ausgeregelt.

Aus diesem Grund werden D-Regler nur in der Kombination mit P-Reglern (PD-Regler) oder PI-Reglern (PID-Regler) eingesetzt.

In der Kombination mit anderen Grundtypen bewirkt der D-Anteil eine schnellere Ausregelung von starken Störungen.

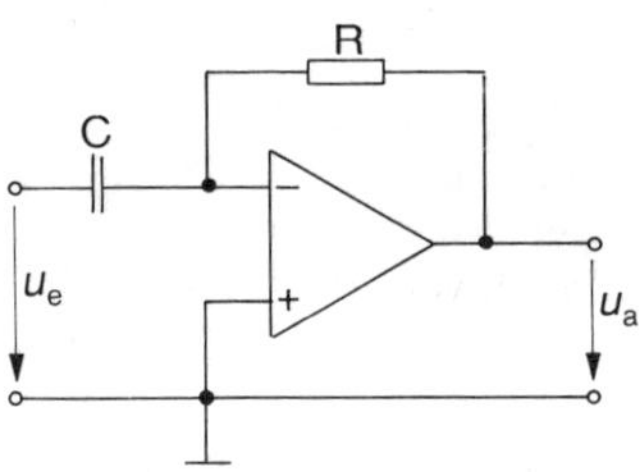

Bild 3.18 D-Regler

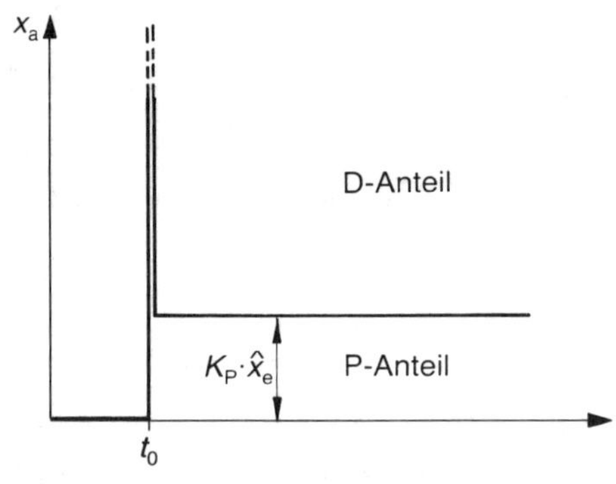

Bild 3.19 PD-Glied: Sprungantwort

3.3.1.1 PD-Regler

Ein PD-Glied wird wegen mangelnder Genauigkeit nur selten als Regler eingesetzt. Dieser Nachteil ergibt sich, da der P-Anteil bei unterschiedlichen Belastungen in der Regelstrecke die Regeldifferenz nicht ganz ausregeln kann. Allerdings sorgt der D-Anteil dafür, daß bei starkem Störgrößeneinfluß schnell und kräftig nachgeregelt wird und somit die Regeldifferenz geringer bleibt als bei einem reinen P-Regler.

Die Sprungantwort eines PD-Reglers zeigt die beiden Anteile, aus denen er zusammengesetzt ist (Bild 3.19). Analog dazu läßt sich auch die Sprungantwort berechnen:

$$x_{aPD} = x_{aP} + x_{aD} \Longrightarrow x_{aPD} = K_P \cdot \hat{x}_e + K_D \cdot \frac{\Delta x_e}{\Delta t}$$

Wird K_P ausgeklammert, wird daraus:

$$x_{aPD} = K_P \cdot \left(\hat{x}_e + \frac{K_D}{K_P} \cdot \frac{\Delta x_e}{\Delta t}\right); \text{ hierbei ist } \frac{K_D}{K_P} = T_v$$

T_v ist die *Vorhaltezeit;* damit wird die Beziehung umgeschrieben:

$$\boxed{x_{aPD} = K_P \cdot \left(\hat{x}_e + T_v \cdot \frac{\Delta x_e}{\Delta t}\right)}$$

Die Bedeutung der Vorhaltezeit T_v zeigt die Anstiegsantwort (Bild 3.20). Um diese Zeit ist ein PD-Regler schneller als ein reiner P-Regler.

3.3.1.2 PID-Regler

Der aufwendigste Reglertyp ist der PID-Regler. Er wird nur bei hohen Anforderungen an Regelgeschwindigkeit und -genauigkeit eingesetzt. Die optimale Einstellung der Reglerparameter ist bei diesem Regler wesentlich komplizierter als bei einfacheren Typen. Er hat nämlich drei Parameter, die exakt aufeinander abgestimmt sein müssen, um optimales Regelverhalten zu gewährleisten.

Auch das Übertragungsverhalten eines PID-Reglers zeigt am anschaulichsten seine Sprungantwort (Bild 3.21). Sie läßt den Einfluß des jeweiligen Grundtyps erkennen. Tritt am Eingang des PID-Gliedes der Signalsprung auf, ist am Ausgang unmittelbar die Reaktion des P- und D-Anteils zu sehen. Während der Einfluß des D-Anteils sofort wieder auf Null zurückgeht, wächst der des I-Anteils nur langsam an, wird aber mit der Zeit immer größer.

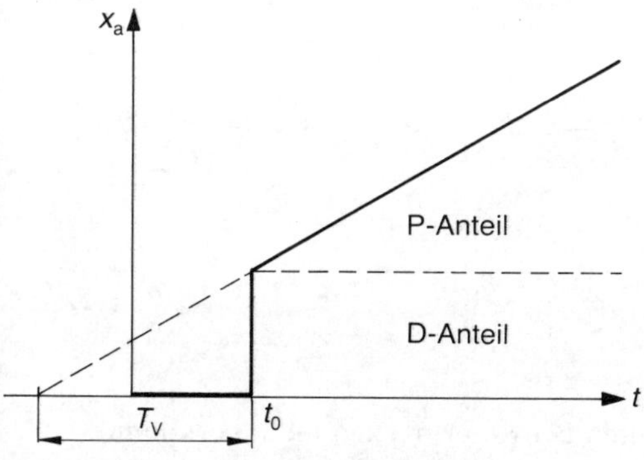

Bild 3.20 PD-Glied: Anstiegsantwort

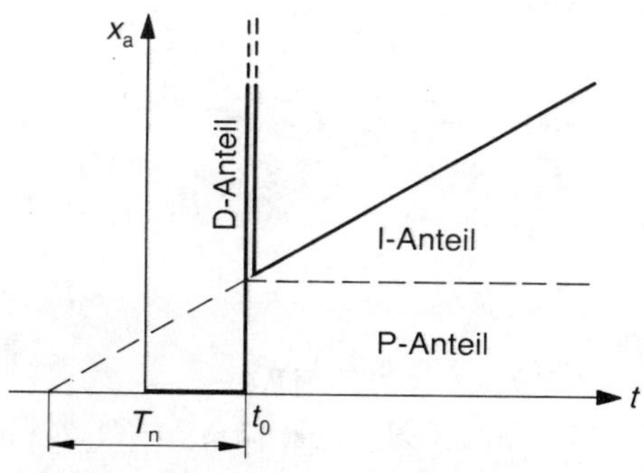

Bild 3.21 PID-Glied: Sprungantwort

Über die Addition dieser drei Anteile kann die Sprungantwort auch berechnet werden. Der Anfangswert des I-Anteils wird mit Null angenommen:

$$x_{\mathrm{aPID}} = x_{\mathrm{aP}} + x_{\mathrm{aI}} + x_{\mathrm{aD}} \Longrightarrow x_{\mathrm{aPID}} = \underbrace{K_{\mathrm{P}} \cdot \hat{x}_{\mathrm{e}}}_{\text{P-}} + \underbrace{\frac{1}{T_{\mathrm{I}}} \cdot \hat{x}_{\mathrm{e}} \cdot \Delta t}_{\text{I-}} + \underbrace{K_{\mathrm{D}} \cdot \frac{\Delta x_{\mathrm{e}}}{\Delta t}}_{\text{D-Anteil}}$$

Ausklammern von K_{P} und Einsetzen der schon erwähnten Zeitkonstanten

$$T_{\mathrm{n}} = T_{\mathrm{I}} \cdot K_{\mathrm{P}} \text{ und } T_{\mathrm{v}} = \frac{K_{\mathrm{D}}}{K_{\mathrm{P}}} \text{ ergibt:}$$

$$\boxed{x_{\mathrm{aPID}} = K_{\mathrm{P}} \cdot \left(\hat{x}_{\mathrm{e}} + \frac{1}{T_{\mathrm{n}}} \cdot \hat{x}_{\mathrm{e}} \cdot \Delta t + T_{\mathrm{v}} \cdot \frac{\Delta x_{\mathrm{e}}}{\Delta t}\right)} \qquad \text{wenn } x_{\mathrm{I0}} = 0$$

Wie schon beim PI-Regler wird auch hier ein vorhandener Anfangswert x_{I0} zur Ausgangsgröße hinzuaddiert:

$$\boxed{x_{\mathrm{aPID}} = K_{\mathrm{P}} \cdot \left(\hat{x}_{\mathrm{e}} + \frac{1}{T_{\mathrm{n}}} \cdot \hat{x}_{\mathrm{e}} \cdot \Delta t + T_{\mathrm{v}} \cdot \frac{\Delta x_{\mathrm{e}}}{\Delta t}\right) + x_{\mathrm{I0}}}$$

Die Auswertung der Sprungantwort sowie Regeln zur Einstellung der Parameter K_{P}, T_{n} und T_{v} werden später noch behandelt.

Durch den P- und den D-Anteil reagiert der PID-Regler sehr schnell, der I-Anteil sorgt dafür, daß keine bleibende Regeldifferenz zurückbleibt.

Ein Beispiel für einen elektronischen PID-Regler, der mit OPs realisiert werden kann, zeigt nebenstehende Schaltung (Bild 3.22). Der erste OP bildet die Regeldifferenz $e = w - x$. P-, I- und D-Anteil werden von parallelgeschalteten OPs gebildet, die als Invertierer, Integrierer und Differenzierer beschaltet sind. Der letzte OP arbeitet als Addierer mit der Verstärkung −1. Er addiert die Ausgangsspannungen der drei OPs, welche die P-, I- und D-Anteile bilden. Außerdem beseitigt er die Vorzeichenumkehr der drei OPs. Mit den Potentiometern lassen sich die Parameter des Reglers einstellen:

$$K_{\mathrm{P}} = \frac{P_1}{R_2}; \qquad T_{\mathrm{I}} = P_2 \cdot C_1 \Longrightarrow T_{\mathrm{n}} = K_{\mathrm{P}} \cdot T_{\mathrm{I}} \Longrightarrow T_{\mathrm{n}} = \frac{P_1}{R_2} \cdot P_2 \cdot C_1$$

$$K_{\mathrm{D}} = P_3 \cdot C_2 \Longrightarrow T_{\mathrm{v}} = \frac{K_{\mathrm{D}}}{K_{\mathrm{P}}} \Longrightarrow T_{\mathrm{v}} = \frac{P_3 \cdot C_2 \cdot R_2}{P_1}$$

3.3.2 D-Strecken

Es wurde schon erwähnt, daß D-Verhalten bei Regelstrecken nicht vorkommt.

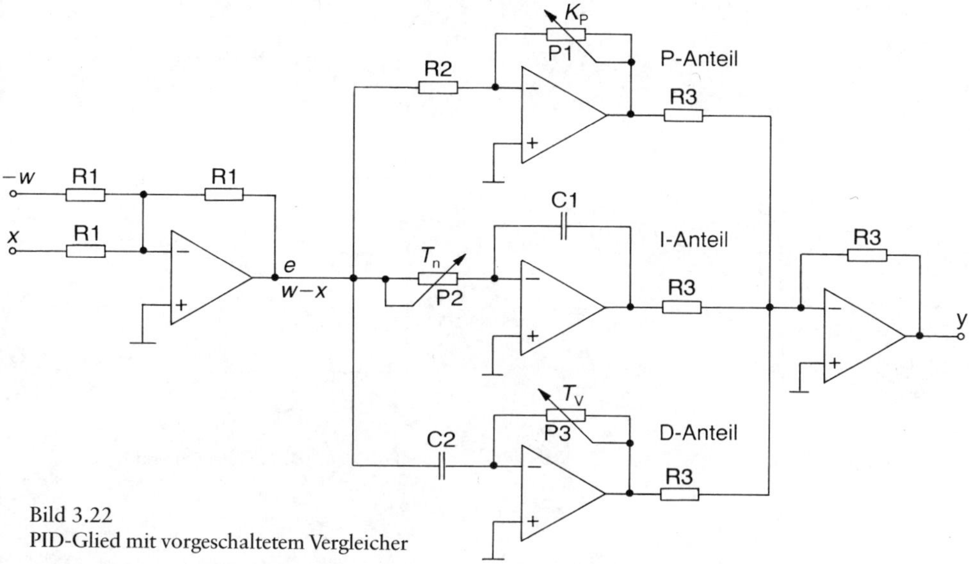

Bild 3.22
PID-Glied mit vorgeschaltetem Vergleicher

3.4 Verzögerungsglieder

> Der sich aus der Eingangsgröße ergebende Wert der Ausgangsgröße wird erst mit zeitlicher Verzögerung erreicht. Verursacht wird die Verzögerung durch Energiespeicher.

Als Energiespeicher wirken Kondensatoren oder Spulen in der Elektrotechnik bzw. Federn oder Massen in der Mechanik. Nach der Anzahl der Energiespeicher werden diese Glieder Verzögerungsglied 1., 2. oder höherer Ordnung genannt. Die Kurzbezeichnung lautet T_1-, T_2-Glied usw. oder allgemein T_n-Glied. Oft sind Verzögerungsglieder kombiniert mit anderen Grundgliedern. Es gibt Glieder mit P-T_1- und P-T_2-Verhalten sowie solche mit I-T_1- und I-T_2-Verhalten. Diese zusammengesetzten Glieder werden später behandelt.

3.4.1 Verzögerungsglieder erster Ordnung

T_1-Glieder besitzen einen Energiespeicher. Energiespeicherndes Bauteil in der Elektrotechnik ist z.B. der Kondensator. Ein einfach zu behandelndes T_1-Glied ist somit das RC-Glied (Bild 3.23). Die sich ergebende Sprungantwort entspricht der bekannten exponentiellen Aufladefunktion eines Kondensators (Bild 3.24). Sie läßt sich berechnen mit

$$x_a = \hat{x}_e \cdot \left(1 - e^{-\frac{t}{T_1}}\right)$$

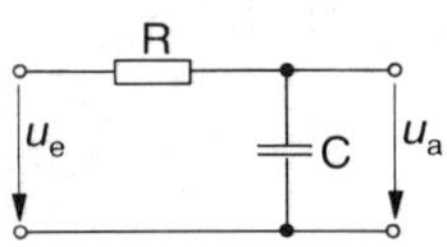

Bild 3.23 RC-Glied

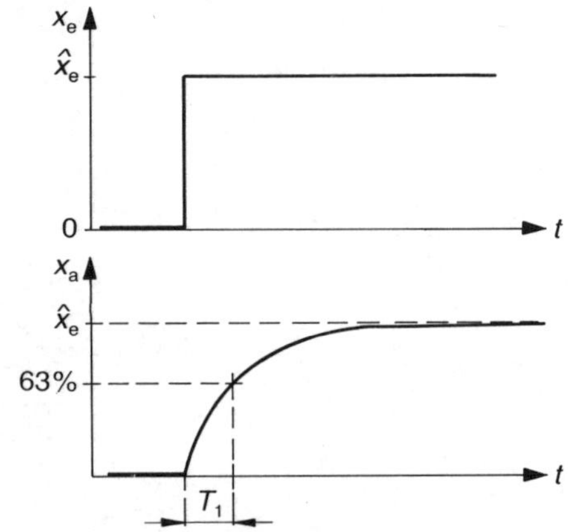

Bild 3.24 T_1-Glied: Sprungantwort

Die Zeitkonstante T_1 entspricht der Konstanten τ, die von den Betrachtungen des Ladeverhaltens von Kondensatoren bekannt ist: $T_1 \triangleq \tau = R \cdot C$. Nach T_1 hat die Ausgangsgröße 63 % ihres Endwertes erreicht. T_1 kann auch über die Tangente in einem beliebig gewählten Punkt der Kurve ermittelt werden (Bild 3.25).

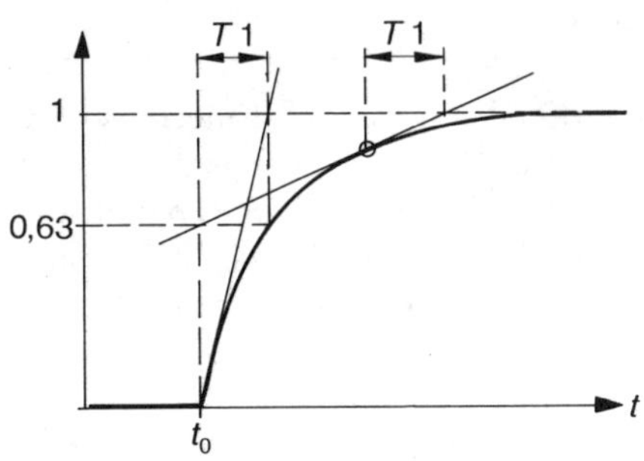

Bild 3.25
T_1-Glied: Auswertung der Sprungantwort

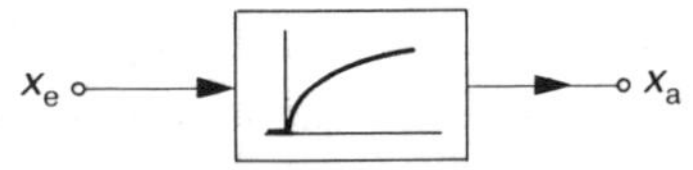

Bild 3.26 T_1-Glied: Blocksymbol

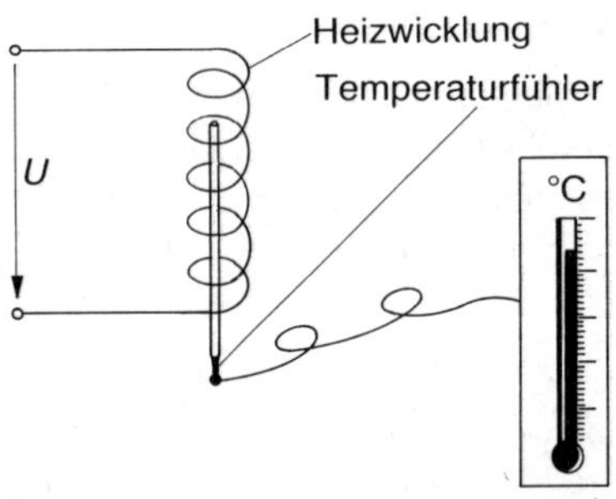

Bild 3.27
Temperaturregelstrecke mit T_1-Verhalten

Im Symbol wird auch das T_1-Glied durch seine Sprungantwort charakterisiert (Bild 3.26).

Beispiele für T_1-Verhalten aus der Praxis sind das Anlaufverhalten von Motoren oder Generatoren, wobei die Trägheit der rotierenden Massen für die Zeitverzögerung sorgt. Das Temperaturverhalten von Temperaturregelstrecken zeigt ebenfalls T_1-Verhalten. Im einfachsten Fall kann dies eine Heizwicklung sein, in deren unmittelbarer Nähe sich ein Temperaturfühler befindet. Dann wirkt nur der Wärmewiderstand bzw. die Wärmekapazität der Heizwicklung als Verzögerung (Bild 3.27).

3.4.2 Verzögerungsglieder zweiter Ordnung

T_2-Glieder besitzen zwei Energiespeicher. Im einfachsten Fall läßt sich ein T_2-Glied durch Hintereinanderschalten von zwei T_1-Gliedern entstanden denken (Bild 3.28). Wird das Glied mit einer sprungförmigen Eingangsgröße x_e angeregt, so bildet die exponentiell verlaufende Sprungantwort des ersten T_1-Gliedes x_a' das Eingangssignal x_e' für das zweite T_1-Glied. Dieses Signal hat anfangs angenähert den Verlauf einer Anstiegsfunktion. Das Ausgangssignal beginnt deshalb parabelförmig, bevor es in einen exponentiellen Verlauf übergeht. Die Sprungantwort hat einen S-förmigen Verlauf mit einem Wendepunkt im Übergang von parabelförmigem zu exponentiellem Verlauf (Bild 3.29).

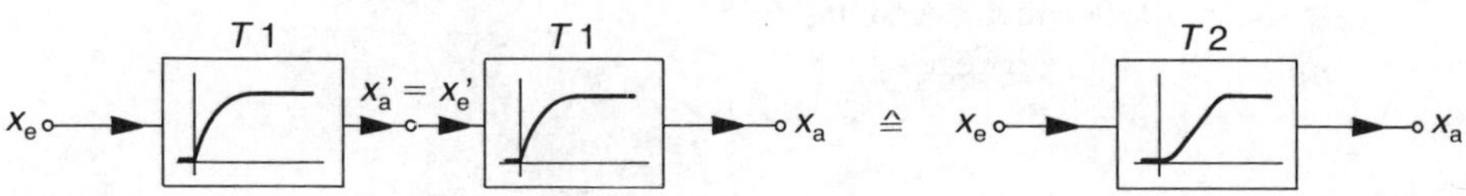

Bild 3.28 T_2-Glied aus zwei T_1-Gliedern

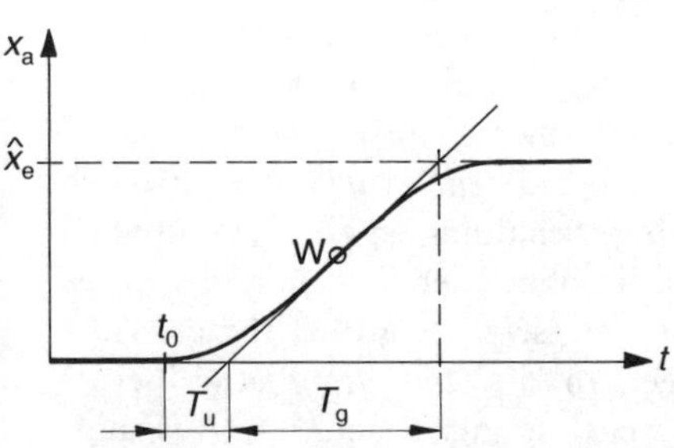

Bild 3.30
T_2-Glied: Auswertung der Sprungantwort

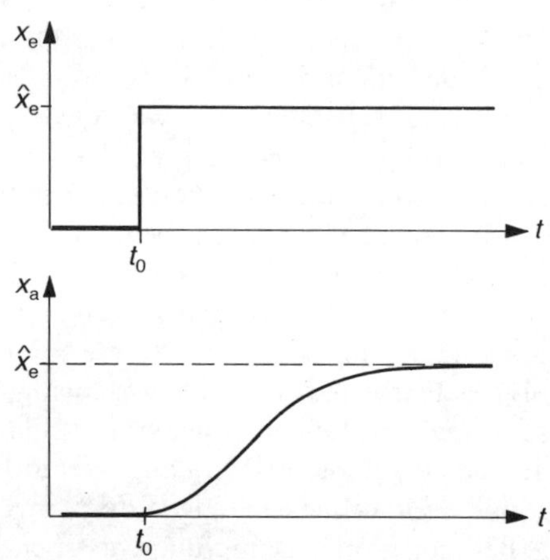

Bild 3.29
T_2-Glied: Sprungantwort

Mathematisch exakt ist die Sprungantwort eines T_2-Gliedes nur mit höherer Mathematik – über Differentialgleichungen – zu beschreiben. Für Praktiker genügt allerdings die Auswertung der Sprungantwort, die z.B. mit einem Linienschreiber aufgenommen werden kann.

Zur Auswertung wird die Tangente im Wendepunkt der Kurve angelegt. Dadurch können die beiden Zeitkonstanten T_u und T_g bestimmt werden, wie Bild 3.30 zu entnehmen ist. T_u wird die *Verzugszeit* genannt, T_g heißt die *Ausgleichszeit*. Das Verhältnis T_g/T_u gibt Auskunft über die Regelbarkeit einer Strecke mit T_2-Verhalten. Zum Verständnis der Zusammenhänge soll als Gedankenexperiment eine T_2-Strecke mit großer T_u und kleiner T_g betrachtet werden. Ändert sich die Eingangsgröße, so erfolgt während T_u praktisch keine Reaktion der Ausgangsgröße. Die Eingangsgröße der Strecke im Regelkreis ist bekanntlich die Stellgröße y, ihre Ausgangsgröße ist die Regelgröße x. Nach Ablauf der Verzugszeit T_u ändert sich x um so schneller, je kleiner T_g ist. Der Istwert als Ausgangsgröße des T_2-Gliedes erreicht dann sehr schnell den Sollwert w und überschreitet ihn sehr weit, da der Regler wegen der großen Verzugszeit T_u nicht schnell genug eingreifen kann. Das Ergebnis ist eine entsprechend schlechte Regelung.

Die Regelbarkeit einer T_2-Strecke in Abhängigkeit von T_g/T_u:

T_g/T_u	Regelbarkeit
<3	schwer regelbar
$3\ldots10$	noch regelbar
>10	gut regelbar

Schaltungstechnisch kann ein T_2-Glied durch Hintereinanderschalten von zwei RC-Gliedern realisiert werden (Bild 3.31). Der als Impedanzwandler beschaltete OP ($V_u = 1$; Abschnitt 1.5.2.1) hat hierbei die Aufgabe, eine Belastung des ersten T_1-Gliedes durch das zweite zu verhindern (rückwirkungsfreie Kopplung).

Enthält ein T_2-Glied zwei verschiedenartige Energiespeicher (z.B. L und C in der Elektrotechnik), so entsteht ein schwingungsfähiges System. Die zugeführte Energie wird von einem Energiespeicher aufgenommen, mit zeitlicher Verzögerung an das andere Glied weitergegeben, von diesem wieder verzögert an das erste zurückgegeben usw. Dabei wird immer ein Teil der Energie z.B. in Form von Wärme entzogen, so daß die Schwingungsamplituden immer kleiner werden, bis die Schwingung abgeklungen ist – die Schwingungen sind *gedämpft*. Ein elektrotechnisches Beispiel für eine solche schwingungsfähige Schaltung ist eine RLC-Reihenschaltung, ein Reihenschwingkreis (Bild 3.32). Im ohmschen Widerstand wird ein Teil der zugeführten Energie jeweils in Wärme umgesetzt. Je größer dieser Widerstand, desto schneller klingen die Schwingungen ab, die *Dämpfung* ist größer.

Bei sehr großer Dämpfung entstehen keine Schwingungen mehr, die Ausgangsspannung hat dann einen *aperiodischen* Verlauf (Bild 3.33). Auf den Einfluß und die Berechnung der Dämpfung wird später noch genauer eingegangen.

Bild 3.31 T_2-Glied

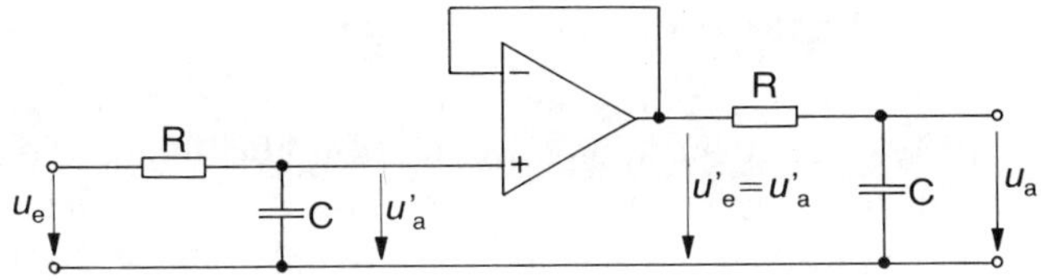

Bild 3.32 T_2-Glied

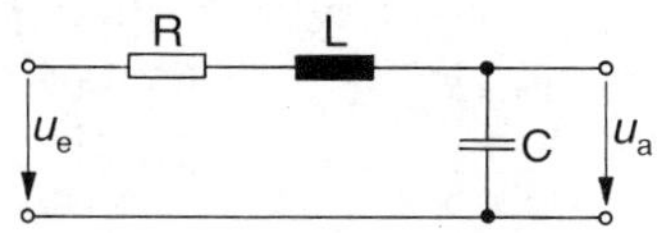

Als charakteristische Größen können der Sprungantwort entnommen werden:

- ☐ die *Anregelzeit* t_{an} als die Zeit, nach der die Ausgangsgröße zum ersten Mal ihren späteren Endwert erreicht,
- ☐ die *Überschwingweite* x_m.

Beispiel für T_2-Verhalten ist ein Maschinensatz, bei dem ein Motor einen Generator antreibt. Beide Maschinen bilden durch ihre Massenträgheit je einen Energiespeicher. Dadurch ergeben sich zwei Zeitkonstante.

Ist bei einer Temperaturregelstrecke die Heizwicklung z. B. mit einem Keramikkörper versehen, ergibt auch dies T_2-Verhalten. Die mit T_1-Verhalten reagierende Heizwicklung muß dabei erst noch den zweiten Speicher, den Keramikkörper, aufheizen, bevor der außen angebrachte Temperaturfühler die Reaktion registrieren kann.

Bild 3.33 Dämpfung von Schwingungen

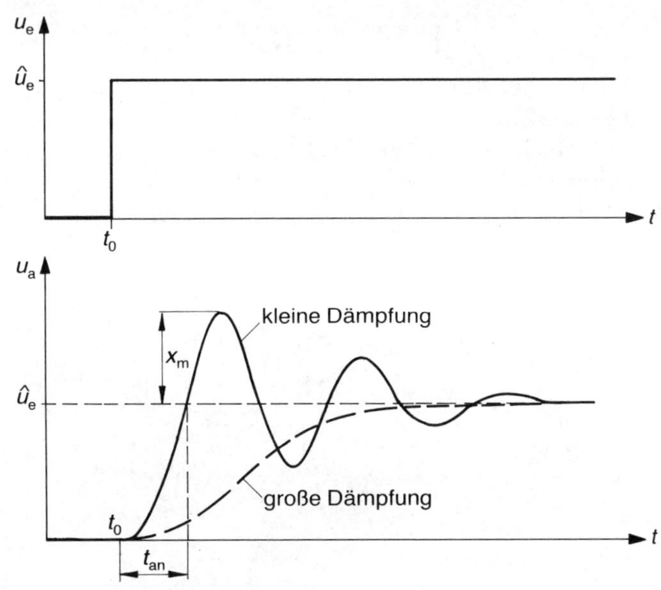

3.4.3 Verzögerungsglieder höherer Ordnung

Je höher die Ordnung eines Verzögerungsgliedes, desto schwieriger wird seine mathematische Behandlung. Deshalb wird bei solchen Gliedern mit verschiedenen einfachen Näherungsverfahren gearbeitet. Eine Methode besteht darin, die Sprungantwort auszuwerten. Sie hat einen ähnlichen Verlauf wie die eines T_2-Gliedes und wird analog dazu ausgewertet, indem im Wendepunkt die Tangente konstruiert und damit T_g und T_u bestimmt wird. Mit diesen beiden Zeitkonstanten kann die Einstellung eines geeigneten Reglers ermittelt werden. Auch diese Einstellregeln werden noch vorgestellt.

Das Verhältnis T_g/T_u gibt wie bei T_2-Strecken Auskunft über die Regelbarkeit von Strecken mit Verzögerungen höherer Ordnung (siehe Abschnitt 3.4.2).

3.4.4 Verzögerungsglieder mit Totzeit

Erregt man ein *Totzeit*-Glied (kurz T_t-Glied) mit einem beliebigen Eingangssignal, so erscheint am Ausgang genau das gleiche Signal, allerdings um eine bestimmte Zeit – die *Totzeit* T_t (auch *Laufzeit* genannt) – verschoben. Ein anschauliches Beispiel für eine Regelstrecke mit Totzeit ist ein mechanisches Förderband (Bild 3.34). Zur Zeit t_0 wird der Schieber sprungartig geöffnet. Das Schüttgut wird jedoch am Meßsensor erst nach der Totzeit T_t registriert, die von der Bandgeschwindigkeit v und der Entfernung s zwischen Schieber und Meßsensor bestimmt wird:

$$T_t = \frac{s}{v}$$

Deutlich ist das Übertragungsverhalten eines T_t-Gliedes an seiner Sprungantwort zu erkennen (Bild 3.35).

Auch im Blocksymbol von T_t-Gliedern findet sich ihre Sprungantwort wieder (Bild 3.36).

In der Elektrotechnik sind T_t-Glieder sehr selten, z.B. bei Phasenanschnittsteuerung mit Thyristoren oder der Nachrichtenübertragung über große Entfernungen. Der Vollständigkeit halber werden sie aber hier mit aufgenommen.

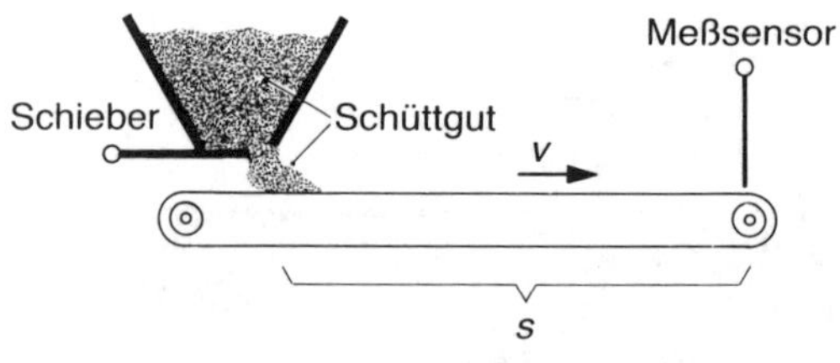

Bild 3.34 T_t-Glied

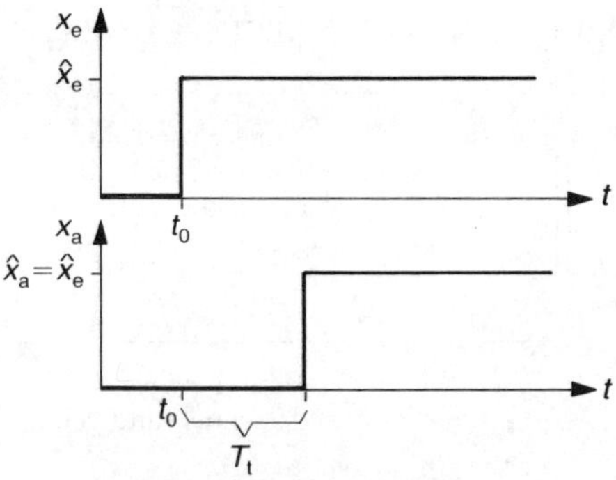

Bild 3.35 T_t-Glied: Sprungantwort

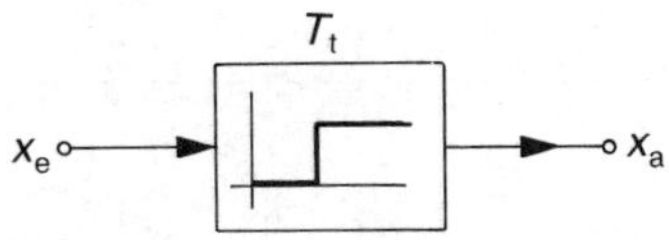

Bild 3.36 T_t-Glied: Blocksymbol

Die mathematische Behandlung von T_t-Gliedern ist komplizierter als bei den anderen Grundgliedern. Für die Sprungantwort gilt:

$$x_a = 0 \quad \text{für } t < T_t$$
$$x_a = \hat{x}_e \quad \text{für } t \geq T_t$$

3.5 Zusammenfassung

Zum Abschluß dieses Kapitels werden die wichtigsten Reglertypen noch einmal mit ihren Sprungantworten in einer Tabelle zusammengefaßt.

REGLERTYP mit GLEICHUNG der SPRUNGANTWORT	SPRUNGANTWORT	REGELVERHALTEN
P- $x_a = K_P \cdot x_e$	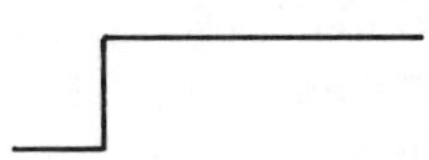	Regelt schnell, aber mit bleibender Regeldifferenz.
I- $x_a = \frac{\hat{x}_e}{T_I} \cdot \Delta t + x_{a0}$		Langsam, aber genau. Keine bleibende Regeldifferenz.

REGLERTYP mit GLEICHUNG der SPRUNGANTWORT	SPRUNGANTWORT	REGELVERHALTEN
D- $x_a = K_D \cdot \frac{\Delta x_e}{\Delta t}$		Nicht einsetzbar. Zwar schnell, aber regelt konstante Störgrößen nicht aus.
PI- $x_{aPI} = K_P \cdot \left(\hat{x}_e + \frac{1}{T_n} \cdot \hat{x}_e \cdot \Delta t\right) + x_{I0}$	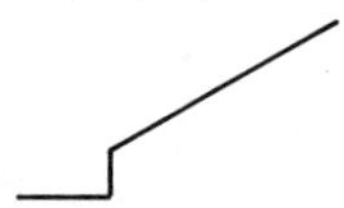	Häufig eingesetzt, da schnell und genau.
PD- $x_a = K_P \cdot \left(\hat{x}_e + T_v \cdot \frac{\Delta x_e}{\Delta t}\right)$	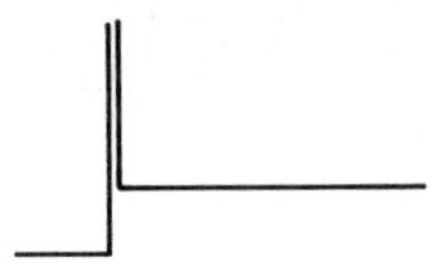	Selten eingesetzt, da geringe Genauigkeit durch P-Anteil. Durch D-Anteil schnelles Ausregeln starker Störungen.
PID- $x_{aPID} = K_P \cdot \left(\hat{x}_e + \frac{1}{T_n} \cdot \hat{x}_e \cdot \Delta t + T_v \cdot \frac{\Delta x_e}{\Delta t}\right) + x_{I0}$		Erfüllt die höchsten Ansprüche. Schnell und genau, aber kompliziert einzustellen.

Die bisherigen Betrachtungen von isolierten Regelkreisgliedern waren sehr anschaulich, und auch ihre mathematische Behandlung ließ sich bei den meisten ohne großen Aufwand durchführen. Das ändert sich jedoch, sobald diese Glieder als Regler und Regelstrecke zu einem Regelkreis zusammengefügt werden. Dann läßt sich das Zeitverhalten des Kreises nur noch mit einem Aufwand beschreiben, der den Rahmen dieser Betrachtungen sprengen würde. Wesentlich einfacher ist dagegen die Untersuchung eines Regelkreises im Frequenzbereich. Grundlage dieser Methode ist die Beherrschung der *komplexen Rechnung.*

Da dieses mathematische Verfahren nicht bei allen Lesern vorausgesetzt werden kann, sollen die Grundlagen im folgenden Kapitel erarbeitet werden, soweit sie für die weiteren Betrachtungen nötig sind.

Lesern mit entsprechenden Vorkenntnissen wird geraten, zumindest die Übungsbeispiele zur Auffrischung bzw. Wiederholung des Stoffes durchzuarbeiten.

4 Rechnen in der komplexen Ebene

4.1 Imaginäre Zahlen

Die Betrachtung des Verhaltens von Regelkreisgliedern im Frequenzbereich setzt die Kenntnis imaginärer Zahlen voraus. Deshalb soll hier kurz darauf eingegangen werden. Dabei wird sich die von den Zeigerdiagrammen der Wechselstromlehre bekannte *Gaußsche Zahlenebene* aus einer neuen Sicht erschließen.

Die Berechnung von Quadratwurzeln bereitete den Mathematikern der Frühzeit immer dann Kopfzerbrechen, wenn der Radikand eine negative Zahl war. Besonderen Anteil an der Lösung dieses Problems hatte der Mathematiker Carl Friedrich Gauss. Er definierte neben dem bekannten Bereich der reellen Zahlen den der *imaginären Zahlen* mit der Einheit j*.

Die imaginäre Einheit j läßt sich nach Gauss bestimmen:

$$j^2 = -1$$

Damit wird

$$j = \sqrt{-1}.$$

Mit dieser Bestimmungsgleichung läßt sich die Quadratwurzel von negativen Zahlen ziehen:

$$\sqrt{-4} = \sqrt{(-1) \cdot 4} = \sqrt{-1} \cdot \sqrt{4} = j \cdot (\pm 2) = \pm j \cdot 2$$

4.1.1 Rechnen mit imaginären Zahlen

Beim Rechnen mit imaginären Zahlen gelten die Regeln der Algebra, die vom Rechnen mit reellen Zahlen bekannt sind. Imaginäre Zahlen können *addiert* und *subtrahiert* werden:

$$j \cdot a + j \cdot b = j \cdot (a+b) \qquad \text{bzw. } j \cdot a - j \cdot b = j \cdot (a-b)$$

Zwei imaginäre Zahlen werden addiert (bzw. subtrahiert), indem die reellen Faktoren der imaginären Einheit addiert (bzw. subtrahiert) werden.

---

* In der Mathematik wird die imaginäre Einheit «i» genannt. Damit es mit dem Formelzeichen für veränderliche Ströme keine Verwechslung geben kann, benutzen die Elektrotechniker das kleine «j».

Berechnungsbeispiele
Berechnen Sie $j \cdot 5 + j \cdot 3$

Lösung: $j \cdot 5 + j \cdot 3 = j \cdot (5+3) = j \cdot 8$

Berechnen Sie $j \cdot 13 - j \cdot 5 - j \cdot 7$

Lösung: $j \cdot 13 - j \cdot 5 - j \cdot 7 = j \cdot (13-5-7) = j \cdot 1 = j$

Auf die gleiche Art können imaginäre Zahlen auch *multipliziert* und *dividiert* werden. Hierzu werden die reellen Faktoren bei der imaginären Einheit multipliziert bzw. dividiert. Zuvor aber noch eine kurze Anmerkung zur Schreibweise von imaginären Zahlen:

In der Algebra ist es üblich, anstelle von z. B. $2 \cdot a$ kurz 2a zu schreiben. Dasselbe gilt auch für die imaginären Zahlen:

$$j \cdot 2 = j2.$$

Werden zwei imaginäre Zahlen miteinander *multipliziert,* so werden die reellen Faktoren miteinander multipliziert. Die imaginäre Einheit j wird quadriert; das Quadrat von j ergibt aber nach Definition: $j^2 = -1$. Damit lassen sich Produkte von imaginären Zahlen wie folgt bilden:

$$ja \cdot jb = j^2 \cdot a \cdot b = j^2ab = (-1) \cdot ab = -ab$$

Berechnungsbeispiel
Berechnen Sie $j3 \cdot j4$

Lösung: $j3 \cdot j4 = j^2 \cdot 3 \cdot 4 = j^2 \cdot 12 = -12$

Werden zwei imaginäre Zahlen *dividiert,* kürzt sich die imaginäre Einheit raus. Das Ergebnis ist eine reelle Zahl, die durch die beiden reellen Faktoren bestimmt wird.

$$ja : jb = \frac{ja}{jb} = \frac{a}{b}$$

Berechnungsbeispiel
Berechnen Sie $j6 : j2$

Lösung: $\frac{j6}{j2} = \frac{6}{2} = 3$

Wird eine imaginäre Zahl mit einer reellen Zahl multipliziert (bzw. dividiert), multipliziert (bzw. dividiert) man den reellen Faktor der imaginären Einheit mit der reellen Zahl.

$$ja \cdot b = j \cdot (a \cdot b) = jab \qquad \left(\text{bzw. } \frac{ja}{b} = j \cdot \frac{a}{b}\right)$$

Berechnungsbeispiele
Berechnen Sie $j3 \cdot 4$

Lösung: $j3 \cdot 4 = j \cdot (3 \cdot 4) = j12$

Berechnen Sie $j6 : 3$

Lösung: $\frac{j6}{3} = j \cdot \frac{6}{3} = j2$

4.2 Komplexe Zahlen

Addition (bzw. Subtraktion) von imaginären und reellen Zahlen läßt sich nicht analog zur Multiplikation (bzw. Division) durchführen. Solche Kombinationen von reellen und imaginären Zahlen heißen *komplexe Zahlen*. Sie bestehen aus *Realteil* und *Imaginärteil*.

$$a + jb = a + jb$$

Diese Zahl kann nicht zu einem Ausdruck zusammengefaßt werden! Sie ist eine komplexe Zahl mit dem Realteil a und dem Imaginärteil b. Geschrieben wird das wie folgt: Die komplexe Zahl heiße z;

$z = a + jb \Longleftrightarrow$ Re(z) = a, gelesen: „Realteil von z ist gleich a".
Im(z) = b, gelesen: „Imaginärteil von z ist gleich b".

In der Zahlentheorie bedeutet dies:

- ☐ Reelle Zahlen sind Sonderfälle von komplexen Zahlen: Jede komplexe Zahl, deren Imaginärteil Null ist, stellt eine reelle Zahl dar: $a + j0 = a$.
- ☐ Imaginäre Zahlen sind ebenfalls Sonderfälle von komplexen Zahlen: Jede komplexe Zahl, deren Realteil Null ist, stellt eine imaginäre Zahl dar: $0 + jb = jb$.

4.2.1 Rechnen mit komplexen Zahlen

Auch hierbei gelten natürlich die bekannten Regeln der Algebra. Zu beachten ist lediglich, daß sich Real- und Imaginärteil nicht zusammenfassen lassen. Werden zwei komplexe Zahlen *addiert* (bzw. *subtrahiert*), so werden die Realteile und Imaginärteile jeweils für sich addiert (bzw. subtrahiert). Als Ergebnis erhält man wieder eine komplexe Zahl:

$$(a_1 + jb_1) \pm (a_2 + jb_2) = (a_1 \pm a_2) + j(b_1 \pm b_2)$$

Das komplexe Ergebnis hat den Realteil $a_1 \pm a_2$ und den Imaginärteil $b_1 \pm b_2$.

Berechnungsbeispiele
Addieren Sie die beiden komplexen Zahlen z_1 und z_2:

$$z_1 = 2 + j3;\ z_2 = 4 + j6$$

Lösung: $z_1 + z_2 = (2 + j3) + (4 + j6) = (2 + 4) + j(3 + 6)$

$$\mathbf{z_1 + z_2 = 6 + j9 \Longleftrightarrow Re(z_1 + z_2) = 6}$$
$$\mathbf{Im(z_1 + z_2) = 9}$$

Berechnen Sie $z_3 - z_4$: $z_3 = 1 + j2$; $z_4 = -3 + j5$

Lösung: $z_3 - z_4 = (1 + j2) - (-3 + j5) = (1 + 3) + j(2 - 5)$

$$\mathbf{z_3 - z_4 = 4 - j3 \Longleftrightarrow Re(z_3 - z_4) = 4}$$
$$\mathbf{Im(z_3 - z_4) = -3}$$

Bevor wir zwei komplexe Zahlen *multiplizieren,* erinnern wir uns an die Gesetze, nach denen zwei Binome multipliziert werden: Jedes Glied wird mit jedem multipliziert. Auf die gleiche Art wird auch das Produkt von zwei komplexen Zahlen gebildet:

$$z_1 \cdot z_2 = (a_1 + jb_1) \cdot (a_2 + jb_2) = a_1 \cdot a_2 + a_1 \cdot jb_2 + jb_1 \cdot a_2 + jb_1 \cdot jb_2$$

Bevor das Ergebnis zusammengefaßt wird, betrachten wir noch den letzten Term und formen diesen etwas um:

$jb_1 \cdot jb_2 = j \cdot j \cdot b_1 \cdot b_2 = j^2 \cdot b_1 \cdot b_2$;
nach der Bestimmungsgleichung ist aber
$j^2 = -1$, damit ergibt sich: $j^2 b_1 b_2 = -b_1 b_2$; dieses ist eine reelle Zahl.

Unter Berücksichtigung dieser Umformung können jetzt die vier Ausdrücke des Ergebnisses nach reellen und imaginären Zahlen sortiert werden:

$$z_1 \cdot z_2 = a_1 a_2 + ja_1 b_2 + ja_2 b_1 - b_1 b_2 = (a_1 a_2 - b_1 b_2) + j(a_1 b_2 + a_2 b_1)$$

Als Ergebnis erhält man eine komplexe Zahl mit

$Re(z_1 \cdot z_2) = a_1 a_2 - b_1 b_2$ und
$Im(z_1 \cdot z_2) = a_1 b_2 + a_2 b_1$

Berechnungsbeispiel
Multiplizieren Sie z_1 und z_2: $z_1 = 2 - j3$; $z_2 = -4 + j2$

Lösung: $z_1 \cdot z_2 = (2 - j3) \cdot (-4 + j2)$

$z_1 \cdot z_2 = 2 \cdot (-4) + 2 \cdot j2 - j3 \cdot (-4) - j3 \cdot j2$

$z_1 \cdot z_2 = -8 + j4 + j12 - j^2 \cdot 6$; hier wird wieder berücksichtigt,

daß $j^2 = -1 \Longrightarrow -j^2 \cdot 6 = -(-1) \cdot 6 = 6$

$z_1 \cdot z_2 = -8 + j4 + j12 + 6 = (-8 + 6) + j \cdot (4 + 12)$

$$\mathbf{z_1 \cdot z_2 = -2 + j16 \Longleftrightarrow Re(z_1 \cdot z_2) = -2}$$
$$\mathbf{Im(z_1 \cdot z_2) = 16}$$

Übung 5

Wie lautet die Bestimmungsgleichung für die imaginäre Einheit?

Übung 6

Berechnen Sie $z_1 - z_2$, und bestimmen Sie Realteil und Imaginärteil von dem Ergebnis: $z_1 = -3 + j5$; $z_2 = j7$.

Übung 7

Berechnen Sie $z = z_1 \cdot z_2 + z_3$, und bestimmen Sie Realteil und Imaginärteil von dem Ergebnis:
$z_1 = 1 - j2$; $z_2 = -2 + j3$;
$z_3 = -3 - j8$.

4.3 Darstellung von imaginären und komplexen Zahlen in der Gaußschen Zahlenebene

Der Ausdruck «imaginär» ist aus der historischen Entwicklung der Mathematik zu verstehen. Mit imaginären Zahlen kann zwar wie mit reellen Zahlen gerechnet werden, aber sie lassen sich nicht als Punkte auf der Zahlengeraden darstellen. Dort haben nur reelle Zahlen ihren Platz. Abhilfe schuf hier wieder CARL FRIEDRICH GAUSS, indem er den imaginären Zahlen eine eigene Zahlengerade zuwies, die senkrecht auf der reellen Zahlenachse steht. So entstand die nach ihm benannte *Gaußsche Zahlenebene,* in der sich jede komplexe Zahl als Punkt darstellen läßt.

In Bild 4.1 ist die Gaußsche Zahlenebene dargestellt. Als Beispiele sind die komplexen Zahlen $4 \pm j2$ und $-4 \pm j2$ eingezeichnet.

Besondere Bedeutung haben komplexe Zahlenpaare, die sich nur im Vorzeichen ihres Imaginärteiles unterscheiden, z.B. $4+j2$ und $4-j2$. Zwei derartige Zahlen liegen immer spiegelbildlich zur reellen Achse und werden *«konjugiert komplexe Zahlen»* genannt.

Bild 4.1 Gaußsche Zahlenebene

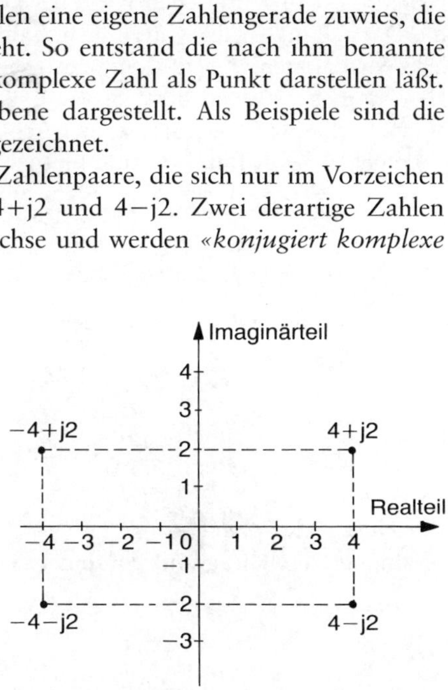

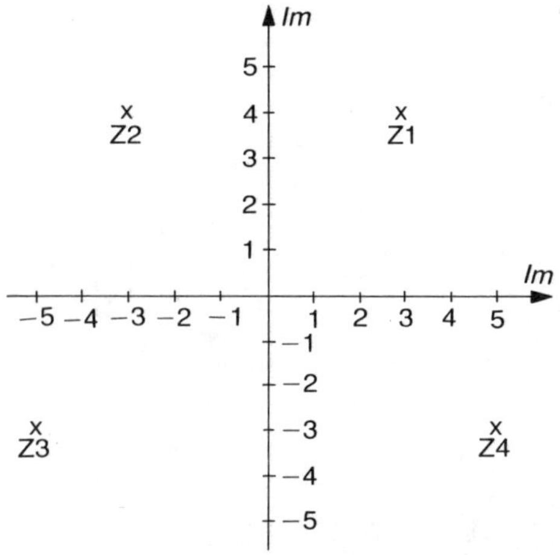

Bild 4.2

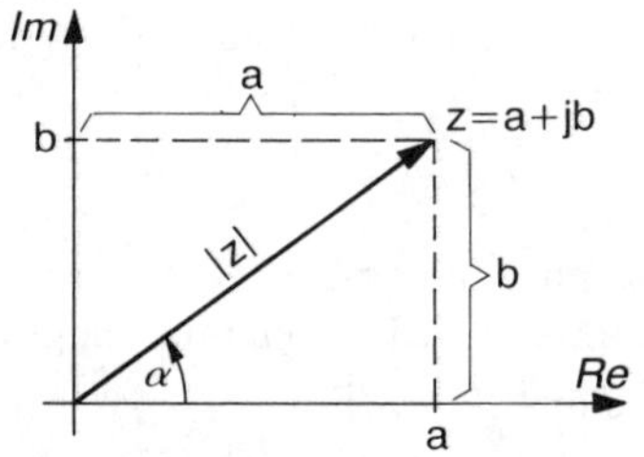

Bild 4.3
Zeigerdarstellung von komplexen Zahlen

Berechnungsbeispiel

Zeichnen Sie die komplexen Zahlen

$z_1 = 3 + j4$, $z_2 = -3 + j4$,

$z_3 = -5 - j3$ und $z_4 = 5 - j3$ in die Gaußsche Zahlenebene.

Lösung: (Bild 4.2).

Neben dieser algebraischen Form der komplexen Zahlen ($z = a + jb$) können für die Darstellung in der Gaußschen Zahlenebene auch die aus der Wechselstromlehre bekannten Zeiger herangezogen werden. Die Länge des Zeigers vom Ursprung der Zahlenebene bis zum Bildpunkt der komplexen Zahl sowie der Winkel zwischen Zeiger und reeller Achse bestimmen eindeutig die Zahl (Bild 4.3).

Folgende Bezeichnungen sind hierbei geläufig:

$|z|$: «*Betrag*» der komplexen Zahl z; dies entspricht der Länge des Zeigers.

α: «*Phasenwinkel*» oder kurz die «*Phase*» der komplexen Zahl z.

Betrag und Phase sind anhand der Zeichnung leicht zu ermitteln:

$$|z| = \sqrt{[\mathbf{Re}(z)]^2 + [\mathbf{Im}(z)]^2} = \sqrt{a^2 + b^2}$$; nach dem Satz des Pythagoras!

$$\tan\alpha = \frac{\mathbf{Im}(z)}{\mathbf{Re}(z)} = \frac{b}{a} \text{ bzw.: } \alpha = \arctan\frac{b}{a}$$

Berechnungsbeispiel

Bestimmen Sie Betrag und Phase der komplexen Zahl $z_1 = -3 + j4$!

Lösung: $\mathbf{Re}(z_1) = -3; \quad \mathrm{Im}(z_1) = 4$

$$|z_1| = \sqrt{(-3)^2 + 4^2} = \sqrt{9 + 16} = \sqrt{25}$$

$$|z_1| = 5$$

$$\tan \alpha = \frac{4}{-3} = -1{,}33 \Longleftrightarrow \alpha = -53{,}13°$$

Übung 8

Tragen Sie die komplexe Zahl $z = 3 - j2$ in die Gaußsche Zahlenebene ein, und bestimmen Sie Betrag und Phase.

Übung 9

Tragen Sie die komplexe Zahl $z_1 - z_2$ in die Gaußsche Zahlenebene ein, und bestimmen Sie Betrag und Phase: $z_1 = 2 - j; \quad z_2 = -1 + j3$.

Etwas aufwendiger ist die Ermittlung von Betrag und Phase, wenn die komplexe Zahl im Nenner eines Bruches steht. Dann muß der Bruch zuerst mit dem konjugiert komplexen Nenner erweitert werden. Nach einigen Umformungen lassen sich dann Real- und Imaginärteil der komplexen Zahl bestimmen und damit Betrag und Phase.

Berechnungsbeispiel

Bestimmen Sie Betrag und Phase der komplexen Zahl

$$z = \frac{1}{2 + j3}!$$

Lösung: Der komplexe Nenner lautet $2 + j3$; der konjugiert komplexe Nenner lautet dann $2 - j3$. Erweitern mit diesem konjugiert komplexen Nenner liefert:

$$z = \frac{1}{2 + j3} \cdot \frac{(2 - j3)}{(2 - j3)} = \frac{2 - j3}{(2 + j3) \cdot (2 - j3)}$$

$$z = \frac{2 - j3}{2 \cdot 2 + 2 \cdot (-j3) + j3 \cdot 2 + j3 \cdot (-j3)}$$

$$z = \frac{2 - j3}{4 - j6 + j6 - j^2 \cdot 9};$$

hier heben sich die beiden Terme $-j6$ und $+j6$ gegenseitig auf. Außerdem wird auch wieder berücksichtigt, daß $j^2 = -1$. Damit wird aus dem Term $-j^2 \cdot 9 = -(-1) \cdot 9 = +9$, und es ergibt sich:

$$z = \frac{2 - j3}{4 + 9} = \frac{2 - j3}{13}$$

$$z = \frac{2}{13} - j \cdot \frac{3}{13} \Longleftrightarrow \mathbf{Re(z)} = \frac{2}{13}; \quad \mathbf{Im(z)} = -\frac{3}{13}$$

An diesem Beispiel ist auch der Sinn der Umformung zu erkennen. Sie führt dazu, daß der Nenner zu einer reellen Zahl wird, im Beispiel 13. In der dann vorliegenden Form kann Real- und Imaginärteil der komplexen Zahl angegeben werden.

Sind Real- und Imaginärteil ermittelt, bereitet die Bestimmung von Betrag und Phase keine Schwierigkeiten mehr.

$$|z| = \sqrt{\left(\frac{2}{13}\right)^2 + \left(-\frac{3}{13}\right)^2}$$

$$|z| = \mathbf{0{,}277}$$

$$\tan\alpha = \frac{-\frac{3}{13}}{\frac{2}{13}} = -\frac{3}{2} \Longleftrightarrow \alpha = \mathbf{-56°}$$

Übung 10

Berechnen Sie Betrag und Phase der komplexen Zahl

$z = \frac{5}{3 - j4}$!

Übung 11

Berechnen Sie Betrag und Phase der komplexen Zahl

$z = \frac{3 - j}{2 - j2}$!

4.4 Komplexe Rechnung in der Elektrotechnik

4.4.1 Komplexe Widerstände

Von der Wechselstromlehre der Elektrotechnik her kennen wir neben den ohmschen Wirkwiderständen auch kapazitive und induktive Blindwiderstände. Eine Kombination von Wirk- und Blindwiderständen ergibt einen *komplexen Widerstand*. Diese komplexen Widerstände werden *Impedanzen* genannt. Sie können als Zeiger in der Gaußschen Zahlenebene dargestellt werden. Den Realteil des Zeigers bilden die ohmschen Wirkwiderstände, während die kapazitiven oder induktiven Blindwiderstände imaginäre Größen sind.

Um komplexe von reellen Größen unterscheiden zu können, werden ihre Formelzeichen durch Unterstreichen kenntlich gemacht. So ist z.B. $\underline{Z}_L$ die Impedanz einer Induktivität. Durch Weglassen des Striches wird der Betrag der Größe (≙ Länge ihres Zeigers) gekennzeichnet: $|\underline{Z}_L| \triangleq Z_L$.

Die Zeiger der drei Wechselstromwiderstände in der Gaußschen Zahlenebene sind in Bild 4.4 dargestellt.

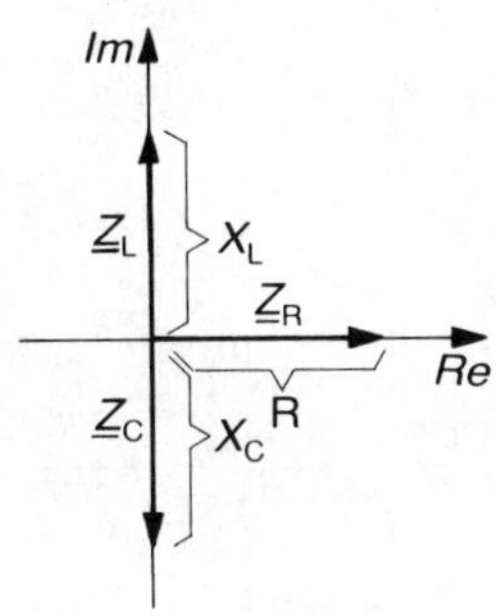

Bild 4.4 Zeigerdarstellung von Impedanzen

Es ergeben sich folgende Zusammenhänge:

- □ Die Impedanz $\underline{Z}_R$ des ohmschen Widerstandes ist reell: $\underline{Z}_R = R$.
  Sie ist unabhängig von der Frequenz, ihr Betrag stimmt mit dem Gleichstromwiderstand überein: $|\underline{Z}_R| = Z_R = R$
- □ Die Impedanz $\underline{Z}_L$ einer Induktivität ist positiv imaginär. Ihr Betrag entspricht dem induktiven Blindwiderstand und wächst somit proportional zur Kreisfrequenz:
  $\underline{Z}_L = j \cdot X_L$; der induktive Blindwiderstand X_L läßt sich bekanntlich berechnen über:
  $X_L = \omega \cdot L = 2 \cdot \pi \cdot f \cdot L$
  Damit ergibt sich als Impedanz einer Induktivität:
  $\underline{Z}_L = j \cdot \omega \cdot L$; mit dem Betrag: $|\underline{Z}_L| = Z_L = X_L = \omega \cdot L$; $Z_L \sim f$

□ Die Impedanz $\underline{Z}_C$ einer Kapazität ist negativ imaginär. Ihr Betrag entspricht dem kapazitiven Blindwiderstand und verhält sich somit umgekehrt proportional zur Kreisfrequenz: $\underline{Z}_C = -j \cdot X_C$; der kapazitive Blindwiderstand X_C läßt sich berechnen über:

$$X_C = \frac{1}{\omega \cdot C} = \frac{1}{2 \cdot \pi \cdot f \cdot C}$$

Damit ergibt sich als Impedanz einer Kapazität:

$$\underline{Z}_C = -\frac{j}{\omega \cdot C}; \text{ mit dem Betrag:}$$

$$|\underline{Z}_C| = Z_C = \frac{1}{\omega \cdot C}; \quad Z_C \sim \frac{1}{f}$$

Die Gleichung für die kapazitive Impedanz läßt sich umformen, wenn die Definition der imaginären Einheit j entsprechend angewendet wird. Es läßt sich zeigen, daß gilt:

$$\frac{1}{j} = -j;$$

zum Beweis wird die Definition der imaginären Einheit angewandt: $j = \sqrt{-1}$

Damit wird

$$\frac{1}{j} = \frac{1}{\sqrt{-1}};$$

erweitern wir diesen Bruch mit $\sqrt{-1}$, ergibt dies:

$$\frac{1}{j} = \frac{1}{\sqrt{-1}} \cdot \frac{\sqrt{-1}}{\sqrt{-1}} = \frac{\sqrt{-1}}{\sqrt{-1} \cdot \sqrt{-1}} = \frac{j}{-1} = -j$$

Mit dieser Umformung kann

$$\underline{Z}_C = -\frac{j}{\omega \cdot C}$$

auch geschrieben werden:

$$\underline{Z}_C = \frac{1}{j \cdot \omega \cdot C}$$

Auch Wechselspannungen und -ströme lassen sich als Zeiger in der Gaußschen Zahlenebene darstellen und entsprechend berechnen. Dies wird aber für unsere weiteren Betrachtungen nicht benötigt, deshalb soll hier nicht näher darauf eingegangen werden.

Ein Vorteil der Rechnung mit komplexen Größen in der Elektrotechnik liegt darin, daß mit ihnen genauso einfach gerechnet werden kann wie mit Gleichstromgrößen. Dies zeigt das folgende Beispiel.

Bild 4.5 Reihenschwingkreis

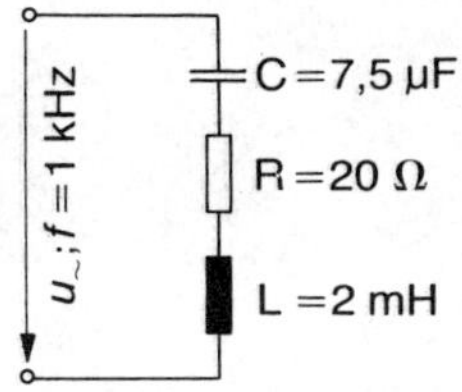

Berechnungsbeispiel

Berechnen Sie die Gesamtimpedanz eines Reihenschwingkreises (Bild 4.5):

$U = 5\ \text{V}$

Lösung: Die Gesamtimpedanz $\underline{Z}$ der Reihenschaltung berechnet sich genau wie bei Gleichstromwiderständen über die Summe der einzelnen Widerstände, die hier allerdings Impedanzen sind:

$\underline{Z} = \underline{Z}_R + \underline{Z}_L + \underline{Z}_C$; die Impedanzen lassen sich wie folgt bestimmen:

$\underline{Z}_R = R;\quad \underline{Z}_L = \mathrm{j} \cdot X_L;\quad \underline{Z}_C = -\mathrm{j} \cdot X_C$

Damit wird $\underline{Z} = R + \mathrm{j} \cdot X_L - \mathrm{j} \cdot X_C$; die imaginären Größen können zusammengefaßt werden:

$\underline{Z} = R + \mathrm{j} \cdot (X_L - X_C)$; die Berechnung der Widerstände ergibt:

$$R = 20\ \Omega;\ X_L = 2 \cdot \pi \cdot f \cdot L = 12{,}6\ \Omega;\ X_C = \frac{1}{2 \cdot \pi \cdot f \cdot C} = 21{,}2\ \Omega$$

Mit diesen Zahlenwerten kann die Gesamtimpedanz berechnet werden:

$$\underline{Z} = 20\ \Omega + \mathrm{j} \cdot (12{,}6\ \Omega - 21{,}2\ \Omega)$$

$$\underline{Z} = \mathbf{20\ \Omega - j \cdot 8{,}6\ \Omega}$$

$$\mathrm{Re}(\underline{Z}) = 20\ \Omega;\quad \mathrm{Im}(\underline{Z}) = -8{,}6\ \Omega$$

Natürlich kann wie bei allen komplexen Zahlen auch bei Impedanzen Betrag und Phasenwinkel berechnet werden (Bild 4.6):

$$|\underline{Z}| = Z = \sqrt{(20\ \Omega)^2 + (-8{,}6\ \Omega)^2}$$

$$Z = 21{,}8\ \Omega$$

$$\tan \alpha = \frac{-8{,}6\ \Omega}{20\ \Omega} = -0{,}43$$

$$\alpha = \arctan(-0{,}43) \Longrightarrow \alpha = \mathbf{-23°}$$

An diesem Beispiel soll einmal exemplarisch gezeigt werden, wie mit komplexen Widerständen Ströme und Spannungen berechnet werden können. Es wird dabei deutlich, daß mit komplexen Größen genau wie mit Gleichstromgrößen gerechnet wird! Es gilt natürlich auch hier das Ohmsche Gesetz; zu beachten ist nur, daß die Größen komplex sind:

$$\underline{U} = \underline{Z} \cdot \underline{I}$$

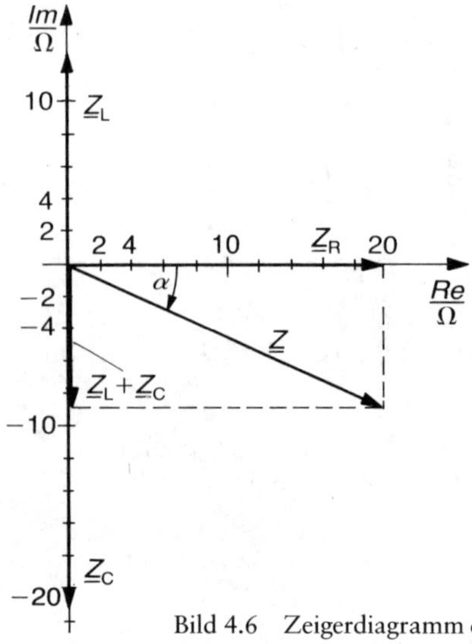

Bild 4.6 Zeigerdiagramm der Impedanzen

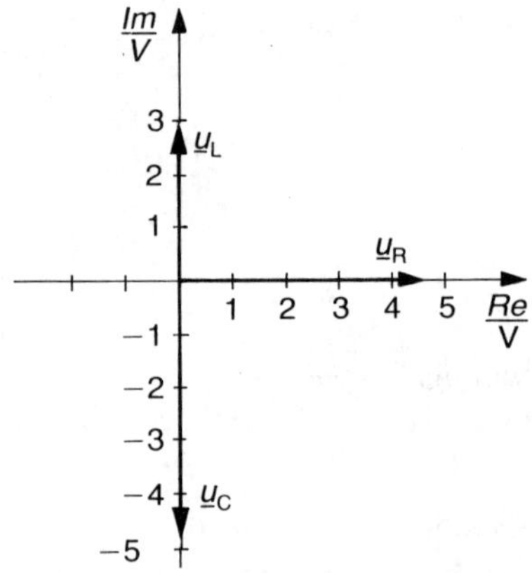

Bild 4.7 Zeigerdiagramm der Spannungen

Berechnen wir zuerst den Betrag des Stromes:

$$I = \frac{U}{Z}$$

Einsetzen der Zahlenwerte ergibt:

$$\mathbf{I} = \frac{5\ \text{V}}{21{,}8\ \Omega} = \mathbf{229\ mA}$$

Der Phasenwinkel zwischen Strom und Spannung ist der gleiche, der schon bei der Impedanz berechnet wurde: $\alpha = -23°$. Dies bedeutet, daß die Spannung dem Strom um den Winkel 23° hinterhereilt.

Mit den Impedanzen $\underline{Z}_R$, $\underline{Z}_L$ und $\underline{Z}_C$ können ebenfalls nach dem Ohmschen Gesetz die Teilspannungen $\underline{u}_R$, $\underline{u}_L$ und $\underline{u}_C$ ermittelt werden; hierbei wird der bekannte Zusammenhang genutzt, daß der Strom bei einer Reihenschaltung überall gleich ist:

$$\underline{u}_R = \underline{Z}_R \cdot I = R \cdot I = 20\ \Omega \cdot 229\ \text{mA} \Longrightarrow \underline{\mathbf{u}}_R = \mathbf{4{,}6\ V}$$
$$\underline{u}_L = \underline{Z}_L \cdot I = \text{j} \cdot X_L \cdot I = \text{j} \cdot 12{,}6\ \Omega \cdot 229\ \text{mA} \Longrightarrow \underline{\mathbf{u}}_L = \mathbf{j \cdot 2{,}9\ V}$$
$$\underline{u}_C = \underline{Z}_C \cdot I = -\text{j} \cdot X_C \cdot I = -\text{j} \cdot 21{,}2\ \Omega \cdot 229\ \text{mA} \Longrightarrow \underline{\mathbf{u}}_C = \mathbf{-j \cdot 4{,}86\ V}$$

Diese drei Ergebnisse geben die Richtungen der Spannungszeiger an:

> $\underline{u}_R$ liegt in Richtung der positiv reellen Achse, $\underline{u}_L$ in Richtung der positiv imaginären und $\underline{u}_C$ in Richtung der negativ imaginären Achse. Das zugehörige Spannungszeigerdiagramm zeigt Bild 4.7.

Übung 12

Berechnen Sie die Gesamtimpedanz für die *RLC*-Reihenschaltung von Bild 4.5, wenn die Frequenz der Eingangsspannung 1500 Hz beträgt. Zeichnen Sie das Zeigerdiagramm für die Impedanzen.

Übung 13

Berechnen Sie die Teilspannungen $\underline{u}_R$, $\underline{u}_L$ und $\underline{u}_C$ für die *RLC*-Reihenschaltung von Bild 4.5, wenn $U = 2$ V/ 1500 Hz. Zeichnen Sie das Zeigerdiagramm für die Spannungen.

4.4.2 Ortskurven

Zu beachten ist, daß die Zeigerdiagramme immer nur für eine bestimmte Frequenz gelten. Um das Verhalten von Schaltungen bei variablen Frequenzen aufzuzeigen, werden *Ortskurven* gezeichnet. Eine Ortskurve wird gebildet von den Endpunkten aller Zeiger in der komplexen Zahlenebene, die sich für die unterschiedlichen Frequenzen ergeben.

Die Konstruktion von Ortskurven wird an zwei Beispielen gezeigt:

Berechnungsbeispiel
Konstruieren Sie die Ortskurve für die *RL*-Reihenschaltung nach Bild 4.8.

Lösung: Zuerst wird die Gesamtimpedanz der Schaltung bestimmt:

$$\underline{Z} = R + \mathrm{j} \cdot \omega \cdot L = R + \mathrm{j} \cdot 2 \cdot \pi \cdot f \cdot L$$

Jetzt können für verschiedene Frequenzen die Impedanzen berechnet und die jeweiligen Werte als Zeiger in die Gaußsche Zahlenebene eingetragen werden. Der Realteil *R* ist natürlich bei allen Frequenzen konstant, er beträgt immer 300 Ω.

In der Tabelle sind die Werte für verschiedene Frequenzen eingetragen:

f/Hz	$\underline{Z} = R + \mathrm{j} \cdot \omega \cdot L$
0	300 Ω
50	300 Ω + j · 100 Ω
100	300 Ω + j · 200 Ω
300	300 Ω + j · 600 Ω
∞	300 Ω + j · ∞

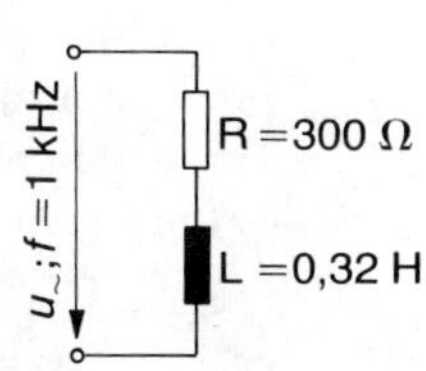

Bild 4.8 *RL*-Reihenschaltung

Eine besondere Bedeutung hat hier die Frequenz Unendlich, auch wenn sie zuerst unrealistisch erscheinen mag. Zu erkennen ist, daß auch bei der theoretisch höchsten Frequenz der Realteil immer noch konstant bleibt, während der Imaginärteil über alle Grenzen positiv anwächst.

Natürlich läßt sich der Zeiger für $f = \infty$ nicht mehr darstellen. Es ist aber zu erkennen, wie die Ortskurve für größer werdende Frequenzen verläuft.

Die Werte aus der Tabelle werden als Zeiger in die Gaußsche Zahlenebene eingetragen. Die Endpunkte der einzelnen Zeiger werden miteinander verbunden und ergeben so die gesuchte Ortskurve (Bild 4.9).

Sie bildet eine Gerade, die parallel zur positiv imaginären Achse verläuft. Für wachsende Frequenzen wird der Imaginärteil immer größer. Dadurch werden sowohl der Betrag als auch der Phasenwinkel der Gesamtimpedanz größer. Dieses Ergebnis ist zu erwarten gewesen, da mit zunehmender Frequenz der induktive Blindwiderstand größer wird.

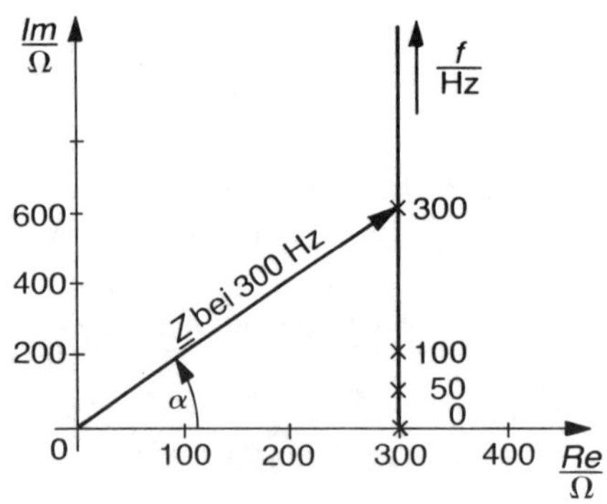

Bild 4.9 Ortskurve der RL-Reihenschaltung (Impedanzen)

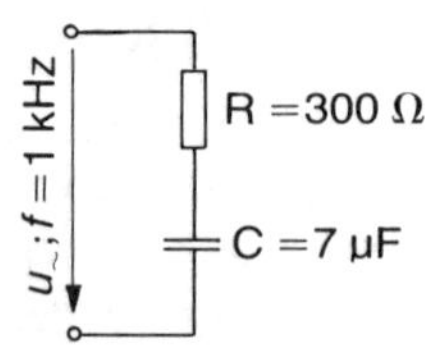

Bild 4.10 RC-Reihenschaltung

Berechnungsbeispiel

Konstruieren Sie die Ortskurve für die RC-Reihenschaltung nach Bild 4.10.

Lösung: Die Gesamtimpedanz läßt sich berechnen:

$$\underline{Z} = R - \frac{j}{\omega \cdot C}$$

Da hier die Frequenz im Nenner steht, ergeben sich einige Besonderheiten, auf die an dieser Stelle kurz eingegangen werden soll.

Auch wenn es mathematisch nicht ganz exakt ist, arbeiten wir mit folgenden Näherungen:

$$\frac{1}{0} \approx \infty \text{ bzw. } \frac{1}{\infty} \approx 0$$

Damit können die Werte für die Tabelle berechnet werden:

f/Hz	$\underline{Z} = R - \dfrac{j}{\omega \cdot C}$
0	$300\ \Omega - j \cdot \infty$
50	$300\ \Omega - j \cdot 450\ \Omega$
100	$300\ \Omega - j \cdot 225\ \Omega$
300	$300\ \Omega - j \cdot 75\ \Omega$
∞	$300\ \Omega$

Die Tabellenwerte werden als Zeiger in die Gaußsche Zahlenebene eingetragen. Die Zeigerendpunkte werden miteinander verbunden und ergeben so die Ortskurve für diese *RC*-Reihenschaltung. Man erhält eine Gerade, die parallel zur imaginären Achse verläuft (Bild 4.11). Für sehr kleine Frequenzen ist der Imaginärteil sehr groß; mit zunehmender Frequenz wird er immer kleiner. Dies bewirkt, daß auch Betrag und Phasenwinkel der Gesamtimpedanz mit wachsender Frequenz kleiner werden.

Da bei dieser Schaltung ein kapazitiver Blindwiderstand zu berücksichtigen ist, verwundert dieses Ergebnis nicht.

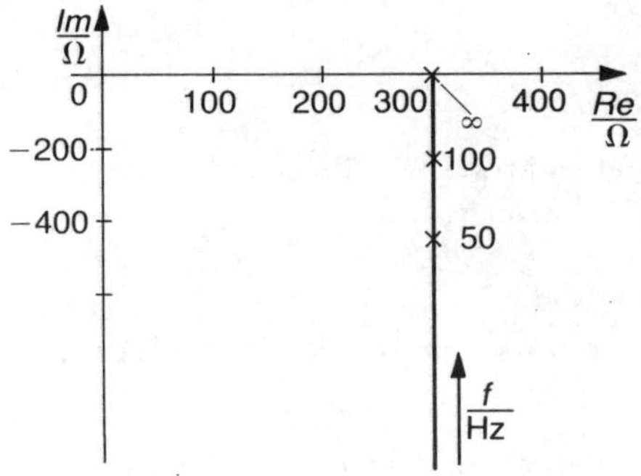

Bild 4.11 Ortskurve der *RC*-Reihenschaltung (Impedanzen)

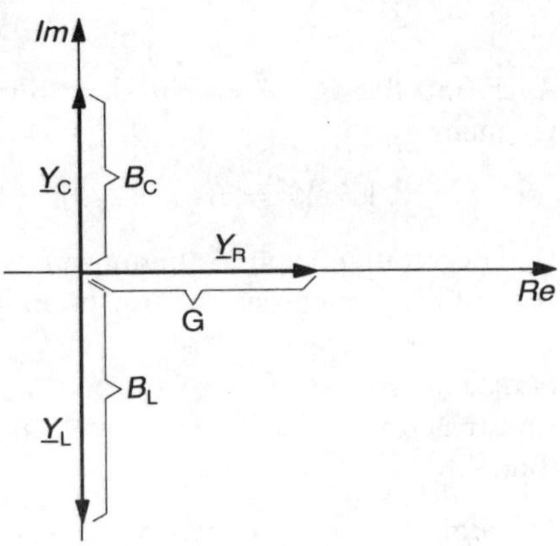

Bild 4.12 Zeigerdarstellung von Admittanzen

4.4.3 Komplexe Leitwerte

Genau wie bei Gleichstromwiderständen kann auch bei komplexen Widerständen mit ihren Kehrwerten, den Leitwerten, gerechnet werden. Komplexe Leitwerte werden *Admittanzen* genannt (Formelzeichen $\underline{Y}$).

Auch Admittanzen können als Zeiger dargestellt werden. Der Realteil wird von den ohmschen Wirkleitwerten gebildet, die kapazitiven oder induktiven Blindleitwerte ergeben den Imaginärteil.

Die Zeiger dieser drei Wechselstromleitwerte können in der Gaußschen Zahlenebene gezeichnet werden (Bild 4.12).

Der Zeichnung sind folgende Zusammenhänge zu entnehmen:

1. Die Admittanz $\underline{Y}_R$ des ohmschen Widerstandes ist reell:

$$\underline{Y}_R = \frac{1}{\underline{Z}_R} = \frac{1}{R} = G$$

Sie ist unabhängig von der Frequenz, ihr Betrag stimmt mit dem Gleichstromleitwert überein:

$$|\underline{Y}_R| = Y_R = G$$

2. Die Admittanz $\underline{Y}_L$ einer Induktivität ist negativ imaginär:

$$\underline{Y}_L = \frac{1}{\underline{Z}_L} = \frac{1}{\mathrm{j} \cdot X_L} = -\frac{\mathrm{j}}{X_L} = -\mathrm{j} \cdot B_L$$

Ihr Betrag entspricht dem Blindleitwert und verhält sich umgekehrt proportional zur Frequenz:

$$|\underline{Y}_L| = Y_L = B_L = \frac{1}{\omega \cdot L} = \frac{1}{2 \cdot \pi \cdot f \cdot L}; \quad Y_L \sim \frac{1}{f}$$

3. Die Admittanz $\underline{Y}_C$ einer Kapazität ist positiv imaginär:

$$\underline{Y}_C = \frac{1}{\underline{Z}_C} = \mathrm{j} \cdot \omega \cdot C$$

Auch ihr Betrag entspricht dem Blindleitwert und ist somit proportional zur Frequenz:

$$|\underline{Y}_C| = Y_C = B_C = \omega \cdot C = 2 \cdot \pi \cdot f \cdot C; \quad Y_C \sim f$$

Die Berechnung von Admittanzen wird anhand der *RL*-Reihenschaltung vom ersten Berechnungsbeispiel in Abschnitt 4.4.2 gezeigt:

Berechnungsbeispiel

Konstruieren Sie die Ortskurve der Admittanzen für die *RL*-Reihenschaltung (Bild 4.8).

Lösung: Zuerst berechnen wir den Kehrwert der ermittelten Gesamtimpedanz:

$$\underline{Y} = \frac{1}{\underline{Z}} = \frac{1}{R + \mathrm{j} \cdot \omega \cdot L}$$

Die komplexe Zahl steht im Nenner. Um die Admittanz in Real- und Imaginärteil aufspalten zu können, muß der Imaginärteil des Nenners beseitigt werden. Dies gelingt wie gesehen, indem mit dem konjugiert komplexen Nenner erweitert wird:

$$\underline{Y} = \frac{1}{R + \mathrm{j} \cdot \omega \cdot L} \cdot \frac{(R - \mathrm{j} \cdot \omega \cdot L)}{(R - \mathrm{j} \cdot \omega \cdot L)} = \frac{R - \mathrm{j} \cdot \omega \cdot L}{(R + \mathrm{j} \cdot \omega \cdot L)\,(R - \mathrm{j} \cdot \omega \cdot L)}$$

Betrachten wir hierbei zuerst einmal nur den Nenner:
$(R + j\omega L) \cdot (R - j\omega L) = R^2 - j\omega LR + j\omega LR - j^2\omega^2L^2$; die beiden Glieder mit $j\omega LR$ heben sich gegenseitig auf. Außerdem wird wieder berücksichtigt, daß

$j^2 = (\sqrt{-1})^2 = -1$; damit ergibt sich:

$$\underline{Y} = \frac{R - j\omega L}{R^2 + \omega^2 L^2}$$

Der Nenner ist jetzt eine rein reelle Zahl, so daß Real- und Imaginärteil der Admittanz bestimmt werden können.

$$\underline{\boldsymbol{Y}} = \underbrace{\frac{\boldsymbol{R}}{\boldsymbol{R^2 + \omega^2 L^2}}}_{\mathbf{Re}(\underline{\boldsymbol{Y}})} - \mathrm{j} \cdot \underbrace{\frac{\boldsymbol{\omega L}}{\boldsymbol{R^2 + \omega^2 L^2}}}_{\mathbf{Im}(\underline{\boldsymbol{Y}})}$$

Als Zahlenbeispiel sollen die Admittanzen für zwei Frequenzen berechnet werden:

1. $f = 0\ \text{Hz} \Longleftrightarrow \omega = 0\ \text{s}^{-1}$

$$\underline{Y} = \frac{300\ \Omega}{(300\ \Omega)^2 + 0} - j \cdot \frac{0}{(300\ \Omega)^2 + 0} = \frac{1}{300\ \Omega}$$

$$\underline{\boldsymbol{Y}} = \mathbf{3{,}33\ mS}$$

2. $f = 50\ \text{Hz} \Longleftrightarrow \omega = 314\ \text{s}^{-1}$

$$\underline{Y} = \frac{300\ \Omega}{(300\ \Omega)^2 + (314\ \text{s}^{-1} \cdot 0{,}32\ \text{Vs/A})^2}$$
$$- j \cdot \frac{314\ \text{s}^{-1} \cdot 0{,}32\ \text{Vs/A}}{(300\ \Omega)^2 + (314\ \text{s}^{-1} \cdot 0{,}32\ \text{Vs/A})^2}$$

$$\underline{\boldsymbol{Y}} = \mathbf{3\ mS - j \cdot 1\ mS}$$

Etwas genauer sollen noch die Überlegungen betrachtet werden, die den Wert für $f = \infty$ liefern. Wenn $f = \infty$, wird auch $\omega = \infty$; damit wird ebenfalls $\omega^2 \cdot L^2 = \infty$. Gegenüber diesem unvorstellbar großen Wert kann die endliche Größe R^2 im Nenner vernachlässigt werden:

$$\underline{Y}\,(f = \infty) \approx \frac{R}{\omega^2 \cdot L^2} - j \cdot \frac{\omega \cdot L}{\omega^2 \cdot L^2}$$

Durch Kürzen läßt sich der Imaginärteil vereinfachen:

$$\underline{Y}\,(f = \infty) \approx \frac{R}{\omega^2 \cdot L^2} - j \cdot \frac{1}{\omega \cdot L} = \frac{R}{\infty} - j \cdot \frac{1}{\infty}$$

Mit der Näherung $\frac{1}{\infty} \approx 0$ läßt sich die Admittanz für $f = \infty$ bestimmen:

$$\underline{\boldsymbol{Y}}\,(\boldsymbol{f} = \infty) \approx \mathbf{0 - j \cdot 0}$$

Die Werte für einige weitere Frequenzen können der Tabelle entnommen werden. Zum Vergleich sind noch einmal die Impedanzwerte vom ersten Beispiel in Abschnitt 4.4.2 mit eingetragen:

f/Hz	$\underline{Z}$	$\underline{Y}$
0	300 Ω	3,33 mS
50	300 Ω + j · 100 Ω	3,00 mS − j · 1 mS
100	300 Ω + j · 200 Ω	2,31 mS − j · 1,54 mS
300	300 Ω + j · 600 Ω	0,67 mS − j · 1,33 mS
∞	300 Ω + j · ∞	0 − j · 0

Jetzt können wie bei den Impedanzen die Zeiger der Admittanzen für die verschiedenen Frequenzen in die Gaußsche Zahlenebene eingetragen werden. Allerdings werden die Zahlenachsen hier nicht in Ohm, sondern in der Dimension von Leitwerten, also in Siemens geteilt. Die Verbindung der Endpunkte aller Zeiger ergibt die Ortskurve der Admittanzen. Für das Beispiel wird dies ein Halbkreis im IV. Quadranten der Gaußschen Zahlenebene. Die Ortskurve beginnt für $f = 0\,\text{Hz}$ auf der reellen Zahlenachse, läuft für wachsende Frequenzen durch den IV. Quadranten und endet für $f = \infty$ im Ursprung des Koordinatensystems (Bild 4.13).

Übung 14
Konstruieren Sie die Ortskurve der Admittanzen für die *RC*-Reihenschaltung vom zweiten Beispiel in Abschnitt 4.4.2.

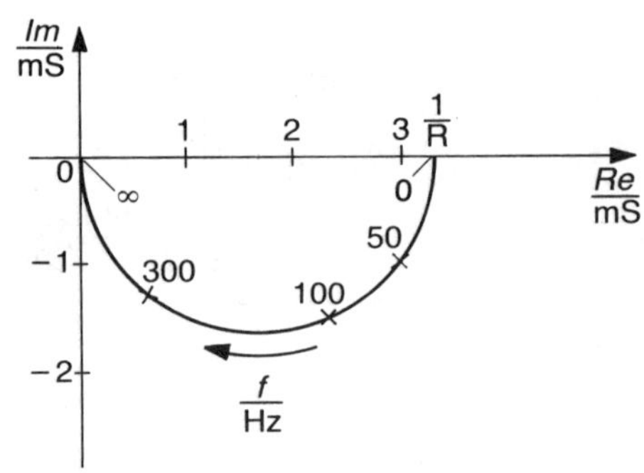

Bild 4.13 Ortskurve der *RL*-Reihenschaltung (Admittanzen)

4.4.4 Inversion von Ortskurven

Die Ortskurven von Grundschaltungen sind von einfacher Gestalt. Es gibt – wie gesehen – Ortskurven vom Geradentyp und Kreistyp. Die betrachteten Beispiele zeigen, daß für jede Ortskurve der Impedanz eine entsprechende Ortskurve der Admittanz bestimmt werden kann und umgekehrt. Diese Umkehrung von Ortskurven wird als *Inversion* bezeichnet.

Wird eine Ortskurve vom Geradentyp invertiert, so ergibt dies eine Ortskurve vom Kreistyp und umgekehrt.

***RL*-Reihenschaltung** (Bild 4.14)

OK für Impedanz OK für Admittanz

$\underline{Z} = R + j \cdot \omega \cdot L$ $\quad\quad$ $\underline{Y} = \dfrac{1}{R + j \cdot \omega \cdot L} = \dfrac{R}{R^2 + (\omega \cdot L)^2} - j \cdot \dfrac{\omega \cdot L}{R^2 + (\omega \cdot L)^2}$

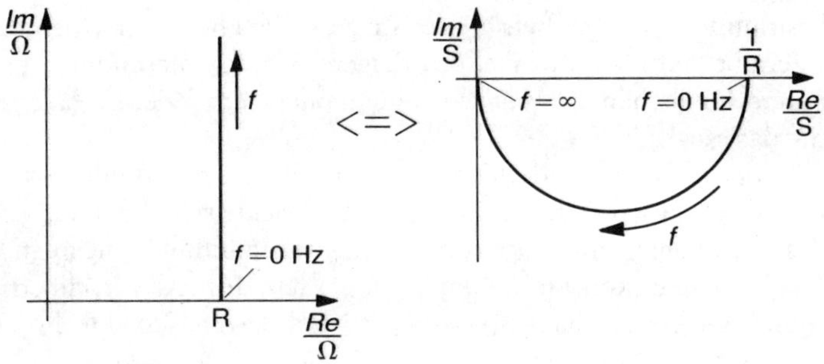

Bild 4.14
Ortskurven der *RL*-Reihenschaltung

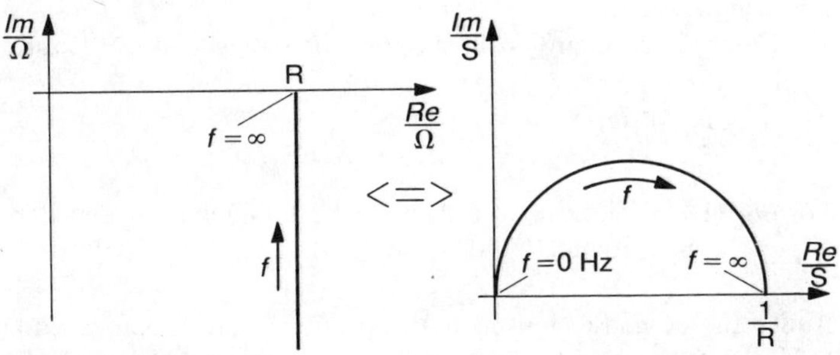

Bild 4.15
Ortskurven der *RC*-Reihenschaltung

Die Impedanzen haben für alle Frequenzen positive Imaginärteile, die Admittanzen dagegen negative! Daher verlaufen die Ortskurven in unterschiedlichen Quadranten.

***RC*-Reihenschaltung** (Bild 4.15)

OK für Impedanz OK für Admittanz

$$\underline{Z} = R - \frac{\mathrm{j}}{\omega \cdot C} \qquad \underline{Y} = \frac{R \cdot (\omega \cdot C)^2}{(R \cdot \omega \cdot C)^2 + 1} + \mathrm{j} \cdot \frac{\omega \cdot C}{(R \cdot \omega \cdot C)^2 + 1}$$

4.5 Komplexe Rechnung in der Regelungstechnik

Mit komplexen Zeigern wird in der Regelungstechnik gearbeitet, wenn Regelglieder mit einer sinusförmigen Schwingung als Eingangsgröße angeregt werden. Die Amplitude des Eingangssignals wird konstant gehalten, die Frequenz dagegen ist variabel. Als Ausgangssignal erhält man wieder eine sinusförmige Schwingung mit der gleichen Frequenz wie das Eingangssignal. Ihre Amplitude und Phasenlage hängen von der Frequenz ab. Diese frequenzabhängige Amplitudenänderung der Ausgangsgröße und die Phasenverschiebung zwischen x_e und x_a lassen Rückschlüsse auf das dynamische Verhalten des Regelgliedes zu.

Die Ausgangssignale in Abhängigkeit von der Frequenz können als Zeiger in der Gaußschen Zahlenebene dargestellt werden. Die Amplitude der Ausgangsgröße bestimmt die Länge (Betrag) des Zeigers, die Phasenverschiebung zwischen x_e und x_a ergibt den Phasenwinkel des Zeigers. Werden die Endpunkte der Zeiger für die unterschiedlichen Frequenzen miteinander verbunden, erhält man die Ortskurve für das Regelglied.

In der Praxis kann die Ortskurve mit Hilfe eines Oszilloskops ermittelt werden. Dafür setzen wir voraus, daß x_e und x_a elektrische Spannungen sind. Dann wird das Regelglied mit einer sinusförmigen Spannung angeregt, die bei variabler Frequenz eine konstante Amplitude $\hat{x}_e$ hat. Im Zweikanalbetrieb lassen sich die Amplitude der Ausgangsspannung $\hat{x}_a$ und der Phasenwinkel α zwischen x_e und x_a ablesen und auswerten.

Berechnungsbeispiel
Zeichnen Sie zu dem Oszilloskopbild den Zeiger in der Gaußschen Zahlenebene (Bild 4.16)!
Abgelesene Werte:

$$\hat{x}_e = 1\ \text{V};\ \hat{x}_a = 2{,}5\ \text{V};\ \alpha = -90°$$

Lösung: Der Zeiger für die dargestellte Frequenz hat den Betrag 2,5 V und den Phasenwinkel −90° (Bild 4.17).

Außer dieser meßtechnischen Ermittlung können Betrag und Phasenwinkel mit Hilfe der frequenzabhängigen *Übertragungsfunktion* berechnet werden.

4.5.1 Übertragungsfunktionen

Übertragungsfunktionen sind eine mathematische Beschreibung des Frequenzverhaltens von Regelkreisgliedern. Glieder mit einem bestimmten Regelverhalten werden durch die gleiche Übertragungsfunktion beschrieben. So haben zum Beispiel alle P-Glieder die gleiche charakteristische Übertragungsfunktion – unab-

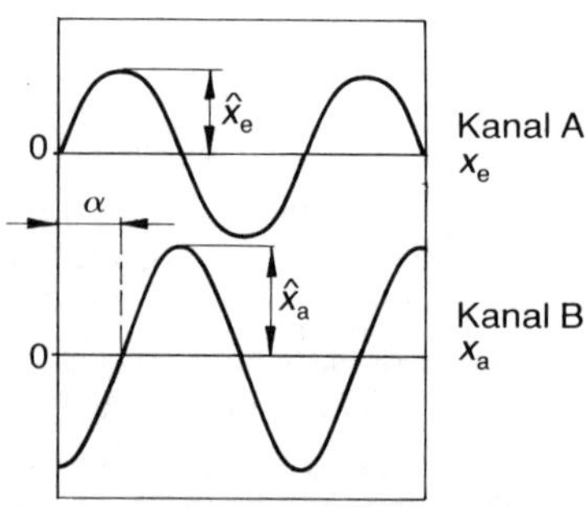

Bild 4.16

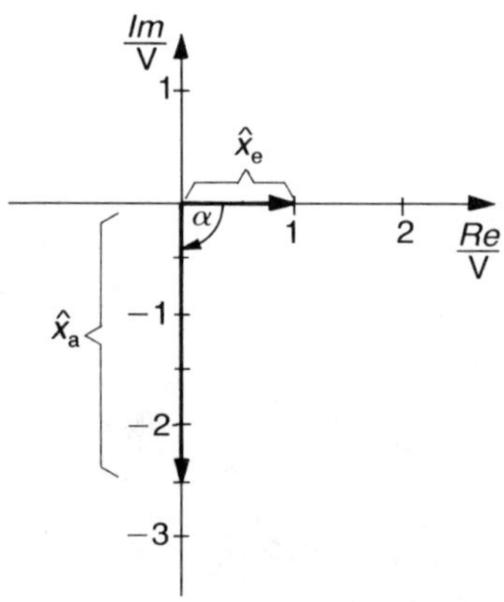

Bild 4.17

hängig davon, ob sie mit elektronischen Bauteilen aufgebaut sind oder mit mechanischen, pneumatischen, hydraulischen. Deshalb wird in der Regelungstechnik mit diesen allgemeingültigen mathematischen Modellen gearbeitet. Zu berücksichtigen ist jeweils nur, daß x_e bzw. x_a entweder elektrische Größen sind oder mechanische usw.

Die Übertragungsfunktion ist das Verhältnis von Ausgangs- zu Eingangssignal. Diese beiden Signale sind meistens komplexe Größen, deshalb sind auch die Übertragungsfunktionen komplex. Übertragungsfunktionen in der Regelungstechnik werden mit $\underline{F}$ gekennzeichnet:

$$\underline{F} = \frac{\underline{x}_a}{\underline{x}_e} = \mathrm{f}\,(f)$$

Die Übertragungsfunktion ist abhängig von der Frequenz, also eine Funktion von *f*.

Wie bei allen komplexen Größen können auch bei Übertragungsfunktionen Betrag und Phasenwinkel bestimmt werden. Damit kann dann wieder die zugehörige Ortskurve gezeichnet werden.

Die Übertragungsfunktionen von Regelkreisgliedern werden an den zuvor betrachteten einfachen Beispielen für unterschiedliche Regelverhalten hergeleitet (P-, I-, D-, T_1-, T_2-Verhalten).

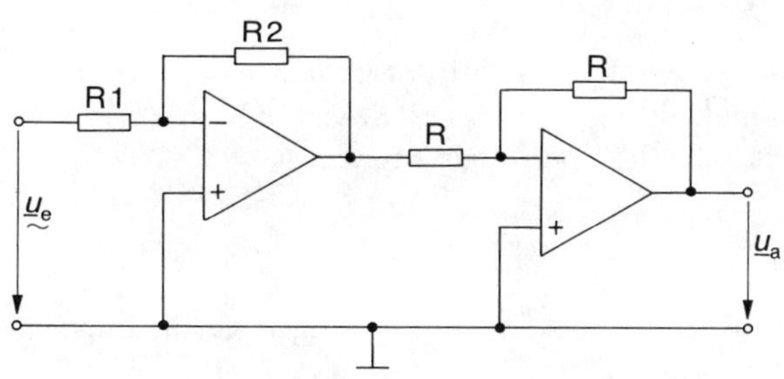

Bild 4.18 P-Glied

4.5.1.1 P-Glied

Als P-Glied betrachten wir wieder eine einfache Schaltung mit Operationsverstärkern (Bild 4.18). Der erste OP ist als invertierender Verstärker beschaltet mit

$$V = -\frac{R2}{R1}.$$

Der nachgeschaltete Invertierer mit $V = -1$ dreht das Vorzeichen um.

Eingangs- und Ausgangsgröße sind bei diesem Beispiel Spannungen, so daß die Übertragungsfunktion das Verhältnis von Ausgangs- zu Eingangsspannung ist:

$$\underline{F} = \frac{\underline{x}_a}{\underline{x}_e} = \frac{\underline{u}_a}{\underline{u}_e} = \frac{R2}{R1}$$

Das Verhältnis $R2/R1$ ist ein rein reeller Zahlenwert, der *Proportionalitätsfaktor* bei diesem Beispiel. Allgemein lautet die Übertragungsfunktion eines P-Gliedes:

$$\underline{F} = K_P$$

Die Übertragungsfunktion eines P-Gliedes ist unabhängig von der Frequenz und rein reell.

4.5.1.2 I-Glied

Auch ein Regelkreisglied mit I-Verhalten kann mit OPs realisiert werden (Bild 4.19).

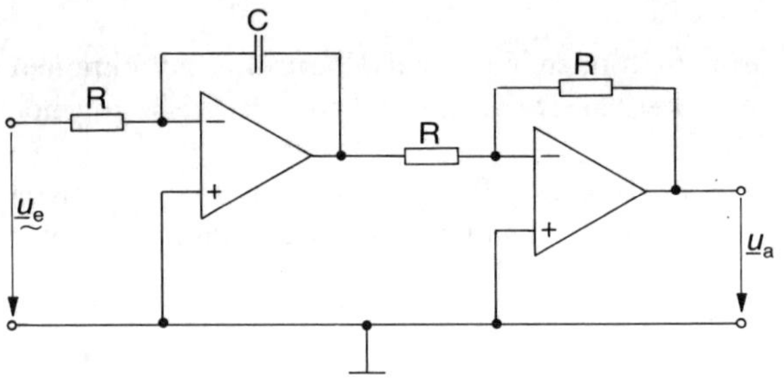

Bild 4.19 I-Glied

Der erste OP ist als Integrierer mit Vorzeichenumkehr beschaltet. Diese Vorzeichenumkehr wird durch den zweiten OP mit $V = -1$ wieder aufgehoben. Damit erhält man als Übertragungsfunktion

$$\underline{F} = \frac{\underline{x}_a}{\underline{x}_e} = \frac{\underline{u}_a}{\underline{u}_e} = \frac{\underline{Z}_C}{\underline{Z}_R}$$

Es werden die bekannten Beziehungen für die Impedanzen eingesetzt:

$$\underline{Z}_C = -\frac{j}{\omega \cdot C} \quad \text{und} \quad \underline{Z}_R = R$$

Mit diesen Beziehungen läßt sich die Übertragungsfunktion umformen:

$$\underline{F} = \frac{-\dfrac{j}{\omega \cdot C}}{R} = -\frac{j}{\omega \cdot R \cdot C}$$

Auch hier gibt es wieder das Produkt $R \cdot C$, das schon bei den Betrachtungen des Zeitverhaltens von I-Gliedern als Integrationszeit T_I bezeichnet wurde. Mit dieser für alle I-Glieder charakteristischen Zeitkonstanten wird die Übertragungsfunktion in seiner allgemeinen Form geschrieben:

$$\underline{F} = -\frac{j}{\omega \cdot T_I}$$

Auch mit dem Integrationsbeiwert K_I kann die Übertragungsfunktion angegeben werden:

$$K_I = \frac{1}{T_I} \iff \underline{F} = -j \cdot \frac{K_I}{\omega}$$

$\underline{F}$ ist negativ imaginär und umgekehrt proportional zur Frequenz.

4.5.1.3 D-Glied

Ein D-Glied läßt sich mit OPs aufbauen, indem einem Differenzierer ein Umkehrverstärker nachgeschaltet wird (Bild 4.20).

Die Übertragungsfunktion läßt sich wieder als Verhältnis von Ausgangs- zu Eingangsspannung ermitteln:

$$\underline{F} = \frac{\underline{x}_a}{\underline{x}_e} = \frac{\underline{u}_a}{\underline{u}_e} = \frac{\underline{Z}_R}{\underline{Z}_C} = j \cdot \omega \cdot R \cdot C$$

Das Produkt $R \cdot C$ wird als Differentialbeiwert K_D bezeichnet, die charakteristische Zeitkonstante eines D-Gliedes:

$$K_D = R \cdot C \iff \boxed{\underline{F} = j \cdot \omega \cdot K_D}$$

$\underline{F}$ ist positiv imaginär und proportional zur Frequenz.

4.5.1.4 T_1-Glied

Als Verzögerungsglied 1. Ordnung (T_1-Glied) betrachten wir wieder ein RC-Glied; die Kondensatorspannung bildet die Ausgangsgröße (Bild 4.21).

Bei Anregung mit einer sinusförmigen Spannung arbeitet die Schaltung als frequenzabhängiger Spannungsteiler. Die Frequenzabhängigkeit wird von der kapazitiven Impedanz verursacht. Mit Hilfe der komplexen Rechnung kann der Spannungsteiler berechnet werden. Daraus ergibt sich die Übertragungsfunktion eines T_1-Gliedes:

$$\underline{F} = \frac{\underline{u}_a}{\underline{u}_e} = \frac{\underline{Z}_C}{\underline{Z}_R + \underline{Z}_C} = \frac{\frac{1}{j \cdot \omega \cdot C}}{R + \frac{1}{j \cdot \omega \cdot C}}$$

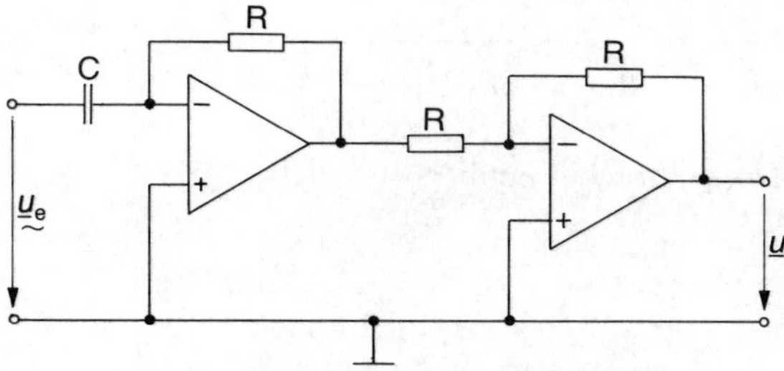

Bild 4.20 D-Glied

Bild 4.21 T_1-Glied

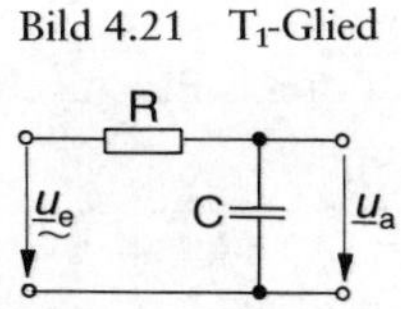

Nach Beseitigen des Doppelbruches kann die Übertragungsfunktion in folgender Form geschrieben werden:

$$\underline{F} = \frac{1}{1 + j \cdot \omega \cdot R \cdot C}$$

Das Produkt $R \cdot C$ wird beim T_1-Glied als Zeitkonstante T_1 bezeichnet. Mit dieser Zeitkonstanten erhalten wir die allgemeine Form der Übertragungsfunktion von T_1-Gliedern:

$$\underline{F} = \frac{1}{1 + j \cdot \omega \cdot T_1}$$

Die Übertragungsfunktion von T_1-Gliedern ist eine komplexe Größe mit Real- und Imaginärteil. Um in Real- und Imaginärteil trennen zu können, muß die Gleichung zuerst wieder mit dem konjugiert komplexen Nenner erweitert werden. Dies wird aber erst bei der Herleitung der Ortskurve gezeigt werden.

Die Frequenzabhängigkeit der Übertragungsfunktion eines T_1-Gliedes ist nicht so einfach wie beim I- und D-Glied. Auch hierauf wird bei der Ortskurvenbetrachtung noch genauer eingegangen.

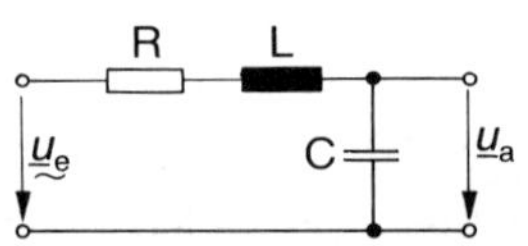

Bild 4.22 T_2-Glied

4.5.1.5 T_2-Glied

Ist ein T_2-Glied durch Hintereinanderschalten von zwei T_1-Gliedern entstanden, so ist die Herleitung seiner Übertragungsfunktion trivial, wie an anderer Stelle gezeigt werden wird. Hier soll als Beispiel für ein T_2-Glied eine *RLC*-Reihenschaltung betrachtet werden. Ausgangsspannung ist die Spannung am Kondensator (Bild 4.22).

Es wird wieder davon ausgegangen, daß die *RLC*-Schaltung als komplexer Spannungsteiler arbeitet:

$$\underline{F} = \frac{\underline{u}_a}{\underline{u}_e} = \frac{\underline{Z}_C}{\underline{Z}_R + \underline{Z}_L + \underline{Z}_C} = \frac{\dfrac{1}{j \cdot \omega \cdot C}}{R + j \cdot \omega \cdot L + \dfrac{1}{j \cdot \omega \cdot C}}$$

Umformen durch Beseitigen des Doppelbruches ergibt:

$$\underline{F} = \frac{1}{j \cdot \omega \cdot R \cdot C + (j \cdot \omega)^2 \cdot L \cdot C + 1}$$

Im Nenner wird wieder berücksichtigt, daß $j^2 = (\sqrt{-1})^2 = -1$; damit folgt:

$$\underline{F} = \frac{1}{1 - \omega^2 \cdot L \cdot C + j \cdot \omega \cdot R \cdot C}$$

Die beiden für T_2-Glieder charakteristischen Zeitkonstanten sind T_1 und T_2. Für dieses Beispiel einer *RLC*-Reihenschaltung ergeben sich folgende Zeitkonstanten:

$$T_1 = R \cdot C \quad \text{und} \quad T_2 = \sqrt{L \cdot C}$$

Damit erhalten wir als Übertragungsfunktion für T_2-Glieder in allgemeiner Form:

$$\underline{F} = \frac{1}{1 - (\omega \cdot T_2)^2 + j \cdot \omega \cdot T_1}$$

Auch die Übertragungsfunktion von T_2-Gliedern ist eine frequenzabhängige komplexe Beziehung, die erst nach entsprechender Umformung in Real- und Imaginärteil getrennt werden kann. Diese Umformung wird ebenfalls bei der Betrachtung der Ortskurven gezeigt werden.

4.5.1.6 T_n-Glieder höherer Ordnung und T_t-Glieder

Wie schon beim T_2-Glied im Vergleich zum T_1-Glied gesehen werden kann, wird die mathematische Behandlung um so aufwendiger, je höher die Ordnung des Verzögerungsgliedes ist. Deshalb wird in der Praxis bei solchen Regelkreisgliedern meistens mit Näherungsverfahren gearbeitet, die an späterer Stelle noch vorgestellt werden. Auf ihre Übertragungsfunktionen wird an dieser Stelle nicht eingegangen. Gleiches gilt für Regelkreisglieder mit Totzeit.

4.5.2 Arbeiten mit Übertragungsfunktionen

An dieser Stelle soll stellvertretend für alle behandelten Übertragungsfunktionen nur ein Beispiel berechnet werden. In den folgenden Abschnitten werden noch weitere Übungsbeispiele geboten.

Berechnungsbeispiel
Ein D-Glied hat den Differenzierbeiwert 0,2 s. Es wird mit einer sinusförmigen Eingangsspannung mit $\hat{u}_e = 2$ V und $f = 2$ Hz angeregt. Berechnen Sie Betrag und Phasenwinkel der Ausgangsspannung!

Lösung: Zuerst bestimmen wir die Übertragungsfunktion. Sie lautet allgemein bei einem D-Glied:
$\underline{F} = j \cdot \omega \cdot K_D$; mit $K_D = 0{,}2$ s ergibt dies
$\underline{F} = j \cdot \omega \cdot 0{,}2$ s
Ermittlung der Kreisfrequenz ω: $\omega = 2 \cdot \pi \cdot f = 2 \cdot \pi \cdot 2\ \text{s}^{-1} = 12{,}6\ \text{s}^{-1}$

Damit erhalten wir als Übertragungsfunktion für dieses Beispiel

$\underline{F} = \mathrm{j} \cdot 12{,}6\ \mathrm{s}^{-1} \cdot 0{,}2\ \mathrm{s} = \mathrm{j} \cdot 2{,}5$

Der Betrag gibt das Verhältnis der Amplituden von Ausgangs- und Eingangsspannung an:

$$|\underline{F}| = F = \frac{\hat{u}_\mathrm{a}}{\hat{u}_\mathrm{e}} = 2{,}5 \Longleftrightarrow \hat{u}_\mathrm{a} = 2{,}5 \cdot \hat{u}_\mathrm{e} = 2{,}5 \cdot 2\ \mathrm{V}$$

$$\hat{u}_\mathrm{a} = 5\ \mathrm{V}$$

Der Phasenwinkel kann wie bei allen komplexen Größen berechnet werden:

$$\tan\alpha = \frac{\mathrm{Im}(\underline{F})}{\mathrm{Re}(\underline{F})};$$

bei der hier betrachteten Übertragungsfunktion ist der Realteil 0, und wir erhalten unter Berücksichtigung, daß $\mathrm{Im}(\underline{F}) = 2{,}5$:

$$\tan\alpha = \frac{2{,}5}{0} = \infty$$

Damit wird $\alpha = 90°$, und der Zeiger für $\underline{u}_\mathrm{a}$ kann in der Gaußschen Zahlenebene gezeichnet werden (Bild 4.23).

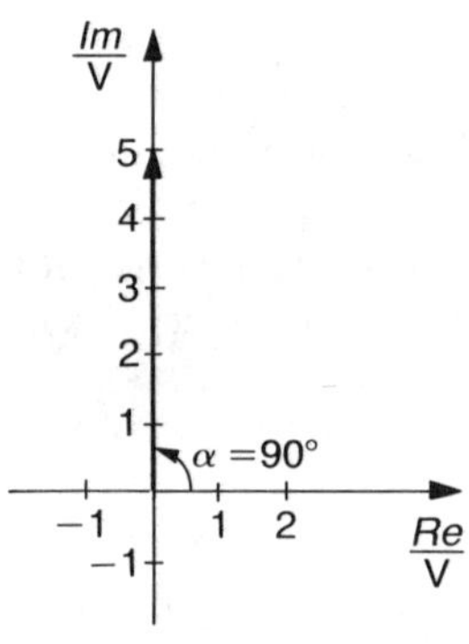

Bild 4.23

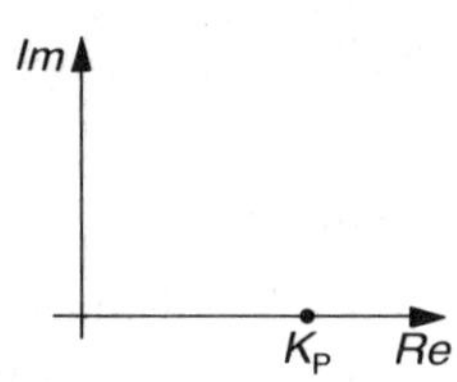

Bild 4.24 P-Glied: Ortskurve

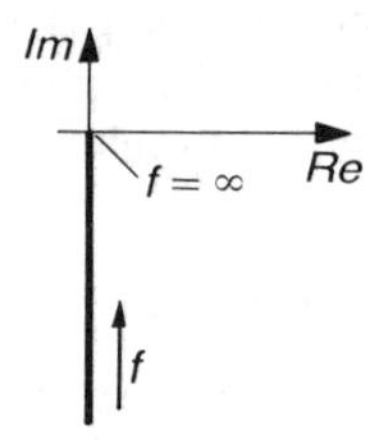

Bild 4.25 I-Glied: Ortskurve

4.6 Ortskurven

Mit Hilfe der Übertragungsfunktionen können die Zeiger für verschiedene Frequenzen ermittelt und in der Gaußschen Zahlenebene gezeichnet werden. Die Verbindung sämtlicher Zeigerendpunkte ergibt wieder die Ortskurve. In der Regelungstechnik dient die Ortskurve der Übertragungsfunktion zur Beantwortung so wichtiger Fragen wie der Regelbarkeit einer Strecke oder der Stabilität eines Regelkreises. Bevor wir aber diese Fragen behandeln können, müssen zuerst die Ortskurven von Regelkreisgliedern bekannt sein.

Betrachten wir deshalb die Ortskurven der Grundglieder. Sie lassen sich über die Übertragungsfunktionen herleiten, die im vorigen Abschnitt erarbeitet wurden.

Die Achsenteilung der beiden Zahlenachsen, die die Gaußsche Zahlenebene bilden, ist hierbei meistens dimensionslos. Die Übertragungsfunktion wird gebildet als Verhältnis von Ausgangs- und Eingangsgröße. Meist haben diese beiden die gleiche physikalische Dimension, z.B. Volt. Dann ist das Verhältnis von beiden eine dimensionslose Größe.

4.6.1 P-Glied

Die Übertragungsfunktion eines P-Gliedes lautet: $\underline{F} = K_P$

Der Realteil der Übertragungsfunktion ist für alle Frequenzen konstant; der Imaginärteil ist immer Null. Die Ortskurve besteht deshalb nur aus einem Punkt auf der reellen Achse bei K_P (Bild 4.24).

4.6.2 I-Glied

Von der Übertragungsfunktion eines I-Gliedes kennen wir zwei Versionen – je nachdem, ob mit T_I oder mit K_I gearbeitet wird:

$$\underline{F} = -\frac{\mathrm{j}}{\omega \cdot T_I} = -\frac{\mathrm{j} \cdot K_I}{\omega}$$

Beide Versionen führen zur selben Ortskurve. Der Realteil ist für alle Frequenzen Null, der Imaginärteil ist negativ und umgekehrt proportional zur Frequenz. Für wachsende Frequenzen wird also der Imaginärteil zusehends kleiner (Bild 4.25). Die extremen Frequenzen Null und Unendlich sollen etwas genauer betrachtet werden:

$$f = 0 \iff \underline{F} = -\frac{\mathrm{j}}{0} = -\mathrm{j} \cdot \infty \iff \mathrm{Im}(\underline{F}) = -\infty$$

$$f = \infty \iff \underline{F} = -\frac{\mathrm{j}}{\infty} = -\mathrm{j} \cdot 0 \iff \mathrm{Im}(\underline{F}) = 0$$

4.6.3 D-Glied

Ein D-Glied hat als Übertragungsfunktion $\underline{F} = \mathrm{j} \cdot \omega \cdot K_D$.

Der Realteil ist für alle Frequenzen Null, der Imaginärteil ist positiv und proportional zur Frequenz (Bild 4.26). Auch beim D-Glied soll das Verhalten für die extremen Frequenzen Null und Unendlich untersucht werden:

$$f = 0 \iff \mathrm{Im}(\underline{F}) = 0$$
$$f = \infty \iff \mathrm{Im}(\underline{F}) = \infty$$

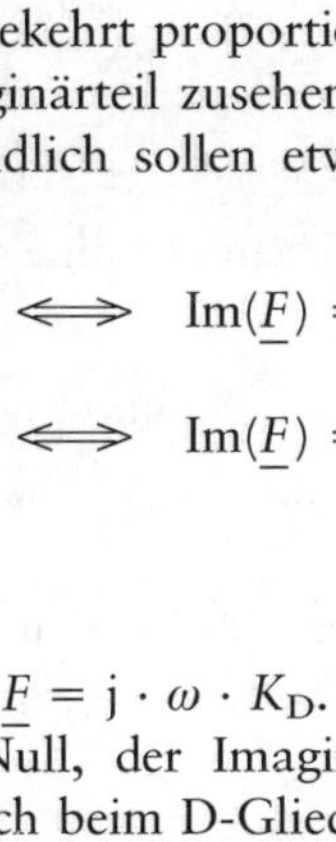

Bild 4.26 D-Glied: Ortskurve

4.6.4 T_1-Glied

Die Übertragungsfunktion eines T_1-Gliedes ist wesentlich komplizierter als die bisher betrachteten. Im Nenner steht eine komplexe Größe mit Real- und Imaginärteil. Die Funktion muß deshalb zuerst entsprechend umgeformt werden, bevor die Ortskurve gezeichnet werden kann.

$$\underline{F} = \frac{1}{1 + \mathrm{j} \cdot \omega \cdot T_1}$$

Damit die Übertragungsfunktion in Real- und Imaginärteil getrennt werden kann, muß sie mit dem konjugiert komplexen Nenner erweitert werden:

$$\underline{F} = \frac{1}{1 + \mathrm{j} \cdot \omega \cdot T_1} \cdot \left(\frac{1 - \mathrm{j} \cdot \omega \cdot T_1}{1 - \mathrm{j} \cdot \omega \cdot T_1}\right)$$

Die Berechnung eines solchen Ausdruckes ist bereits bekannt, so daß hier darauf verzichtet werden kann. Nach entsprechender Umformung kann getrennt werden in Real- und Imaginärteil:

$$\underline{F} = \underbrace{\frac{1}{1 + \omega^2 \cdot (T_1)^2}}_{\text{Realteil}} - \mathrm{j} \cdot \underbrace{\frac{\omega \cdot T_1}{1 + \omega^2 \cdot (T_1)^2}}_{\text{Imaginärteil}}$$

Auf die Bestimmung von Betrag und Phasenwinkel wird später noch eingegangen. In der vorliegenden Form der Übertragungsfunktion können die Werte für verschiedene Frequenzen berechnet werden, und damit kann die Ortskurve gezeichnet werden.

Berechnungsbeispiel

Ein T_1-Glied hat die Zeitkonstante 2 s. Ermitteln Sie die Ortskurve für die Übertragungsfunktion!

Lösung: Die Übertragungsfunktion lautet nach Real- und Imaginärteil getrennt:

$$\underline{F} = \frac{1}{1 + \omega^2 \cdot (2\ \mathrm{s})^2} - \mathrm{j} \cdot \frac{\omega \cdot 2\ \mathrm{s}}{1 + \omega^2 \cdot (2\ \mathrm{s})^2}$$

Es werden Real- und Imaginärteil berechnet für folgende Frequenzen: $\omega/\mathrm{s}^{-1} = 0;\ \ 0{,}2;\ \ 0{,}5;\ \ 0{,}7;\ \ 1;\ \ \infty$

1. $\underline{\omega = 0\ \mathrm{s}^{-1}}$

$$\mathrm{Re}(\underline{F}) = \frac{1}{1 + 0} = 1$$

$$\mathrm{Im}(\underline{F}) = -\frac{0}{1 + 0} = 0$$

2. $\underline{\omega = 0{,}2\ \text{s}^{-1}}$

$$\text{Re}(\underline{F}) = \frac{1}{1 + (0{,}2\ \text{s}^{-1})^2 \cdot (2\ \text{s})^2} \approx 0{,}86$$

$$\text{Im}(\underline{F}) = -\frac{0{,}2\ \text{s}^{-1} \cdot 2\ \text{s}}{1 + (0{,}2\ \text{s}^{-1})^2 \cdot (2\ \text{s})^2} \approx -0{,}34$$

Die Rechnungen für die Frequenzen $0{,}5\ \text{s}^{-1}$; $0{,}7\ \text{s}^{-1}$; $1\ \text{s}^{-1}$ werden hier nicht behandelt, sie werden analog zu dem letzten Beispiel für $0{,}2\ \text{s}^{-1}$ durchgeführt; die Ergebnisse können der Wertetabelle entnommen werden. Interessant ist aber wieder die Berechnung für die Frequenz Unendlich:

3. $\underline{\omega = \infty}$

$\omega = \infty \Longrightarrow \omega^2 \cdot (T_1)^2 = \infty$; dagegen kann die 1 im Nenner vernachlässigt werden:

$$\text{Re}(\underline{F}) = \frac{1}{\infty} = 0$$

$$\text{Im}(\underline{F}) \approx -\frac{\omega \cdot T_1}{\omega^2 \cdot (T_1)^2} = -\frac{1}{\omega \cdot T_1} = -\frac{1}{\infty} = 0$$

Die Werte für alle Frequenzen sind in der folgenden Tabelle zusammengefaßt:

ω/s^{-1}	0	0,2	0,5	0,7	1	∞
Re($\underline{F}$)	1	0,86	0,5	0,34	0,2	0
Im($\underline{F}$)	0	−0,34	−0,5	−0,47	−0,4	0

Mit diesen Werten kann jetzt die Ortskurve gezeichnet werden (Bild 4.27).

Einfacher läßt sich der Verlauf der Ortskurve eines T_I-Gliedes ermitteln, wenn man die Inversion von Ortskurven beherrscht. Dafür wird als erstes die Ortskurve für den Kehrwert von $\underline{F}$ gezeichnet und anschließend invertiert.

Bild 4.27 T_I-Glied: Ortskurve

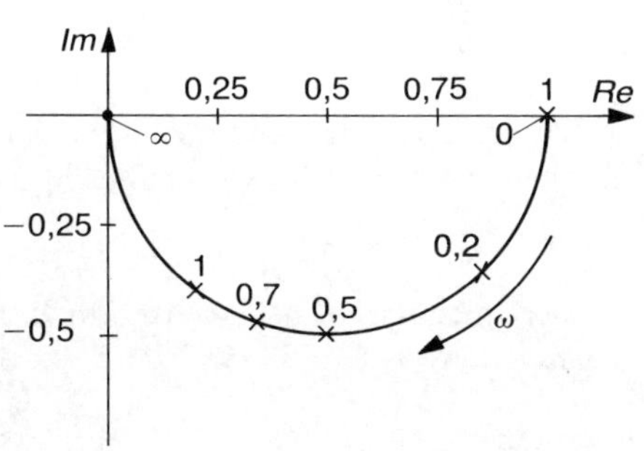

4.6.4.1 Ortskurve des T_1-Gliedes durch Inversion

1. Zuerst wird die Ortskurve gezeichnet für

$$\frac{1}{\underline{F}} = 1 + j \cdot \omega \cdot T_1$$

Der Realteil $\mathrm{Re}\left(\frac{1}{\underline{F}}\right)$ ist für alle Frequenzen gleich 1.

Der Imaginärteil $\mathrm{Im}\left(\frac{1}{\underline{F}}\right)$ ist positiv und proportional zur Frequenz.

Wir erhalten die in Bild 4.28 gezeigte Ortskurve für $1/\underline{F}$.

Besondere Bedeutung hat die *Eckfrequenz*

$$\omega_E = \frac{1}{T_1} \; .$$

Sie ist in Bild 4.28 deshalb eingetragen. Wie sich leicht nachprüfen läßt, sind für diese Frequenz Real- und Imaginärteil gleich groß, nämlich jeweils gleich 1. Der Phasenwinkel für diese Frequenz beträgt $\alpha = 45°$.

2. Inversion der Ortskurve von $1/\underline{F}$ ergibt die Ortskurve von $\underline{F}$.

   Da die von $1/\underline{F}$ eine Ortskurve vom Geradentyp ist, muß die von $\underline{F}$ eine vom Kreistyp sein. Außerdem hat $1/\underline{F}$ einen positiven Imaginärteil, also muß $\underline{F}$ einen negativen Imaginärteil haben. Die Ortskurve von $\underline{F}$ bildet demnach einen Halbkreis im IV. Quadranten.

Betrachten wir die Übertragungsfunktion bei den extremen Frequenzen $\omega = 0$ und $\omega = \infty$:

$$\omega = 0 \Longrightarrow \underline{F}\,(0) = \frac{1}{1 + 0} = 1$$

$$\omega = \infty \Longrightarrow \underline{F}\,(\infty) = 0 + j \cdot 0$$

Auch bei der Ortskurve von $\underline{F}$ ist die Eckfrequenz

$$\omega_E = \frac{1}{T_1}$$

markiert (Bild 4.29).

Bei dieser Eckfrequenz haben wieder Real- und Imaginärteil betragsmäßig die gleiche Größe. Es gilt, wie sich leicht nachprüfen läßt:

$$\underline{F}\,(\omega_E) = 0{,}5 - j \cdot 0{,}5$$

Da der Imaginärteil negativ ist, hat der Phasenwinkel bei der Eckfrequenz einen negativen Wert: $\alpha = -45°$.

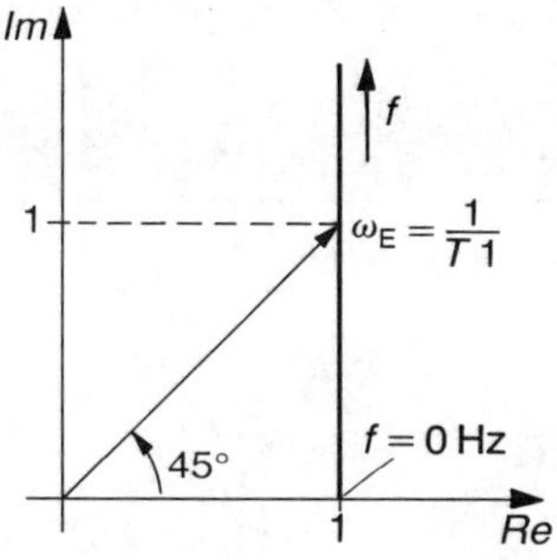

Bild 4.28 T_1-Glied: Ortskurve für $1/\underline{F}$

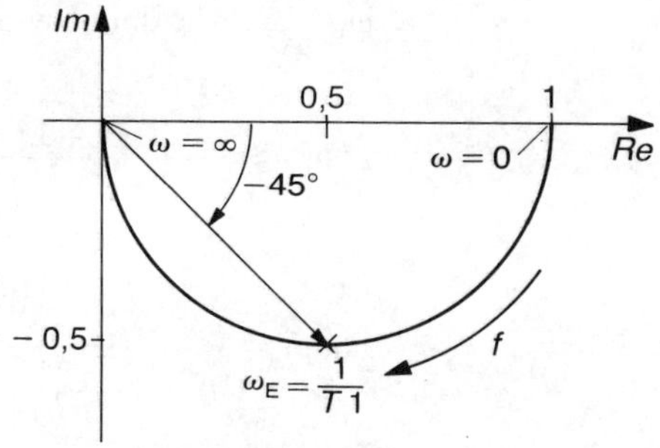

Bild 4.29 T_1-Glied: Ortskurve für $\underline{F}$

4.6.5 T_2-Glied

Von allen bisher betrachteten Regelkreisgliedern hat das T_2-Glied nicht nur die komplizierteste Übertragungsfunktion, sondern auch die Herleitung der Ortskurve ist entsprechend anspruchsvoll. Ausgegangen wird wieder von der Übertragungsfunktion:

$$\underline{F} = \frac{1}{1 - (\omega \cdot T_2)^2 + \mathrm{j} \cdot \omega \cdot T_1}$$

Auch diese Übertragungsfunktion muß zuerst mit dem konjugiert komplexen Nenner erweitert werden:

$$\underline{F} = \frac{1}{\left[1 - (\omega \cdot T_2)^2\right] + \mathrm{j} \cdot \omega \cdot T_1} \cdot \left(\frac{\left[1 - (\omega \cdot T_2)^2\right] - \mathrm{j} \cdot \omega \cdot T_1}{\left[1 - (\omega \cdot T_2)^2\right] - \mathrm{j} \cdot \omega \cdot T_1}\right)$$

Nach einigen Umformungen läßt sich dann auch diese Übertragungsfunktion in Real- und Imaginärteil trennen:

$$\underline{F} = \underbrace{\frac{1 - (\omega \cdot T_2)^2}{\left[1 - (\omega \cdot T_2)^2\right]^2 + (\omega \cdot T_1)^2}}_{\text{Realteil}} - \mathrm{j} \cdot \underbrace{\frac{\omega \cdot T_1}{\left[1 - (\omega \cdot T_2)^2\right]^2 + (\omega \cdot T_1)^2}}_{\text{Imaginärteil}}$$

Betrachten wir wieder die Übertragungsfunktion bei einigen charakteristischen Frequenzen:

1. $\omega = 0 \Longrightarrow \underline{F}(0) = \frac{1 - 0^2}{(1 - 0^2)^2 + 0^2} - \mathrm{j} \cdot \frac{0}{(1 - 0^2)^2 + 0^2} = 1 - \mathrm{j} \cdot 0$

   $\underline{F}(0) = 1$

2. $\omega = \omega_E = \frac{1}{T_2}$; auch bei einem T_2-Glied gibt es eine *Eckfrequenz*. Auf die schaltungstechnische Bedeutung dieser Frequenz wird an späterer Stelle eingegangen.

$\omega_E \cdot T_2 = 1$, damit wird

$$\underline{F}(\omega_E) = \frac{1 - 1^2}{(1-1^2)^2 + \left(\frac{T_1}{T_2}\right)^2} - \mathrm{j} \cdot \frac{\frac{T_1}{T_2}}{(1-1^2)^2 + \left(\frac{T_1}{T_2}\right)^2}$$

$$\underline{F}(\omega_E) = \frac{0}{0 + \left(\frac{T_1}{T_2}\right)^2} - \mathrm{j} \cdot \frac{\frac{T_1}{T_2}}{0 + \left(\frac{T_1}{T_2}\right)^2} = 0 - \mathrm{j} \cdot \frac{1}{\frac{T_1}{T_2}}$$

$$\underline{F}(\omega_E) = 0 - \mathrm{j} \cdot \frac{T_2}{T_1}$$

3. $\omega = \infty \Longrightarrow$. Die Frequenz ω steht im Nenner jeweils in der 4. Potenz, wenn die Klammern aufgelöst werden. Im Zähler steht ω dagegen nur in der ersten (Imaginärteil) bzw. zweiten (Realteil) Potenz. Daher wird bei wachsender Frequenz der Nenner wesentlich schneller anwachsen als der Zähler, so daß wir als Näherung erhalten:

$\underline{F}(\infty) \approx 0 - \mathrm{j} \cdot 0 = 0.$

Das Vorzeichen des Realteils wird vom Zähler $1 - (\omega \cdot T_2)^2$ bestimmt. Der Nenner ist immer positiv durch die Quadrierung der beiden Ausdrücke.

Damit ist der Realteil von $\underline{F}$

- ☐ positiv, wenn $\omega < \omega_E$,
- ☐ negativ, wenn $\infty > \omega > \omega_E$.

Bei $\omega = \omega_E$ sowie bei $\omega = \infty$ ist der Realteil jeweils Null.

Der Imaginärteil von $\underline{F}$ ist für alle Frequenzen negativ, außer für die beiden Frequenzen $\omega = 0$ und $\omega = \infty$. Bei diesen extremen Frequenzen ist der Imaginärteil jeweils Null.

Bevor die Ortskurve eines T_2-Gliedes vorgestellt wird, soll zuerst noch die Bedeutung der Eckfrequenz behandelt werden.

4.6.5.1 Eckfrequenz eines T_2-Gliedes

Bei der Herleitung der Übertragungsfunktion von T_2-Gliedern am Beispiel einer *RLC*-Reihenschaltung hatten wir gesetzt:

$T_2 = \sqrt{L \cdot C}$; damit erhalten wir für die Eckfrequenz

$$\omega_E = \frac{1}{T_2} = \frac{1}{\sqrt{L \cdot C}}$$

Da $\omega_E = 2 \cdot \pi \cdot f_E$, erhalten wir aus dieser Beziehung die Thomsonsche Schwingungsgleichung zur Berechnung der Resonanzfrequenz eines Schwingkreises:

$$f_E = \frac{1}{2 \cdot \pi \cdot \sqrt{L \cdot C}}$$

Bei der Eckfrequenz wurde für die Übertragungsfunktion berechnet:

$$\underline{F}(\omega_E) = -j \cdot \frac{T_2}{T_1}$$

Dieser Wert soll anhand des Zeigerdiagramms für den Resonanzfall diskutiert werden. Bei Resonanz sind die beiden Blindwiderstände X_L und X_C betragsmäßig gleich groß. Dadurch hat das Zeigerdiagramm für die Impedanzen folgendes Aussehen: Bei größerem ohmschen Widerstand ändert sich im Zeigerdiagramm nur die Länge des Zeigers für R, er wird länger. Da $R \sim u_e$, wird u_e gegenüber u_a größer, und das Verhältnis von $\hat{u}_a$ zu $\hat{u}_e$ wird kleiner; dieses Verhältnis ist aber der Betrag von $\underline{F}$. Damit wird also der Betrag von $\underline{F}$ kleiner, wenn der Widerstand größer wird (Bild 4.30).

Wir müssen nun überlegen, wie sich die Ursache «größerer ohmscher Widerstand» allgemein ausdrücken läßt, so daß sich die Zusammenhänge auch auf ein T_2-Glied übertragen lassen, das nicht aus einer *RLC*-Schaltung besteht.

Bild 4.30 Zeigerdiagramm der Impedanzen einer *RLC*-Reihenschaltung bei Resonanz

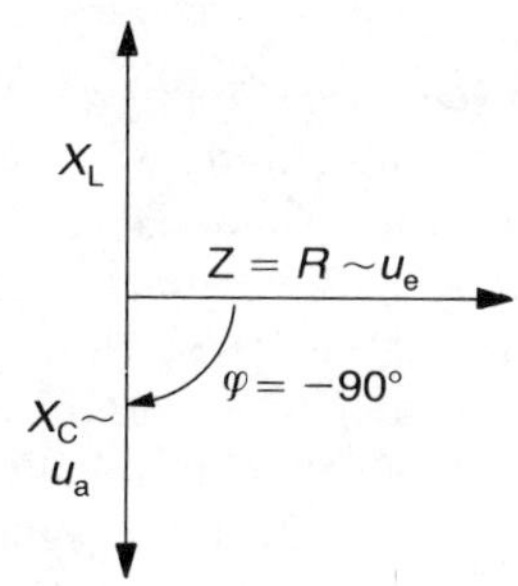

4.6.5.2 Dämpfung eines T_2-Gliedes

Ein größerer Widerstand bewirkt bei einem Reihenschwingkreis – das ist ja gerade die *RLC*-Reihenschaltung – größere Verluste. Dadurch nimmt die Schwingung nach einer sprungförmigen Anregung schneller ab. Man sagt dazu, die *Dämpfung* ist größer geworden. Bei sinusförmiger Anregung wird bei größerer Dämpfung die Amplitude der Ausgangsspannung kleiner. Somit ist also der Betrag der Ausgangsspannung ($\triangleq$ Länge des Zeigers in der Ortskurve) abhängig von der Dämpfung. Dies gilt allgemein für alle T_2-Glieder, nicht nur für die *RLC*-Schaltung.

Ein Maß für die Dämpfung eines T_2-Gliedes ist sein *Dämpfungsgrad D*:

$$D = \frac{T_1}{2 \cdot T_2}$$

Diese Größe hat unmittelbar anschauliche Bedeutung. Sie gibt Auskunft über das Schwingverhalten eines T_2-Gliedes bei sprungförmiger Anregung. So ist eine Dauerschwingung durch $D = 0$ gekennzeichnet. Dies bedeutet bei dem betrachteten *RLC*-Glied, daß keinerlei ohmsche Verlustwiderstände vorhanden sind.

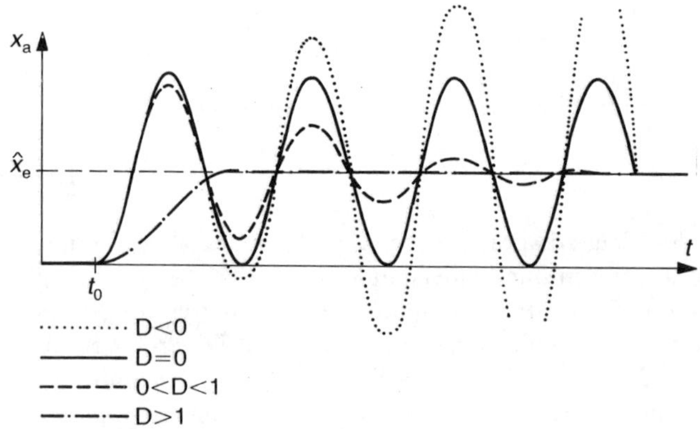

Bild 4.31 Dämpfungsgrad bei T_2-Gliedern

Dadurch wird

$$T_1 = R \cdot C = 0 \Longrightarrow D = 0 \quad \text{(Bild 4.31).}$$

Ist $0 < D < 1$, so führt das T_2-Glied gedämpfte (≙ abnehmende) Schwingungen aus.

Bei $D \geq 1$ hat die Sprungantwort *aperiodischen* Verlauf, das heißt, es werden keine Schwingungen ausgeführt.

Ist $D < 0$, wird dem System während der Schwingungen von außen zusätzliche Energie zugeführt. Die Schwingungsamplituden werden dann zunehmend größer – das T_2-Glied führt aufklingende Schwingungen aus.

Bitte beachten Sie, daß diese Betrachtungen sich auf den Zeitbereich beziehen, der eigentlich schon vorher behandelt wurde. Damals waren aber weder die Zeitkonstanten noch der Dämpfungsgrad bekannt. Deshalb wird an dieser Stelle noch einmal darauf zurückgekommen.

Der Dämpfungsgrad D ermöglicht die Berechnung der Schwingung, mit der ein T_2-Glied auf einen Eingangssprung reagiert. Berechnen lassen sich damit die Frequenz sowie die Amplituden der Schwingung. Die Größen sind in Bild 4.32

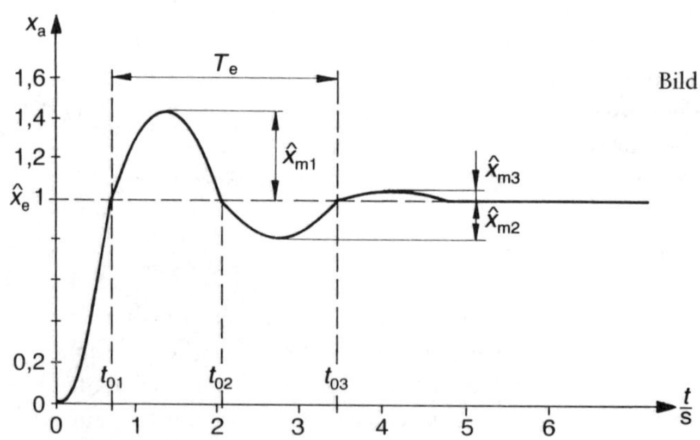

Bild 4.32 T_2-Glied: Sprungantwort

eingetragen, das die Sprungantwort eines T_2-Gliedes zeigt bei sprungförmiger Anregung mit $\hat{x}_e = 1$. Das T_2-Glied hat als Zeitkonstanten:

$$T_1 = 0{,}2 \text{ s und } T_2 = 0{,}4 \text{ s.}$$

Die Eigenfrequenz ω_e der gedämpften Schwingung ist kleiner als die Frequenz ω_E des dämpfungslos gedachten Systems. Es gilt dafür:

$\omega_e = \omega_E \cdot \sqrt{1 - D^2}$; damit läßt sich die Periodendauer der gedämpften Schwingung bestimmen:

$$T_e = \frac{2 \cdot \pi}{\omega_e}$$

Weiter lassen sich mit dem Dämpfungsgrad die Maxima und Minima der Schwingung ermitteln. Die Überschwingweite ist die Größe des 1. Maximums. Sie läßt sich wie folgt berechnen:

$$\hat{x}_{m1} = \hat{x}_e \cdot e^A; \text{ hierbei ist } A = -\frac{\pi \cdot D}{\sqrt{1 - D^2}}$$

Das Verhältnis der Amplituden von zwei benachbarten Halbwellen ist konstant:

$$\frac{\hat{x}_{mi+1}}{\hat{x}_{mi}} = e^A, \text{ mit } i = 1, 2, 3, \ldots \text{ und wie oben}$$

$$A = -\frac{\pi \cdot D}{\sqrt{1 - D^2}}$$

Für Praktiker wichtig ist die Auflösung dieser Formel nach D:

$$D = \frac{1}{\sqrt{1 + \left[\frac{\pi}{\ln\left(\frac{\hat{x}_{mi}}{\hat{x}_{mi+1}}\right)}\right]^2}}$$

Mit dieser Beziehung kann die Dämpfung experimentell ermittelt werden. Die Amplituden $\hat{x}_{mi}$ und $\hat{x}_{mi+1}$ (z.B. $\hat{x}_{m1}$ und $\hat{x}_{m2}$) lassen sich aus der experimentell aufgenommenen Sprungantwort gewinnen. Zur Aufnahme der Sprungantwort eignen sich Oszilloskop oder *x-t*-Schreiber. Mit diesen beiden Werten läßt sich dann der Dämpfungsgrad berechnen.

Auch die Zeiten, bei denen jeweils die $\hat{x}_e$-Linie geschnitten wird, lassen sich bestimmen. Diese Linie bildet ja auch den Endwert, dem die Ausgangsgröße bei entsprechender Dämpfung zustrebt.

$$t_{0K} = \frac{K \cdot \pi - \delta}{\omega_e}, \text{ mit } K = 1, 2, 3, \ldots \text{ und}$$

$$\cos \delta = D \Longrightarrow \delta = \text{arc} \cos D \text{ in rad (Bogenmaß).}$$

Die Anwendung dieser Berechnungsformeln soll an einem Beispiel gezeigt werden.

Berechnungsbeispiel
Ein T_2-Glied mit $T_1 = 0{,}2$ s und $T_2 = 0{,}4$ s wird mit einem Eingangssprung mit $\hat{x}_e = 1$ angeregt. Berechnen Sie die Schwingung der Ausgangsgröße!

Lösung: Die Sprungantwort dieses Gliedes ist in Bild 4.32 schon zu sehen gewesen. Jetzt sollen die Werte berechnet werden. Als erstes wird die Dämpfung bestimmt:

$$D = \frac{T_1}{2 \cdot T_2} = \frac{0{,}2\ \text{s}}{2 \cdot 0{,}4\ \text{s}} = 0{,}25$$

Die Frequenz des gedämpften Systems läßt sich über die des ungedämpften berechnen:

$$\omega_E = \frac{1}{T_2} = \frac{1}{0{,}4\ \text{s}} = 2{,}5\ \text{s}^{-1}$$

$$\omega_e = \omega_E \cdot \sqrt{1 - D^2} \approx 2{,}42\ \text{s}^{-1}$$

Damit ist die Periodendauer der Schwingung:

$$T_e = \frac{2 \cdot \pi}{\omega_e} \approx 2{,}596\ \text{s}$$

Zur Berechnung der Amplituden wird der Ausdruck A bzw. e^A benötigt:

$$A = -\frac{\pi \cdot D}{\sqrt{1 - D^2}} = -\frac{\pi \cdot 0{,}25}{\sqrt{1 - 0{,}25^2}} \approx -0{,}811$$

$$e^A = e^{-0{,}811} \approx 0{,}44$$

Wir erhalten für die Überschwingweite:
$\hat{x}_{m1} = \hat{x}_e \cdot e^A \approx 1 \cdot 0{,}44 = 0{,}44$

Mit dieser ersten Amplitude und e^A können Schritt für Schritt die weiteren Amplituden der Schwingung berechnet werden:

$$\hat{x}_{m2} = e^A \cdot \hat{x}_{m1} \approx 0{,}44 \cdot 0{,}44 \approx 0{,}194$$
$$\hat{x}_{m3} = e^A \cdot \hat{x}_{m2} \approx 0{,}44 \cdot 0{,}194 \approx 0{,}085$$
$$\hat{x}_{m4} = e^A \cdot \hat{x}_{m3} \approx 0{,}44 \cdot 0{,}085 \approx 0{,}037 \text{ usw.}$$

Zum Schluß interessieren noch die Zeiten, bei denen die $\hat{x}_e$-Linie geschnitten wird: $\delta = \arccos D = \arccos 0{,}25 \approx 1{,}318$. (Wird ein Winkel im Bogenmaß angegeben, so ist der Wert dimensionslos!)

$$t_{0K} = \frac{K \cdot \pi - \delta}{\omega_e}$$

$$t_{01} = \frac{1 \cdot \pi - 1{,}318}{2{,}42\ \text{s}^{-1}} \approx 0{,}75\ \text{s}$$

$$t_{02} = \frac{2 \cdot \pi - 1{,}318}{2{,}42\ \text{s}^{-1}} \approx 2{,}05\ \text{s usw.}$$

Die Zeiten t_{02}, t_{03} usw. können auch über die Periodendauer T_e berechnet werden:

$$t_{02} = t_{01} + \tfrac{1}{2} \cdot T_e$$
$$t_{03} = t_{01} + T_e$$
$$t_{04} = t_{01} + \tfrac{3}{2} \cdot T_e \text{ usw.}$$

Nachdem jetzt die Dämpfung bekannt ist, können wir die Ortskurve eines T_2-Gliedes betrachten. Bei der Frequenz ω_E wurde die Übertragungsfunktion berechnet mit

$$\underline{F}(\omega_E) = -j \cdot \frac{T_2}{T_1}.$$

Das heißt, bei ω_E beträgt der Phasenwinkel $-90°$. Dies zeigt auch das Zeigerdiagramm für Resonanz (siehe Bild 4.30). Für den Betrag bei ω_E gilt

$$F(\omega_E) = \frac{T_2}{T_1}.$$

Dies entspricht aber mit der Definition des Dämpfungsgrades

$$D = \frac{T_1}{2 \cdot T_2}$$

$$F(\omega_E) = \frac{1}{2 \cdot D}.$$

Je größer also die Dämpfung, desto kleiner wird der Betrag von $\underline{F}$.

Durch den Resonanzfall bläht sich der Halbkreis, der die Ortskurve eines T_1-Gliedes bildet, beim T_2-Glied in den III. Quadranten hinein auf. In Bild 4.33 ist der Einfluß der Dämpfung auf die Ortskurve zu erkennen.

Bild 4.33 T_2-Glied: Ortskurve

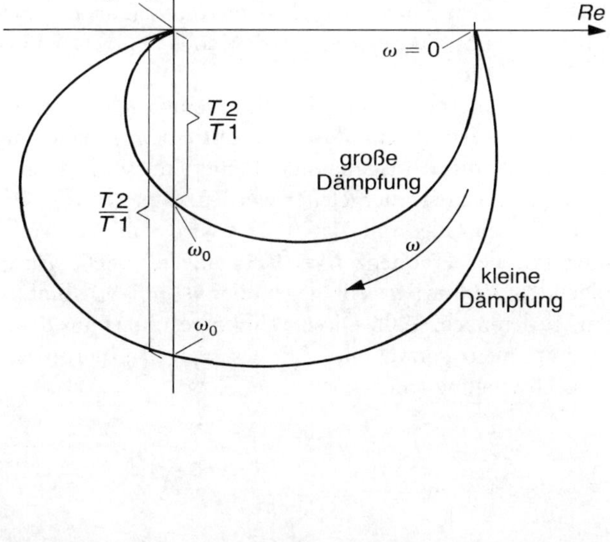

4.6.6 T_n-Glied

Je höher die Ordnung eines Verzögerungsgliedes, desto komplizierter wird seine mathematische Behandlung. Deshalb werden T_3-, T_4- und höhere Glieder im allgemeinen nicht mehr in der Art berechnet, wie es hier für die einfachen Grundglieder gezeigt wurde. Für ihre Behandlung wurden Näherungsverfahren entwickelt, die später noch vorgestellt werden sollen.

An dieser Stelle sollen nur kurz die prinzipiellen Verläufe ihrer Ortskurven angegeben werden. Die Ortskurve eines T_1-Gliedes verläuft als Halbkreis durch den IV. Quadranten, also durch *einen* Quadranten. Beim T_2-Glied bläht sich dieser Halbkreis auf, die Ortskurve verläuft durch *zwei* Quadranten, nämlich den III. und IV. Bei einem T_n-Glied werden dementsprechend *n* Quadranten durchlaufen (Bild 4.34).

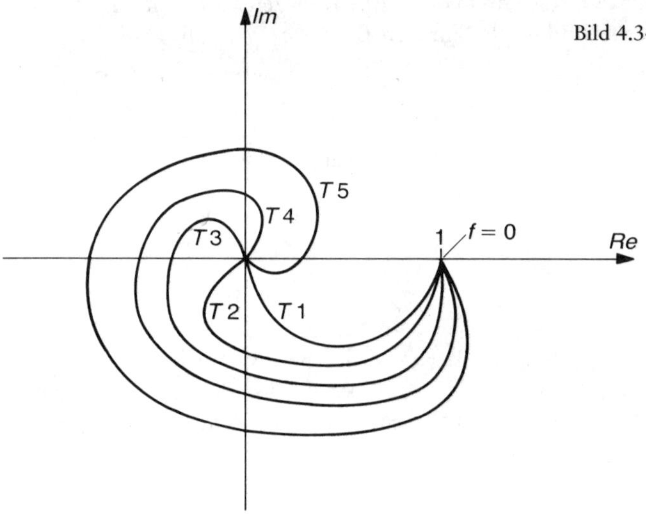

Bild 4.34 T_n-Glieder: Ortskurven

4.6.7 T_t-Glied

Auch bei einem Totzeit-Glied ist die mathematische Behandlung so kompliziert, daß hier darauf verzichtet werden soll. Seine Ortskurve läßt sich jedoch sehr anschaulich konstruieren.

Die Ausgangsgröße eines T_t-Gliedes entspricht der Eingangsgröße, allerdings um die Totzeit verschoben. Wird also mit einem sinusförmigen Eingangssignal angeregt, ist auch das Ausgangssignal eine Sinusschwingung, um T_t verzögert. Damit kann die Ortskurve hergeleitet werden.

Ein Totzeit-Glied mit $T_t = 0{,}25$ s wird von einer sinusförmigen Eingangsspannung mit der Frequenz $f = 1$ Hz angeregt. Die Ausgangsspannung hat dann folgenden Verlauf: u_a eilt gegenüber u_e um 90° hinterher, der Phasenwinkel α beträgt demnach −90°. Dieser Winkel resultiert aus dem Zusammenhang, daß für diese Frequenz gerade gilt: $T = 1\ \text{s} = 4 \cdot T_t$; hierbei ist T die Periodendauer der Sinusschwingung (Bild 4.35).

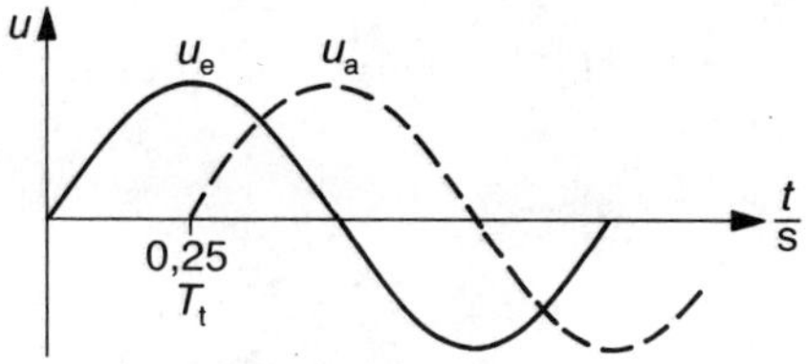

Bild 4.35 T_t-Glied: $T = 4 \cdot T_t$

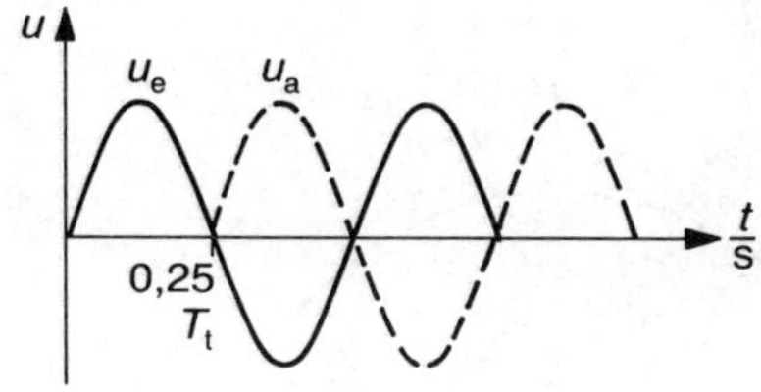

Bild 4.36 T_t-Glied: $T = 2 \cdot T_t$

Man berechnet darüber die Kreisfrequenz: $T = 4 \cdot T_t$; Bildung des Kehrwertes ergibt

$$\frac{1}{T} = f = \frac{1}{4 \cdot T_t}.$$

Multiplikation mit $2 \cdot \pi$ liefert die gesuchte Kreisfrequenz:

$$2 \cdot \pi \cdot f = \omega = \frac{2 \cdot \pi}{4 \cdot T_t}$$

$\omega = \dfrac{\pi}{2 \cdot T_t}$; wenn also Frequenz und Totzeit in diesem Zusammenhang stehen, beträgt der Phasenwinkel $-90°$.

Wird dasselbe T_t-Glied mit der Frequenz $f = 2$ Hz angeregt, eilt die Ausgangsspannung u_a um 180° hinterher, also $\alpha = -180°$ (Bild 4.36). Es gilt für diesen Fall:

$T = 0{,}5\ \text{s} = 2 \cdot T_t$; die gleichen Umformungen wie oben ergeben:

$$\frac{1}{T} = f = \frac{1}{2 \cdot T_t} \quad \Big/ \cdot 2\,\pi$$

$$2 \cdot \pi \cdot f = \frac{2 \cdot \pi}{2 \cdot T_t}$$

$$\omega = \frac{2 \cdot \pi}{2 \cdot T_t}$$

Es läßt sich leicht überlegen, daß sich bei

$$\omega = \frac{3 \cdot \pi}{2 \cdot T_t}$$

ein Phasenwinkel von $-270°$ ergibt und bei

$$\omega = \frac{4 \cdot \pi}{2 \cdot T_t}$$

der Phasenwinkel $-360° = 0°$ beträgt.

Die Amplituden von Ein- und Ausgangsspannung sind gleich groß, somit gilt für alle Frequenzen:

$$F = \frac{\hat{u}_a}{\hat{u}_e} = 1$$

Die Ortskurve wird von einem Kreis mit dem Radius 1 gebildet (Bild 4.37).

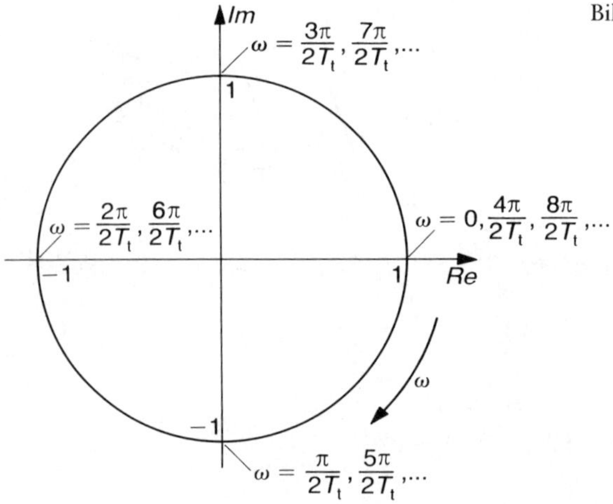

Bild 4.37 T_t-Glied: Ortskurve

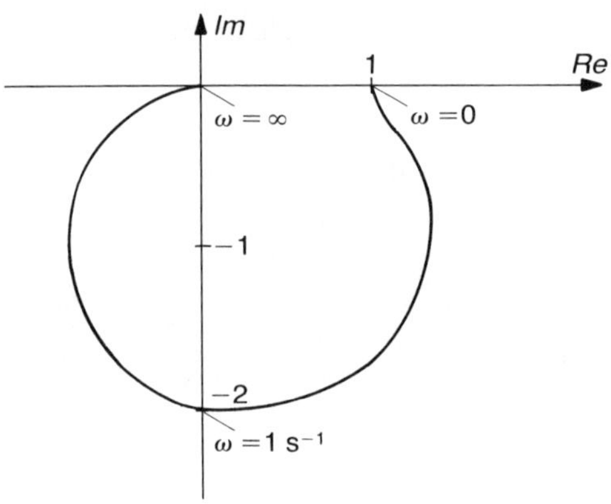

Übung 15

Eine Regelstrecke wurde von einer sinusförmigen Spannung mit variabler Frequenz angeregt. Die Amplituden der Ausgangsspannung und der Phasenwinkel wurden als Ortskurve aufgetragen. Ermitteln Sie aus der Kurve Verhalten und Parameter der Strecke.

Bild Übung 15

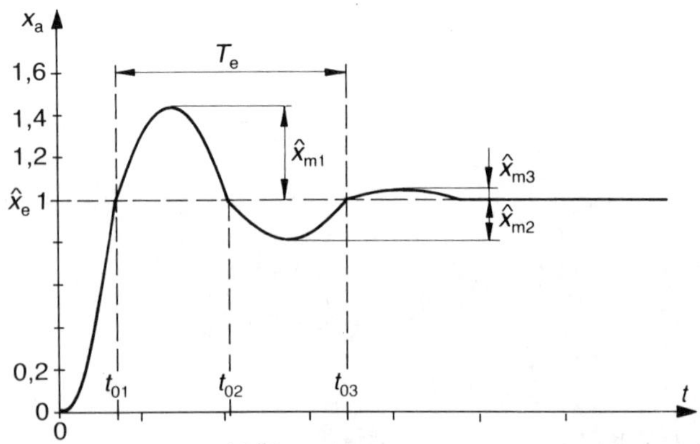

Bild Übung 16

Übung 16

Ein T_2-Glied zeigt die Sprungantwort in Bild Übung 16. Aus diesem mit *x-t*-Schreiber aufgenommenen Diagramm werden abgelesen:

$T_e = 0{,}56$ s; $\hat{x}_{m1} = 0{,}4$; $\hat{x}_{m2} = 0{,}2$

- ☐ Berechnen Sie aus diesen Werten die Dämpfung sowie die Zeitkonstanten des Gliedes!
- ☐ Wie groß ist $\hat{x}_{m3}$?
- ☐ Zu welchen Zeiten wird die $\hat{x}_e$-Linie geschnitten?

4.7 Bode-Diagramme

Bei der Ortskurvendarstellung in der Gaußschen Zahlenebene wird die frequenzabhängige Übertragungsfunktion in Real- und Imaginärteil (oder Betrag und Phasenwinkel) zerlegt und in einem einzigen Diagramm gezeichnet.

Eine andere, in der Praxis oft gewählte, sehr anschauliche Beschreibungsform ist die getrennte Darstellung von Betrag (genannt *Amplitudengang*) und Phasenwinkel (*Phasengang*) in Abhängigkeit von der Frequenz. Diese Darstellungsform wird als *Bode-Diagramm* bezeichnet. Dabei werden die beiden Frequenzachsen und die Betragsachse logarithmisch, die Phasenachse jedoch linear geteilt.

Die Vorteile der logarithmischen Darstellung werden sich bei der Reihenschaltung von Regelkreisgliedern zeigen. Eine solche Reihenschaltung wird in jedem Regelkreis von Regler und Strecke gebildet. Außerdem lassen sich dadurch sehr einfach Asymptoten als Näherung des exakten Kurvenverlaufs bestimmen, dessen Konstruktion teilweise recht aufwendig ist.

Der Betrag wird meistens in Dezibel (dB) umgerechnet und aufgetragen. Die Definition für die Umrechnung lautet:

$$\frac{F}{\text{dB}} = 20 \cdot \log F = 20 \cdot \log \left(\frac{\hat{x}_\text{a}}{\hat{x}_\text{e}}\right)$$

Hierbei ist log F die Kurzschreibweise für $_{10}\log F$, also den Logarithmus zur Basis 10.

Mit F ist wieder der Betrag von $\underline{F}$ gemeint: $F \triangleq |\underline{F}|$.

In der Praxis kann auch das Bode-Diagramm mit einem Oszilloskop aufgenommen werden. Dafür wird das System von einer sinusförmigen Spannung mit konstanter Amplitude $\hat{x}_\text{e}$ und variabler Frequenz angeregt. Die Amplitude der Ausgangsspannung $\hat{x}_\text{a}$ und der Phasenwinkel α zwischen $\underline{x}_\text{a}$ und $\underline{x}_\text{e}$ werden abgelesen und ausgewertet.

Berechnungsbeispiel

Werten Sie das Oszilloskopbild für ein Bode-Diagramm aus (Bild 4.38).

Folgende Werte werden am Oszilloskop abgelesen:

$\hat{x}_\text{e} = 1$ V; $\hat{x}_\text{a} = 2{,}5$ V; $\alpha = -90°$; $f = 160$ Hz

Bild 4.38

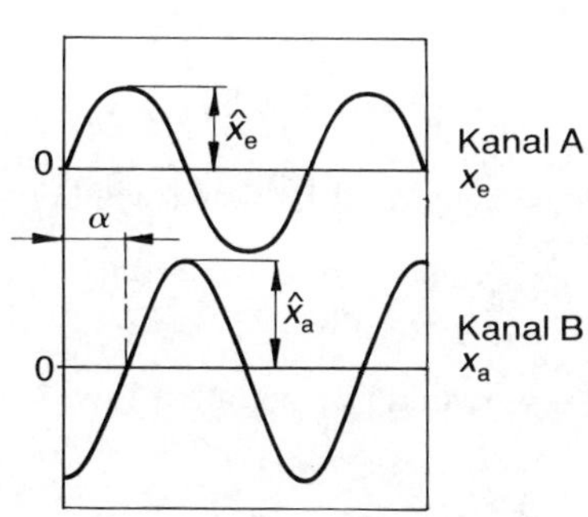

Lösung: $F = \frac{\hat{x}_a}{\hat{x}_e} = 2{,}5 \Longrightarrow \frac{F}{\text{dB}} = 20 \cdot \log 2{,}5$

$\boldsymbol{F \approx 8\ \text{dB}}$

Meist wird im Bode-Diagramm auf der Frequenzachse die Kreisfrequenz aufgetragen:

$f = 160\ \text{Hz} \Longrightarrow \omega = 2 \cdot \pi \cdot f$

$\boldsymbol{\omega = 1000\ \text{s}^{-1}}$

Werte eingetragen im Bode-Diagramm entsprechend Bild 4.39.

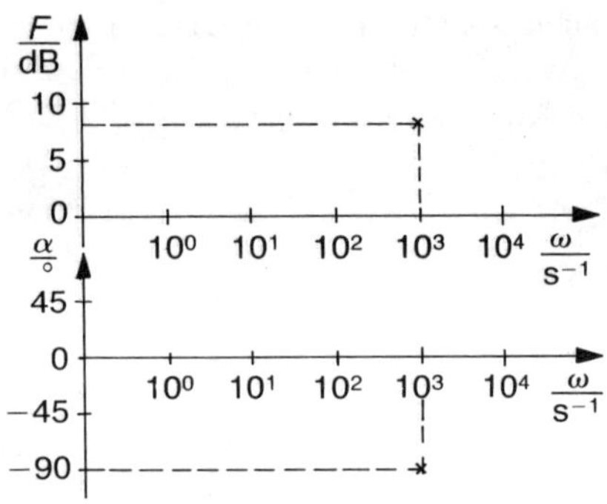

Bild 4.39

Wie im vorigen Abschnitt gezeigt wurde, hat jedes Regelkreisglied eine für sein Übertragungsverhalten charakteristische Übertragungsfunktion. Daraus läßt sich die entsprechende Ortskurve konstruieren. Die theoretische Ermittlung des zugehörigen Bode-Diagramms aus der Übertragungsfunktion soll an den bisher behandelten Regelkreisgliedern gezeigt werden.

4.7.1 P-Glied

Wir gehen von der Übertragungsfunktion aus. Sie lautet für ein P-Glied: $\underline{F} = K_P = F$. Somit ist der Betrag bei allen Frequenzen konstant. Die Umrechnung in dB liefert:

$$\frac{F}{\text{dB}} = 20 \cdot \log K_P$$

Der Phasenwinkel α läßt sich wie bei allen komplexen Größen berechnen:

$$\tan \alpha = \frac{\text{Im}\ (\underline{F})}{\text{Re}\ (\underline{F})} = \frac{0}{K_P} = 0 \Longrightarrow \alpha = 0°.$$

Der Phasenwinkel ist bei allen Frequenzen Null.

Bild 4.40 P-Glied: Bode-Diagramm

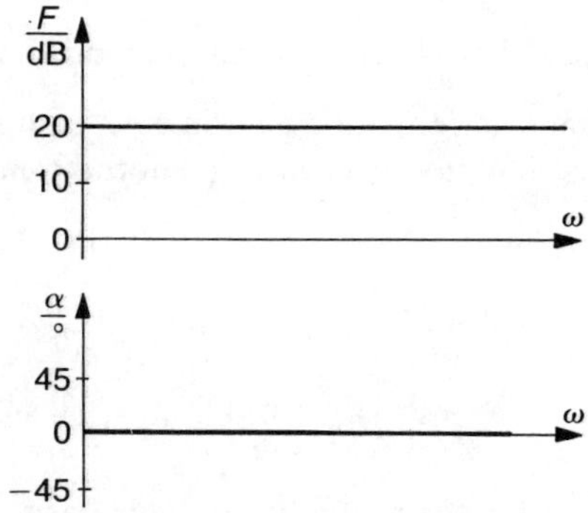

Berechnungsbeispiel
Zeichnen Sie das Bode-Diagramm für ein P-Glied mit $K_p = 10$!

Lösung: $\frac{F}{\text{dB}} = 20 \cdot \log K_P = 20 \cdot \log 10$

$F = 20$

Damit ist der Amplitudengang bestimmt (Bild 4.40). Der Phasengang ist trivial, da der Phasenwinkel bei einem P-Glied immer Null ist, wie gezeigt wurde.

4.7.2 I-Glied

Die Übertragungsfunktion eines I-Gliedes:

$$\underline{F} = -j \cdot \frac{K_I}{\omega} \Longrightarrow F = \frac{K_I}{\omega}$$

Der Betrag, umgerechnet in dB:

$$\frac{F}{\text{dB}} = 20 \cdot \log\left(\frac{K_I}{\omega}\right)$$

Wir wenden ein sehr einfaches Verfahren an, um den Verlauf des Amplitudenganges zu bestimmen. Die Betragsänderung wird gesucht, wenn ω um den Faktor 10 vergrößert wird, also um eine Dekade. Das heißt, es wird $F(10\omega)$ gesucht und mit $F(\omega)$ verglichen.

$$\frac{F(10\omega)}{\text{dB}} = 20 \cdot \log\left(\frac{K_I}{10 \cdot \omega}\right)$$

An dieser Stelle sei eine kleine Auffrischung der Rechenregeln für Logarithmen gestattet. Der Logarithmus ist die Hochzahl (Exponent) zu einer bestimmten Basis; bei dem hier verwendeten Logarithmus ist die Basis 10. Bekanntlich werden bei einer Multiplikation von Potenzen die Hochzahlen addiert, bei einer Division werden sie subtrahiert:

$$10^a \cdot 10^b = 10^{a+b} \qquad \text{bzw. } 10^a : 10^b = 10^{a-b}$$

Werden diese Rechenoperationen mit Logarithmen durchgeführt, bedeutet das:

- ☐ eine Multiplikation geht in eine Addition über: log (A · B) = (log A) + (log B),
- ☐ eine Division geht in eine Subtraktion über: log (A : B) = (log A) − (log B).

Damit kann die Beziehung für $F(10\omega)$ umgeformt werden:

$$\frac{F(10\omega)}{\text{dB}} = 20 \cdot \log\left(\frac{K_I}{10\,\omega}\right) = 20 \cdot \log\left(\frac{K_I}{\omega} : 10\right)$$

$$= 20 \cdot \left[\log\left(\frac{K_I}{\omega}\right) - \log 10\right]$$

Da wir hier den Logarithmus zur Basis 10 haben, ist log 10 = 1.

$$\frac{F(10\omega)}{\text{dB}} = 20 \cdot \log\left(\frac{K_I}{\omega}\right) - 20$$

Mit $20 \cdot \log\left(\frac{K_I}{\omega}\right) = \frac{F(\omega)}{\text{dB}}$ erhalten wir:

$$\frac{F(10\omega)}{\text{dB}} = \frac{F(\omega)}{\text{dB}} - 20.$$

Das heißt, daß der Betrag um 20 dB pro Dekade kleiner wird. Der Amplitudengang ergibt somit eine fallende Gerade mit der Steigung

$$-\frac{20\text{ dB}}{\text{Dekade}}.$$

Der Schnittpunkt der Geraden mit der ω-Achse läßt sich bestimmen, indem man berücksichtigt, daß auf der ω-Achse der Betrag von $\underline{F}$ in dB den Wert Null hat:

$$\frac{F(\omega)}{\text{dB}} = 20 \cdot \log\left(\frac{K_I}{\omega}\right) = 0$$

Auch an dieser Stelle ein kleiner Exkurs in die Logarithmenrechnung. Jede Potenz mit dem Exponenten Null hat den Wert Eins, unabhängig von der Basis:

$$A^0 = 1 \Longrightarrow {}_a\log 1 = 0,$$

unabhängig davon, welche Basis a der Logarithmus hat.

Dies verwenden wir:

$$20 \cdot \log\left(\frac{K_I}{\omega}\right) = 0 \Longrightarrow \frac{K_I}{\omega} = 1 \Longrightarrow \boldsymbol{\omega_E = K_I}$$

Die Berechnung des Phasenwinkels ist trivial:

$$\tan\alpha = \frac{\text{Im}(\underline{F})}{\text{Re}(\underline{F})} = \frac{-K_I/\omega}{0} = -\infty \Longrightarrow \boldsymbol{\alpha = -90°}$$

Der Phasenwinkel beträgt also beim I-Glied bei allen Frequenzen −90°.

Berechnungsbeispiel
Zeichnen Sie das Bode-Diagramm für ein I-Glied mit $K_I = 10\ s^{-1}$!

Lösung: $\omega_E = K_I = 10\ s^{-1}$.
Bode-Diagramm entsprechend Bild 4.41.

Bild 4.41 I-Glied: Bode-Diagramm

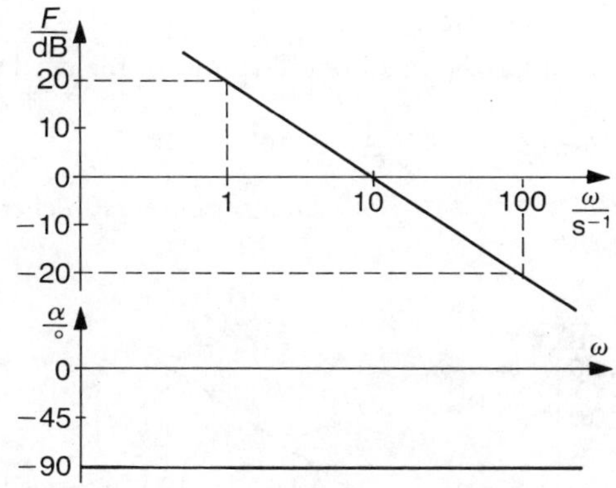

4.7.3 D-Glied

Übertragungsfunktion eines D-Gliedes:

$$\underline{F} = j \cdot \omega \cdot K_D \Longrightarrow F = \omega \cdot K_D \text{ bzw. } \frac{F}{dB} = 20 \cdot \log(\omega \cdot K_D)$$

Vergrößern wir ω wieder um den Faktor 10:

$$\frac{F(10\omega)}{dB} = 20 \cdot \log(10 \cdot \omega \cdot K_D) = 20 \cdot [\log(\omega \cdot K_D) + \log 10]$$

$$\frac{F(10\omega)}{dB} = 20 \cdot \log(\omega \cdot K_D) + 20$$

$$\frac{F(10\omega)}{dB} = \frac{F(\omega)}{dB} + 20$$

Den Amplitudengang bildet eine mit 20 dB/Dekade steigende Gerade. Bei ihrem Schnittpunkt mit der ω-Achse ist wieder der Betrag in dB gleich Null:

$$\frac{F(\omega)}{dB} = 0 \Longrightarrow 20 \cdot \log(\omega \cdot K_D) = 0 \Longrightarrow \omega_E \cdot K_D = 1$$

Damit erhalten wir:

$$\omega_E = \frac{1}{K_D}$$

Berechnung des Phasenwinkels:

$$\tan \alpha = \frac{\mathrm{Im}(\underline{F})}{\mathrm{Re}(\underline{F})} = \frac{\omega \cdot K_\mathrm{D}}{0} = \infty \Longrightarrow \alpha = +90°$$

Ein D-Glied hat bei allen Frequenzen einen Phasenwinkel von +90°.

Berechnungsbeispiel
Zeichnen Sie das Bode-Diagramm für ein D-Glied mit $K_\mathrm{D} = 0{,}1$ s!

Lösung: $\omega_\mathrm{E} = \frac{1}{K_\mathrm{D}} = 10\ \mathrm{s}^{-1}$

Bode-Diagramm entsprechend Bild 4.42.

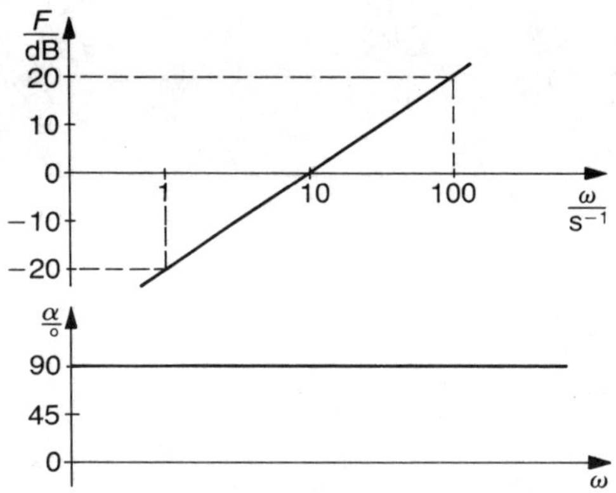

Bild 4.42 D-Glied: Bode-Diagramm

4.7.4 T₁-Glied

Die Übertragungsfunktion eines T_1-Gliedes lautet:

$$\underline{F} = \frac{1}{1 + \mathrm{j} \cdot \omega \cdot T_1}$$

Diese Übertragungsfunktion kann nach entsprechender Umformung (siehe Abschnitt 4.6.4) in Real- und Imaginärteil getrennt werden:

$$\underline{F} = \frac{1}{1 + (\omega \cdot T_1)^2} - \mathrm{j} \cdot \frac{\omega \cdot T_1}{1 + (\omega \cdot T_1)^2};$$

daraus lassen sich Betrag und Phasenwinkel bestimmen.

4.7.4.1 Amplitudengang

$$|\underline{F}| = F = \sqrt{[\mathrm{Re}(\underline{F})]^2 + [\mathrm{Im}(\underline{F})]^2} = \sqrt{\left(\frac{1}{1+(\omega \cdot T_1)^2}\right)^2 + \left(\frac{\omega \cdot T_1}{1+(\omega \cdot T_1)^2}\right)^2}$$

$$F = \sqrt{\frac{1 + (\omega \cdot T_1)^2}{[1 + (\omega \cdot T_1)^2]^2}} \Longrightarrow F = \frac{1}{\sqrt{1 + (\omega \cdot T_1)^2}}$$

Variiert man in dieser Gleichung zur Berechnung des Betrages von $\underline{F}$ die Kreisfrequenz ω von $0 \ldots \infty$, so erhält man den exakten Amplitudengang. Dieses Verfahren wäre allerdings sehr aufwendig. Wesentlich einfacher ist die Ermittlung der Asymptoten des wahren Verlaufs, deren Kenntnis in den meisten Fällen vollkommen ausreicht.

Dafür betrachtet man den Betrag für niedrige und für hohe Frequenzen.

1. Für *niedrige Frequenzen* gilt als Näherung: $\omega \cdot T_1 << 1$. Der Ausdruck $(\omega \cdot T_1)^2$ kann gegenüber der 1 deshalb vernachlässigt werden. Damit ergibt sich für kleine Frequenzen als Betrag: $F \approx 1$; oder mit der Umrechnung in dB wird daraus:

   $$\frac{F}{\mathrm{dB}} \approx 20 \log \cdot F = 20 \log \cdot 1 \Longrightarrow F \approx 0 \text{ dB für kleine } \omega \qquad \text{(Gl. 1)}$$

   Der Amplitudengang für kleine Frequenzen ist also eine Gerade, die auf der Abszisse (hier die ω-Achse) verläuft.
2. Für *hohe Frequenzen* wird mit der Näherung gearbeitet: $\omega \cdot T_1 >> 1$. Im Nenner wird nun die 1 gegenüber dem sehr großen Wert $(\omega \cdot T_1)^2$ vernachlässigt:

   $$F \approx \frac{1}{\omega \cdot T_1} \text{ oder umgerechnet: } \frac{F}{\mathrm{dB}} \approx 20 \cdot \log \frac{1}{\omega \cdot T_1} \qquad \text{(Gl. 2)}$$

   Vergrößert man ω in dieser Näherungsgleichung für hohe Frequenzen jeweils um den Faktor 10, so nimmt F um 20 dB ab, was sich wieder mit Hilfe der Logarithmus-Rechnung zeigen läßt:

   $$\frac{F(10\omega)}{\mathrm{dB}} \approx 20 \cdot \log \frac{1}{10 \cdot \omega \cdot T_1} = 20 \cdot \log \frac{1/(\omega \cdot T_1)}{10}$$
   $$= 20 \cdot \left(\log \frac{1}{\omega \cdot T_1} - \log 10\right)$$

   Da $\log 10 = 1$, folgt hieraus:

   $$\frac{F(10\omega)}{\mathrm{dB}} \approx 20 \cdot \left(\log \frac{1}{\omega \cdot T_1} - 1\right) = 20 \cdot \log \frac{1}{\omega \cdot T_1} - 20.$$

   Somit gilt also

   $$F(10\omega) = F(\omega) - 20 \text{ dB}.$$

Dies ist wieder die Gleichung einer Geraden mit der Steigung

$$-\frac{20\ \text{dB}}{\text{Dekade}}.$$

Aus den Näherungsbetrachtungen für niedrige und hohe Frequenzen ergeben sich in dem doppellogarithmischen Maßstab für den Amplitudengang zwei Geraden als Asymptoten. An diese Asymptoten schmiegt sich die exakte Kurve an. Die beiden Geraden schneiden sich bei der Eckfrequenz ω_E. Zur Berechnung von ω_E werden die beiden Geradengleichungen Gl. 1 und Gl. 2 gleichgesetzt und nach ω aufgelöst; dabei ist $\omega = \omega_E$:

$$0 = 20 \cdot \log \frac{1}{\omega_E \cdot T_1} \Longrightarrow \frac{1}{\omega_E \cdot T_1} = 1 \Longrightarrow \omega_E = \frac{1}{T_1}$$

Nachdem die Asymptoten des Amplitudenganges bestimmt sind, kann die Abweichung der exakten Kurve von der asymptotischen Näherung berechnet werden. Nach den Asymptoten hat der Betrag der Übertragungsfunktion bei ω_E den Wert Null. Berechnen wir den exakten Wert bei $\omega = \omega_E = 1/T_1$:

$$F(\omega_E) = \frac{1}{\sqrt{1 + (\omega_E \cdot T_1)^2}} = \frac{1}{\sqrt{1 + 1^2}} = \frac{1}{\sqrt{2}}; \text{ umgerechnet in dB:}$$

$$\frac{F(\omega_E)}{\text{dB}} = 20 \cdot \log \frac{1}{\sqrt{2}} \approx -3 \Longrightarrow F(\omega_E) \approx -3\ \text{dB}$$

Bei der Eckfrequenz ist also eine Abweichung von −3 dB zwischen dem exakten Wert und dem der asymptotischen Näherung. Man sieht daraus, daß die Näherung mit genügender Genauigkeit den Amplitudengang beschreibt.

Berechnungsbeispiel
Zeichnen Sie den Amplitudengang eines T_1-Gliedes mit $T_1 = 0{,}1$ s!

Lösung: $\omega_E = \dfrac{1}{T_1} = 10\ \text{s}^{-1}$

Amplitudengang entsprechend Bild 4.43.

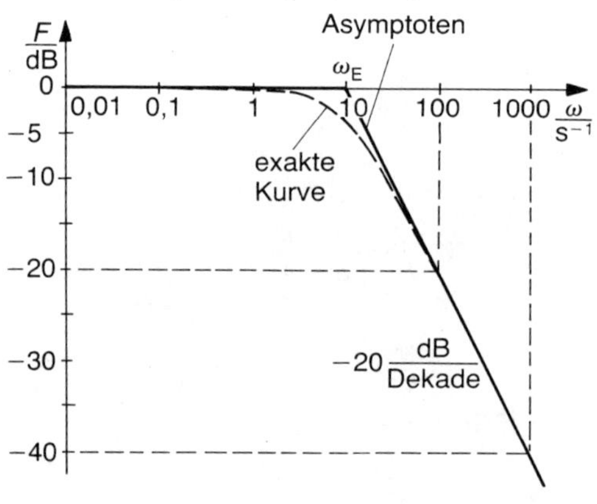

Bild 4.43 T_1-Glied: Amplitudengang

Bild 4.44 T_1-Glied: Phasengang

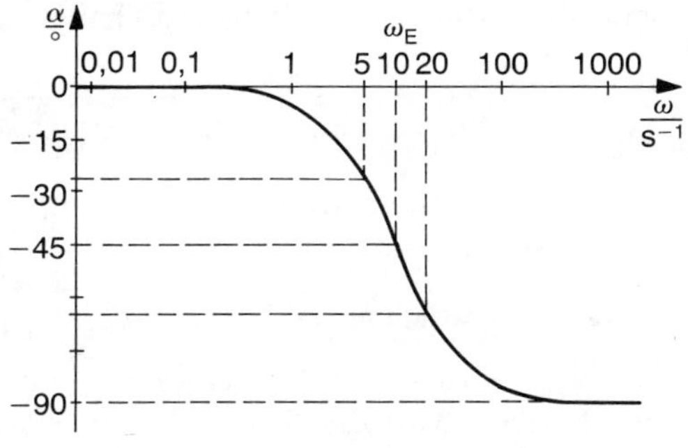

4.7.4.2 Phasengang

Zur Konstruktion des Phasenganges wird der Phasenwinkel in Abhängigkeit von der Frequenz bestimmt:

$$\tan \alpha = \frac{\mathrm{Im}(\underline{F})}{\mathrm{Re}(\underline{F})} = -\frac{\dfrac{\omega \cdot T_1}{1 + (\omega \cdot T_1)^2}}{\dfrac{1}{1 + (\omega \cdot T_1)^2}} \Longrightarrow \tan \alpha = -\omega \cdot T_1$$

Der Phasenwinkel α läßt sich damit berechnen: $\alpha = -\arctan(\omega \cdot T_1)$. Die Winkel für einige charakteristische ω-Werte sind der Tabelle zu entnehmen:

ω	0	$\frac{1}{2} \cdot \omega_E$	ω_E	$2 \cdot \omega_E$	∞
α/°	0	−27	−45	−63	−90

Damit ergibt sich der Phasengang für ein T_1-Glied entsprechend Bild 4.44. Der Phasenwinkel beträgt für kleine Frequenzen $\alpha = 0°$. Wird die Frequenz größer, wird der Winkel negativ und fällt ab bis auf −90°. Bei der Eckfrequenz ω_E hat der Winkel immer den Wert −45°.

In Bild 4.44 ist der Phasengang für das T_1-Glied vom vorigen Berechnungsbeispiel mit $\omega_E = 10\ s^{-1}$ dargestellt.

4.7.5 T_2-Glied

Die Übertragungsfunktion eines T_2-Gliedes lautet:

$$\underline{F} = \frac{1}{1 - (\omega \cdot T_2)^2 + j \cdot \omega \cdot T_1}$$

Auch die Umformung dieser Übertragungsfunktion wurde bereits betrachtet (Abschnitt 4.6.5). Es ergibt sich nach Trennung in Real- und Imaginärteil:

$$\underline{F} = \frac{1 - (\omega \cdot T_2)^2}{[1 - (\omega \cdot T_2)^2]^2 + (\omega \cdot T_1)^2} - j \cdot \frac{\omega \cdot T_1}{[1 - (\omega \cdot T_2)^2]^2 + (\omega \cdot T_1)^2}$$

Hieraus können wieder Betrag und Phasenwinkel berechnet werden:

$$F = \frac{1}{\sqrt{[1 - (\omega \cdot T_2)^2]^2 + (\omega \cdot T_1)^2}}; \; \alpha = -\text{arc tan} \frac{\omega \cdot T_1}{1 - (\omega \cdot T_2)^2}$$

Auch beim T_2-Glied werden die Verläufe von Amplituden- und Phasengang näherungsweise bestimmt.

4.7.5.1 Amplitudengang

Untersucht wird zuerst der Betrag zur Bestimmung des Amplitudenganges. Wie beim T_1-Glied wird die Betragsgleichung bei niedrigen und hohen Frequenzen betrachtet.

1. Für *niedrige Frequenzen* sind die Ausdrücke $\omega \cdot T_1$ bzw. $\omega \cdot T_2$ im Nenner näherungsweise Null, so daß gilt:

   $$F = 1 \triangleq 0 \text{ dB}. \qquad \text{(Gl. 3).}$$

   Für niedrige Frequenzen hat das T_2-Glied genau wie das T_1-Glied eine waagerecht auf der Abszisse verlaufende Asymptote.
2. Für *hohe Frequenzen* wird die 4. Potenz von $\omega \cdot T_2$ viel größer sein als die zweite Potenz von $\omega \cdot T_1$. Außerdem kann gegen den sehr großen Wert $\omega \cdot T_2$ die 1 im Nenner vernachlässigt werden, so daß näherungsweise gilt:

   $$F \approx \frac{1}{(\omega \cdot T_2)^2} \text{ bzw. } \frac{F}{\text{dB}} \approx 20 \cdot \log \frac{1}{(\omega \cdot T_2)^2} \qquad \text{(Gl. 4)}$$

Wird ω in dieser Näherungsgleichung für hohe Frequenzen um den Faktor 10 erhöht, so nimmt F um 40 dB ab:

$$\frac{F(10\omega)}{\text{dB}} \approx 20 \cdot \log \frac{1}{(10 \cdot \omega \cdot T_2)^2} = 20 \cdot \log \frac{1}{100 \cdot (\omega \cdot T_2)^2}$$
$$= 20 \cdot \log \frac{1/(\omega \cdot T_2)^2}{100}$$

Nach den Rechenregeln für Logarithmen wird daraus:

$$\frac{F(10\omega)}{\text{dB}} \approx 20 \cdot \left(\log \frac{1}{(\omega \cdot T_2)^2} - \log 100\right);$$

da log 100 = 2, folgt hieraus:

$$\frac{F(10\omega)}{\text{dB}} \approx 20 \cdot \log \frac{1}{(\omega \cdot T_2)^2} - 40, \text{ und es gilt:}$$

$$F(10\omega) \approx F(\omega) - 40 \text{ dB}.$$

Als Asymptote für hohe Frequenzen ergibt sich also wie beim T_1-Glied eine fallende Gerade, allerdings beim T_2-Glied mit einer Steigung von

$$-\frac{40 \text{ dB}}{\text{Dekade}}.$$

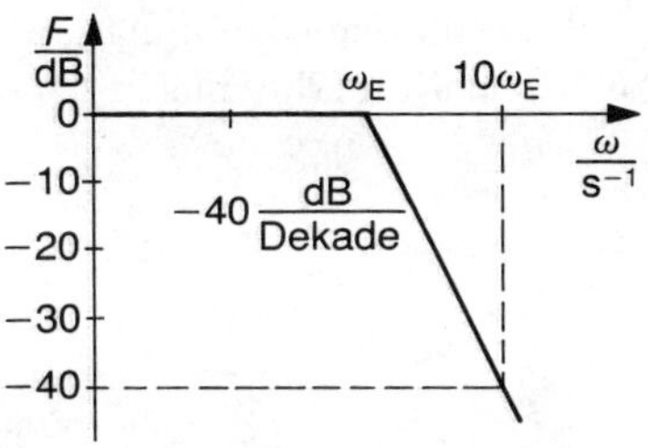

Bild 4.45
T_2-Glied: Amplitudengang (Asymptoten)

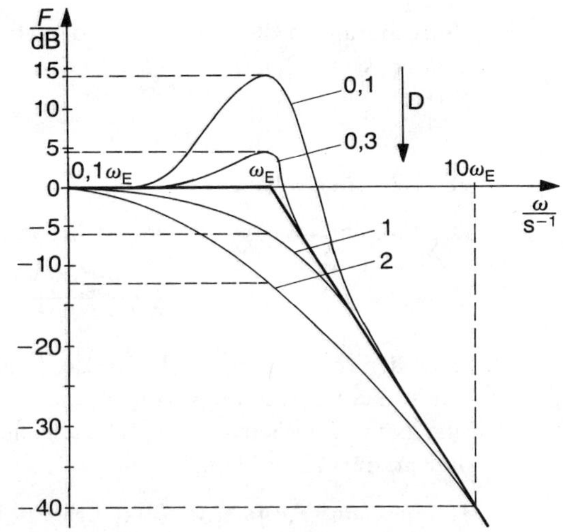

Bild 4.46 T_2-Glied: Amplitudengang

Der Schnittpunkt der beiden Asymptoten für niedrige bzw. hohe Frequenzen kann durch Gleichsetzen von Gl. 3 mit Gl. 4 bestimmt werden:

$$0 = 20 \cdot \log \frac{1}{(\omega_E \cdot T_2)^2} \Longrightarrow \frac{1}{(\omega_E \cdot T_2)^2} = 1 \Longrightarrow \omega_E = \frac{1}{T_2}$$

Die Eckfrequenz ist demnach die Eigenfrequenz des ungedämpften Systems.

Damit können die Asymptoten für den Amplitudengang gezeichnet werden (Bild 4.45). Zur Bestimmung des exakten Kurvenverlaufs muß der Einfluß der Dämpfung auf den Betrag F untersucht werden. Dazu wird der Betrag bei der Eckfrequenz ω_E betrachtet. Er wurde bereits bei der Konstruktion der Ortskurve bestimmt (Abschnitt 4.6.5.2), kann aber auch einfach durch Einsetzen der Eckfrequenz $\omega_E = 1/T_2$ in die Berechnungsformel für den Betrag F erhalten werden:

$$F(\omega_E) = \frac{T_2}{T_1} \text{ bzw. mit } D = \frac{T_1}{2 \cdot T_2} \Longrightarrow F(\omega_E) = \frac{1}{2D}$$

oder in dB umgerechnet:

$$\frac{F(\omega_E)}{\text{dB}} = 20 \cdot \log \frac{1}{2D}$$

Für verschiedene Dämpfungsgrade sind die Betragswerte bei ω_E in einer Tabelle angegeben:

D	0	0,1	0,3	0,5	1	2
$\frac{F(\omega_E)}{\text{dB}}$	∞	14	4,4	0	−6	−12

Zu erkennen ist, daß der exakte Betragswert eines T_2-Gliedes bei ω_E sehr unterschiedlich ist, jeweils abhängig von dem Dämpfungsgrad des Gliedes. Bei einer schwachen Dämpfung wird der Betrag bei ω_E sogar größer als 1 bzw. nach

Umrechnung in dB größer als 0 dB. Dies ist der Fall, wenn der Dämpfungsgrad kleiner ist als 0,5 ($D < 0{,}5$). Es kommt dann zu Resonanzüberhöhungen (Bild 4.46).

4.7.5.2 Phasengang

Der Phasenwinkel wurde bereits bestimmt:

$$\alpha = -\text{arc tan} \frac{\omega \cdot T_1}{1 - (\omega \cdot T_2)^2}$$

Auch der Phasengang des T_2-Gliedes kann durch Einsetzen verschiedener Frequenzen in diese Berechnungsformel konstruiert werden. Schneller geht jedoch wieder eine Näherungsbetrachtung. Dazu genügt die Untersuchung des Verhaltens bei drei Frequenzbereichen.

1. Für *kleine Frequenzen* (ω näherungsweise Null) wird der Phasenwinkel

$$\alpha \approx -\text{arc tan} \frac{0}{1 - 0} \Longrightarrow \alpha \approx -\text{arc tan}\, 0 \Longrightarrow \alpha \approx 0°$$

2. $$\omega = \omega_E = 1/T_2 \Longrightarrow \alpha$$
$$= -\text{arc tan} \frac{T_1/T_2}{0} \Longrightarrow \alpha = -\text{arc tan}\, \infty \Longrightarrow \alpha = -90°$$

   Dieser Zusammenhang ist bereits von der Betrachtung der Ortskurve bekannt.

3. Für *große Frequenzen* (ω näherungsweise ∞) kann die 1 im Nenner gegenüber dem nun viel größeren Wert $(\omega \cdot T_2)^2$ vernachlässigt werden. Außerdem wächst der Nenner quadratisch mit der Frequenz, während der Zähler nur linear zunimmt. Mit diesen Näherungen ergibt sich

$$\alpha \approx -\text{arc tan}\, 0 \Longrightarrow \alpha \approx -180°.$$

Der genaue Verlauf der Kurve läßt sich wieder durch Einsetzen von verschiedenen Werten für die Frequenz ω finden. Auch der Phasengang ist abhängig von der Dämpfung. In der Zeichnung sind die Phasengänge für zwei verschiedene Dämpfungsgrade gezeigt (Bild 4.47).

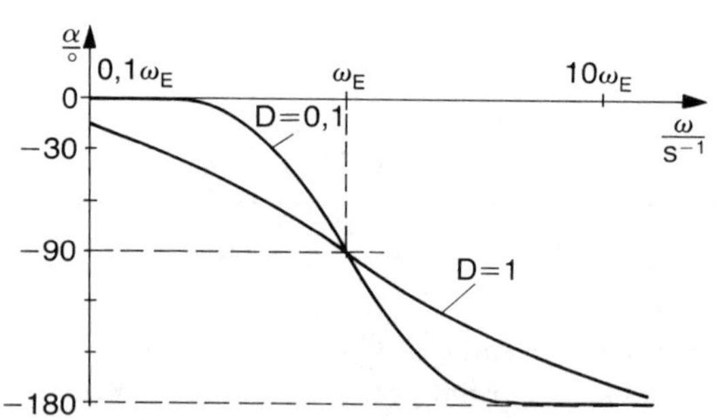

Bild 4.47 T_2-Glied: Phasengang

Prinzipiell fällt der Phasenwinkel bei einem T_2-Glied mit zunehmender Frequenz von 0° bei kleinen Frequenzen bis auf −180° bei großen Frequenzen. Bei der Eckfrequenz ω_E beträgt der Phasenwinkel bei jedem T_2-Glied −90°.

Berechnungsbeispiel

Zeichnen Sie das Bode-Diagramm für ein T_2-Glied mit den Zeitkonstanten T_1 = 0,5 s und T_2 = 1 s!

Lösung: Für die Konstruktion der Asymptoten des Amplitudenganges muß die Eckfrequenz bestimmt werden:

$\omega_E = 1/T_2 \Longrightarrow \omega_E = 1\ \text{s}^{-1}$

Der genaue Betragswert bei ω_E kann über die Dämpfung bestimmt werden:

$$D = \frac{T_1}{2 \cdot T_2} \Longrightarrow D = 0{,}25$$

$$\frac{F(\omega_E)}{\text{dB}} = 20 \cdot \log \frac{1}{2D} = 20 \cdot \log 2$$

$$F(\omega_E) \approx 6\ \text{dB}$$

Für den Phasengang genügt der prinzipielle Verlauf (Bild 4.48).

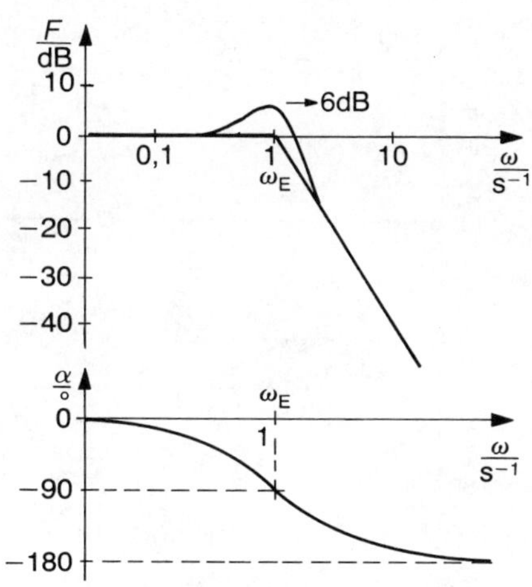

Bild 4.48 T_2-Glied: Bode-Diagramm

4.7.6 T_t-Glied

Auch das Bode-Diagramm des T_t-Gliedes wird nicht über seine Übertragungsfunktion hergeleitet, sondern anschaulich aus der Ortskurve. Der Verlauf des Amplitudenganges ist trivial, da für alle Frequenzen gilt:

$$F = \frac{\hat{x}_a}{\hat{x}_e} = 1 \triangleq 0 \text{ dB}.$$

Als Amplitudengang erhält man für das T_t-Glied eine Gerade, die auf der Abszisse verläuft (Bild 4.49).

Der Phasengang läßt sich aus der Ortskurve ableiten. Für wachsende Frequenzen dreht der Zeiger von x_a, dessen Spitze ja die Ortskurve bildet, im Uhrzeigersinn, also mathematisch negativ. Der Phasenwinkel wird deshalb mit zunehmender Frequenz betragsmäßig immer größer, wie bei der Herleitung der Ortskurve (siehe Abschnitt 4.6.7) bereits gezeigt wurde. Für das Beispiel mit $T_t = 0{,}25$ s werden folgende Werte berechnet:

ω	$\frac{\pi}{2 \cdot T_t}$	$\frac{2 \cdot \pi}{2 \cdot T_t}$	$\frac{3 \cdot \pi}{2 \cdot T_t}$	$\frac{4 \cdot \pi}{2 \cdot T_t}$	$\frac{5 \cdot \pi}{2 \cdot T_t}$	$\frac{6 \cdot \pi}{2 \cdot T_t}$	$\frac{7 \cdot \pi}{2 \cdot T_t}$	$\frac{8 \cdot \pi}{2 \cdot T_t}$
$\omega/\ s^{-1}$	6,28	12,57	18,85	25,13	31,42	37,70	43,98	50,27
$\alpha/\ °$	−90	−180	−270	−360	−450	−540	−630	−720

Mit diesen Werten ergibt sich der Phasengang von Bild 4.49.

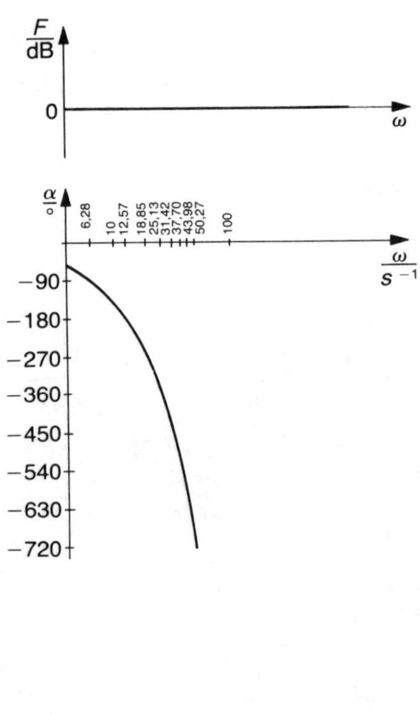

Bild 4.49 T_t-Glied: Bode-Diagramm

5 Verbindungsmöglichkeiten von Regelkreisgliedern

Ein Regelkreis besteht immer aus einer Kombination von mehreren Übertragungsgliedern, deren Verhalten aus regelungstechnischer Sicht in den vorangegangenen Kapiteln vorgestellt wurden. Regelkreisglieder können auf verschiedene Arten miteinander kombiniert werden. Die einfachsten Verbindungsmöglichkeiten sind die *Reihenschaltung* (auch Ketten- oder Hintereinanderschaltung genannt) und die *Parallelschaltung*. Eine Kombination von beiden sind *Gruppenschaltungen*.

5.1 Reihenschaltung

Eine Reihenschaltung von zwei Regelkreisgliedern kommt in jedem einfachen Regelkreis vor durch das Zusammenschalten von Regler und Strecke (Bild 5.1).

Es wurde schon erwähnt, daß sich in der Praxis kein Übertragungsglied mit idealem P-, I- oder D-Verhalten realisieren läßt. Sie kommen immer nur mit zeitlicher Verzögerung vor, was einer Reihenschaltung von P-, I- oder D-Glied mit einem Verzögerungsglied entspricht. Bei den Reglern können im allgemeinen die Verzögerungen so klein gehalten werden, daß ihre Wirkung vernachlässigt werden kann. Aber Regelstrecken haben meistens so große Verzögerungen, daß sie bei den Betrachtungen des Regelverhaltens berücksichtigt werden müssen.

Bild 5.1 Regelkreis

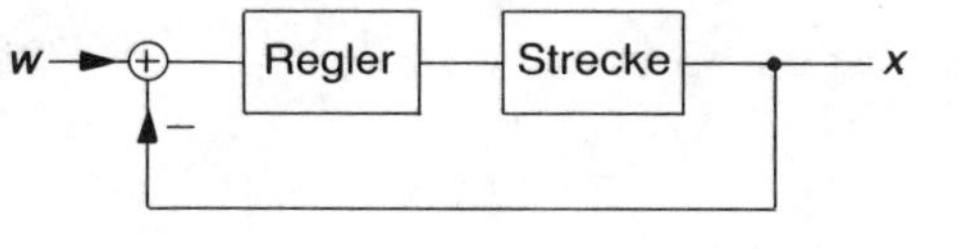

Bild 5.2
Reihenschaltung von zwei Regelkreisgliedern

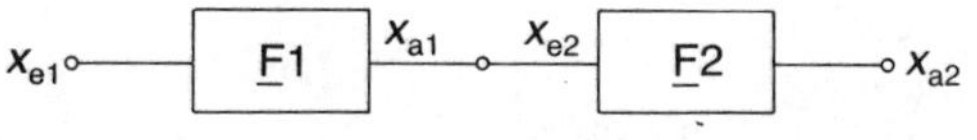

Werden zwei Glieder mit den Übertragungsfunktionen $\underline{F1}$ und $\underline{F2}$ hintereinandergeschaltet, ist die Ausgangsgröße x_{a1} des 1. Gliedes gleichzeitig die Eingangsgröße x_{e2} des zweiten (Bild 5.2). Voraussetzung dieser Betrachtungen ist immer, daß das Übertragungsverhalten des 1. Gliedes durch das 2. nicht beeinflußt wird (keine Rückwirkung). Berechnung der Übertragungsfunktion des Gesamtsystems:

$$\underline{F}_{ges} = \frac{x_{a2}}{x_{e1}};$$

da $x_{a1} = x_{e2}$, kann mit $\frac{x_{a1}}{x_{e2}}$ erweitert werden. Durch Umstellen ergibt sich:

$$\underline{F}_{ges} = \frac{x_{a1}}{x_{e1}} \cdot \frac{x_{a2}}{x_{e2}} \quad \text{oder} \quad \underline{F}_{ges} = \underline{F}_1 \cdot \underline{F}_2$$

> Die Gesamt-Übertragungsfunktion einer Reihenschaltung von Übertragungsgliedern entsteht durch Multiplikation der Übertragungsfunktionen ihrer Einzelglieder.

Deshalb hat die Reihenfolge der Glieder keinen Einfluß auf das Verhalten des Gesamtsystems.

Zur Kennzeichnung der Reihenschaltung wird zwischen die Kurzbezeichnungen der Einzelglieder ein Bindestrich geschrieben (z.B. P-T1). Es werden an einigen Beispielen Zeitverhalten, Übertragungsfunktion, Ortskurve und Bode-Diagramm von Reihenschaltungen untersucht.

5.1.1 Zeitverhalten

Als Zeitverhalten wird wieder die Sprungantwort betrachtet.

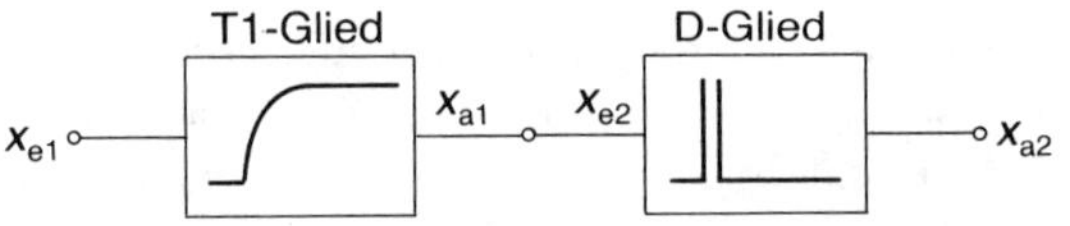

Bild 5.3 D-T_1-Glied

5.1.1.1 D-T_1-Glied

x_{a1} ist die Sprungantwort des T_1-Gliedes (Bild 5.3):

$$x_{a1} = \hat{x}_{e1} \cdot \left(1 - e^{-\frac{t}{T_1}}\right) = x_{e2}$$

Dies ist jetzt das Eingangssignal für das D-Glied, dessen Ausgangssignal sich damit berechnen läßt:

$$x_{a2} = K_D \cdot \frac{\Delta x_{e2}}{\Delta t}$$

Nach den Rechenregeln der Differentialrechnung, die hier nicht behandelt wird, kann das Ausgangssignal bestimmt werden:

$$x_{a2} = K_D \cdot \hat{x}_{e1} \cdot \frac{1}{T_1} \cdot e^{-\frac{t}{T_1}}$$

Bild 5.4 D-T_1-Glied: Sprungantwort

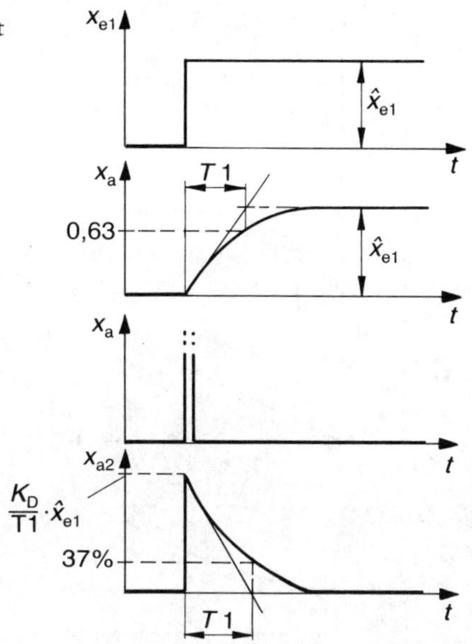

Bild 5.5 I-T_1-Glied

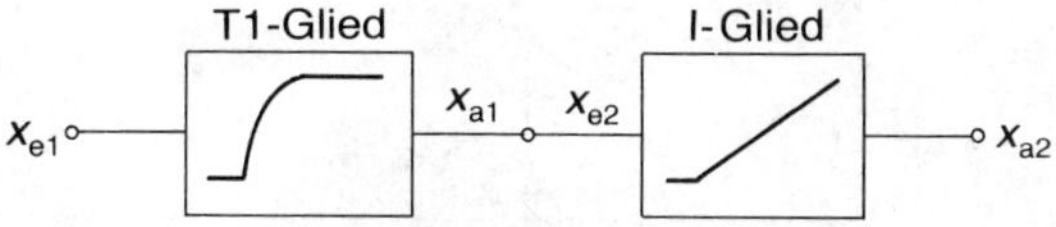

Die Sprungantwort eines D-T_1-Gliedes ist ein Impuls der Höhe

$$\frac{K_D}{T_1} \cdot \hat{x}_{e1}$$

Mit der Zeitkonstanten T_1 verzögert, nähert sich die Ausgangsgröße nach einer e-Funktion dem Wert Null.

Die Sprungantworten des D-, T_1- und D-T_1-Gliedes zeigt Bild 5.4. Aus der Sprungantwort des D-T_1-Gliedes lassen sich die Konstanten T_1 und K_D ablesen.

D-Glieder lassen sich nur mit Verzögerung realisieren, so daß ein D-Glied genaugenommen immer ein D-T_1-Glied ist.

5.1.1.2 I-T_1-Glied

x_{a1} ist wieder die Sprungantwort des T_1-Gliedes. Sie wirkt als Eingangssignal des I-Gliedes, dessen Ausgangssignal sich in diesem Fall nur noch mit Integralrechnung ermitteln läßt (Bild 5.5). Die Näherung, die bei der Betrachtung der Sprungantwort eines I-Gliedes benutzt wurde, ist hier nicht zulässig, da das Eingangssignal des I-Gliedes keine Sprungfunktion mehr ist. Als Lösung erhält man für x_{a2}:

$$x_{a2} = K_I \cdot \hat{x}_{e1} \cdot T_1 \cdot \left(e^{-\frac{t}{T_1}} + \frac{t}{T_1} - 1 \right)$$

Bild 5.6 zeigt die Sprungantworten von T_1-, I- und I-T_1-Glied. Bei der des I-T_1-Gliedes ist die zeitliche Verzögerung der für I-Glieder typischen ansteigenden Sprungantwort zu erkennen. Außerdem soll mit der Zeichnung gezeigt werden, wie die Konstanten T_I und T_1 aus der Sprungantwort ermittelt werden können.

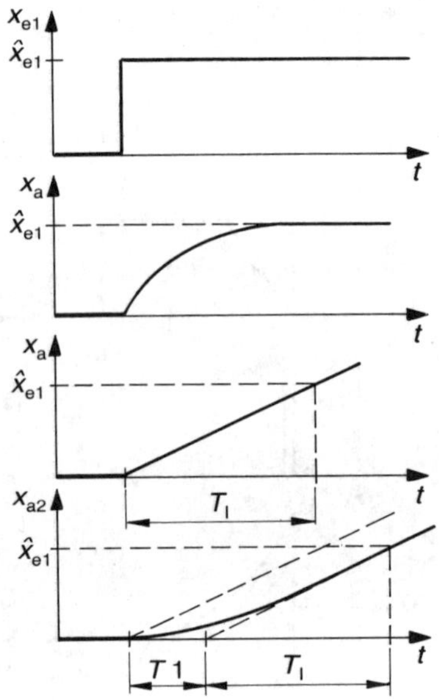

Bild 5.6 I-T_1-Glied: Sprungantwort

Bild 5.7 P-T_1-Glied

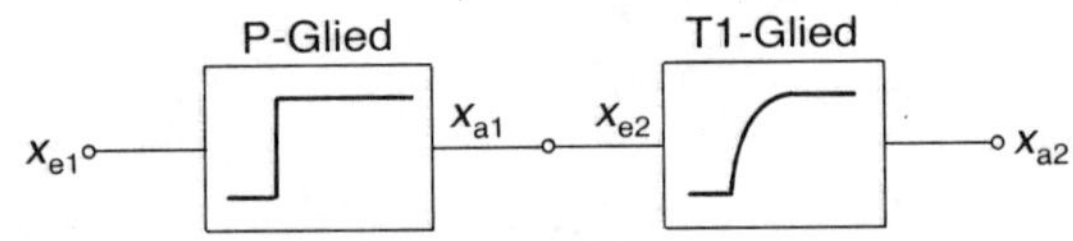

Bild 5.8 P-T_1-Glied: Sprungantwort

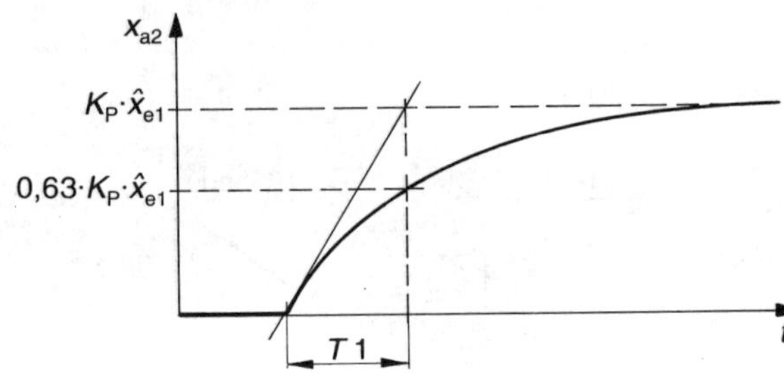

Alle Strecken mit I-Verhalten sind mit zeitlicher Verzögerung kombiniert, so daß I-T_1-Verhalten typisch ist für Strecken mit integralem Verhalten, die einen Energiespeicher enthalten.

5.1.1.3 P-T_1-Glied

Die Sprungantwort des P-Gliedes bildet das Eingangssignal des T_1-Gliedes (Bild 5.7). Dies ist ein Sprung der Höhe $K_P \cdot \hat{x}_{e1}$:

$$x_{a1} = K_P \cdot \hat{x}_{e1} = x_{e2}$$

Mit diesem Sprung wird das T_1-Glied angeregt, so daß sich als Ausgangssignal ergibt:

$$x_{a2} = \hat{x}_{e2} \cdot \left(1 - e^{-\frac{t}{T_1}}\right) \Longrightarrow x_{a2} = K_P \cdot \hat{x}_{e1} \cdot \left(1 - e^{-\frac{t}{T_1}}\right)$$

Die Sprungantwort eines P-T_1-Gliedes hat den gleichen exponentiellen Verlauf wie die eines T_1-Gliedes, nur nähert sie sich als Endwert der mit K_P multiplizierten Sprunghöhe des Eingangssprunges (Bild 5.8).

Der Sprungantwort sind die Konstanten K_P und T_1 zu entnehmen, wie in Bild 5.8 dargestellt.

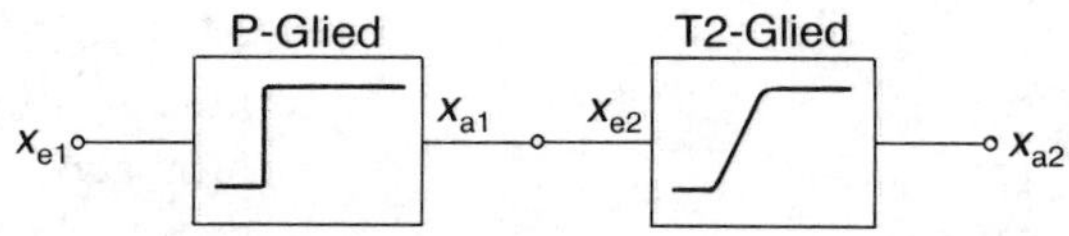

Bild 5.9 P-T_2-Glied

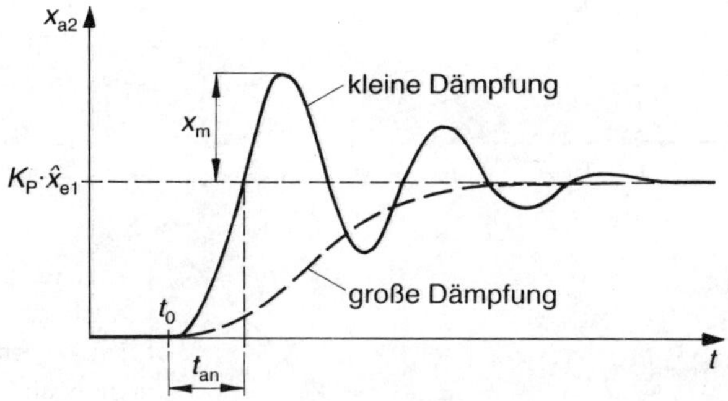

Bild 5.10 P-T_2-Glied: Sprungantwort

5.1.1.4 P-T_2-Glied

Die Betrachtung verläuft ähnlich wie beim P-T_1-Glied. Auch beim P-T_2-Glied wird das Verzögerungsglied mit der Sprungantwort des P-Gliedes, also einem Sprung der Höhe $K_P \cdot \hat{x}_{e1}$, angeregt (Bild 5.9). Dies ist auch der Endwert, dem die Ausgangsgröße zustrebt.

Die mathematische Beschreibung des Zeitverhaltens eines P-T_2-Gliedes ist recht aufwendig. Es läßt sich aber leicht einsehen, daß jeder Wert der Ausgangsgröße eines T_2-Gliedes mit dem Faktor K_P multipliziert werden muß. Damit hängt die Sprungantwort eines P-T_2-Gliedes wie die des T_2-Gliedes von seiner Dämpfung ab (Bild 5.10).

Übung 17

Ein P-T_1-Glied hat den Proportionalitätsfaktor 0,5 und die Verzögerungszeit 2,5 s. Zur Zeit t_0 wird als Eingangsgröße eine Gleichspannung von 10 V eingeschaltet. Wie groß ist u_a jeweils nach 1 s; 2,5 s; 4 s; 12,5 s? Zeichnen Sie den Verlauf der Sprungantwort!

Übung 18

Ein Übertragungsglied zeigt bei sprungförmiger Anregung mit $\hat{x}_e = 2$ die nebenstehende Sprungantwort.

- ☐ Welches Verhalten hat das Glied?
- ☐ Bestimmen Sie seine Parameter!

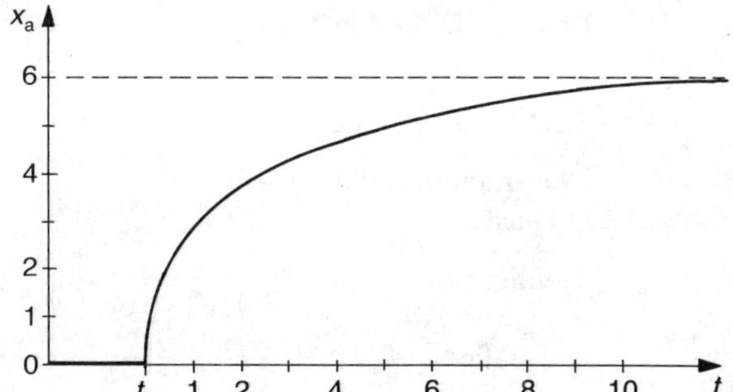

Bild Übung 18

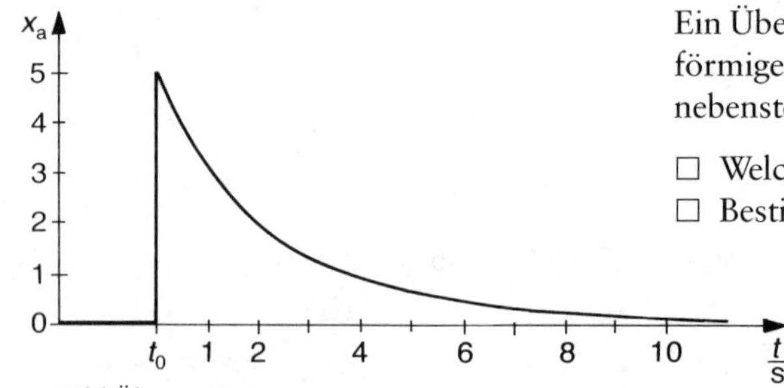

Bild Übung 19

Übung 19

Ein Übertragungsglied zeigt bei sprungförmiger Anregung mit $\hat{x}_e = 1$ die nebenstehende Sprungantwort.

- ☐ Welches Verhalten hat das Glied?
- ☐ Bestimmen Sie seine Parameter!

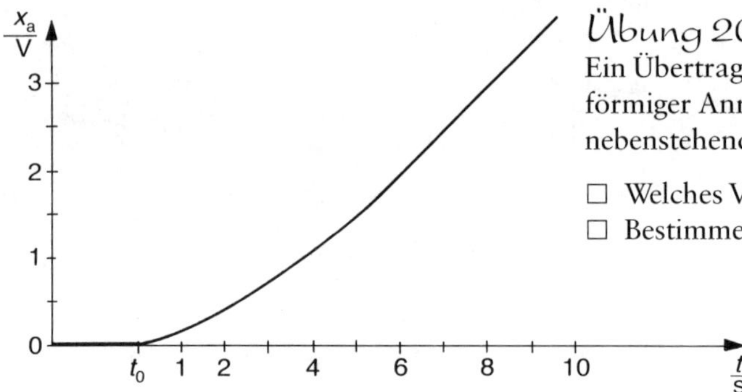

Bild Übung 20

Übung 20

Ein Übertragungsglied zeigt bei sprungförmiger Anregung mit $\hat{x}_e = 1{,}5$ die nebenstehende Sprungantwort.

- ☐ Welches Verhalten hat das Glied?
- ☐ Bestimmen Sie seine Parameter!

5.1.2 Ortskurven

Zur Betrachtung der Ortskurven von Reihenschaltungen wird zuerst ihre Übertragungsfunktion $\underline{F}_{ges}$ bestimmt. Dies geschieht, wie gezeigt wurde, durch Multiplikation der Übertragungsfunktionen der Einzelglieder. Die Übertragungsfunktion des Gesamtsystems wird dann wieder in Real- und Imaginärteil aufgespalten und anschließend auf ihre Frequenzabhängigkeit untersucht.

Zur Erinnerung sind jeweils die Ortskurven der Grundglieder gezeichnet, deren Reihenschaltung betrachtet wird.

5.1.2.1 D-T₁-Glied

Übertragungsfunktionen:

D-Glied: $\underline{F}_1 = \mathrm{j} \cdot \omega \cdot K_D$

T₁-Glied: $\underline{F}_2 = \dfrac{1}{1 + \mathrm{j} \cdot \omega \cdot T_1}$ (Bild 5.11)

D-T₁-Glied: $\underline{F}_{ges} = \underline{F}_1 \cdot \underline{F}_2 = \dfrac{\mathrm{j} \cdot \omega \cdot K_D}{1 + \mathrm{j} \cdot \omega \cdot T_1}$

Nach Erweitern mit dem konjugiert komplexen Nenner $(1 - \mathrm{j} \cdot \omega \cdot T_1)$ und

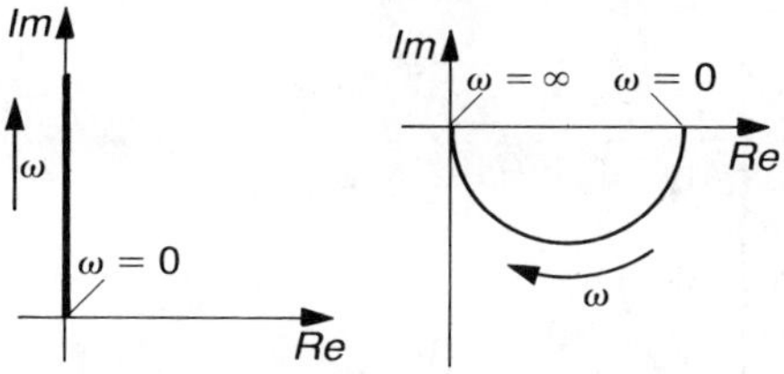

Bild 5.11 Ortskurven: D-Glied T_1-Glied

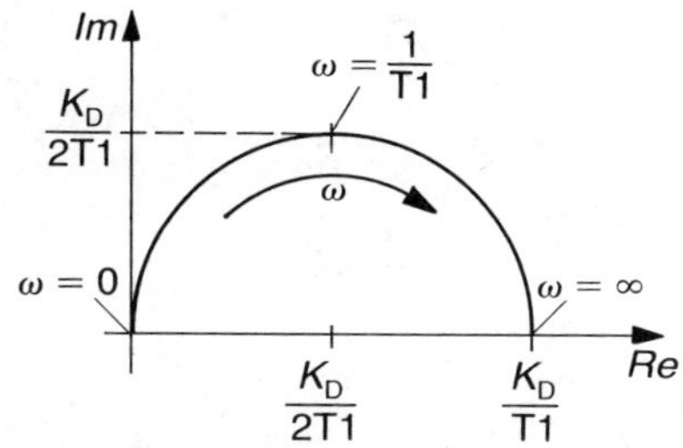

Bild 5.12 D-T_1-Glied: Ortskurve

entsprechender Umformung kann die Funktion von $\underline{F}_{ges}$ aufgespalten werden in Real- und Imaginärteil:

$$\underline{F}_{ges} = \underbrace{\frac{\omega^2 \cdot T_1 \cdot K_D}{1 + \omega^2 \cdot (T_1)^2}}_{\text{Realteil}} + j \cdot \underbrace{\frac{\omega \cdot K_D}{1 + \omega^2 \cdot (T_1)^2}}_{\text{Imaginärteil}}$$

Für die drei charakteristischen ω-Werte 0, $1/T_1$ und ∞ lassen sich folgende Werte für $\underline{F}_{ges}$ bestimmen:

$$1.\ \omega = 0 \implies \underline{F}_{ges}(0) = 0 + j \cdot 0 = 0$$

$$2.\ \omega = 1/T_1 \implies \underline{F}_{ges}(1/T_1) = \frac{K_D}{2 \cdot T_1} + j \cdot \frac{K_D}{2 \cdot T_1}$$

$$3.\ \omega = \infty \implies \underline{F}_{ges}(\infty) = \frac{K_D}{T_1} + j \cdot 0 = \frac{K_D}{T_1}$$

Weitere Werte können leicht durch Einsetzen von verschiedenen ω-Werten gefunden werden. Darauf wird an dieser Stelle verzichtet.

Die Ortskurve des D-T_1-Gliedes bildet einen Halbkreis im I. Quadranten der Gaußschen Zahlenebene (Bild 5.12).

5.1.2.2 I-T_1-Glied

Übertragungsfunktionen:

I-Glied: $\underline{F}_1 = -j \cdot \frac{K_I}{\omega} = \frac{K_I}{j \cdot \omega}$

T_1-Glied: $\underline{F}_2 = \frac{1}{1 + j \cdot \omega \cdot T_1}$ (Bild 5.13)

I-T_1-Glied: $\underline{F}_{ges} = \underline{F}_1 \cdot \underline{F}_2 = \frac{K_I}{j \cdot \omega \cdot (1 + j \cdot \omega \cdot T_1)}$

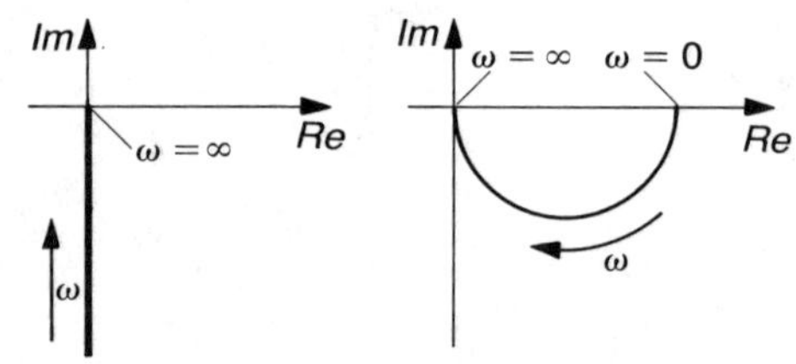

Bild 5.13 Ortskurven: I-Glied T_1-Glied

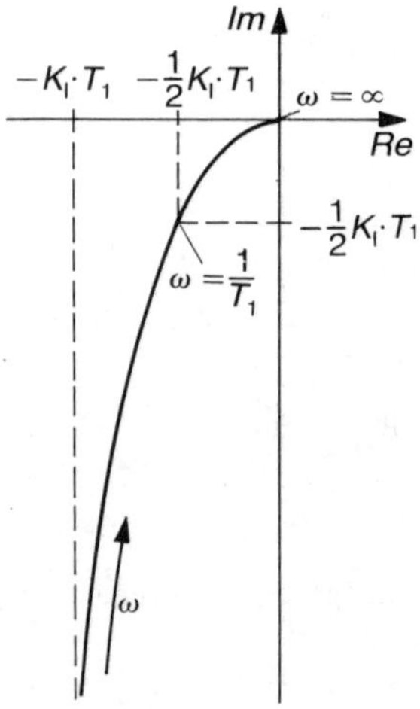

Bild 5.14 I-T_1-Glied: Ortskurve

Um in Real- und Imaginärteil trennen zu können, wird zuerst der Nenner von $\underline{F}_{ges}$ ausmultipliziert: $j \cdot \omega \cdot (1 + j \cdot \omega \cdot T_1) = j^2 \cdot \omega^2 \cdot T_1 + j \cdot \omega = -\omega^2 \cdot T_1 + j \cdot \omega$.

Der konjugiert komplexe Nenner lautet: $-\omega^2 \cdot T_1 - j \cdot \omega$. Nach Erweitern von $\underline{F}_{ges}$ mit diesem Ausdruck und entsprechender Umformung kann die Trennung erfolgen:

$$\underline{F}_{ges} = \underbrace{-\frac{K_I \cdot T_1}{1 + \omega^2 \cdot (T_1)^2}}_{\text{Realteil}} - j \cdot \underbrace{\frac{K_I}{\omega \cdot (1 + \omega^2 \cdot (T_1)^2}}_{\text{Imaginärteil}}$$

Für die drei Frequenzen 0, $1/T_1$ und ∞ werden die jeweiligen Zeiger betrachtet:

1. $\omega = 0 \implies \underline{F}_{ges}(0) = -K_I \cdot T_1 - j \cdot \infty$
2. $\omega = 1/T_1 \implies \underline{F}_{ges}(T_1) = -\frac{K_I \cdot T_1}{2} - j \cdot \frac{K_I \cdot T_1}{2}$
3. $\omega = \infty \implies \underline{F}_{ges}(\infty) = 0 - j \cdot 0 = 0$

Auch für diese Ortskurve lassen sich noch beliebig viele Zwischenwerte berechnen. Der Verlauf der Kurve kann aber schon an den drei allgemein ermittelten Werten erkannt werden. Sie hat für alle Frequenzen von 0 bis ∞ jeweils negative Real- und Imaginärteile, liegt also im III. Quadranten der Gaußschen Zahlenebene. Je kleiner die Frequenz wird, desto größer wird der Imaginärteil betragsmäßig:

$$\mathrm{Im}(\underline{F}_{ges}) = -\infty \text{ bei } \omega = 0.$$

Der Realteil nähert sich dabei immer mehr dem Wert $-K_I \cdot T_1$ (Bild 5.14).

Bei der Eckfrequenz $\omega_E = 1/T_1$ sind Real- und Imaginärteil gleich groß. Je größer die Frequenz wird, desto mehr nähert sich die Ortskurve dem Nullpunkt.

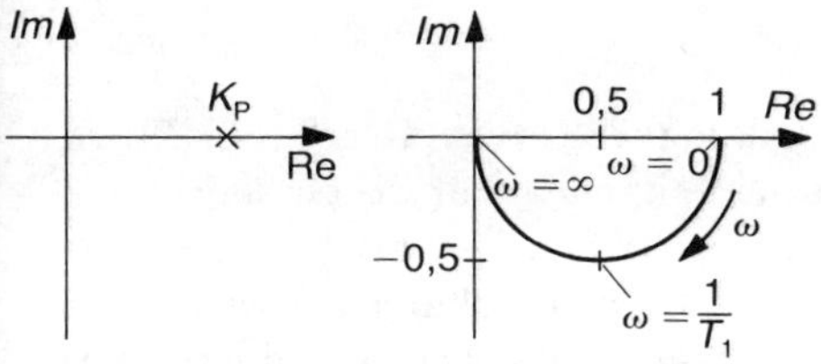

Bild 5.15 Ortskurven: P-Glied T_1-Glied

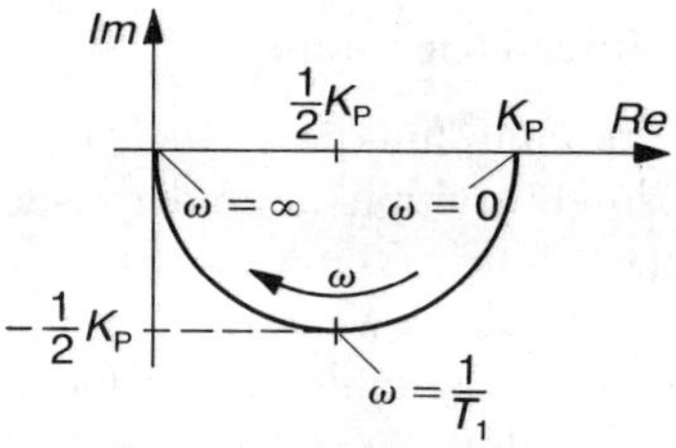

Bild 5.16 P-T_1-Glied: Ortskurve

5.1.2.3 P-T_1-Glied

Übertragungsfunktionen:

P-Glied: $\underline{F}_1 = K_P$

T_1-Glied: $\underline{F}_2 = \dfrac{1}{1 + j \cdot \omega \cdot T_1}$ (Bild 5.15)

P-T_1-Glied: $\underline{F}_{ges} = \underline{F}_1 \cdot \underline{F}_2 = K_P \cdot \dfrac{1}{1 + j \cdot \omega \cdot T_1}$

Dies bedeutet, daß jeder Zeiger des T_1-Gliedes, deren Spitzen ja seine Ortskurve bilden, mit dem konstanten Faktor K_P multipliziert wird. Dadurch wird der Halbkreis mit dem Radius 0,5 als Ortskurve des T_1-Gliedes um den Faktor K_P größer. Die Ortskurve des P-T_1-Gliedes ist also ein Halbkreis im IV. Quadranten mit dem Radius $0{,}5 \cdot K_P$ (Bild 5.16).

5.1.2.4 P-T_2-Glied

Übertragungsfunktionen:

P-Glied: $\underline{F}_1 = K_P$

T_2-Glied: $\underline{F}_2 = \dfrac{1}{1 - (\omega \cdot T_2)^2 + j \cdot \omega \cdot T_1}$ (Bild 5.17)

P-T_2-Glied: $\underline{F}_{ges} = \underline{F}_1 \cdot \underline{F}_2$

$$\underline{F}_{ges} = K_P \cdot \frac{1}{1 - (\omega \cdot T_2)^2 + j \cdot \omega \cdot T_1}$$

Auch der aufgeblähte Halbkreis als Ortskurve eines T_2-Gliedes wird bei Reihenschaltung mit einem P-Glied um den Faktor K_P größer (Bild 5.18).

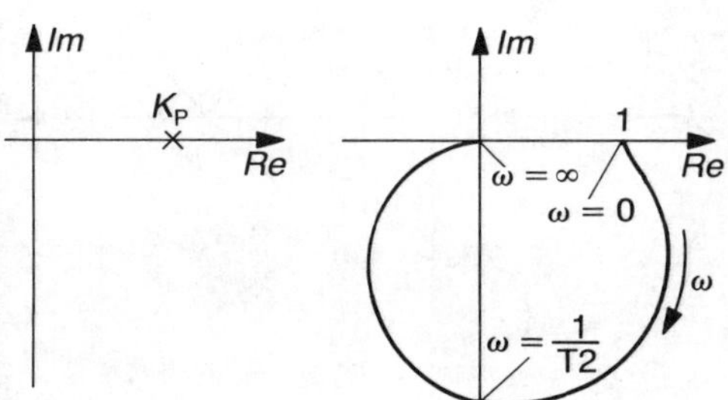

Bild 5.17

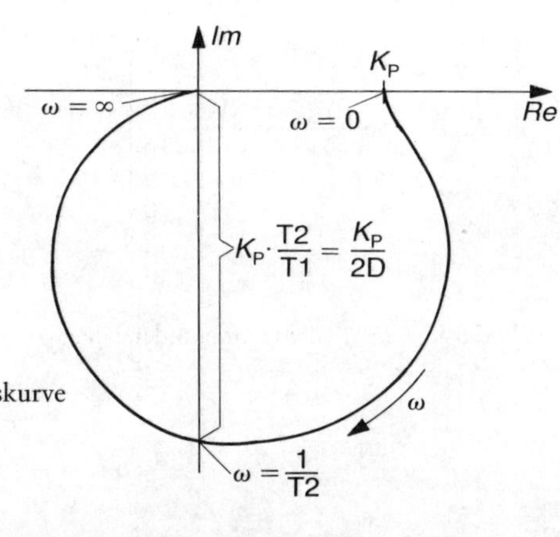

Bild 5.18 P-T_2-Glied: Ortskurve

5.1.3 Bode-Diagramme

Die Übertragungsfunktion einer Reihenschaltung von zwei Regelkreisgliedern entsteht durch Multiplikation der beiden Einzelfunktionen. Für die Ortskurve, die ja nur eine bildliche Darstellung der Übertragungsfunktion ist, bedeutet dies eine Multiplikation der jeweiligen Zeiger der beiden Einzel-Ortskurven. Zwei Zeiger werden miteinander multipliziert, indem ihre Beträge multipliziert und die zugehörigen Winkel addiert werden.

Im Bode-Diagramm sind die Beträge logarithmisch aufgetragen. Deshalb geht die Multiplikation der Beträge bei der Darstellung im Bode-Diagramm in eine Addition über. Die Winkel werden ebenfalls addiert.

> Das Bode-Diagramm einer Reihenschaltung von zwei Übertragungsgliedern ergibt sich aus der Addition der beiden Einzeldiagramme.

Durch Addition erhält man sowohl den Amplituden- als auch den Phasengang. Betrachtet werden jeweils nur die durch Asymptoten angenäherten Verläufe.

5.1.3.1 D-T_1-Glied

Für den Amplitudengang müssen bezüglich der beiden Eckfrequenzen ω_{ED} und ω_{ET1} drei mögliche Fälle betrachtet werden (Bild 5.19). Dies soll am Beispiel eines D-Gliedes mit $K_D = 0{,}1$ s erfolgen:

$$K_D = 0{,}1 \text{ s} \Longrightarrow \omega_{ED} = 1/K_D = 10 \text{ s}^{-1}.$$

Die Reihenschaltung dieses D-Gliedes mit drei verschiedenen T_1-Gliedern wird

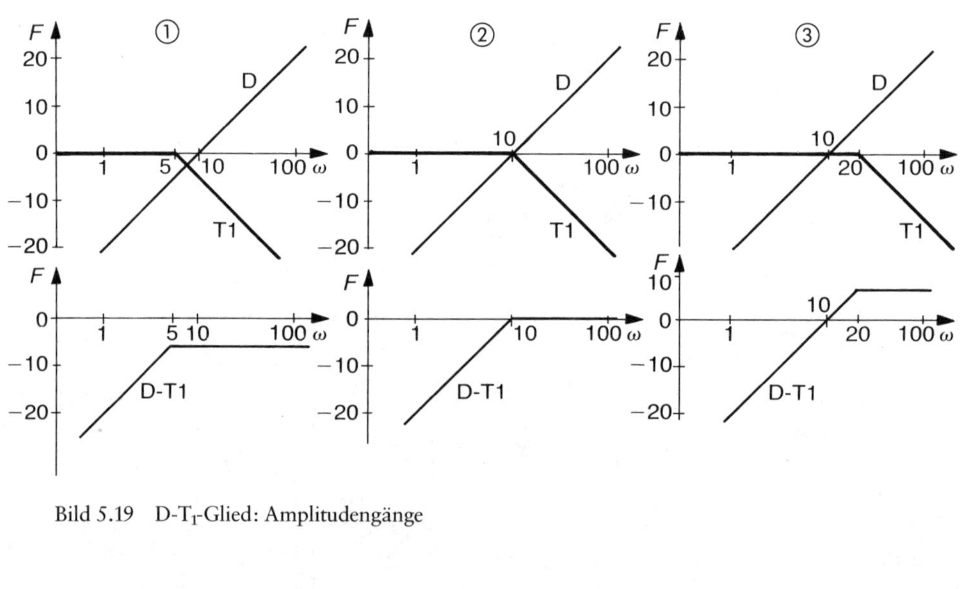

Bild 5.19 D-T_1-Glied: Amplitudengänge

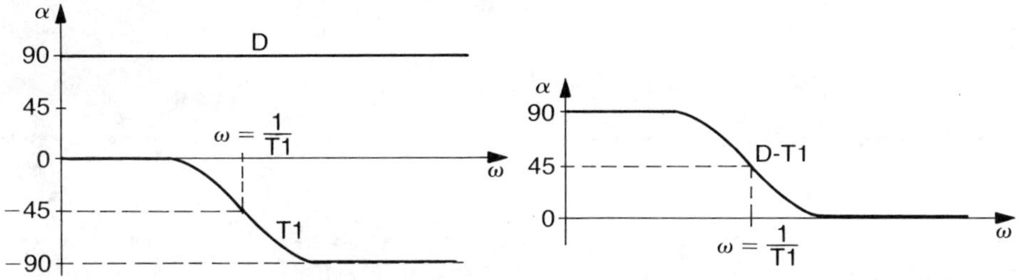

Bild 5.20 D-T_I-Glied: Phasengang

betrachtet. Abhängig davon, ob ω_{ED} größer, kleiner oder gleich ω_{ET1} ist, ergeben sich verschiedene Amplitudengänge für das D-T_I-Glied:

1. $T_1 = 0{,}2\ s \Longrightarrow \omega_{ET1} = 5\ s^{-1}$ $\omega_{ED} > \omega_{ET1}$	2. $T_1 = 0{,}1\ s \Longrightarrow \omega_{ET1} = 10\ s^{-1}$ $\omega_{ED} = \omega_{ET1}$	3. $T_1 = 0{,}05\ s \Longrightarrow \omega_{ET1} = 20\ s^{-1}$ $\omega_{ED} < \omega_{ET1}$

Da sich die Eckfrequenz des D-Gliedes ω_{ED} in seinem Phasengang nicht auswirkt, müssen die drei Fälle hierfür nicht unterschieden werden (Bild 5.20).

In dem linken Diagramm sind die Phasengänge von D- und T_I-Glied eingetragen. Die beiden Kurven werden bei einer Reihenschaltung dieser Glieder addiert und ergeben dann den Phasengang des D-T_I-Gliedes. Da zu den Winkeln des T_I-Phasenganges bei jeder Frequenz konstant 90° hinzuaddiert werden, entspricht dies einer Verschiebung der T_I-Kurve um 90° nach oben.

5.1.3.2 I-T_I-Glied

Auch beim I-T_I-Glied müssen drei Fälle unterschieden werden (Bild 5.21). Als Beispiel wird ein I-Glied mit $K_I = 10\ s^{-1}$ betrachtet: $\omega_{EI} = K_I = 10\ s^{-1}$. Abhängig von der Zeitkonstanten des T_I-Gliedes, das mit dem I-Glied in Reihe geschaltet wird, ergeben sich wieder drei mögliche Amplitudengänge:

1. $T_1 = 0{,}2\ s \Longrightarrow \omega_{ET1} = 5\ s^{-1}$ $\omega_{EI} > \omega_{ET1}$	2. $T_1 = 0{,}1\ s \Longrightarrow \omega_{ET1} = 10\ s^{-1}$ $\omega_{EI} = \omega_{ET1}$	3. $T_1 = 0{,}05\ s \Longrightarrow \omega_{ET1} = 20\ s^{-1}$ $\omega_{EI} < \omega_{ET1}$

Die Eckfrequenz des I-Gliedes wirkt sich in seinem Phasengang nicht aus, deshalb muß auch beim I-T_I-Glied für den Phasengang nicht die Unterscheidung gemacht werden wie beim Amplitudengang (Bild 5.22).

Durch die Addition der beiden Kurven wird die des T_I-Gliedes um 90° nach unten verschoben.

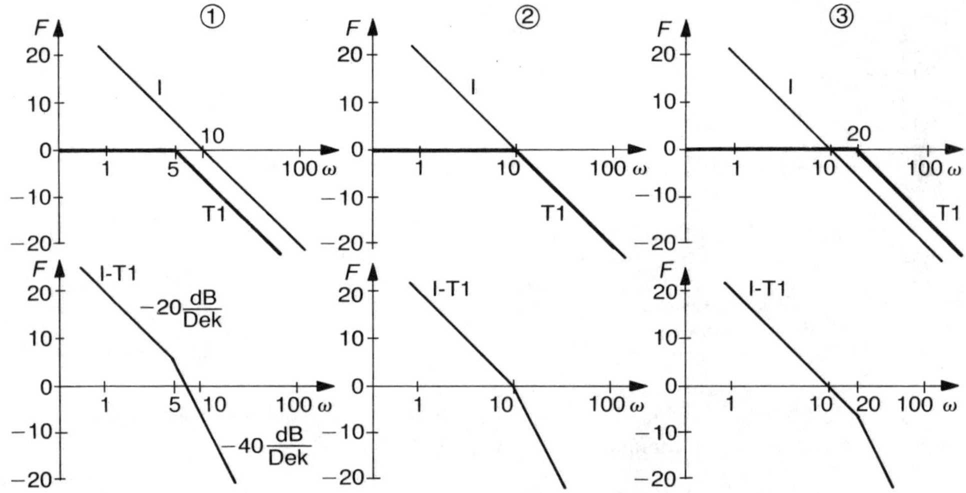

Bild 5.21 I-T_1-Glied: Amplitudengänge

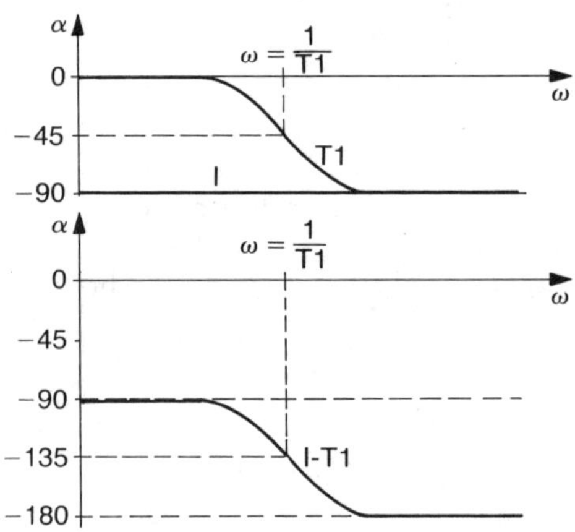

Bild 5.22 I-T_1-Glied: Phasengang

5.1.3.3 P-T_1-Glied

Die Konstruktion des Bode-Diagramms einer Reihenschaltung von P- und T_1-Glied ist sowohl für den Amplituden- als auch für den Phasengang trivial. Es wird als Beispiel die Reihenschaltung eines P-Gliedes mit $K_P = 10$ und eines T_1-Gliedes mit $T_1 = 0{,}1$ s betrachtet:

$$K_P = 10 \Longrightarrow F_P = 20 \cdot \log 10 = 20 \text{ dB};\ T_1 = 0{,}1 \text{ s} \Longrightarrow \omega_E = 1/T_1 = 10 \text{ s}^{-1}$$

Die Kurve, die den Amplitudengang des T_1-Gliedes bildet, wird durch die Addition mit der des P-Gliedes um F_P nach oben verschoben (Bild 5.23).

Da der Phasenwinkel des P-Gliedes bei jeder Frequenz 0° beträgt, wird der Verlauf des Phasenganges des T_1-Gliedes bei der Addition nicht verändert. Deshalb sind Phasengang vom T_1- und vom P-T_1-Glied identisch.

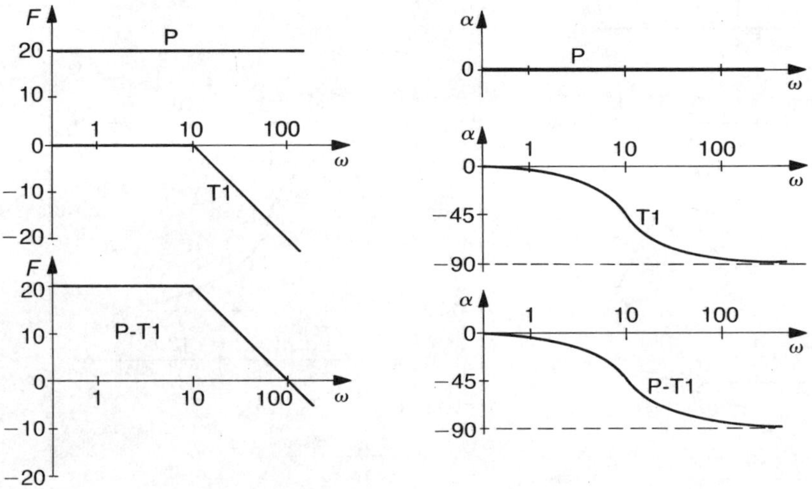

Bild 5.23 P-T_1-Glied: Bode-Diagramm

5.1.3.4 P-T_2-Glied

Ähnliche Zusammenhänge wie beim Bode-Diagramm des P-T_1-Gliedes sind auch beim P-T_2-Glied zu finden. Als Beispiel wird die Reihenschaltung eines P-Gliedes mit $K_P = 10$ und eines T_2-Gliedes mit $T_2 = 0{,}1$ s betrachtet:

$$K_P = 10 \Longrightarrow F_P = 20 \text{ dB};\ T_2 = 0{,}1 \text{ s} \Longrightarrow \omega_E = 1/T_2 = 10 \text{ s}^{-1}$$

Wie beim P-T_1-Glied wird die Kurve des Amplitudenganges des T_2-Gliedes um F_P nach oben verschoben (Bild 5.24).

Der Phasengang des P-T_2-Gliedes ist der gleiche wie der des T_2-Gliedes.

Der exakte Verlauf der Kurven des T_2-Gliedes und damit natürlich auch der P-T_2-Reihenschaltung ist abhängig von der Dämpfung.

5.1.3.5 T_1-T_1-Glied

Es wurde bei der Behandlung des T_2-Gliedes bereits erwähnt, daß eine Reihenschaltung von zwei T_1-Gliedern T_2-Verhalten zeigt. Dies läßt sich am Bode-Diagramm sehr anschaulich zeigen. Als Beispiel werden zwei T_1-Glieder mit gleichen Zeitkonstanten $T_1 = 0{,}1$ s betrachtet, die in Reihe geschaltet sind. Dann haben die beiden T_1-Glieder die gleiche Eckfrequenz:

$$\omega_E = 10 \text{ s}^{-1}$$

Damit haben auch beide das gleiche Bode-Diagramm, so daß das Diagramm der Reihenschaltung aus der Addition von zwei identischen Kurven entsteht (Bild 5.25).

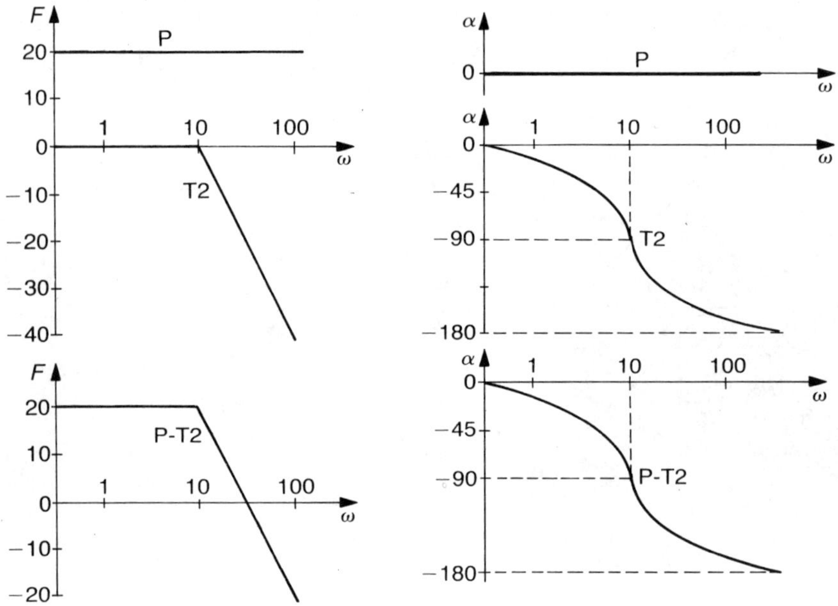

Bild 5.24 P-T_2-Glied: Bode-Diagramm

Der Amplitudengang des T_1-Gliedes fällt ab der Eckfrequenz mit einer Steigung von −20 dB/Dekade. Durch die Addition von beiden Kurven verdoppelt sich die Steigung auf die für T_2-Verhalten charakteristische −40 dB/Dekade.

Der Phasenwinkel eines T_1-Gliedes hat bei seiner Eckfrequenz den Wert −45°. Durch die Addition ergibt sich für das T_2-Glied bei dieser Frequenz ein Winkel von −90°. Für sehr hohe Frequenzen nähert sich der Verlauf des Phasenganges beim T_1-Glied dem Winkel −90°. Beim T_2-Glied wird daraus der Winkel −180°.

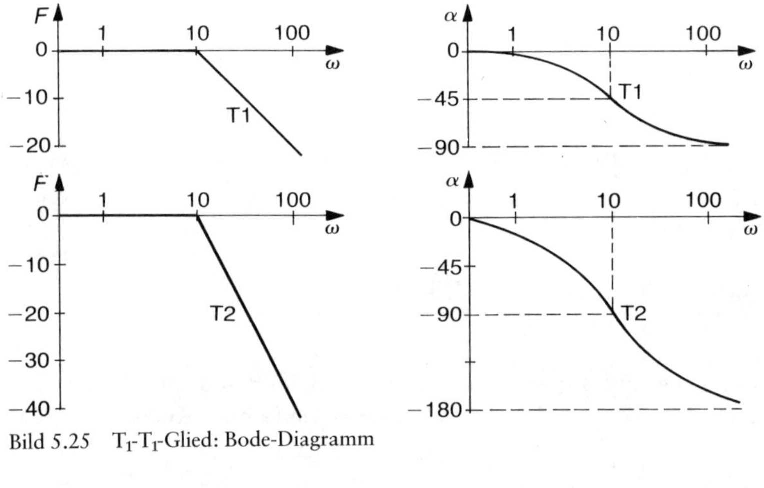

Bild 5.25 T_1-T_1-Glied: Bode-Diagramm

5.2 Parallelschaltung

Bei der Betrachtung der Grundtypen von Reglern wurden ihre Vor- und Nachteile aufgeführt. Um die Vorteile zu nutzen bzw. die Nachteile zu mindern, werden Grundtypen miteinander kombiniert. Es wurden schon die Vorteile der Kombinationen von P-, I- und D-Gliedern zu PD-, PI- und PID-Reglern erwähnt. Jetzt sollen Zeitverhalten, Ortskurve und Bode-Diagramm dieser durch Parallelschaltung entstehenden Kombinationen genauer betrachtet werden.

Voraussetzung dieser Betrachtung ist wieder die rückwirkungsfreie Zusammenschaltung der Glieder, das heißt, sie dürfen sich in ihren Wirkungen nicht gegenseitig beeinflussen.

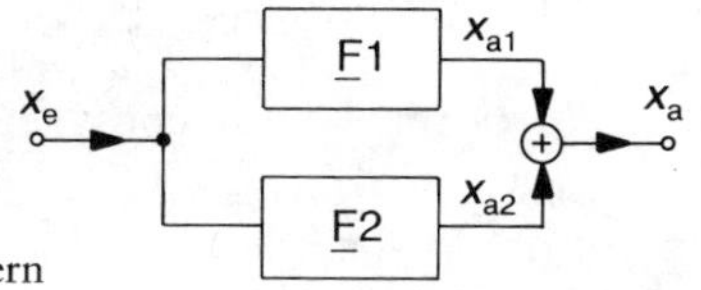

Bild 5.26
Parallelschaltung von zwei Regelkreisgliedern

Bei einer Parallelschaltung von zwei Regelkreisgliedern addieren sich die beiden Ausgangssignale zur gemeinsamen Ausgangsgröße (Bild 5.26).

Durch die Addition der Ausgangssignale läßt sich x_a herleiten:

$$x_a = x_{a1} + x_{a2}$$

Mit $x_{a1} = \underline{F}_1 \cdot x_e$ und $x_{a2} = \underline{F}_2 \cdot x_e$ wird daraus

$$x_a = \underline{F}_1 \cdot x_e + \underline{F}_2 \cdot x_e = x_e \cdot (\underline{F}_1 + \underline{F}_2)$$

$$\frac{x_a}{x_e} = \underline{F}_{ges} = \underline{F}_1 + \underline{F}_2$$

> Die Gesamtübertragungsfunktion einer Parallelschaltung von Regelkreisgliedern berechnet sich durch Addition der Übertragungsfunktionen ihrer Einzelglieder. Ebenso ergibt sich die Sprungantwort als Summe der Sprungantworten der Einzelglieder.

Zur Kennzeichnung einer Parallelschaltung werden die Bezeichnungen der Einzelglieder ohne Bindestrich geschrieben.

5.2.1 Zeitverhalten

5.2.1.1 PD-Glied

Die Ausgangsgrößen von P- und D-Glied sind bekannt:

P-Glied: $x_{aP} = K_P \cdot x_e$

D-Glied: $x_{aD} = K_D \cdot \frac{\Delta x_e}{\Delta t}$

Die Addition der beiden Ausgangsgrößen ergibt:

$$x_a = x_{aP} + x_{aD} = K_P \cdot x_e + K_D \cdot \frac{\Delta x_e}{\Delta t}$$

In Bild 5.27 sind die Sprungantworten des P- und D-Gliedes sowie die aus der Addition resultierende Sprungantwort des PD-Gliedes gezeigt.

Zur Untersuchung von Regelkreisgliedern mit D-Anteil ist die Anstiegs-Testfunktion besser geeignet als die Sprungfunktion. Sie soll auch für das PD-Glied betrachtet werden.

Das Eingangssignal ist eine Anstiegsfunktion mit konstanter Steigung (Bild 5.28):

$$x_e = \frac{\Delta x_e}{\Delta t} \cdot t; \text{ mit } \frac{\Delta x_e}{\Delta t} = \text{const}$$

Die Anstiegsantwort des P-Gliedes:

$$x_{aP} = K_P \cdot x_e = K_P \cdot \frac{\Delta x_e}{\Delta t} \cdot t$$

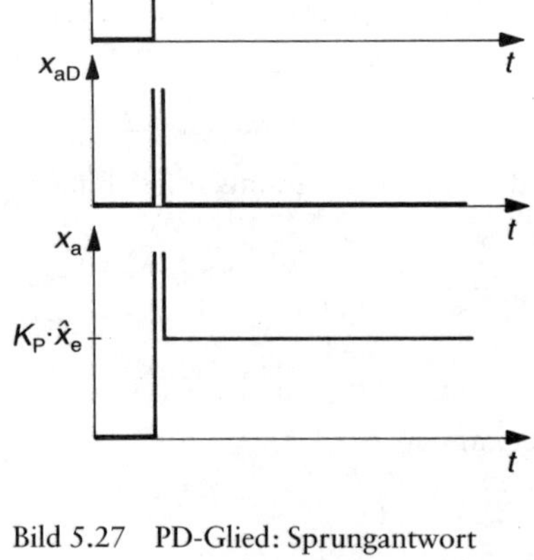

Bild 5.27 PD-Glied: Sprungantwort

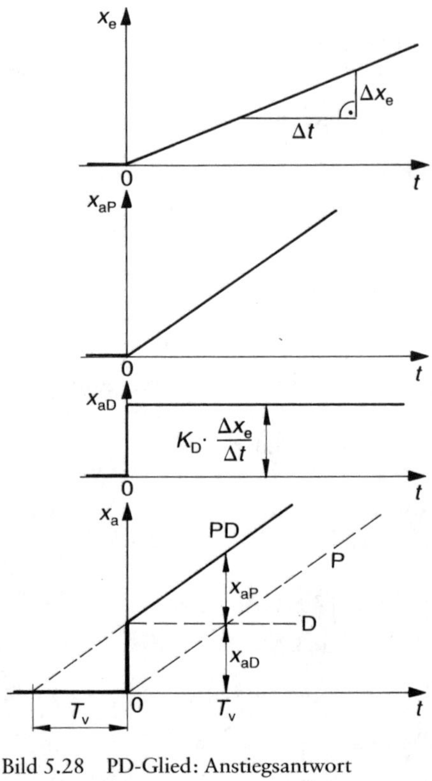

Bild 5.28 PD-Glied: Anstiegsantwort

Die Anstiegsantwort des D-Gliedes:

$$x_{aD} = K_D \cdot \frac{\Delta x_e}{\Delta t}$$

Die Anstiegsantwort des PD-Gliedes:

$$x_a = x_{aP} + x_{aD} = K_P \cdot \frac{\Delta x_e}{\Delta t} \cdot t + K_D \cdot \frac{\Delta x_e}{\Delta t}$$

Mit $K_D = T_v \cdot K_P$ wird daraus:

$$x_a = K_P \cdot \frac{\Delta x_e}{\Delta t} \cdot (t + T_v)$$

Deutlich zu erkennen sind die Anteile des P- und D-Verhaltens bei der Anstiegsantwort. Für Praktiker wichtig ist die Auswertung der experimentell gewonnenen Anstiegsantwort. Sie ist dem nächsten Bild zu entnehmen. Es wird ein Zeitpunkt T beliebig gewählt. Dazu werden die zugehörigen Werte $x_e(T)$, $x_{aP}(T)$ und $x_{aD}(T)$ abgelesen, wie in Bild 5.29 zu sehen ist. Mit diesen Werten lassen sich die Parameter wie folgt bestimmen:

$$K_P = \frac{x_{aP}(T)}{x_e(T)} \quad \text{und} \quad K_D = \frac{x_{aD}(T)}{x_e(T)} \cdot T$$

Damit wird

$$T_v = \frac{K_D}{K_P} = \frac{x_{aD}(T)}{x_{aP}(T)} \cdot T$$

T_v kann auch direkt aus der Anstiegsantwort ermittelt werden.

Zu erkennen ist an der Anstiegsantwort, daß der D-Anteil bei einem PD-Regler bereits während des Entstehens einer Regeldifferenz als Eingangsgröße des Reglers eine Stellgröße erzeugt, die der Regeldifferenz entgegenwirkt. Dadurch kann sich die Regeldifferenz gar nicht erst voll aufbauen – die Regelung wird somit schneller als bei einem P-Regler.

Bild 5.29 PD-Glied: Anstiegsantwort

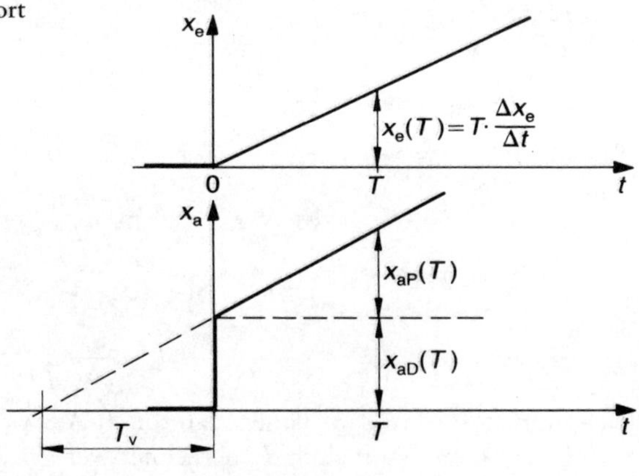

5.2.1.2 PI-Glied

Wegen des Verzichtes auf die Integralrechnung kann hier nur die Sprungantwort betrachtet werden. Angeregt wird mit einem Sprung der Höhe $\hat{x}_e$. Eine mögliche Verschiebung nach oben oder unten durch einen Anfangswert des I-Anteils kann hier vernachlässigt werden (siehe Übung 26). Da die betrachtete Zeit Δt bei diesen Auswertungen immer bei 0 beginnt, kann anstelle von $\Delta t = t - 0$ mit t gearbeitet werden. Dann ergeben sich als Sprungantworten:

P-Glied: $x_{aP} = K_P \cdot \hat{x}_e$ **I-Glied:** $x_{aI} = K_I \cdot \hat{x}_e \cdot t$

PI-Glied: $x_a = x_{aP} + x_{aI} = K_P \cdot \hat{x}_e + K_I \cdot \hat{x}_e \cdot t$ oder mit

$$K_I = \frac{K_P}{T_n} \Longrightarrow x_a = K_P \cdot \left(\hat{x}_e + \frac{t}{T_n} \cdot \hat{x}_e\right)$$

Bei $t = T_n$ sind P- und I-Anteil gleich groß. Die Nachstellzeit T_n ist die Zeit, die ein reines I-Glied benötigt, um den Anfangswert des PI-Gliedes zu erreichen (Bild 5.30).

Auch beim PI-Glied soll gezeigt werden, wie seine Parameter aus der Sprungantwort ermittelt werden können. Wieder wird ein beliebiger Zeitpunkt T gewählt und die Werte $x_{aI}(T)$ und $x_{aP}(T)$ aus der Sprungantwort abgelesen (Bild 5.31). Die Sprunghöhe $\hat{x}_e$ wird als bekannt vorausgesetzt. Dann können die Parameter wie folgt berechnet werden:

$$K_P = \frac{x_{aP}(T)}{\hat{x}_e} \text{ und } K_I = \frac{x_{aI}(T)}{\hat{x}_e \cdot T} \qquad \text{Mit} \qquad T_n = \frac{K_P}{K_I} \Longrightarrow T_n = \frac{x_{aP}(T) \cdot T}{x_{aI}(T)}$$

T_n kann auch direkt aus der Sprungantwort ermittelt werden.

5.2.1.3 PID-Glied

Zum Anfangswert des I-Anteils beachten Sie die Bemerkung in Abschnitt 5.2.1.2. Das PID-Glied und damit auch seine Sprungantwort setzt sich aus drei Anteilen zusammen (Bild 5.32):

P-Glied: $x_{aP} = K_P \cdot \hat{x}_e$

I-Glied: $x_{aI} = K_I \cdot \hat{x}_e \cdot t$

D-Glied: $x_{aD} = K_D \cdot \frac{\Delta x_e}{\Delta t}$

PID-Glied: $x_a = x_{aP} + x_{aI} + x_{aD}$

$$x_a = K_P \cdot \hat{x}_e + K_I \cdot \hat{x}_e \cdot t + K_D \cdot \frac{\Delta x_e}{\Delta t} \quad \text{oder mit}$$

$$K_I = \frac{K_P}{T_n} \quad \text{und} \quad K_D = K_P \cdot T_v$$

$$x_a = K_P \cdot \left(\hat{x}_e + \frac{t}{T_n} \cdot \hat{x}_e + T_v \cdot \frac{\Delta x_e}{\Delta t}\right)$$

Die Parameter K_P und K_I lassen sich durch Auswerten der Sprungantwort ermitteln. Damit kann dann auch T_n berechnet werden. Um den Parameter K_D bzw. T_v

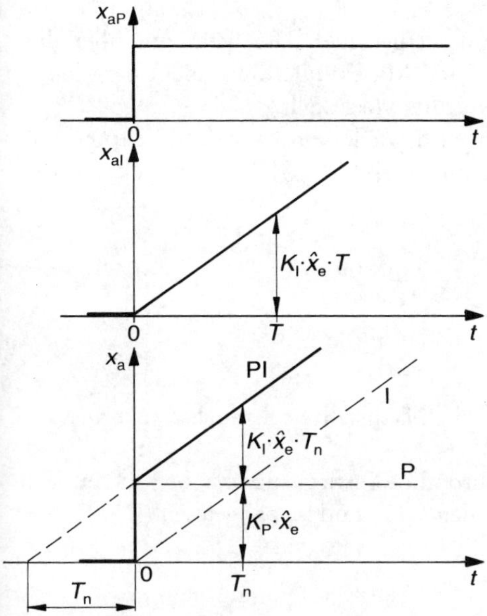

Bild 5.30 PI-Glied: Sprungantwort

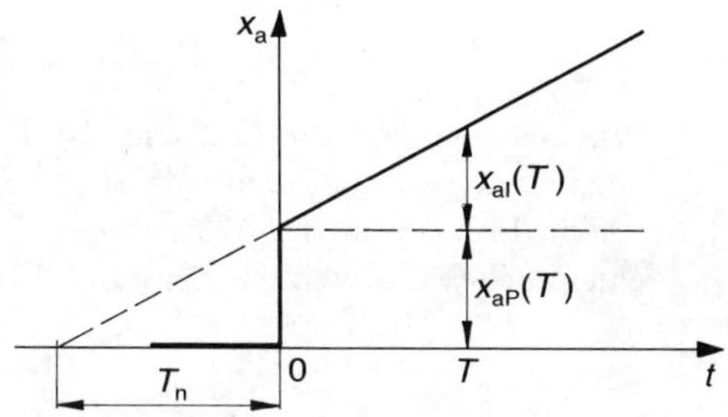

Bild 5.31 PI-Glied: Sprungantwort

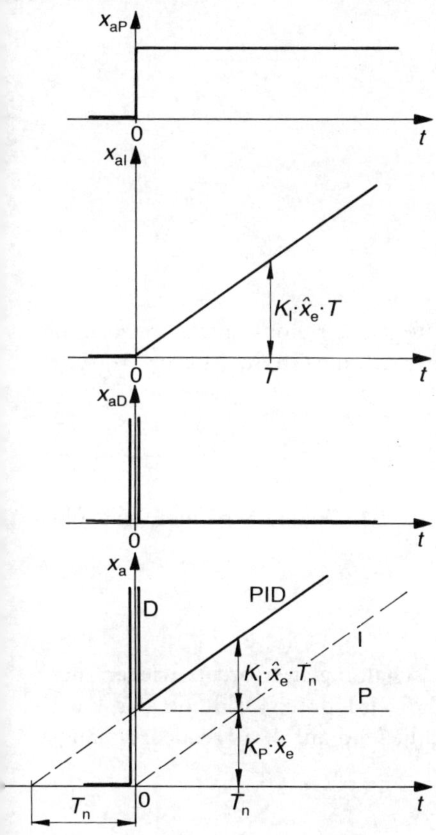

Bild 5.32 PID-Glied: Sprungantwort

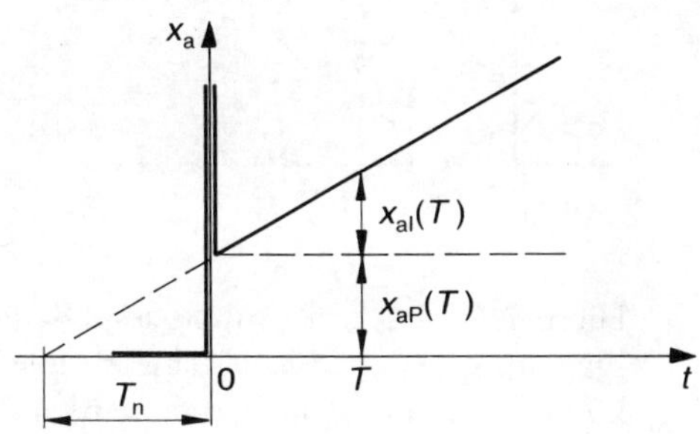

Bild 5.33 PID-Glied: Sprungantwort

zu erhalten, ist die Sprungantwort aber nicht geeignet. Dies geht nur über die Anstiegsantwort, die mit den hier verwendeten Mitteln allerdings nicht hergeleitet werden kann. Dafür wird aber ihre Auswertung vorgestellt.

Bei der Auswertung der Sprungantwort wird wieder ein beliebiger Zeitpunkt T gewählt und die Werte $x_{aP}(T)$ und $x_{aI}(T)$ ermittelt (Bild 5.33). Wenn $\hat{x}_e$ bekannt ist, lassen sich damit berechnen:

$$K_P = \frac{x_{aP}(T)}{\hat{x}_e} \quad \text{und} \quad K_I = \frac{x_{aI}(T)}{\hat{x}_e \cdot T} \quad \text{und mit}$$

$$T_n = \frac{K_P}{K_I} \Longrightarrow T_n = \frac{x_{aP}(T) \cdot T}{x_{aI}(T)}$$

Wie aus der Zeichnung zu sehen ist, kann die Nachstellzeit T_n auch direkt aus der Sprungantwort abgelesen werden.

Zur Ermittlung der Vorhaltezeit T_v wird die Anstiegsantwort betrachtet. Zu einem beliebig gewählten Zeitpunkt T werden $x_e(T)$ und x_{aD} abgelesen (Bild 5.34).

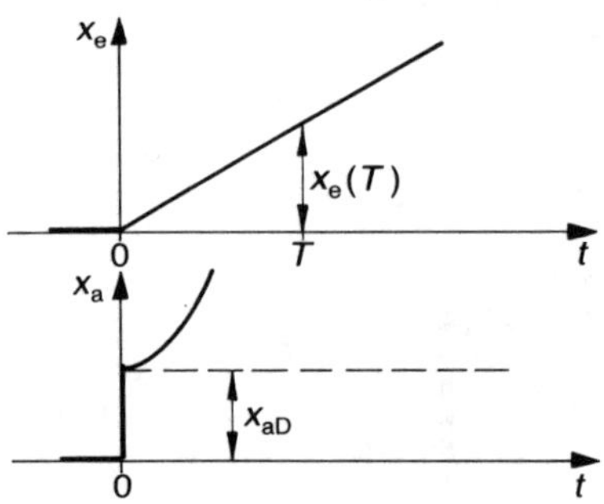

Bild 5.34 PID-Glied: Anstiegsantwort

Hierbei ist x_{aD} der Anteil des D-Gliedes. Wegen der konstanten Steigung des Eingangssignals x_e ist dies eine für alle Zeiten konstante Größe. Mit diesen Werten können T_v und K_D bestimmt werden:

$$K_D = \frac{x_{aD}}{x_e(T)} \cdot T \quad \text{und} \quad T_v = \frac{K_D}{K_P}$$

K_P wird hierfür aus der Sprungantwort des PID-Gliedes bestimmt, wie oben gezeigt wurde.

5.2.2 Ortskurven

Die Betrachtung der Ortskurven von Parallelschaltungen erfordert wieder zuerst die Herleitung der Übertragungsfunktion. Sie wird durch Addition der Einzel-Übertragungsfunktionen gewonnen und anschließend auf ihre Frequenzabhängigkeit untersucht.

5.2.2.1 PD-Glied

Ausgegangen wird von den bekannten Übertragungsfunktionen des P- und D-Gliedes.

P-Glied: $\underline{F}_1 = K_P$ und

D-Glied: $\underline{F}_2 = j \cdot \omega \cdot K_D$. Damit erhält man:

PD-Glied: $\underline{F}_{ges} = \underline{F}_1 + \underline{F}_2 = K_P + j \cdot \omega \cdot K_D = K_P \cdot (1 + j \cdot \omega \cdot T_v)$

Für die Konstruktion der Ortskurve genügt es, die Frequenzen $\omega = 0$ und $\omega = \infty$ zu betrachten:

1. $\omega = 0 \Longrightarrow \underline{F}_{ges} = K_P + j \cdot 0 = K_P$
2. $\omega = \infty \Longrightarrow \underline{F}_{ges} = K_P + j \cdot \infty$

Unabhängig von der Frequenz ist der Realteil immer konstant: $\mathrm{Re}(\underline{F}_{ges}) = K_P$ (Bild 5.35).

Der Imaginärteil ist für $\omega = 0$ Null und wird mit wachsender Frequenz zunehmend größer. In der Zeichnung ist der Zeiger eingetragen, der sich für $\omega = 1/T_v$ ergibt: Bei

$$\omega = \frac{1}{T_v} = \frac{K_P}{K_D} \text{ gilt: } \underline{F}_{ges} = K_P + j \cdot K_P \Longrightarrow \mathrm{Re}(\underline{F}_{ges}) = \mathrm{Im}(\underline{F}_{ges}) = K_P$$

Da Real- und Imaginärteil gleich groß sind, beträgt der Phasenwinkel 45°.

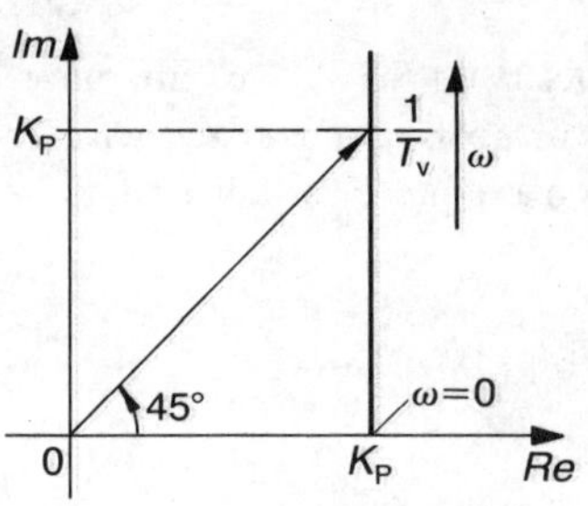

Bild 5.35 PD-Glied: Ortskurve

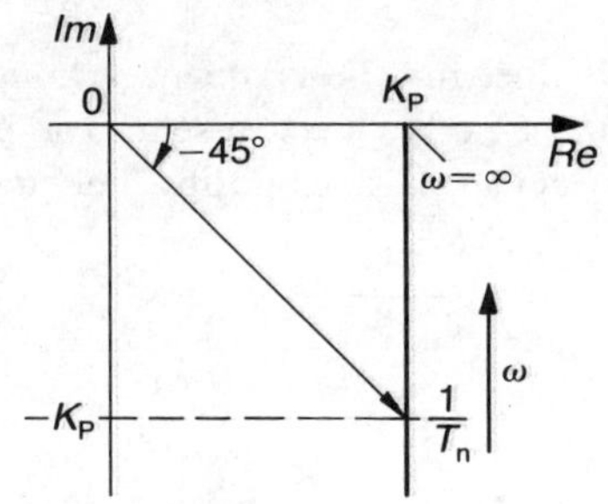

Bild 5.36 PI-Glied: Ortskurve

5.2.2.2 PI-Glied

P-Glied: $\underline{F}_1 = K_P$

I-Glied: $\underline{F}_2 = -j \cdot \dfrac{K_I}{\omega}$

PI-Glied: $\underline{F}_{ges} = \underline{F}_1 + \underline{F}_2 = K_P - j \cdot \dfrac{K_I}{\omega} = K_P \cdot \left(1 - j \cdot \dfrac{1}{T_n \cdot \omega}\right)$

Auch beim PI-Glied genügt die Betrachtung der beiden Frequenzen $\omega = 0$ und $\omega = \infty$:

1. $\omega = 0 \Longrightarrow \underline{F}_{ges} = K_P - j \cdot \infty$
2. $\omega = \infty \Longrightarrow \underline{F}_{ges} = K_P - j \cdot 0 = K_P$

Der Realteil von $\underline{F}_{ges}$ ist für alle Frequenzen konstant gleich K_P. Der Imaginärteil ist immer negativ und wird mit zunehmender Frequenz betragsmäßig immer kleiner (Bild 5.36). Bei $\omega = 1/T_n$ sind Real- und Imaginärteil betragsmäßig gleich groß:

$$\omega = \frac{1}{T_n} = \frac{K_I}{K_P} \Longrightarrow \mathrm{Re}(\underline{F}_{ges}) = -\,\mathrm{Im}(\underline{F}_{ges}) = K_P$$

5.2.2.3 PID-Glied

P-Glied: $\underline{F}_1 = K_P$

I-Glied: $\underline{F}_2 = -j \cdot \frac{K_I}{\omega}$

D-Glied: $\underline{F}_3 = j \cdot \omega \cdot K_D$

PID-Glied: $\underline{F}_{ges} = \underline{F}_1 + \underline{F}_2 + \underline{F}_3 = K_P + j \cdot \left(\omega \cdot K_D - \frac{K_I}{\omega}\right)$

$$\underline{F}_{ges} = K_P \cdot \left[1 + j \cdot \left(\omega \cdot T_v - \frac{1}{\omega \cdot T_n}\right)\right]$$

Für $\omega = 0$ und $\omega = \infty$ wird:

1. $\omega = 0 \Longrightarrow \underline{F}_{ges} = K_P - j \cdot \infty$
2. $\omega = \infty \Longrightarrow \underline{F}_{ges} = K_P + j \cdot \infty$

Der Realteil ist für alle Frequenzen konstant gleich K_P (Bild 5.37). Der Imaginärteil ist für kleine Frequenzen sehr groß und negativ, für große Frequenzen wird er ebenfalls sehr groß, aber positiv. Bei einer bestimmten Frequenz ist der Imaginärteil gerade Null:

$$\omega = \sqrt{\frac{1}{T_v \cdot T_n}} = \sqrt{\frac{K_I}{K_D}} \Longrightarrow \underline{F}_{ges} = K_P + j \cdot 0 = K_P$$

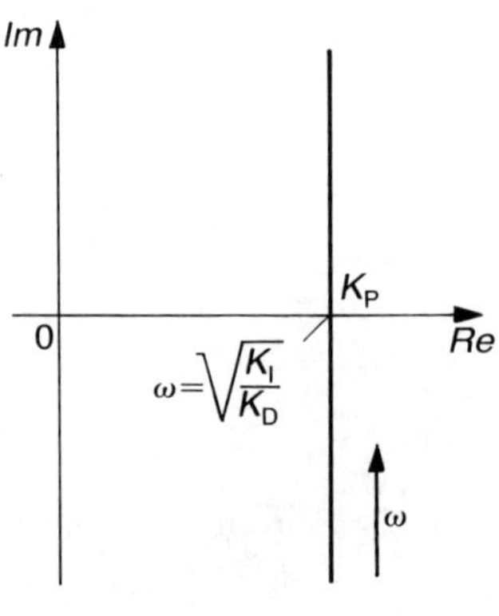

Bild 5.37 PID-Glied: Ortskurve

5.2.3 Bode-Diagramme

Da die Übertragungsfunktionen der Einzelglieder bei einer Parallelschaltung addiert werden, lassen sich die Bode-Diagramme wegen der logarithmischen Darstellung nicht wie bei Reihenschaltungen einfach durch Addition finden. Die Kurvenverläufe von Amplituden- und Phasengang müssen deshalb aus der Gesamt-Übertragungsfunktion ermittelt werden. Diese Funktion wurde bereits bei den Betrachtungen der Ortskurven hergeleitet. Davon wird bei den folgenden Betrachtungen jeweils ausgegangen.

Als Näherung für den Amplitudengang genügen wieder die Asymptoten.

5.2.3.1 PD-Glied

Die Übertragungsfunktion einer Parallelschaltung von P- und D-Glied lautet:

$$\underline{F}_{\mathrm{ges}} = K_{\mathrm{P}} \cdot (1 + \mathrm{j} \cdot \omega \cdot T_{\mathrm{v}});$$

daraus kann für den Amplitudengang der Betrag bestimmt werden:

$$|\underline{F}_{\mathrm{ges}}| = F_{\mathrm{ges}} = K_{\mathrm{P}} \cdot \sqrt{1 + (\omega \cdot T_{\mathrm{v}})^2}$$

Für die Bestimmung der Asymptoten werden die Grenzfälle $\omega = 0$ und $\omega = \infty$ betrachtet:

1. $\omega = 0 \Longrightarrow 1 >> (\omega \cdot T_{\mathrm{v}})^2$;
   als Näherung wird deshalb der Klammerausdruck gegenüber der 1 vernachlässigt.
   $F_{\mathrm{ges}} \approx K_{\mathrm{P}}$ bzw. $\frac{F}{\mathrm{dB}} \approx 20 \cdot \log K_{\mathrm{P}}$;
   dies ist die Gleichung einer Geraden parallel zur Abszisse, wie sie vom P-Glied bekannt ist.

2. $\omega = \infty \Longrightarrow 1 << (\omega \cdot T_{\mathrm{v}})^2$;
   hier wird näherungsweise die 1 gegenüber dem Klammerausdruck vernachlässigt.
   $F_{\mathrm{ges}} \approx K_{\mathrm{P}} \cdot \omega \cdot T_{\mathrm{v}}$ bzw. $\frac{F}{\mathrm{dB}} \approx 20 \cdot \log (K_{\mathrm{P}} \cdot \omega \cdot T_{\mathrm{v}})$;
   dies ist die Gleichung einer Geraden mit einer Steigung von 20 dB/Dekade, wie sie für ein D-Glied charakteristisch ist (siehe Abschnitt 4.7.3).

Nach dem Amplitudengang zeigt ein PD-Glied für niedrige Frequenzen P-Verhalten, für hohe Frequenzen D-Verhalten.

Werden die beiden Geradengleichungen gleichgesetzt, ergibt sich der Schnittpunkt der Asymptoten bei $\omega_{\mathrm{E}} = 1/T_{\mathrm{v}}$. Bei dieser Eckfrequenz beträgt der genaue Amplitudenwert:

$$F_{\mathrm{ges}}(\omega_{\mathrm{E}}) = K_{\mathrm{P}} \cdot \sqrt{2}, \text{ bzw. } \frac{F}{\mathrm{dB}} = (20 \cdot \log K_{\mathrm{P}}) + 3$$

Bei ω_E besteht zwischen exaktem Kurvenverlauf und asymptotischer Näherung eine Differenz von 3 dB.

Berechnungsbeispiel
Ein P-Glied mit $K_P = 10$ und ein D-Glied mit $K_D = 1\,s$ werden parallelgeschaltet. Konstruieren Sie den Amplitudengang.

Lösung: $K_P = 10 \Longrightarrow F = 20\,dB$

$$T_v = \frac{K_D}{K_P} = 0{,}1\,s \Longrightarrow \omega_E = \frac{1}{T_v} = 10\ s^{-1}$$

Der exakte Wert bei ω_E beträgt: $F(\omega_E) = 23\,dB$ (Bild 5.38).

Für den Phasengang wird der Phasenwinkel berechnet: $\alpha = \arctan(\omega \cdot T_v)$. Es werden für den prinzipiellen Verlauf drei Frequenzen betrachtet:

1. $\omega = 0 \Longrightarrow \alpha = \arctan 0 \Longrightarrow \alpha = 0°$
2. $\omega = \omega_E = 1/T_v \Longrightarrow \alpha = \arctan 1$
   $\alpha = 45°$
3. $\omega = \infty \Longrightarrow \alpha = \arctan \infty \Longrightarrow \alpha = 90°$

Auch der Phasengang zeigt für niedrige Frequenzen das P-Verhalten ($\alpha = 0°$), für hohe Frequenzen das D-Verhalten ($\alpha = 90°$) des PD-Gliedes (Bild 5.39).

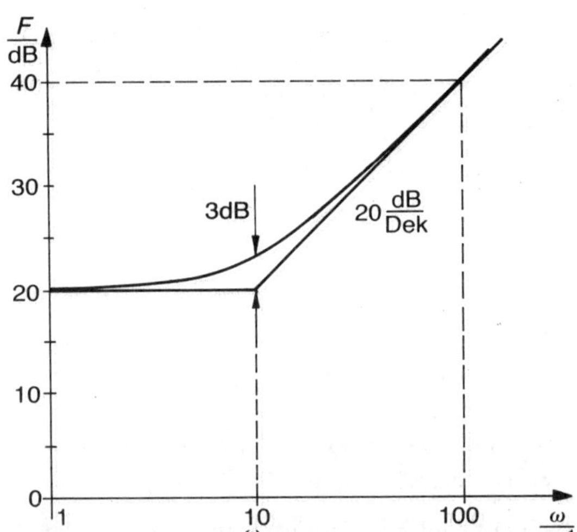

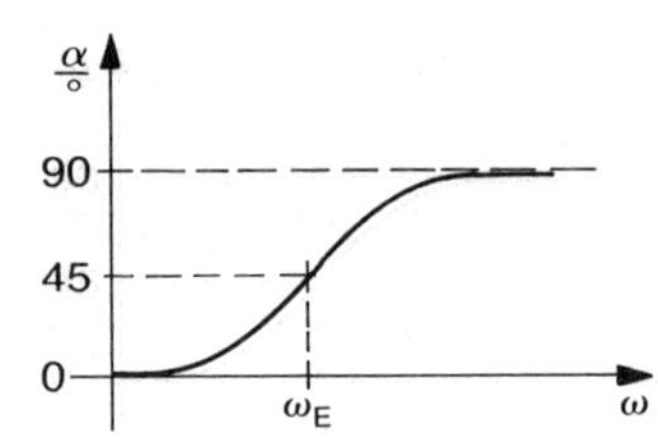

Bild 5.39 PD-Glied: Phasengang

Bild 5.38 PD-Glied: Amplitudengang

5.2.3.2 PI-Glied

$$\underline{F}_{ges} = K_P \cdot \left(1 - j \cdot \frac{1}{\omega \cdot T_n}\right) \Longrightarrow F_{ges} = K_P \cdot \sqrt{1 + \left(\frac{1}{\omega \cdot T_n}\right)^2}$$

Auch der Amplitudengang des PI-Gliedes wird über Näherungen bestimmt:

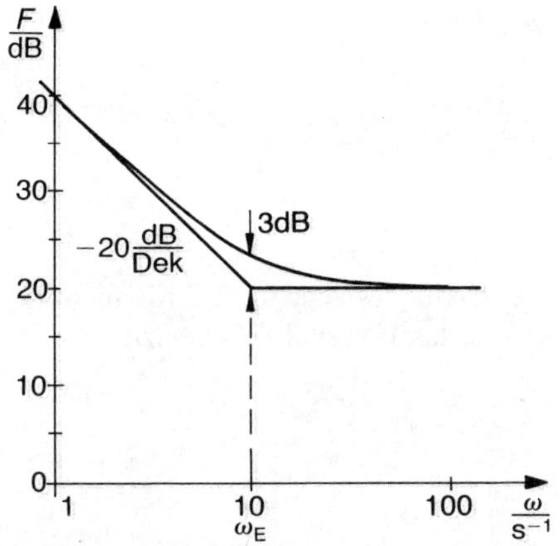

Bild 5.40 PI-Glied: Amplitudengang

Bild 5.41 PI-Glied: Phasengang

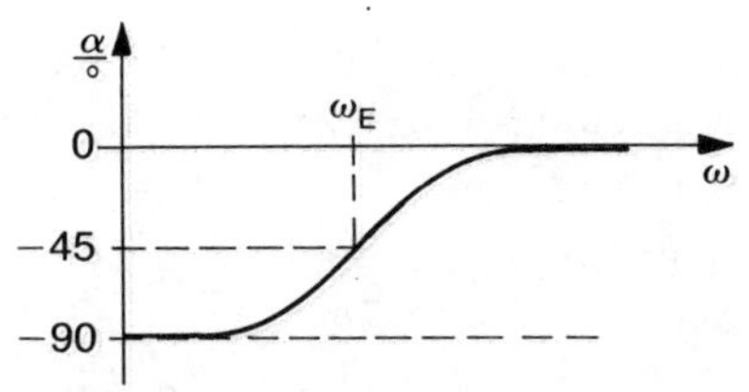

1. $\omega = 0 \Longrightarrow \left(\frac{1}{\omega \cdot T_n}\right)^2 >> 1;$

   die 1 unter der Wurzel wird gegen den Klammerausdruck vernachlässigt:

   $F_{ges} \approx \frac{K_P}{\omega \cdot T_n}$ bzw. $\frac{F}{dB} \approx 20 \cdot \log \frac{K_P}{\omega \cdot T_n};$

   als Näherung für niedrige Frequenzen erhält man die Gleichung einer Geraden mit einer Steigung von −20 dB/Dekade (siehe Abschnitt 4.7.2). Dies deutet auf I-Verhalten.

2. $\omega = \infty \Longrightarrow \left(\frac{1}{\omega \cdot T_n}\right)^2 << 1;$

   jetzt kann der Klammerausdruck vernachlässigt werden:

   $F_{ges} \approx K_P$, bzw. $\frac{F}{dB} \approx 20 \cdot \log K_P$

   Für große ω ergibt sich wieder eine Parallele zur Abszisse als Asymptote (P-Verhalten). Der Schnittpunkt der beiden Asymptoten liegt bei $\omega_E = 1/T_n$; bei ω_E ist der exakte Betragswert wie beim PD-Glied um den Faktor $\sqrt{2}$ (bzw. 3 dB) größer als K_P.

Berechnungsbeispiel

Zeichnen Sie den Amplitudengang für die Parallelschaltung eines P-Gliedes mit $K_P = 10$ und eines I-Gliedes mit $K_I = 1\,s^{-1}$.

Lösung: $K_P = 10 \Longrightarrow F = 20\,dB$

$$T_n = \frac{K_P}{K_I} = 10\,s \Longrightarrow \omega_E = \frac{1}{T_n} = 0{,}1\,s^{-1}$$

Bei ω_E beträgt der exakte Wert 23 dB (Bild 5.40).

Berechnen des Phasenwinkels für den Phasengang:

$$\alpha = -\arctan\left(\frac{1}{\omega \cdot T_n}\right)$$

Dies ergibt bei

1. $\omega = 0 \Longrightarrow \alpha = -\arctan \infty \Longrightarrow \alpha = -90°$
2. $\omega = \omega_E = 1/T_n \Longrightarrow \alpha = -\arctan 1 \Longrightarrow \alpha = -45°$
3. $\omega = \infty \Longrightarrow \alpha = -\arctan 0 \Longrightarrow \alpha = 0°$
   (Bild 5.41)

Sowohl Amplituden- als auch Phasengang des PI-Gliedes zeigen, daß für niedrige Frequenzen das I-Verhalten, für hohe Frequenzen das P-Verhalten überwiegt.

5.2.3.3 PID-Glied

$$\underline{F}_{ges} = K_P \cdot \left[1 + j \cdot \left(\omega \cdot T_v - \frac{1}{\omega \cdot T_n}\right)\right]$$

$$\Longrightarrow F_{ges} = K_P \cdot \sqrt{1 + \left(\omega \cdot T_v - \frac{1}{\omega \cdot T_n}\right)^2}$$

Beim PID-Glied gibt es zwei Eckfrequenzen ω_{EI} und ω_{ED}, die vom I- bzw. D-Anteil bestimmt werden.

Wird ein PID-Glied als Regler eingesetzt, so muß folgender Zusammenhang für die Zeitkonstanten gelten:

$$T_n > T_v \Longrightarrow \omega_{EI} = \frac{1}{T_n} < \omega_{ED} = \frac{1}{T_v}$$

F_{ges} wird näherungsweise für drei Frequenzbereiche betrachtet:

1. $\omega = 0 \Longrightarrow \frac{1}{\omega \cdot T_n} >> \omega \cdot T_v$ und $\frac{1}{\omega \cdot T_n} >> 1$
   $\omega \cdot T_v$ und 1 werden vernachlässigt, so daß gilt:
   $F_{ges} \approx \frac{K_P}{\omega \cdot T_n}$;
   für niedrige Frequenzen zeigt das PID-Glied I-Verhalten.
   Dementsprechend erhält man als Asymptote für diese Frequenzen eine mit 20 dB/Dekade fallende Gerade.
2. Von ω_{EI} bis ω_{ED} wird als Näherung angenommen:
   $1 >> \left(\omega \cdot T_v - \frac{1}{\omega \cdot T_n}\right)^2$;
   der gesamte Klammerausdruck wird vernachlässigt:
   $F_{ges} \approx K_P$; von ω_{EI} bis ω_{ED} geht das PID-Glied in P-Verhalten über.
3. Für $\omega > \omega_{ED}$ wird
   $\omega \cdot T_v >> \frac{1}{\omega \cdot T_n}$ und $\omega \cdot T_v >> 1$.

Hier werden $1/(\omega \cdot T_n)$ und 1 vernachlässigt, so daß sich als Näherung für den Betrag ergibt:
$F_{ges} \approx K_P \cdot \omega \cdot T_v$. Dies entspricht D-Verhalten mit einer mit 20 dB/Dekade steigenden Geraden als Asymptote für den Amplitudengang.

Berechnungsbeispiel
Zeichnen Sie den Amplitudengang für die Parallelschaltung von

- ☐ P-Glied mit $K_P = 10$,
- ☐ I-Glied mit $K_I = 10\ s^{-1}$,
- ☐ D-Glied mit $K_D = 1\,s$.

Lösung: $K_P = 10 \Longrightarrow F = 20\,dB$

$$T_n = \frac{K_P}{K_I} = 1\ s \Longrightarrow \omega_{EI} = 1\,s^{-1}$$

$$T_v = \frac{K_D}{K_P} = 0{,}1\ s \Longrightarrow \omega_{ED} = 10\ s^{-1}$$

(Bild 5.42)

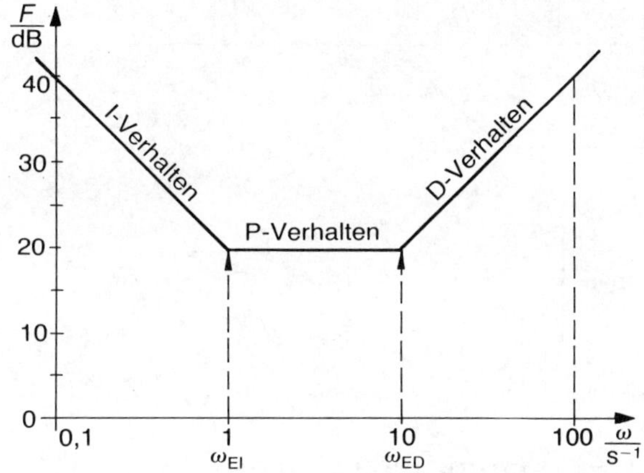

Bild 5.42 PID-Glied: Amplitudengang

Berechnen des Phasenwinkels:

$$\alpha = \text{arc tan}\left(\omega \cdot T_v - \frac{1}{\omega \cdot T_n}\right)$$

Für den Phasengang des PID-Gliedes werden fünf Frequenzen betrachtet:

1. $\omega = 0 \Longrightarrow \alpha = \text{arc tan}\,(-\infty) \Longrightarrow \alpha = -90°$

2. $\omega = \omega_{EI} = \dfrac{1}{T_n} \Longrightarrow \alpha = \text{arc tan}\left(\dfrac{T_v}{T_n} - 1\right) \approx \text{arc tan}\,(-1)$, da $T_n > T_v$

   Damit wird $\alpha \approx -45°$.

3. $\omega_1 = \dfrac{1}{\sqrt{T_n \cdot T_v}}$;

bei dieser Frequenz soll zuerst der Tangens berechnet werden:

$$\tan \alpha = \left[\frac{T_v}{\sqrt{T_n \cdot T_v}} - \frac{\sqrt{T_n \cdot T_v}}{T_n}\right] = \left[\sqrt{\frac{T_v}{T_n}} - \sqrt{\frac{T_v}{T_n}}\right] = 0$$

Also wird $\alpha = \arctan 0 \Longrightarrow \alpha = 0°$.

4. $\omega = \omega_{ED} = \dfrac{1}{T_v} \Longrightarrow \alpha = \arctan\left(1 - \dfrac{T_v}{T_n}\right)$

Wegen $T_n > T_v$ wird $\alpha \approx \arctan 1$

$\alpha \approx +45°$

5. $\omega = \infty \Longrightarrow \alpha = \arctan \infty \Longrightarrow \alpha = 90°$

(Bild 5.43)

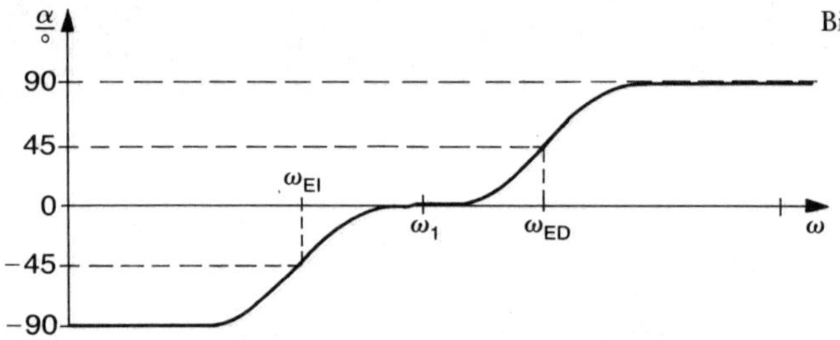

Bild 5.43 PID-Glied: Phasengang

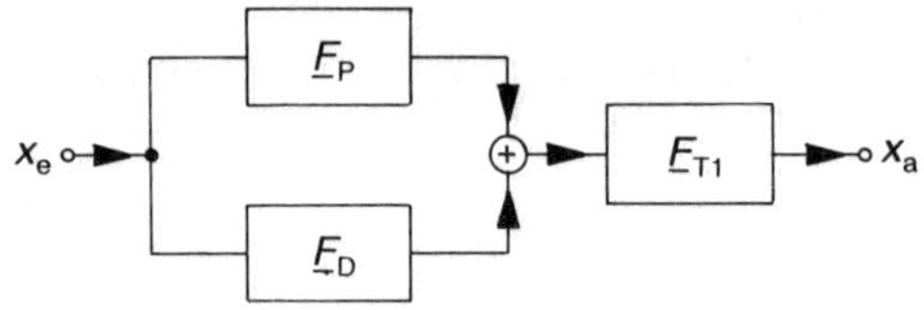

Bild 5.44 PD-T_1-Schaltung

5.3 Gruppenschaltung

Gruppenschaltungen bestehen aus Kombinationen von Reihen- und Parallelschaltungen. Im vorigen Abschnitt wurde gezeigt, daß Regler oftmals aus einer Parallelschaltung von Grundgliedern aufgebaut sind. In Reihe zum Regler liegt im Regelkreis die Regelstrecke, so daß ein solcher Regler mit der Strecke zusammen eine Gruppenschaltung bildet.

5.3.1 PD-T_1-Schaltung

Eine PD-T_1-Schaltung liegt vor, wenn ein PD-Regler eine Strecke mit T_1-Verhalten regelt (Bild 5.44).

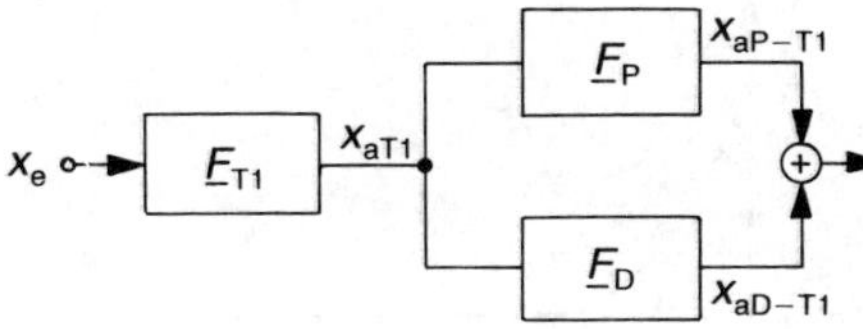

Bild 5.45 PD-T_1-Schaltung

5.3.1.1 Zeitverhalten

Das Zeitverhalten wird wieder anhand der Sprungantwort des Systems betrachtet. Bei einer Reihenschaltung kann die Reihenfolge der Glieder verändert werden, ohne daß das Übertragungsverhalten dadurch verändert würde. Vertauscht man das PD- und das T_1-Glied, dann bildet die Sprungantwort des T_1-Gliedes das Eingangssignal des PD-Gliedes (Bild 5.45):

$$x_{aT1} = \hat{x}_e \cdot \left(1 - e^{-\frac{t}{T_1}}\right) = x_{ePD}$$

Diese verzögerte Sprungfunktion ist das Eingangssignal sowohl des P- als auch des D-Gliedes. Damit ist $x_{aP\text{-}T1}$ die Sprungantwort eines P-T_1-Gliedes, die bereits in Abschnitt 5.1.1.3 hergeleitet wurde:

$$x_{aP\text{-}T1} = K_P \cdot x_{aT1} = K_P \cdot \hat{x}_e \cdot \left(1 - e^{-\frac{t}{T_1}}\right)$$

Der Anteil $x_{aD\text{-}T1}$ ist die Sprungantwort eines D-T_1-Gliedes. Sie ist bekannt aus Abschnitt 5.1.1.1:

$$x_{aD\text{-}T1} = K_D \cdot \frac{\Delta x_{aT1}}{\Delta t} = K_D \cdot \hat{x}_e \cdot \frac{1}{T_1} \cdot e^{-\frac{t}{T_1}}$$

Die Summe dieser beiden Sprungantworten bildet das Ausgangssignal der PD-T_1-Gruppenschaltung: $x_a = x_{aP\text{-}T1} + x_{aD\text{-}T1}$. Bildet man diese Summe und setzt $K_D = K_P \cdot T_v$, so ergibt sich als Sprungantwort der Gesamtschaltung:

$$x_a = K_P \cdot \hat{x}_e \cdot \left(1 - e^{-\frac{t}{T_1}}\right) + K_P \cdot \frac{T_v}{T_1} \cdot \hat{x}_e \cdot e^{-\frac{t}{T_1}}$$

$$x_a = K_P \cdot \hat{x}_e \cdot \left[1 + \left(\frac{T_v}{T_1} - 1\right) \cdot e^{-\frac{t}{T_1}}\right]$$

Wird in dieser Gleichung $t = 0$ gesetzt, so erhält man den Anfangswert der Sprungantwort. Dabei wird berücksichtigt, daß $e^0 = 1$.

$$t = 0 \Longrightarrow x_a(t{=}0) = K_P \cdot \hat{x}_e \cdot \frac{T_v}{T_1}$$

Abhängig von den beiden Zeitkonstanten T_v und T_1 ergeben sich prinzipiell drei mögliche Sprungantworten für die PD-T_1-Schaltung:

1. $T_v > T_1$: Das PD-Verhalten überwiegt, der für D-Verhalten typische Nadelimpuls wird aber schwächer und breiter (Bild 5.46).

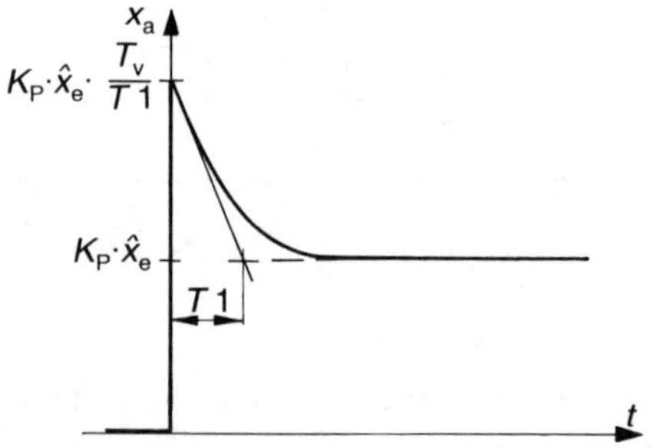

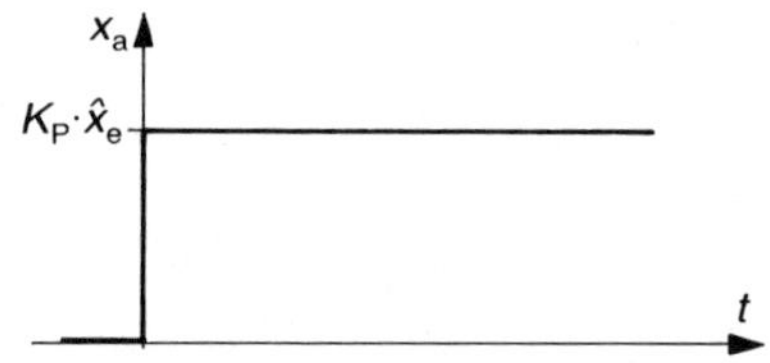

Bild 5.47
PD-T_1-Schaltung: Sprungantwort ($T_v = T_1$)

Bild 5.46
PD-T_1-Schaltung: Sprungantwort ($T_v > T_1$)

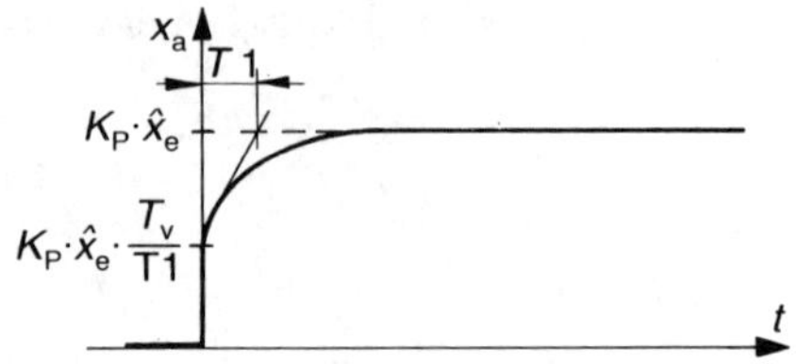

Bild 5.48
PD-T_1-Schaltung: Sprungantwort ($T_v < T_1$)

2. $T_v = T_1$: D- und T_1-Verhalten heben sich in ihrer Wirkung gegenseitig auf, was sich leicht an der Übertragungsfunktion nachweisen läßt. Dies wird im nächsten Abschnitt zu sehen sein (Bild 5.47).
3. $T_v < T_1$: P- und T_1-Verhalten überwiegen, nur noch schwacher D-Anteil (Bild 5.48).

Der zweite Fall ($T_v = T_1$) zeigt, daß durch einen D-Anteil eine Verzögerung kompensiert werden kann.

Zu erkennen ist auch, daß der Anfangssprung auf den zuvor ermittelten Wert

$$K_P \cdot \hat{x}_e \cdot \frac{T_v}{T_1}$$

erfolgt, der Endwert ist in allen Fällen $K_P \cdot \hat{x}_e$.

5.3.1.2 Übertragungsfunktion und Ortskurve

Die Übertragungsfunktion des PD-T_1-Gliedes berechnet sich aus den Übertragungsfunktionen der drei Grundglieder, die die Schaltung bilden:

$$\left.\begin{array}{l}\left.\begin{array}{ll}\textbf{P-Glied:} & \underline{F}_P = K_P \\ \textbf{D-Glied:} & \underline{F}_D = j \cdot \omega \cdot K_D\end{array}\right\}\text{PD-Glied: } \underline{F}_{PD} = \underline{F}_P + \underline{F}_D \\ \textbf{T}_1\textbf{-Glied:} \quad \underline{F}_{T1} = \dfrac{1}{1 + j \cdot \omega \cdot T_1}\end{array}\right\} \underline{F}_{ges} = \underline{F}_{PD} \cdot \underline{F}_{T1}$$

$$\underline{F}_{ges} = \frac{K_P \cdot (1 + j \cdot \omega \cdot T_v)}{1 + j \cdot \omega \cdot T_1}$$

Nach Zerlegung in Real- und Imaginärteil ergibt sich:

$$\mathrm{Re}(\underline{F}_{ges}) = K_P \cdot \frac{1 + \omega^2 \cdot T_1 \cdot T_v}{1 + (\omega \cdot T_1)^2} \quad \text{und} \quad \mathrm{Im}(\underline{F}_{ges}) = K_P \cdot \frac{\omega \cdot (T_v - T_1)}{1 + (\omega \cdot T_1)^2}$$

Die Betrachtung von drei charakteristischen Frequenzen liefert:

1. $\omega = 0 \implies \mathrm{Re}(\underline{F}_{ges}) = K_P; \quad \mathrm{Im}(\underline{F}_{ges}) = 0$
2. $\omega = \frac{1}{T_1} \implies \mathrm{Re}(\underline{F}_{ges}) = \frac{K_P}{2} \cdot \left(1 + \frac{T_v}{T_1}\right); \quad \mathrm{Im}(\underline{F}_{ges}) = \frac{K_P}{2} \cdot \left(\frac{T_v}{T_1} - 1\right)$
3. $\omega = \infty \implies \mathrm{Re}(\underline{F}_{ges}) = K_P \cdot \frac{T_v}{T_1}; \quad \mathrm{Im}(\underline{F}_{ges}) = 0$

Auch für die Ortskurve müssen die drei möglichen Verhältnisse von T_v/T_1 unterschieden werden. Mit den soeben betrachteten drei Frequenzen können die Verläufe der Ortskurven hergeleitet werden:

I. $T_v > T_1$, z.B. $\frac{T_v}{T_1} = 2$

   1. $\omega = 0 \implies \mathrm{Re} = K_P; \quad \mathrm{Im} = 0$
   2. $\omega = \frac{1}{T_1} \implies \mathrm{Re} = K_P \cdot \frac{3}{2}; \quad \mathrm{Im} = K_P \cdot \frac{1}{2}$
   3. $\omega = \infty \implies \mathrm{Re} = 2 \cdot K_P; \quad \mathrm{Im} = 0$

   (Bild 5.49)

Bild 5.49
PD-T_1-Schaltung:
Ortskurve ($T_v > T_1$)

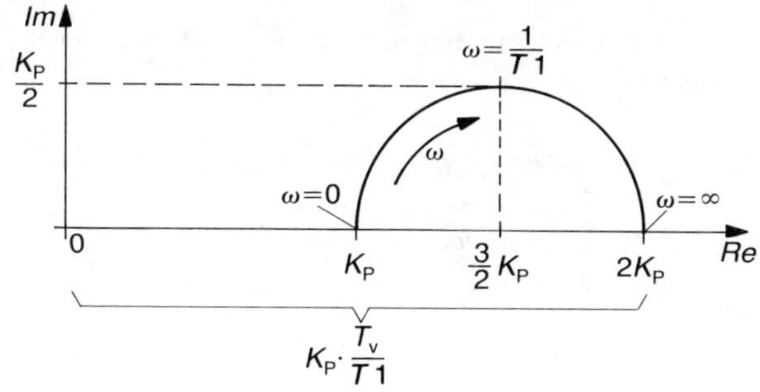

II. $T_v = T_1$; für alle Frequenzen gilt:
   $\mathrm{Re} = K_P$; $\mathrm{Im} = 0$
   Der D- und der T_1-Anteil heben sich hierbei gegenseitig auf, und die Ortskurve entspricht der eines P-Gliedes. Dies war nach der Sprungantwort für diesen Fall zu erwarten (Bild 5.50).

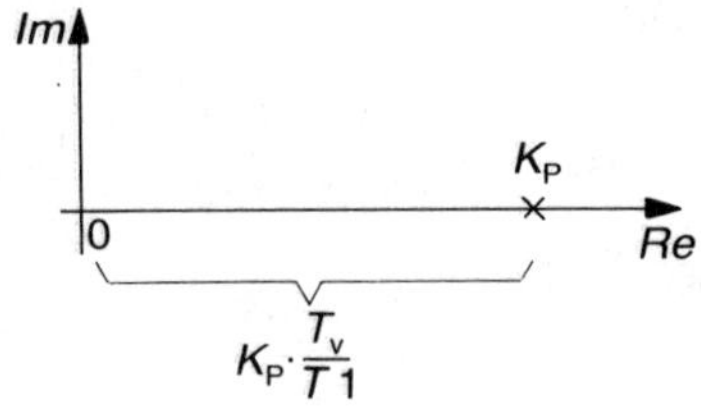

Bild 5.50
PD-T_1-Schaltung: Ortskurve ($T_v = T_1$)

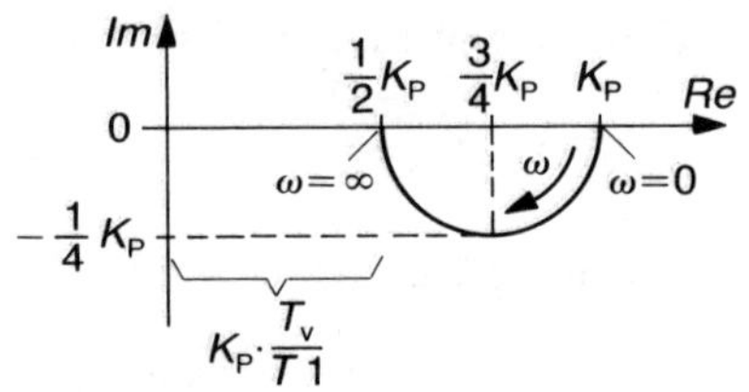

Bild 5.51
PD-T_1-Schaltung: Ortskurve ($T_v < T_1$)

III. $T_v < T_1$, z. B. $\dfrac{T_v}{T_1} = \dfrac{1}{2}$

1. $\omega = 0 \quad \Longrightarrow \text{Re} = K_P; \quad \text{Im} = 0$
2. $\omega = \dfrac{1}{T_1} \Longrightarrow \text{Re} = K_P \cdot \dfrac{3}{4}; \quad \text{Im} = -K_P \cdot \dfrac{1}{4}$
3. $\omega = \infty \quad \Longrightarrow \text{Re} = K_P \cdot \dfrac{1}{2}; \quad \text{Im} = 0$

(Bild 5.51)

5.3.1.3 Bode-Diagramm

Der Betrag, der den Amplitudengang ergibt, wird aus Real- und Imaginärteil bestimmt:

$$F_{ges} = \sqrt{\text{Re}^2 + \text{Im}^2} = K_P \cdot \sqrt{\frac{(1 + \omega^2 \cdot T_1 \cdot T_v)^2 + \omega^2 \cdot (T_v - T_1)^2}{\left[1 + (\omega \cdot T_1)^2\right]^2}}$$

Der Betrag soll nur bei den extremen Frequenzen $\omega = 0$ und $\omega = \infty$ betrachtet werden:

1. $\omega = 0 \Longrightarrow F_{ges} = K_P$ bzw. $\dfrac{F_{ges}}{\text{dB}} = 20 \cdot \log K_P$

2. $\omega = \infty$: Die 1 in der ersten Klammer im Zähler sowie im Nenner kann gegen die großen Werte der Ausdrücke mit ω vernachlässigt werden:

$$F_{ges} \approx K_P \cdot \sqrt{\frac{\omega^4 \cdot (T_1)^2 \cdot (T_v)^2 + \omega^2 \cdot (T_v - T_1)^2}{\omega^4 \cdot (T_1)^4}}$$

Wegen $\omega^4 >> \omega^2$ wird daraus näherungsweise:

$$F_{ges} \approx K_P \cdot \sqrt{\frac{\omega^4 \cdot (T_1)^2 \cdot (T_v)^2}{\omega^4 \cdot (T_1)^4}} \Longrightarrow F_{ges} \approx K_P \cdot \frac{T_v}{T_1} \text{ bzw. in dB:}$$

$$\frac{F_{ges}}{\text{dB}} \approx 20 \cdot \log\left(K_P \cdot \frac{T_v}{T_1}\right)$$

Das Bode-Diagramm der PD-T_1-Schaltung kann wegen der Reihenschaltung durch Addition der Kurven von PD- und T_1-Glied gewonnen werden (Bild 5.52).

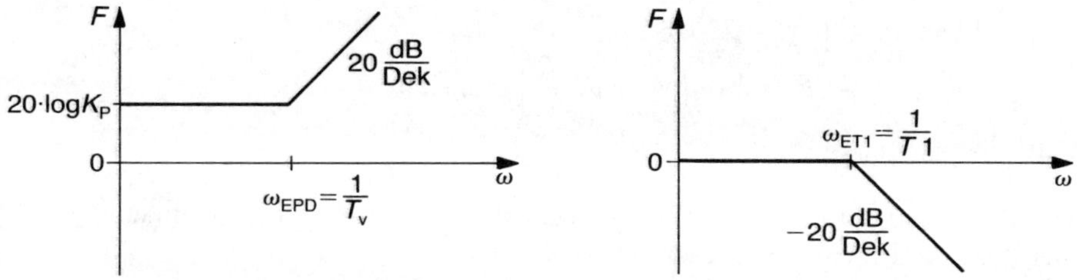

Bild 5.52 Amplitudengänge: PD-Glied und T_1-Glied

Abhängig von T_1 und T_v sind die beiden Eckfrequenzen:

$$\omega_{EPD} = \frac{1}{T_v} \quad \text{und} \quad \omega_{ET1} = \frac{1}{T_1}$$

Damit müssen wieder drei mögliche Fälle für das Verhältnis T_v/T_1 unterschieden werden. Es wird in den Betrachtungen jeweils ein P-Glied mit $K_P = 10$ angenommen:

I. $T_v > T_1 \Longrightarrow \omega_{EPD} < \omega_{ET1}$

z.B. $\frac{T_v}{T_1} = 2 \Longrightarrow \omega_{ET1} = 2 \cdot \omega_{EPD}$

Für kleine ω gilt: $F = 20 \cdot \log K_P = 20\,\text{dB}$.

$\omega > \omega_{ET1} \Longrightarrow F \approx 20 \cdot \log\left(K_P \cdot \frac{T_v}{T_1}\right) \approx 26\ \text{dB}$
(Bild 5.53).

II. $T_v = T_1 \Longrightarrow \omega_{EPD} = \omega_{ET1} = \omega_E$
Für alle Frequenzen gilt: $F = 20 \cdot \log K_P = 20$ dB.
Dies ist wie erwartet der Amplitudengang eines P-Gliedes (Bild 5.54).

III. $T_v < T_1 \Longrightarrow \omega_{EPD} > \omega_{ET1}$

z.B. $\frac{T_v}{T_1} = \frac{1}{2} \Longrightarrow \omega_{EPD} = 2 \cdot \omega_{ET1}$

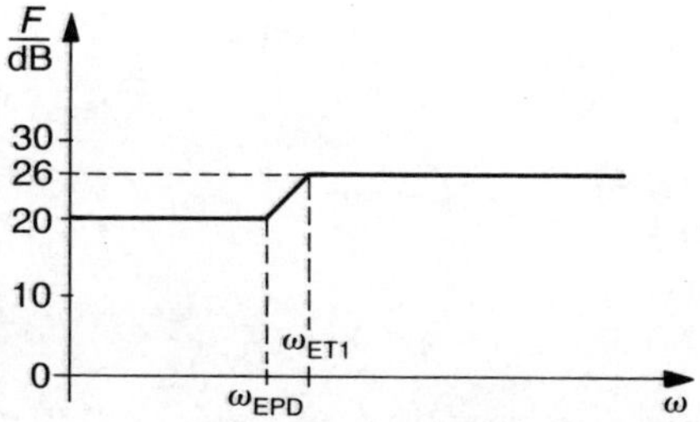

Bild 5.53
PD-T_1-Schaltung: Amplitudengang ($T_v > T_1$)

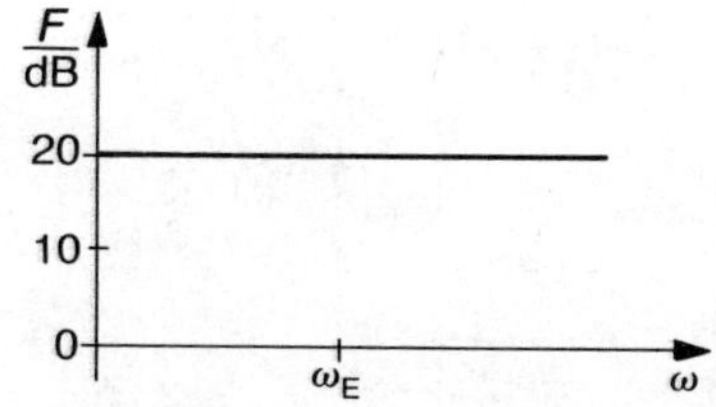

Bild 5.54
PD-T_1-Schaltung: Amplitudengang ($T_v = T_1$)

Für kleine ω gilt: $F = 20$ dB.

$\omega > \omega_{EPD} \Longrightarrow F \approx 20 \cdot \log\left(K_P \cdot \frac{T_v}{T_1}\right) \approx 14$ dB

(Bild 5.55).

Der Phasengang des PD-T_1-Gliedes errechnet sich über den Phasenwinkel, der sich aus Real- und Imaginärteil ergibt:

$$\tan\alpha = \frac{\mathrm{Im}}{\mathrm{Re}} = \frac{\omega \cdot (T_v - T_1)}{1 + \omega^2 \cdot T_v \cdot T_1};$$

betrachtet für drei Frequenzen:

1. $\omega = 0 \Longrightarrow \alpha = 0°$
2. $\omega = \infty \Longrightarrow \alpha = 0°$
3. $\omega = \frac{1}{T_1} \Longrightarrow \tan\alpha = \frac{(T_v/T_1) - 1}{(T_v/T_1) + 1}$

In diesem dritten Fall spielt wieder das Verhältnis T_v/T_1 eine Rolle. Entsprechend ergeben sich drei unterschiedliche Phasengänge.

a) $T_v/T_1 = 2 \Longrightarrow \alpha \approx 18°$
b) $T_v/T_1 = 1 \Longrightarrow \alpha \approx 0°$
c) $T_v/T_1 = 0{,}5 \Longrightarrow \alpha \approx -18°$
(Bild 5.56).

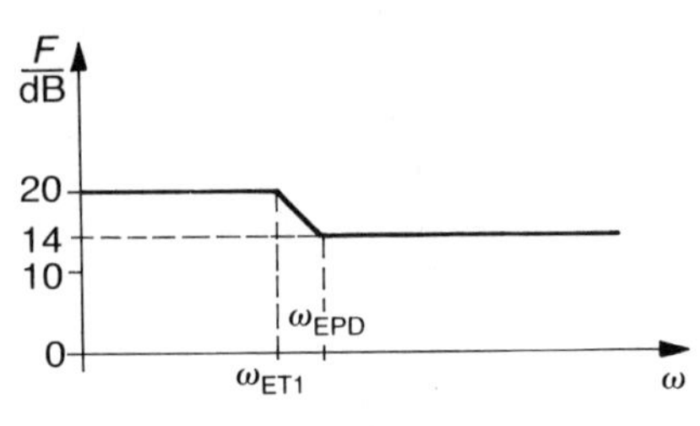

Bild 5.55 PD-T_1-Schaltung: Amplitudengang ($T_v < T_1$)

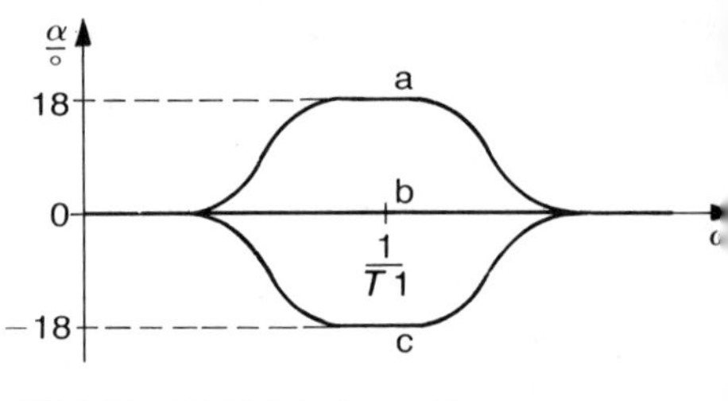

Bild 5.56 PD-T_1-Schaltung: Phasengang

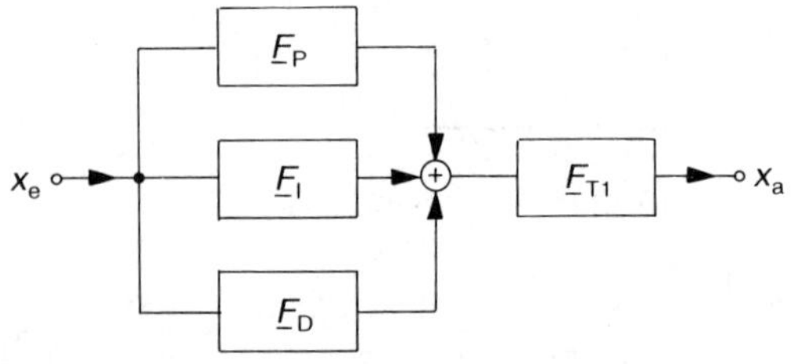

Bild 5.57 PID-T_1-Schaltung

5.3.2 PID-T_1-Schaltung

5.3.2.1 Zeitverhalten

Zum Anfangswert des I-Anteils beachten Sie die Bemerkung in Abschnitt 5.2.1.2. Regelt ein PID-Regler eine T_1-Strecke, so ergibt dies eine PID-T_1-Gruppenschaltung (Bild 5.57). Die Sprungantwort auf einen Eingangssprung der Höhe $\hat{x}_e$ setzt sich zusammen aus der Summe der Sprungantworten von P-T_1-, I-T_1- und D-T_1-Gliedern. Sie läßt sich wie folgt berechnen aus drei Komponenten:

$$\left.\begin{aligned} x_{aP\text{-}T1} &= K_P \cdot \hat{x}_e \cdot \left(1 - e^{-\frac{t}{T_1}}\right) \\ x_{aI\text{-}T1} &= K_I \cdot \hat{x}_e \cdot T_1 \cdot \left(e^{-\frac{t}{T_1}} + \frac{t}{T_1} - 1\right) \\ x_{aD\text{-}T1} &= K_D \cdot \hat{x}_e \cdot \frac{1}{T_1} \cdot e^{-\frac{t}{T_1}} \end{aligned}\right\} \quad x_a = x_{aP\text{-}T1} + x_{aI\text{-}T1} + x_{aD\text{-}T1}$$

Es wird eingesetzt:

$$K_D = K_P \cdot T_v \quad \text{und} \quad K_I = \frac{K_P}{T_n}.$$

Dann wird nach Umformung:

$$x_a = \hat{x}_e \cdot K_P \cdot \left[1 - \frac{T_1}{T_n} + \frac{t}{T_n} + \left(\frac{T_v}{T_1} - 1 + \frac{T_1}{T_n}\right) \cdot e^{-\frac{t}{T_1}}\right]$$

Wird in dieser Gleichung $t = 0$ gesetzt, so erhält man die Höhe des vom D-Glied verursachten Anfangsimpulses:

$$x_a(t{=}0) = \hat{x}_e \cdot K_P \cdot \left[1 - \frac{T_1}{T_n} + 0 + \left(\frac{T_v}{T_1} - 1 + \frac{T_1}{T_n}\right) \cdot e^0\right];$$

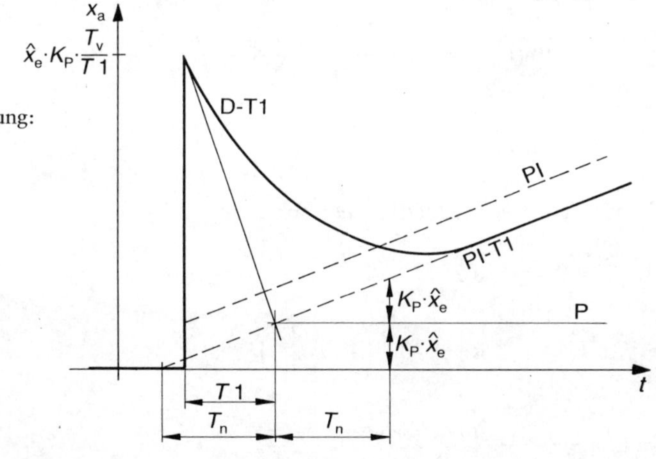

Bild 5.58 PID-T_1-Schaltung: Sprungantwort

da $e^0 = 1$, folgt daraus

$$x_a(t{=}0) = \hat{x}_e \cdot K_P \cdot \frac{T_v}{T_1}$$

Die Sprungantwort setzt sich aus drei Anteilen zusammen, wobei die Verzögerung des P-Gliedes durch den D-Sprung am Anfang nicht mehr zu erkennen ist (Bild 5.58).

Aufgabe des D-Gliedes ist, gleich am Anfang ein großes Ausgangssignal zu erzeugen. Beim PID-Regler ist das Ausgangssignal die Stellgröße, die bei Änderung der Eingangsgröße, also einer auftretenden Regeldifferenz, möglichst sofort reagieren soll. Ein PI-Regler würde an einer T_1-Strecke die Stellgröße bei auftretender Regeldifferenz nur sehr langsam ändern.

Damit der D-Anteil die gewünschte Wirkung erzielt, muß seine Vorhaltezeit T_v entsprechend groß sein gegenüber der Verzögerungszeit T_1 der Strecke. Als geeignetes Verhältnis sollte gewählt werden

$$\frac{T_v}{T_1} = 6 \ldots 10.$$

5.3.2.2 Übertragungsfunktion und Ortskurve

Die Übertragungsfunktion ergibt sich wegen der Reihenschaltung von PID- und T_1-Glied aus der Multiplikation der beiden Einzelfunktionen:

$$\underline{F}_{PID} = K_P \cdot \left(1 + \frac{1}{j \cdot \omega \cdot T_n} + j \cdot \omega \cdot T_v\right); \qquad \underline{F}_{T1} = \frac{1}{1 + j \cdot \omega \cdot T_1}$$

$$\underline{F}_{ges} = \underline{F}_{PID} \cdot \underline{F}_{T1} = K_P \cdot \frac{1 + \frac{1}{j \cdot \omega \cdot T_n} + j \cdot \omega \cdot T_v}{1 + j \cdot \omega \cdot T_1}$$

Die etwas aufwendige Zerlegung in Real- und Imaginärteil soll hier nicht gezeigt werden. Sie ergibt:

$$\mathrm{Re}(\underline{F}_{ges}) = K_P \cdot \frac{T_n - T_1 + \omega^2 \cdot T_n \cdot T_v \cdot T_1}{T_n \cdot \left[1 + (\omega \cdot T_1)^2\right]}$$

$$\mathrm{Im}(\underline{F}_{ges}) = -K_P \cdot \frac{1 - \omega^2 \cdot T_n \cdot (T_v - T_1)}{\omega \cdot T_n \cdot \left[1 + (\omega \cdot T_1)^2\right]}$$

Es werden drei Frequenzen betrachtet:

1. $\omega = 0 \Longrightarrow \mathrm{Re} = K_P \cdot \left(\frac{T_n - T_1}{T_n}\right)$

$$\mathrm{Re} = K_P \cdot \left(1 - \frac{T_1}{T_n}\right)$$

$$\mathrm{Im} = -K_P \cdot \frac{1}{0} = -\infty$$

Bild 5.59 PID-T_1-Schaltung: Ortskurve

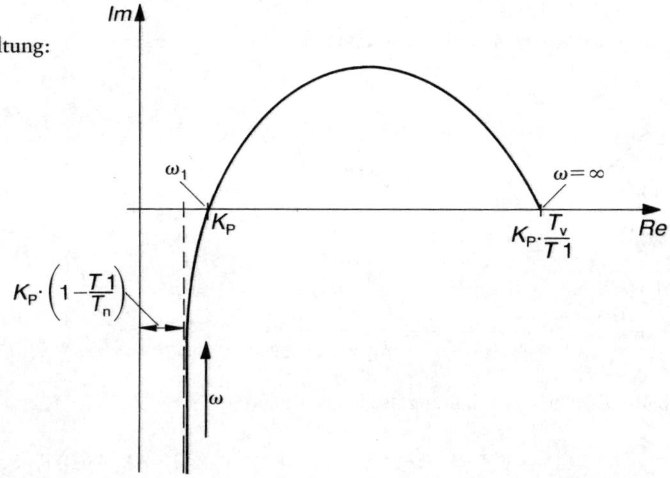

2. $\omega_1 = \dfrac{1}{\sqrt{T_n \cdot (T_v - T_1)}} \Longrightarrow \text{Re} = K_P; \quad \text{Im} = 0$

3. $\omega = \infty \Longrightarrow \text{Re} = K_P \cdot \dfrac{T_v}{T_1}; \quad \text{Im} = 0$ (Bild 5.59)

5.3.2.3 Bode-Diagramm

Das Bode-Diagramm wird durch Addition der Kurven von PID- und T_1-Glied konstruiert. Dazu wird das Diagramm des PID-Gliedes vom Berechnungsbeispiel aus Abschnitt 5.2.3.3 benutzt. Die Zeitkonstante des T_1-Gliedes sei $T_1 = 0{,}015\,\text{s}$ (Bild 5.60). Dann ist $T_v/T_1 \approx 6{,}67$ und damit in der geforderten Größenordnung.

Die Eckfrequenzen haben folgende Werte:

$$\omega_{EI} = \frac{1}{T_n} = 1\,\text{s}^{-1}; \; \omega_{ED} = \frac{1}{T_v} = 10\,\text{s}^{-1}; \; \omega_{ET1} = \frac{1}{T_1} = 66{,}7\,\text{s}^{-1}$$

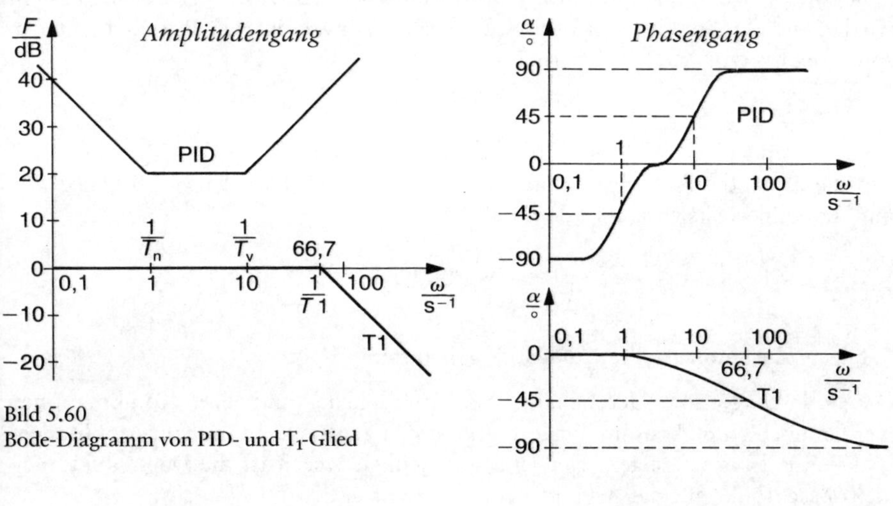

Bild 5.60
Bode-Diagramm von PID- und T_1-Glied

Die Addition von beiden Kurven ergibt Bild 5.61:

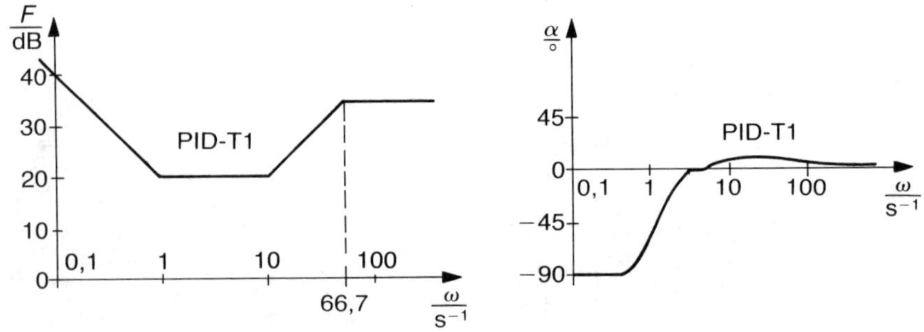

Bild 5.61 PID-T_1-Schaltung: Bode-Diagramm

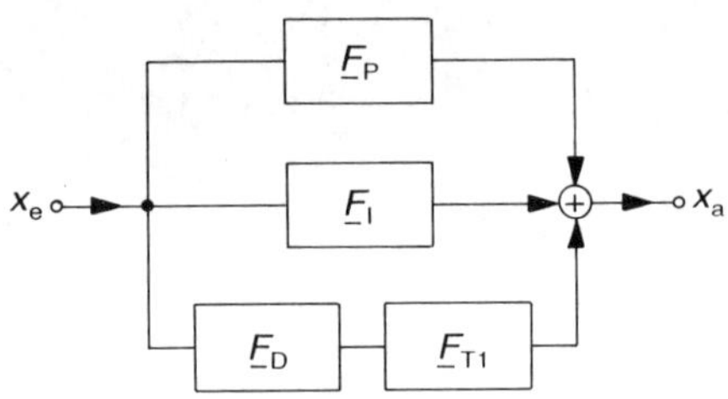

Bild 5.62 PI(D-T_1)-Schaltung

5.3.3 PI(D-T_1)-Schaltung

Zum Anfangswert des I-Anteils beachten Sie die Bemerkung in Abschnitt 5.2.1.2. Ein PID-Glied ist genaugenommen eigentlich immer ein PI(D-T_1)-Glied, da ein D-Glied nur mit Verzögerung realisiert werden kann (Bild 5.62). Dagegen können P- und I-Glieder mit Operationsverstärkern nahezu verzögerungsfrei aufgebaut werden.

Bei dieser Schaltung soll nur die Sprungantwort betrachtet werden. Sie besteht wieder aus der Summe von drei Anteilen: den unverzögerten P- und I-Anteilen sowie dem verzögerten D-Anteil:

$$x_a = K_P \cdot \hat{x}_e \cdot \left(1 + \frac{t}{T_n} + \frac{T_v}{T_1} \cdot e^{-\frac{t}{T_1}}\right)$$

Um die Höhe des Anfangsimpulses zu bestimmen, wird wieder $t = 0$ gesetzt. Es muß dabei berücksichtigt werden, daß $e^0 = 1$:

$$x_a(t{=}0) = K_P \cdot \hat{x}_e \cdot \left(1 + \frac{T_v}{T_1}\right) \text{ (Bild 5.63)}$$

5.3.4 Zusammenstellung der Bode-Diagramme

Die Bode-Diagramme der behandelten Grundglieder und ihrer Kombinationen werden noch einmal zusammengestellt, um den Zusammenhang von Amplituden- und Phasengang zu zeigen. Der Übersichtlichkeit wegen ist die Darstellung meistens beschränkt auf die Asymptoten.

Bild 5.63
PI(D-T_1)-Schaltung:
Sprungantwort

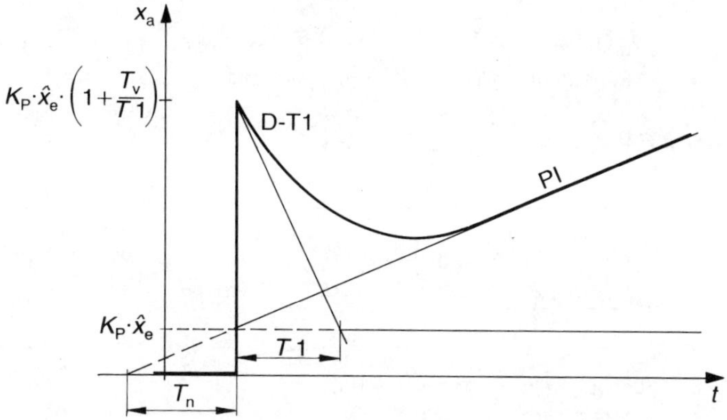

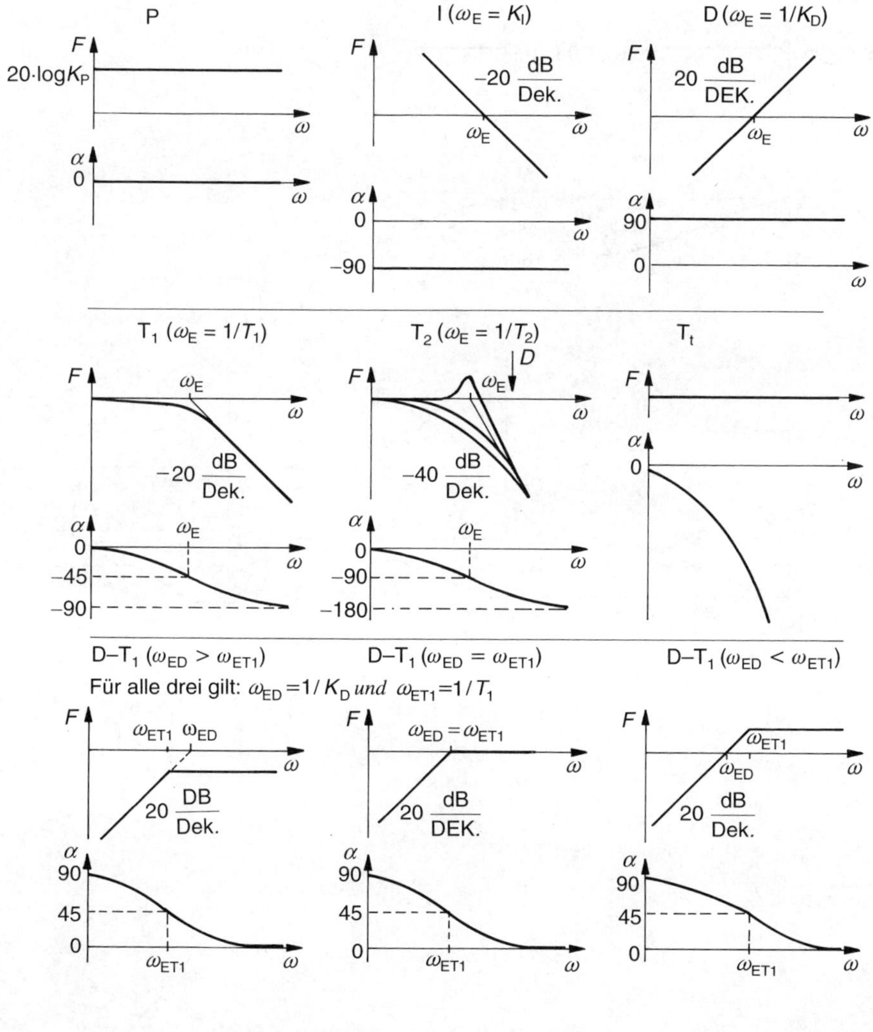

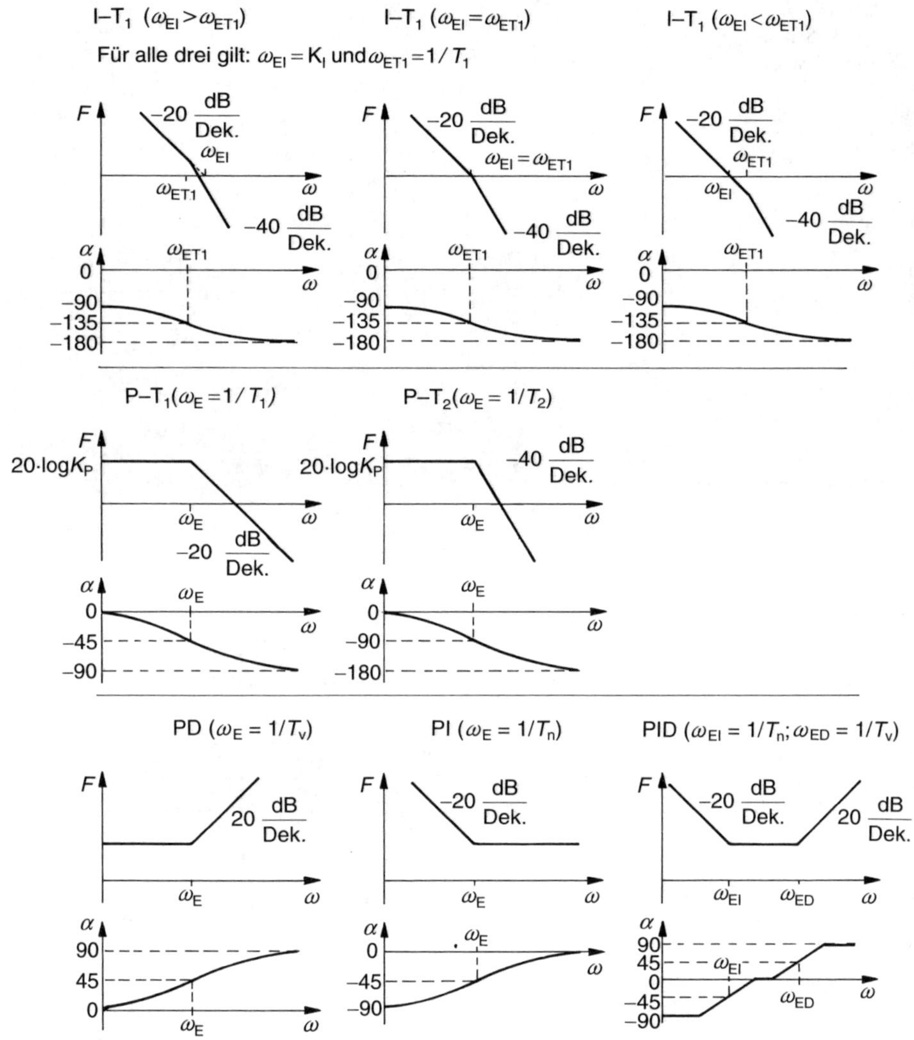
I–T1 (ωEI > ωET1)
I–T1 (ωEI = ωET1)
I–T1 (ωEI < ωET1)
Für alle drei gilt: ωEI = KI und ωET1 = 1 / T1
F
–20 dB/Dek.
ωEI
ωET1
ω
–40 dB/Dek.
ωEI = ωET1
α
0
–90
–135
–180
P–T1(ωE = 1 / T1)
P–T2(ωE = 1/T2)
20·logKP
ωE
–20 dB/Dek.
–40 dB/Dek.
–45
PD (ωE = 1/Tv)
PI (ωE = 1/Tn)
PID (ωEI = 1/Tn; ωED = 1/Tv)
20 dB/Dek.
90
45
ωED

Übung 21

Ein Übertragungsglied hat nebenstehendes Bode-Diagramm.

- ☐ Welches Verhalten hat das Übertragungsglied?
- ☐ Bestimmen Sie aus dem Diagramm seine charakteristischen Parameter!

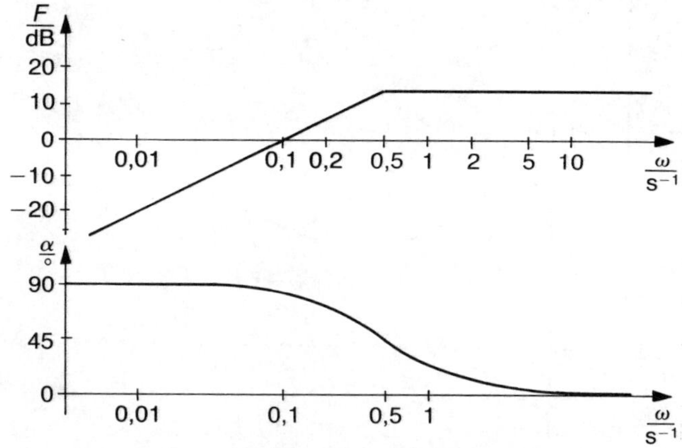

Bild Übung 21

Übung 22

Ein Übertragungsglied hat nebenstehendes Bode-Diagramm.

- ☐ Welches Verhalten hat das Übertragungsglied?
- ☐ Bestimmen Sie aus dem Diagramm seine charakteristischen Parameter!

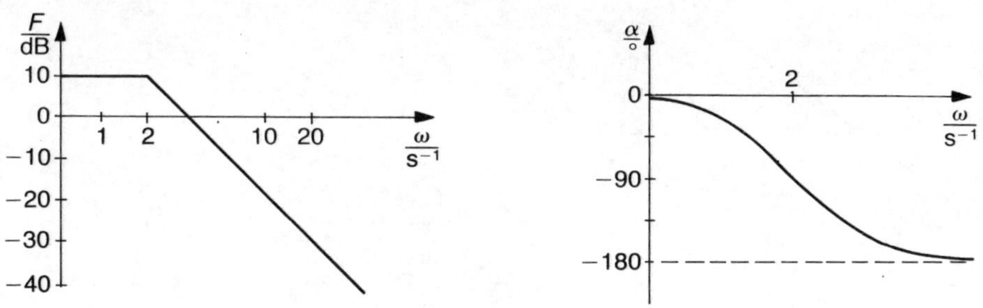

Bild Übung 22

Übung 23

Zeichnen Sie das Bode-Diagramm für ein P-Glied mit $K_P = 4$ und ein T_1-Glied mit $T_1 = 20\,\text{ms}$!

Ermitteln Sie daraus das Bode-Diagramm, das sich ergibt, wenn beide Glieder in Reihe geschaltet werden!

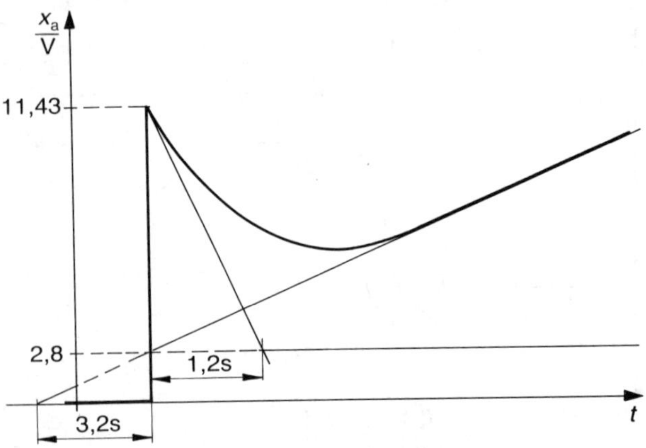

Übung 24

Dargestellt ist die Sprungantwort eines Regelkreisgliedes. Die Eingangsgröße beträgt $\hat{x}_e = 2\,V$.

- ☐ Welches Verhalten hat das Glied?
- ☐ Bestimmen Sie die Parameter!

Bild Übung 24

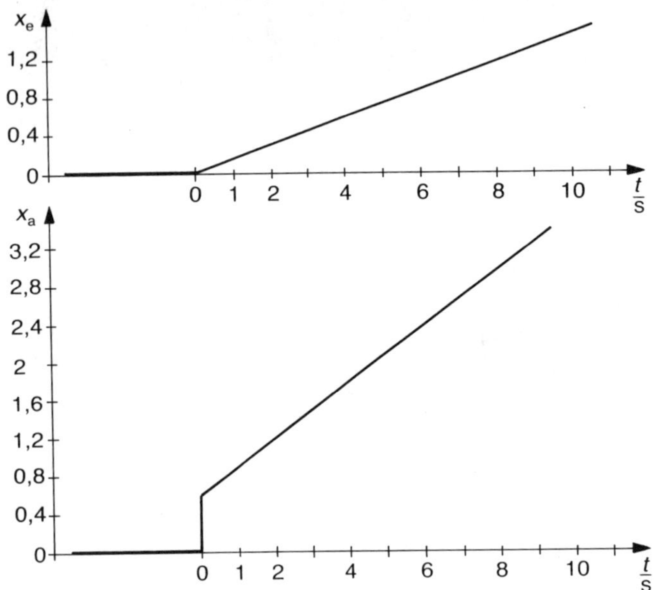

Übung 25

Ein Übertragungsglied zeigt bei rampenförmiger Eingangsgröße die nebenstehende Anstiegsantwort. Ermitteln Sie die Parameter des Gliedes, und zeichnen Sie seine Ortskurve und sein Bode-Diagramm!

Bild Übung 25

Übung 26

Ein Übertragungsglied zeigt bei sprungförmiger Anregung zur Zeit $t = 0$ mit $\hat{x}_e = 4$ die untenstehende Sprungantwort. Werten Sie die Sprungantwort aus, und zeichnen Sie Ortskurve und Bode-Diagramm des Gliedes!

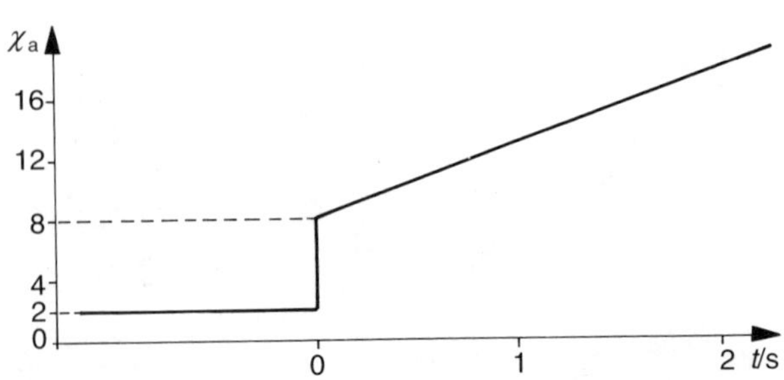

Bild Übung 26

6 Der Regelkreis

Nachdem jetzt die Grundglieder und verschiedene Kombinationen betrachtet wurden, wenden wir uns der eigentlichen Aufgabe des Regelungstechnikers zu. Sie besteht darin, für eine Strecke, die meistens fest vorgegeben sein wird, den Anforderungen gemäß einen passenden Regler auszuwählen und seine Parameter für optimales Regelverhalten einzustellen. Sowohl Regler- als auch Streckenverhalten lassen sich durch Kombinationen der besprochenen Grundglieder beschreiben.

Das Verhalten der vorgegebenen Strecke wird im allgemeinen empirisch ermittelt, indem z.B. ihre Sprungantwort aufgenommen wird mit Hilfe von Oszilloskop oder Linienschreiber (*x-t*-Schreiber). Mit dem Oszilloskop läßt sich auch der Frequenzgang und damit die Ortskurve oder das Bode-Diagramm ermitteln. Passend zur Strecke wird dann der Regler gewählt.

Wie schon am Anfang gesehen, bilden Regler und Strecke zusammen einen Regelkreis (Bild 6.1).

Der Regler erzeugt aus w und x das Stellsignal y, das über das Stellglied auf die Strecke wirkt. Außerdem wirken auf die Strecke aber auch noch Störgrößen z, die der Regler möglichst ausregeln soll. Eine schon erwähnte Störgröße ist z.B. ein Lastwechsel bei einer Motordrehzahlregelung.

Bevor das Regelverhalten von bestimmten Strecken mit verschiedenen Reglern betrachtet wird, sollen zuvor noch einige Begriffe angesprochen werden, die zur Beurteilung der Qualität von Regelungen nötig sind.

Die Anforderungen an einen Regler werden von Fall zu Fall verschieden sein. So kann z.B. ein Überschwingen der Regelgröße bei einer Temperaturregelung wegen schnellen Erreichens des gewünschten Endwertes durchaus sinnvoll sein, bei einer spanabhebenden Formung oder der Höhenregelung eines Flugzeuges im Landeanflug ist sie mit Sicherheit zu vermeiden.

Bild 6.1 Regelkreis

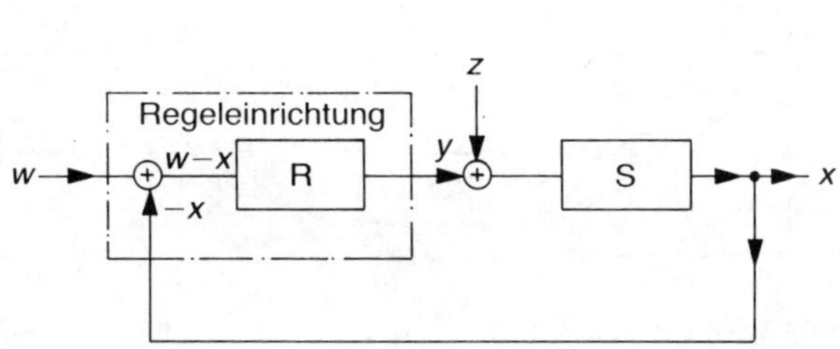

6.1 Aufgaben von Reglern

Grundsätzlich müssen von Reglern drei unterschiedliche Aufgaben bewältigt werden.

6.1.1 Anfahrverhalten

Die Regelgröße x soll beim Einschalten mehr oder weniger gedämpft ihren vorgegebenen Sollwert erreichen (Bild 6.2). Eventuell vorhandene Störgrößen werden bei dieser Betrachtung meistens vernachlässigt.

Das *Anfahren* ist besonders bei vorhandenen I-Anteilen im Regler problematisch. Beim Einschalten gibt es nämlich wegen noch fehlendem x eine große Regeldifferenz, die durch den I-Anteil bedingt die Stellgröße in den konstruktiv bedingten Anschlag laufen läßt. Erst wenn x über den Sollwert w übergeschwungen ist, kommt die Stellgröße wegen des dann umgekehrten Vorzeichens der Regeldifferenz wieder aus ihrer Sättigung.

Für das Anfahren von Regelkreisen mit I-Anteil im Regler gibt es verschiedene Möglichkeiten:

I. Sollwert nicht sprungförmig einschalten, sondern langsam von $w = 0$ beginnend hochfahren.

II. Bei PI- oder PID-Regelung anfangs nur den P-Anteil des Reglers wirken lassen, bis die Regelgröße x ungefähr gleich dem Sollwert w ist. Dann erst I- und D-Anteile zuschalten.

III. Regelkreis zwischen Regler und Strecke auftrennen. Von außen wird eine Stellgröße eingegeben, bis die Regelgröße x ungefähr den Sollwert w erreicht hat. Wenn die vom Regler gelieferte Ausgangsgröße gleich der von außen angelegten Stellgröße ist, kann der Regelkreis gefahrlos geschlossen werden.

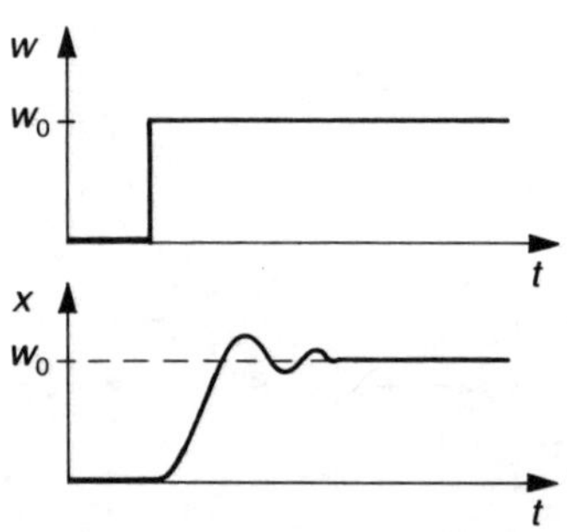

Bild 6.2 Anfahrverhalten

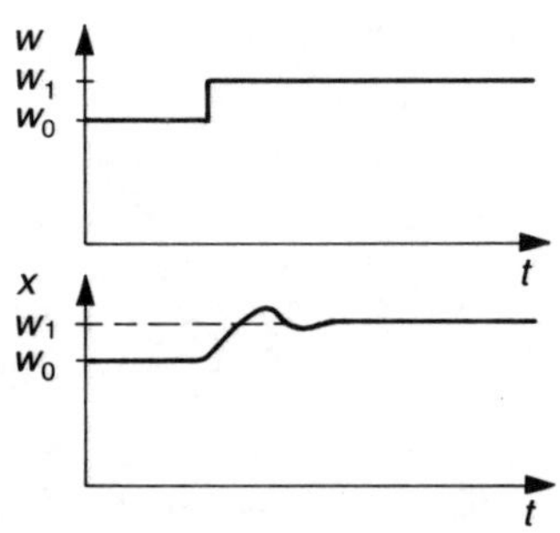

Bild 6.3 Führungsverhalten

6.1.2 Führungsverhalten

Änderungen des Sollwertes (der Führungsgröße) w soll die Regelgröße x möglichst schnell und ohne Regeldifferenz folgen (Bild 6.3). Auch bei dieser Betrachtung werden Störgrößen im allgemeinen vernachlässigt.

Natürlich sind diese Überlegungen rein theoretischer Natur, da Störgrößen in der Praxis immer auftreten werden und auch berücksichtigt werden müssen. Ohne diese Vereinfachung würden aber die Betrachtungen zu kompliziert. Die Auswirkung von Störungen kann getrennt untersucht werden.

6.1.3 Störverhalten

Bei auftretenden Störgrößen soll die Regelgröße möglichst schnell und fehlerlos wieder den Wert annehmen, den sie vor dem Auftreten der Störung hatte (Bild 6.4). Um die Untersuchung des Störverhaltens zu vereinfachen, wird hierbei die Führungsgröße w als konstant angesehen.

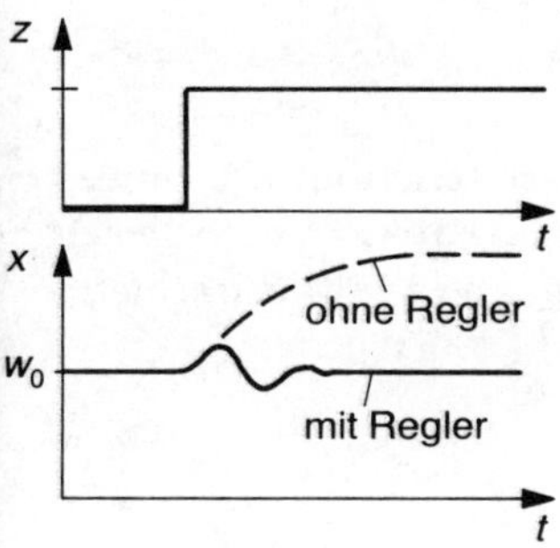

Bild 6.4 Störverhalten

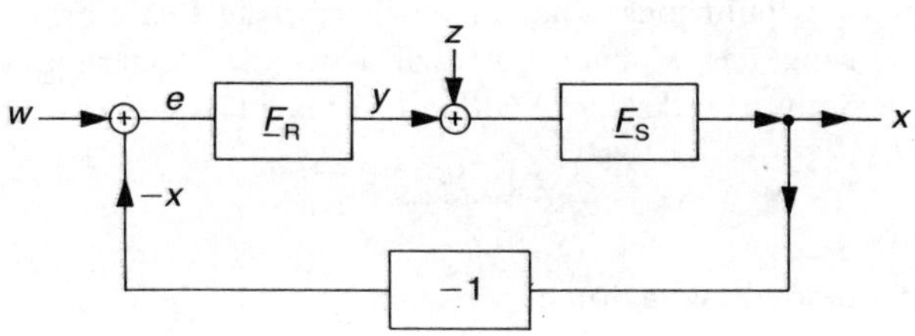

Bild 6.5 Regelkreis

6.2 Berechnung eines Regelkreises

Die Berechnung des Zeitverhaltens eines Regelkreises führt meistens zu komplizierten Rechnungen. Aber die Berechnung mit Hilfe der Übertragungsfunktionen bietet für viele Systeme keine Probleme und soll hier zuerst allgemein und anschließend an mehreren Beispielen gezeigt werden.

Regler und Strecke werden durch ihre Übertragungsfunktionen $\underline{F}_R$ und $\underline{F}_S$ beschrieben. Die Vorzeichenumkehr im Rückkopplungszweig wird durch einen invertierenden Block berücksichtigt. Bild 6.5 zeigt einen solchen Regelkreis. Die Regelgröße x als Ausgangsgröße der Strecke kann berechnet werden mit

$$x = \underline{F}_S \cdot (y + z).$$

Die Stellgröße y ist die Ausgangsgröße des Reglers:

$y = \underline{F}_R \cdot e$ oder mit $e = w - x$

$y = \underline{F}_R \cdot (w - x)$; dies wird in die obige Beziehung eingesetzt:

$x = \underline{F}_S \cdot [\underline{F}_R \cdot (w - x) + z]$; nach Ausmultiplizieren der Klammern wird daraus:

$x = \underline{F}_R \cdot \underline{F}_S \cdot w - \underline{F}_R \cdot \underline{F}_S \cdot x + \underline{F}_S \cdot z$ oder nach Umstellung:

$x + \underline{F}_R \cdot \underline{F}_S \cdot x = \underline{F}_R \cdot \underline{F}_S \cdot w + \underline{F}_S \cdot z$; Ausklammern von x auf der linken Seite:

$x \cdot (1 + \underline{F}_R \cdot \underline{F}_S) = \underline{F}_R \cdot \underline{F}_S \cdot w + \underline{F}_S \cdot z$; nach x aufgelöst ergibt dies:

$$x = \frac{\underline{F}_R \cdot \underline{F}_S}{1 + \underline{F}_R \cdot \underline{F}_S} \cdot w + \frac{\underline{F}_S}{1 + \underline{F}_R \cdot \underline{F}_S} \cdot z$$

Es lassen sich die beiden durch w und z bedingten Anteile sehr gut erkennen. Damit kann das Führungs- bzw. das Störverhalten berechnet werden.

6.2.1 Führungsverhalten

Das Führungsverhalten beschreibt die Reaktion des Regelkreises auf eine Änderung des Sollwertes. Dazu wird die Änderung der Regelgröße Δx bei einer Sollwertänderung Δw unter Vernachlässigung von Störungen ($z = 0$) betrachtet:

$$\Delta x = \frac{\underline{F}_R \cdot \underline{F}_S}{1 + \underline{F}_R \cdot \underline{F}_S} \cdot \Delta w$$

bzw. als Verhältnis:

$$\underline{F}_w = \frac{\Delta x}{\Delta w} = \frac{\underline{F}_R \cdot \underline{F}_S}{1 + \underline{F}_R \cdot \underline{F}_S}$$

6.2.2 Störverhalten

Dabei wird die Änderung der Regelgröße Δx berechnet, die eine Änderung der Störgröße Δz verursacht:

$$\Delta x = \frac{\underline{F}_R \cdot \underline{F}_S}{1 + \underline{F}_R \cdot \underline{F}_S} \cdot \Delta w + \frac{\underline{F}_S}{1 + \underline{F}_R \cdot \underline{F}_S} \cdot \Delta z;$$

da w konstant gehalten wird, ist $\Delta w = 0$, und es wird:

$$\Delta x = \frac{\underline{F}_S}{1 + \underline{F}_R \cdot \underline{F}_S} \cdot \Delta z \qquad \text{bzw. } \underline{F}_z = \frac{\Delta x}{\Delta z} = \frac{\underline{F}_S}{1 + \underline{F}_R \cdot \underline{F}_S}$$

6.2.3 Bleibende Regeldifferenz

Mit diesen Beziehungen kann auch die bleibende Regeldifferenz e_b ermittelt werden, die sich immer dann ergibt, wenn weder Regler noch Strecke einen I-Anteil aufweisen. Der Regler habe den Proportionalitätsfaktor K_R, die Strecke K_S. Diese Faktoren werden auch die Verstärkung des Reglers bzw. der Strecke genannt.

Eventuell vorhandene Verzögerungsanteile bei Regler oder Strecke spielen bei dieser Betrachtung keine Rolle, da die bleibende Regeldifferenz sich erst im eingeschwungenen Zustand, also nach Abklingen aller Schwingungen, einstellt. Dieser Zustand läßt sich mathematisch so formulieren, daß die Frequenz in den Übertragungsfunktionen $\underline{F}_R$ bzw. $\underline{F}_S$ Null gesetzt wird ($\omega = 0$). Dadurch brauchen die verzögernden Anteile, deren Übertragungsfunktionen immer frequenzabhängig sind, nicht berücksichtigt zu werden, und es läßt sich die bleibende Regeldifferenz berechnen:

$$e_b = w - x = w - \left(\frac{K_R \cdot K_S}{1 + K_R \cdot K_S} \cdot w + \frac{K_S}{1 + K_R \cdot K_S} \cdot z \right)$$

Nach Erweitern von w mit $(1 + K_R \cdot K_S)$ und Umformen erhält man:

$$e_b = \frac{1}{1 + K_R \cdot K_S} \cdot w - \frac{K_S}{1 + K_R \cdot K_S} \cdot z$$

Zu erkennen ist, daß auch dann eine bleibende Regeldifferenz vorhanden ist, wenn keine Störung eingreift:

$$z = 0 \Longrightarrow e_b = \frac{1}{1 + K_R \cdot K_S} \cdot w$$

Diese bleibende Regeldifferenz ist charakteristisch für P-Regler, sofern sie nicht mit I-Anteil kombiniert werden.

Der Faktor vor w wird *Regelfaktor R* genannt:

$$R = \frac{1}{1 + K_R \cdot K_S}$$

Je kleiner dieser Regelfaktor, desto kleiner wird auch die unerwünschte bleibende Regeldifferenz. Deshalb ist es wünschenswert, diesen Regelfaktor möglichst klein zu machen, im Idealfall wäre er Null. Da die Streckenverstärkung im allgemeinen nicht verändert werden kann, ließe sich eine Verkleinerung des Regelfaktors realisieren, indem die Verstärkung des Reglers K_R sehr groß gewählt wird, im Idealfall Unendlich. Es wird aber noch gezeigt werden, daß eine beliebige Vergrößerung von K_R Stabilitätsprobleme verursachen kann.

Aus dem Störverhalten läßt sich erkennen, daß eine Störgrößenänderung Δz sich ohne Regler (also $K_R = 0$) mit K_S verstärkt auf x auswirkt:

$$\Delta x = K_S \cdot \Delta z \quad \textit{ohne Regler}$$

Durch die Regelung wird der Störeinfluß um den Faktor R verringert, den Regelfaktor:

$$\Delta x = \frac{K_S}{1 + K_R \cdot K_S} \cdot \Delta z = R \cdot K_S \cdot \Delta z \textit{ mit Regler}$$

Auch hier spielt wieder der Regelfaktor R eine wichtige Rolle. Wäre er, wie schon bei der Betrachtung der bleibenden Regeldifferenz gewünscht, Null, so würde sich eine Störgrößenänderung gar nicht auf die Regelgröße auswirken.

Auf diese Berechnungen wird an späterer Stelle noch genauer eingegangen.

6.3 Schwingungen im Regelkreis

Schon wiederholt war von der Dämpfung eines Regelgliedes die Rede. Behandelt wurde der Begriff beim T_2-Glied (Dämpfungsgrad D). Die Auswirkungen auf den Regelkreis sollen jetzt genauer betrachtet werden. Dafür wird der Regelkreis aufgetrennt, ein Verfahren, das zur Untersuchung von Regelkreisen öfter angewendet wird. Der offene Regelkreis wird von einem Sinusgenerator mit variabler Frequenz angeregt. Das Ausgangssignal $-x_a$ wird wieder eine Sinusschwingung sein (Bild 6.6). Sie wird gemessen und mit der Eingangsgröße x_e verglichen (Oszilloskop). Dieser Vergleich wird bezüglich Amplitude und Phasenlage durchgeführt.

Wenn bei einer bestimmten Frequenz f_o die beiden Amplituden $\hat{x}_e$ und $\hat{x}_a$ gleich groß sind, so gilt für diese Frequenz, daß die Kreisverstärkung $V_o = 1$. Die Kreisverstärkung V_o ist die Gesamtverstärkung, die sich durch die Reihenschaltung von Regler und Strecke ergibt. Sie wird, wie bei den Reihenschaltungen von Übertragungsgliedern gesehen, durch Multiplikation der frequenzabhängigen Beträge der Übertragungsfunktionen von Regler F_R und Strecke F_S gebildet:

$$V_o = \frac{\hat{x}_a}{\hat{x}_e} = F_R \cdot F_S \Longrightarrow \text{wenn } \hat{x}_e = \hat{x}_a \Longrightarrow V_o = 1$$

Wenn bei der gleichen Frequenz f_o auch noch der Phasenwinkel zwischen Ausgangsgröße $-x_a$ und Eingangsgröße x_e genau 0°, 360° oder ein ganzzahliges Vielfaches davon beträgt, so kann x_e durch $-x_a$ ersetzt werden. Beide Größen sind

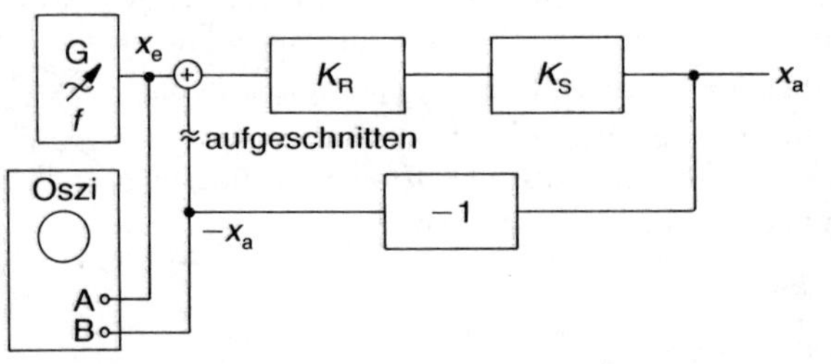

Bild 6.6 Offener Regelkreis

dann nämlich völlig identisch. Dies bedeutet, daß nach Schließen des Kreises der Generator abgeklemmt werden kann. Dann wird der geschlossene Kreis mit seiner Eigenfrequenz f_o ungedämpft, also mit konstanter Amplitude weiterschwingen, er erregt sich selbst. Das ist das bekannte Grundprinzip von Oszillatoren. Voraussetzung ist die *gleichzeitige* Erfüllung
der *Amplitudenbedingung*:

$$\hat{x}_a = \hat{x}_e \text{ bzw. } V_o = 1$$

und der *Phasenbedingung*:

$$\alpha = 0°, 360°, 2 \cdot 360°, \ldots$$
allgemein: $\alpha = n \cdot 360°$, mit $n = 0, 1, 2, 3, \ldots$

oder als Winkel im Bogenmaß:

$$\alpha = n \cdot 2 \cdot \pi, \text{ mit } n = 0, 1, 2, 3, \ldots$$

Wenn bei erfüllter Phasenbedingung $\hat{x}_a < \hat{x}_e$, so werden die Schwingungen abklingen. Ist dagegen $\hat{x}_a > \hat{x}_e$, gibt es aufklingende Schwingungen.

Für den Regelkreis kann daraus gefolgert werden, daß der Kreis nicht oder höchstens gedämpft schwingen wird, wenn

1. zwar $V_o \geq 1$, aber bei dieser Frequenz $\alpha \neq n \cdot 2 \cdot \pi$,
2. zwar $\alpha = n \cdot 2 \cdot \pi$, aber bei dieser Frequenz $V_o < 1$.

Jede sprungförmige Spannungsänderung wirkt theoretisch wie ein Sinusgenerator mit unendlicher Bandbreite. Denn jeder Sprung läßt sich wie viele andere nichtsinusförmige Spannungsformen als Summe von unendlich vielen Sinusschwingungen mit unterschiedlichen Frequenzen deuten.

Für mathematisch Interessierte sei zu diesem Thema auf die Fourier-Analyse verwiesen, die hier aber nicht behandelt werden soll.

Unter diesen unendlich vielen Frequenzen befindet sich natürlich auch die Eigenfrequenz f_o des Regelkreises. Ob das System in Schwingungen gerät, hängt davon ab, ob für diese Frequenz die beiden Schwingungsbedingungen erfüllt sind. Die Beantwortung dieser Frage ist eine der wichtigsten Aufgaben der Regelungstechnik.

6.4 Stabilität

Selbstverständlich ist ein Regler, der das System in Dauerschwingungen versetzt, für eine Regelung unbrauchbar. Die Regelgröße darf höchstens Schwingungen mit abklingender Amplitude ausführen und muß nach Beendigung des Einschwingvorganges einen festen Wert erreichen und diesen beibehalten, bis eine Änderung der Führungsgröße oder eine Störung eintritt. Ein solches System heißt *stabil*. Ein System, das Dauerschwingungen ausführt, befindet sich an der *Stabilitätsgrenze*. Ein System mit aufklingenden Schwingungen ist dagegen *instabil*.

Zweck der Stabilitätsbetrachtung ist es, für eine gegebene Regelstrecke die am besten geeignete Regeleinrichtung auszuwählen und bei eventuell auftretender Instabilität zu erkennen, welche Kenngrößen des Reglers geändert werden müssen, um für stabile Verhältnisse zu sorgen.

Es sind eine Reihe von Verfahren zur Untersuchung der Stabilität bekannt, die aber meist nur mit Kenntnissen höherer Mathematik durchgeführt werden können. Es sollen hier zwei sehr anschauliche Stabilitätskriterien vorgestellt werden, die die Stabilität anhand von Ortskurven bzw. Bode-Diagrammen überprüfen. Der Vorteil dieser beiden Kriterien liegt außer im Verzicht auf höhere Mathematik für den Praktiker darin, daß sowohl Ortskurve als auch Bode-Diagramm meßtechnisch ermittelt werden können.

6.4.1 Stabilitätskriterium mit Ortskurve (Nyquist-Kriterium)

Zuerst wird die Ortskurve für die Übertragungsfunktion des offenen Regelkreises gezeichnet:

$$\underline{F}_\mathrm{o} = -\underline{F}_\mathrm{R} \cdot \underline{F}_\mathrm{S}.$$

Das Minuszeichen berücksichtigt die Vorzeichenumkehr im Rückkopplungszweig.

Um das Verständnis des Stabilitätskriteriums zu erleichtern, wird noch einmal die Konstruktion von Ortskurven betrachtet. Der Zeiger der Eingangsgröße x_e wird in die positiv reelle Achse der Gaußschen Zahlenebene gelegt. Als Ortskurve werden jetzt die Zeigerspitzen der Ausgangsgröße $-x_\mathrm{a}$ (Minuszeichen wegen Vorzeichenumkehr) beim Durchlaufen des Frequenzbereichs miteinander verbunden.

Bei erfüllter Phasenbedingung besteht zwischen x_e und $-x_\mathrm{a}$ ein Phasenwinkel von 0° bzw. n · 360°. Dies bedeutet, daß nur Zeiger diese Bedingung erfüllen, die auf der positiv reellen Achse liegen.

Trägt man, wie üblich, als Ortskurve nicht $-x_\mathrm{a}$, sondern das Verhältnis

$$-\frac{x_\mathrm{a}}{x_\mathrm{e}}$$

auf, so ist +1 auf der positiv reellen Achse der *kritische Punkt*, der über die Stabilität Auskunft gibt. Auf der positiv reellen Achse besteht nämlich zwischen $-x_\mathrm{a}$ und x_e der Phasenwinkel $\alpha = \mathrm{n} \cdot 360° \mathrel{\hat{=}} \mathrm{n} \cdot 2 \cdot \pi$, so daß nur für einen Zeiger auf der positiv reellen Achse die Phasenbedingung erfüllt ist. Gilt für diesen Zeiger auch noch

$$\left| -\frac{x_\mathrm{a}}{x_\mathrm{e}} \right| = 1,$$

so ist auch die zweite Bedingung für Dauerschwingungen, die Amplitudenbedingung, erfüllt. Dann ist nämlich $\hat{x}_\mathrm{a} = \hat{x}_\mathrm{e}$. Ein solches System befindet sich an der Stabilitätsgrenze.

Ist im Schnittpunkt der Ortskurve mit der positiv reellen Achse der Betrag kleiner als 1, so ist das System stabil und geht nach dem Einschwingvorgang in einen Beharrungszustand über, das heißt, die Regelgröße strebt einem Endwert zu.

Ist dagegen der Betrag größer als 1, so führt das System aufklingende Schwingungen aus – es ist instabil.

Für die Stabilitätsuntersuchung braucht also nur der Schnittpunkt der Ortskurve mit der positiv reellen Achse betrachtet zu werden.

In manchen Fällen ist es einfacher, anstelle der Ortskurve für $\underline{F}_o = -\underline{F}_R \cdot \underline{F}_S$ die für $-\underline{F}_o = \underline{F}_R \cdot \underline{F}_S$ zu ermitteln. Dann allerdings ist wegen der Vorzeichenumkehr der Punkt -1 auf der negativ reellen Achse der kritische Punkt, der Auskunft über Stabilität gibt. Ist der offene Kreis stabil, dann gilt das in den meisten Fällen auch für den geschlossenen.

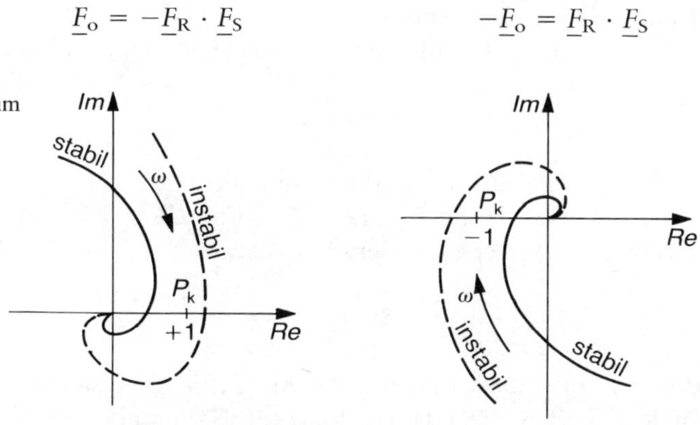

Bild 6.7 Nyquist-Kriterium

Als Beispiele für das Nyquist-Kriterium sind die Ortskurven von stabilen und instabilen Systemen gezeichnet (Bild 6.7).

Bei Stabilität liegt der kritische Punkt immer links von der Ortskurve, wenn sie in Richtung zunehmender ω (von $0 \rightarrow \infty$) durchlaufen wird.

Das Nyquist-Kriterium wird später bei einigen Beispielen noch angewendet werden.

6.4.1.1 Stabilitätsgüte mit Ortskurve

Schneidet die $\underline{F}_o$-Ortskurve die positiv reelle Achse zwischen 0 und 1, ist der Regelkreis stabil. Diese Untersuchung alleine gibt aber noch keine Auskunft über die *Stabilitätsgüte*. Die auftretenden Schwingungen klingen um so schneller ab, je größer die Dämpfung des Systems ist. Die Dämpfung ist um so größer, je näher der Schnittpunkt von $\underline{F}_o$-Ortskurve und positiv reeller Achse am Punkt 0 liegt, die Nähe des Schnittpunktes am Punkt 1 weist dagegen auf eine kleine Dämpfung hin.

Ausreichende Stabilitätsgüte ist gegeben, wenn der Schnittpunkt bei 0,5 oder links davon liegt. Ein Maß für die Stabilitätsgüte ist der *Amplitudenrand* A_{Rd}, der als Kehrwert des Achsenabschnittes auf der positiv reellen Achse definiert ist.

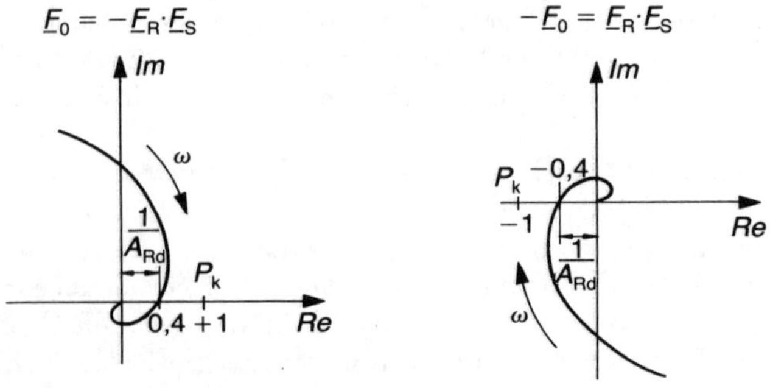

Bild 6.8 Amplitudenrand bei Ortskurven

Da der Betrag des Achsenabschnittes betrachtet wird, gilt auch bei Analyse der $-\underline{F}_o$-Ortskurve als Forderung für ausreichend gute Stabilität:

$$A_{Rd} \geq \frac{1}{0{,}5} \Longrightarrow A_{Rd} \geq 2$$

Bild 6.8 zeigt eine $\underline{F}_o$-Ortskurve mit dem Achsenabschnitt 0,4 auf der positiv reellen Achse (bzw. $-\underline{F}_o$-Ortskurve mit Achsenabschnitt $-0{,}4$ auf der negativ reellen Achse). Nach der Definition beträgt damit der Amplitudenrand

$$A_{Rd} = \frac{1}{0{,}4} = 2{,}5$$

Aus der Stabilitätsbedingung, daß bei $|\underline{F}_o| = 1$ der Phasenwinkel $\alpha \neq n \cdot 2 \cdot \pi$ sein muß, läßt sich ebenfalls ein Maß für die Stabilitätsgüte herleiten. Je näher der Phasenwinkel bei $|\underline{F}_o| = 1$ an $n \cdot 2 \cdot \pi$ liegt, desto kleiner ist die Dämpfung des Systems.

Der Punkt auf der Ortskurve mit $|\underline{F}_o| = 1$ läßt sich ermitteln, indem um den Ursprung des Koordinatensystems ein Kreis mit dem Radius 1 konstruiert wird (Bild 6.9).

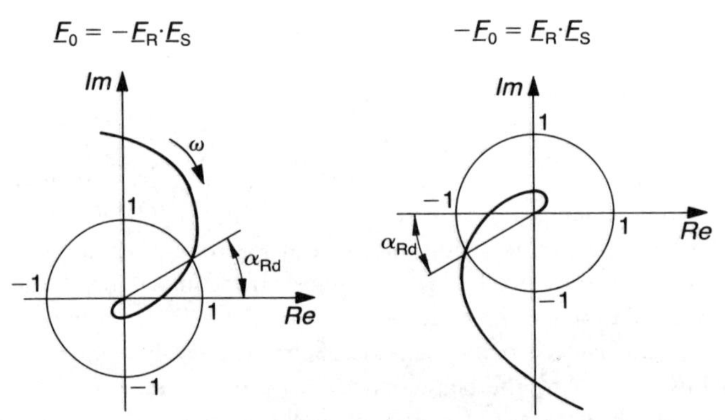

Bild 6.9 Phasenrand bei Ortskurven

Der Winkel zwischen reeller Achse und dem Zeiger mit $|\underline{F}_o| = 1$ ist als *Phasenrand* α_{Rd} definiert. Ausreichende Stabilitätsgüte ist gegeben, wenn gilt: $\alpha_{Rd} \geq 30°$.

6.4.2 Stabilitätskriterium mit Bode-Diagramm

Das besprochene Kriterium für die Ortskurve von $\underline{F}_o$ (bzw. $-\underline{F}_o$) läßt sich sehr anschaulich auf die logarithmischen Frequenzkennlinien übertragen. Hierfür wird der Frequenzgang des offenen Regelkreises ermittelt. Dies geht wegen der Reihenschaltung von Regler und Strecke sehr einfach durch Addition der beiden Einzelkurven von Regler und Strecke. Die Vorzeichenumkehr im Regelkreis wird dadurch berücksichtigt, daß im Phasengang der Reihenschaltung zu jedem Punkt jeweils 180° hinzuaddiert werden.

Der Schnittpunkt der Phasengangkurve mit $\alpha = 0°$ bzw. $n \cdot 360°$ gibt dann die kritische Frequenz an. Im Amplitudengang wird bei dieser Frequenz nachgesehen, ob $|\underline{F}_o|$ kleiner, größer oder gleich eins ist ($|\underline{F}_o| = 1 \triangleq 0$ dB!). Dann ist das System stabil, instabil oder an der Stabilitätsgrenze.

Die Betrachtung kann auch umgekehrt erfolgen. Dann muß bei $|\underline{F}_o| \geq 1 \triangleq 0$ dB der zugehörige Phasenwinkel ungleich Null (oder $n \cdot 360°$) sein, damit das System stabil ist.

Als Beispiel wird das Bode-Diagramm gezeigt für eine P-T_2-Strecke, die von einem I-Regler geregelt wird. Der Einfachheit halber beschränkt man sich auf den Verlauf der Asymptoten, die den Verlauf der Frequenzkennlinien mit genügender Genauigkeit angeben, und verzichtet auf die Abrundung der Kurven an den Knickstellen.

Gezeichnet ist in Bild 6.10 das Bode-Diagramm einer P-T_2-Strecke mit $K_S = 1 \triangleq 0$ dB. Sie wird von zwei unterschiedlichen I-Reglern geregelt ($K_{I2} > K_{I1}$). Aus dem Phasengang ergibt sich die kritische Frequenz zu $\omega = 1/T_2$. Für diese Frequenz ist der Phasenwinkel der Reihenschaltung von Regler und Strecke:
$\alpha_{ges} = \alpha_R + \alpha_S + 180° = 0°$, die Phasenbedingung ist also erfüllt.

Der Amplitudengang zeigt $|\underline{F}_o| = |-\underline{F}_R \cdot \underline{F}_S|$. Aus dem Amplitudengang ist zu sehen, daß das System mit dem Regler 1 stabil ist. Für dieses System ist $|\underline{F}_o|$ bei der kritischen Frequenz kleiner als 1 ($\triangleq$ 0 dB).

Für das System mit dem Regler 2 ist $|\underline{F}_o|$ bei der kritischen Frequenz größer als 1 ($\triangleq$ 0 dB). Dieses System wird demnach instabil sein. Diese Instabilität wird verursacht durch die zu groß gewählte Integrationskonstante K_{I2}. Auch darauf wird noch genauer eingegangen.

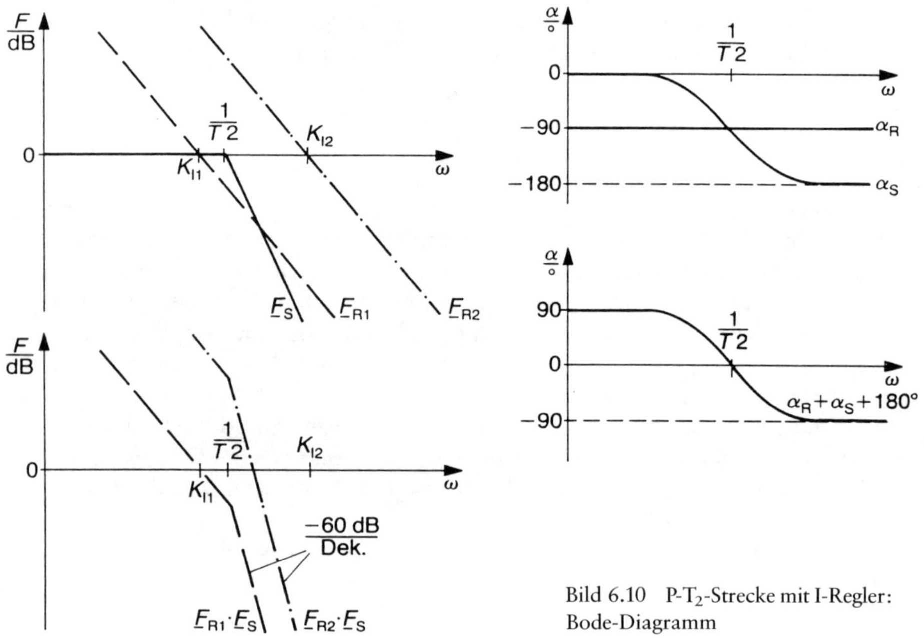

Bild 6.10 P-T_2-Strecke mit I-Regler: Bode-Diagramm

6.4.2.1 Stabilitätsgüte mit Bode-Diagramm

Die in Abschnitt 6.4.1.1 für die Ortskurvendarstellung erklärten Größen Amplituden- und Phasenrand können auch mit dem Bode-Diagramm des offenen Regelkreises ermittelt werden. Dieses Verfahren wird erklärt an dem Bode-Diagramm des in Abschnitt 6.4.2 betrachteten Regelkreises – eine P-T_2-Strecke, die von einem I-Regler stabil geregelt wird (siehe Bild 6.10 mit $\underline{F}_{R1}$).

Der Amplitudenrand kann aus dem Amplitudengang ermittelt werden. Bei der kritischen Frequenz ist der Abstand des Amplitudenganges von der 0dB-Linie dem Betrag nach gleich $20 \cdot \lg A_{Rd}$ (Bild 6.11). Daraus wird A_{Rd} wie folgt berechnet:

Aus dem Bode-Diagramm wird bei der kritischen Frequenz $\omega = 1/T_2$ abgelesen:

$$20 \cdot \log A_{Rd} = |-7{,}5| = 7{,}5$$

$$\log A_{Rd} = \frac{7{,}5}{20} = 0{,}375$$

$$A_{Rd} = 10^{0{,}375}$$

$$A_{Rd} \approx 2{,}37$$

Der Phasenrand wird bei der Frequenz ermittelt, bei der gilt: $|\underline{F}_o| = 1 \triangleq 0$ dB. Bei dieser Frequenz schneidet die Kurve des Amplitudenganges die 0-dB-Linie (Bild 6.12).

$$\alpha_{Rd} \approx 30°$$

Bild 6.11 Amplitudenrand beim Bode-Diagramm

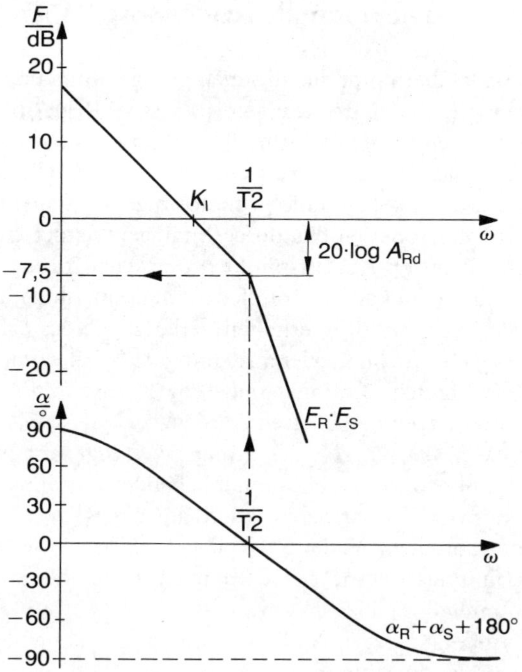

Bild 6.12 Phasenrand beim Bode-Diagramm

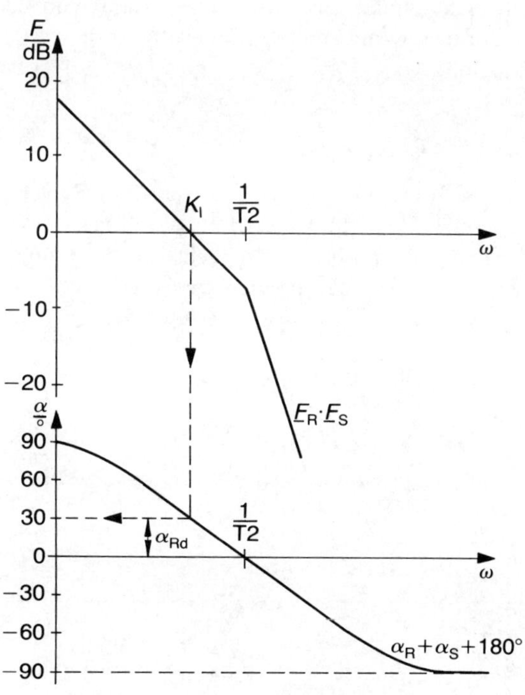

6.5 Die optimale Reglereinstellung

Gibt es überhaupt die allgemeingültige optimale Reglereinstellung? Es wäre schön, wenn zu jeder Strecke der passende Regler mit seiner optimalen Einstellung angegeben werden könnte. Das ist leider nicht möglich. Jeder Regelkreis hat seine individuellen Anforderungen. So weist zum Beispiel fast jeder andere Störungen auf. Es gibt solche mit sprungförmigem, rampenförmigem, periodischem, impulsförmigem oder völlig unregelmäßigem (stochastischem) Verlauf mit den unterschiedlichsten Angriffspunkten und Auswirkungen.

Außerdem kann es von Bedeutung sein, ob die Regelaufgabe ein gutes Führungs- oder ein gutes Störverhalten verlangt. Beides erfordert bei bestimmten Systemen unterschiedliche Reglereinstellungen. Wird vom Regelkreis gutes Führungs- *und* Störverhalten verlangt, muß ein Kompromiß zwischen den jeweils optimalen Einstellungen geschlossen werden.

Auch der Zweck der Anlage verlangt unterschiedliches Regelverhalten. Wie schon erwähnt, ist bei spanabhebender Formung jedes Überschwingen unzulässig. Die größere Ausregelzeit (wird im nächsten Abschnitt noch genau definiert) bei aperiodischem Verlauf wirkt sich dagegen nicht störend aus. Gleiches gilt bei Spannungsreglern, wo Überspannungen die angeschlossenen Geräte gefährden könnten.

Anders dagegen sind die Bedingungen bei einer Antriebsregelung. Hierbei steht meistens eine kurze Ausregelzeit im Vordergrund des Interesses, die Größe der Überschwingung ist erst in zweiter Linie von Bedeutung.

Voraussetzung einer Optimierung ist die Festlegung eines Gütekriteriums für die Regelung.

6.5.1 Regelgüte

Ein Maß für die Regelgüte ist die für P-Regler charakteristische bleibende Regeldifferenz. Sie soll möglichst klein, am besten Null sein. Eine bleibende Regeldifferenz ist jedoch nur bei anspruchsloser Regelung zulässig. Daher ist sie als Gütekriterium alleine meistens nicht geeignet.

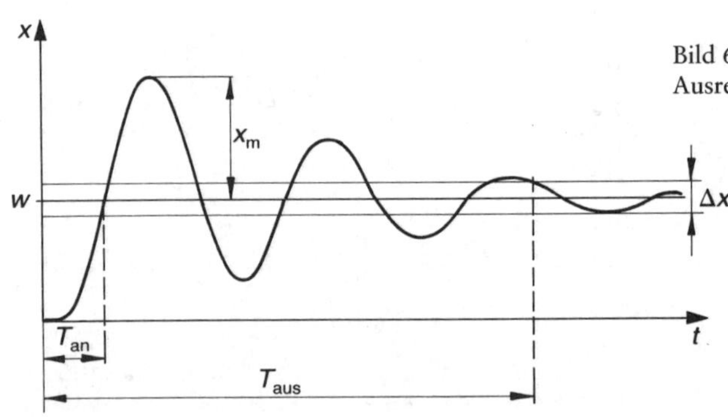

Bild 6.13 Überschwingweite, An- und Ausregelzeit

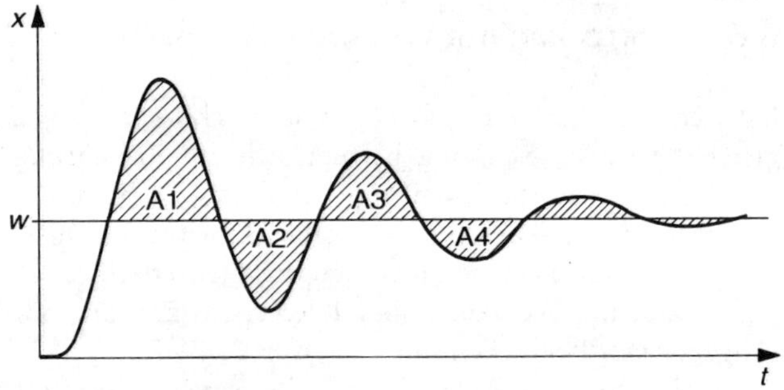

Bild 6.14 Kriterium der Betragsfläche

Weiter kann die Regelgüte beurteilt werden mit der *Überschwingweite* x_m sowie der *Anregelzeit* T_{an} und der *Ausregelzeit* T_{aus}. Diese Größen sind Bild 6.13 zu entnehmen. Es gilt für eine sprungförmige Änderung des Sollwertes. Die Definitionen gelten jedoch auch sinngemäß bei Störgrößenänderung.

Die Überschwingweite x_m ist die größte vorübergehende Abweichung der Regelgröße vom Sollwert während des Überganges von einem Beharrungszustand in einen neuen nach einer Änderung der Führungs- oder Störgröße.

Um An- und Ausregelzeit zu bestimmen, ist es erforderlich, festzulegen, wann der Regelvorgang als beendet anzusehen ist. Dazu wird ein Toleranzbereich Δx der Regelgröße festgelegt. Dieser Toleranzbereich wird meistens in Prozent vom Sollwerteinstellbereich angegeben.

Die Zeit, die nach einem Sprung vergeht, bis die Regelgröße x in diesen Toleranzbereich erstmalig eintritt, ist die Anregelzeit T_{an}.

Die Ausregelzeit T_{aus} endet, wenn x diesen Toleranzbereich bei seinen Schwingungen nicht mehr verläßt.

Eine gute Reglereinstellung zeichnet sich durch kurze An- und Ausregelzeit sowie kleine Überschwingweite aus. Oftmals bewirkt jedoch ein kleines x_m große T_{an} und T_{aus} und umgekehrt. Die zulässigen Werte sind je nach Anwendungsfall verschieden.

Neben diesen anschaulichen Kriterien für die Regelgüte gibt es mathematische Verfahren, die jedoch Kenntnisse der Integralrechnung voraussetzen. Sie basieren darauf, daß die Regelung optimal arbeitet, wenn bei der Sprungantwort die Flächen oberhalb und unterhalb des Sollwertes möglichst klein sind (Bild 6.14).

Die Flächen sind mit $A_1, A_2, A_3, \ldots$ bezeichnet, dann lautet das Kriterium für die Regelgüte:

$$|A_1| + |A_2| + |A_3| + \ldots = \text{Minimum}.$$

Dieses «Kriterium der Betragsfläche» führt zum besten Ergebnis bezüglich Überschwingweite, An- und Ausregelzeit, wenn für den Dämpfungsgrad des Systems gilt:

$$D = \frac{1}{\sqrt{2}};$$

dann ist $x_m = 4{,}3\,\% \cdot \Delta w$ bei Sollwertänderung um Δw
bzw. $x_m = 4{,}3\,\% \cdot \Delta z$ bei Störgrößenänderung um Δz.

6.6 Strecken mit und ohne Ausgleich

Bei Regelstrecken unterscheidet man solche *mit Ausgleich* und solche *ohne Ausgleich*. Diese Bezeichnung bezieht sich auf die Sprungantwort der betreffenden Regelstrecke. Bei Strecken mit Ausgleich strebt die Ausgangsgröße nach einer sprungförmigen Anregung an ihrem Eingang einem endlichen Wert zu. Dieser Ausgleich kann beliebig lange dauern, theoretisch bis zu einer Zeit $t = \infty$.

Strecken mit Ausgleich sind P-Regelstrecken mit oder ohne zeitliche Verzögerungen, auch P-Strecken mit Totzeit, z. B. P-, P-T_n-, P-T_t-Strecken.

Strecken ohne Ausgleich sind alle Strecken mit I-Anteil, z. B. I-, I-T_n-, I-T_t-Strecken.

Im folgenden Kapitel wird behandelt, wie für verschiedene Strecken der geeignete Regler gewählt wird.

7 Regelkreise mit stetigen Reglern

Zur Unterscheidung der Beiwerte von Regler und Strecke wird mit den Indizes R und S gearbeitet. So bedeutet K_R den Proportionalbeiwert des Reglers ($\triangleq K_P$) und K_S den der Strecke.

7.1 Strecken mit Ausgleich

7.1.1 Regelung einer P-Strecke

Die Betrachtung einer idealen P-Strecke ist eine rein theoretische Überlegung, da in der Praxis P-Strecken immer mit zeitlichen Verzögerungen auftreten. Weil die P-Strecke aber am einfachsten zu berechnen ist, sollen an ihr die mathematischen Gedankengänge zur Berechnung eines Regelkreises einmal exemplarisch aufgezeigt werden.

Angenähertes P-Verhalten zeigen z.B. Durchflußstrecken von Flüssigkeiten.

Theoretisch wäre ein P-Regler der geeignete für eine P-Strecke, da sowohl Regler als auch Strecke einen Phasenwinkel von 0° haben; somit hat das aus Regler und Strecke bestehende Gesamtsystem ebenfalls einen Phasenwinkel von 0°. Durch die Vorzeichenumkehr von x_a wird das Ausgangssignal um 180° phasenverschoben auf den Eingang rückgekoppelt. Dies bedeutet eine echte Gegenkopplung, so daß es mit der Stabilität keine Probleme gäbe.

Der Nachteil des P-Reglers liegt in der bleibenden Regeldifferenz. Sie wird mit größer werdendem K_R ($\triangleq$ Proportionalbeiwert des Reglers) zwar kleiner, aber in der Praxis wird das System wegen der immer vorhandenen Verzögerungen bei zu großen Werten von K_R instabil.

Keine Probleme mit der bleibenden Regeldifferenz gibt es, wenn der P-Regler mit einem I-Anteil zu einem PI-Regler kombiniert wird.

Da die P-Strecke sehr schnell reagiert, erübrigt sich ein zusätzlicher D-Anteil im Regler.

7.1.1.1 P-Strecke mit P-Regler

Das Führungs- und Störverhalten wurde schon allgemein betrachtet. Damit wird das Regelverhalten eines Systems berechnet, das aus P-Strecke und P-Regler besteht.

Berechnungsbeispiel
Das System besteht aus P-Strecke mit dem Proportionalbeiwert $K_S = 1$ und P-Regler mit dem Proportionalbeiwert $K_R = 9$. Zur Zeit t_0 wird das System mit dem Sollwert $w = 4$ angeregt. Zur Zeit t_1 ($t_1 > t_0$) wirke eine Störung mit $\Delta z = 1$.

Es sollen Führungs- und Störverhalten des Systems bestimmt und der Verlauf der Regelgröße gezeichnet werden.

Lösung: 1. Zuerst wirke keine Störung, also $z = 0$. Berechnen der Ausgangsgröße über das Führungsverhalten:

$$x = \frac{K_R \cdot K_S}{1 + K_R \cdot K_S} \cdot w \Longrightarrow x = \frac{9}{1+9} \cdot 4 = 3{,}6$$

Berechnen der bleibenden Regeldifferenz e_b:
$e_b = w - x = 4 - 3{,}6 = 0{,}4$

Der Istwert beträgt 3,6. Dies bedeutet eine bleibende Regeldifferenz von 0,4.

2. Zur Zeit t_1 wirke eine Störung mit $z = 1$:
   a) Ohne Regler würde sie eine Änderung der Ausgangsgröße bewirken von
   $\Delta x = K_S \cdot \Delta z = 1.$

   b) Mit Regler berechnet sich die störungsbedingte Ausgangsgrößenänderung wie folgt:

$$\Delta x = \frac{K_S}{1 + K_R \cdot K_S} \cdot \Delta z = \frac{1}{1+9} \cdot 1 = 0{,}1$$

Daraus ist zu erkennen, daß der Einfluß der Störgröße auf die Regelgröße bei Einsatz des Reglers nur noch $R = 1/10$mal so groß ist wie ohne Regler:

$$\Delta x_{\text{mit Regler}} = R \cdot \Delta x_{\text{ohne Regler}}$$

Ideal wäre demnach ein P-Regler mit $K_R = \infty$, da dann $R = 0$ und damit $e_b = 0$; auch Störungen würden völlig ausgeregelt. Allerdings neigt das System bei zu großem K_R zur Instabilität, da in der Praxis P-Strecken immer Verzögerungen aufweisen. Diese Zusammenhänge werden noch bei der Untersuchung von verzögerten P-Strecken (P-T_2-Strecken) behandelt werden.
Bild 7.1 zeigt den Verlauf der Regelgröße.

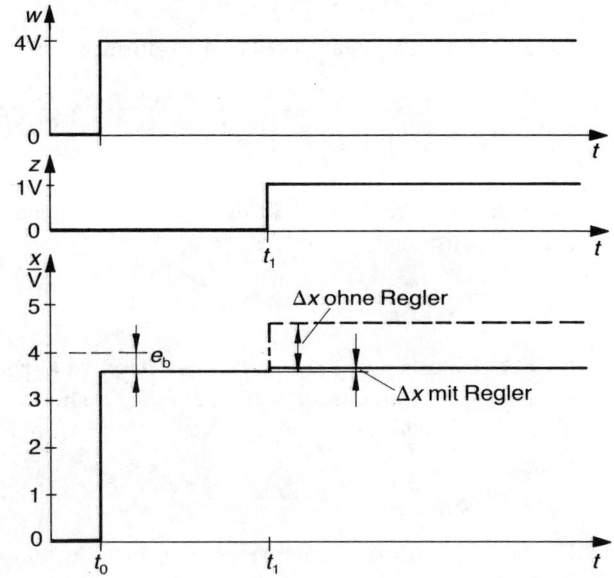

Bild 7.1 P-Strecke mit P-Regler: Führungs- und Störverhalten

Bild 7.2 $\underline{F}_0$-Ortskurve

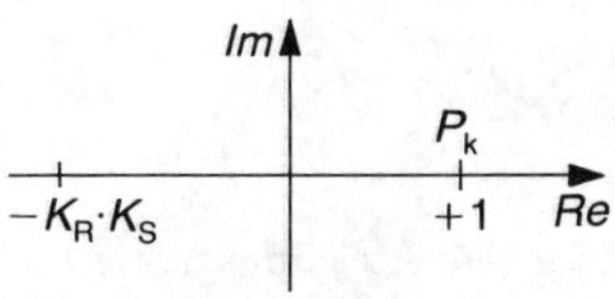

Stabilität

Die Stabilitätsbetrachtung anhand der $\underline{F}_0$-Ortskurve (Bild 7.2) ergibt, daß eine ideale P-Strecke mit einem idealen P-Regler immer ein stabiles Regelsystem bildet:

$$\underline{F}_0 = -\underline{F}_R \cdot \underline{F}_S = -K_R \cdot K_S$$

Auf die triviale Stabilitätsuntersuchung mit Hilfe des Bode-Diagramms wird verzichtet.

7.1.1.2 P-Strecke mit I-Regler

Durch das I-Verhalten des Reglers bedingt, läßt sich dieses System nicht so einfach berechnen wie das mit P-Regler im vorigen Kapitel. Es wird bei den Betrachtungen von den Übertragungsfunktionen ausgegangen:

$$\text{I-Regler: } \underline{F}_R = \frac{K_I}{j \cdot \omega}$$

$$\text{P-Strecke: } \underline{F}_S = K_S$$

Führungsverhalten

Mit diesen Übertragungsfunktionen kann das Führungsverhalten dieses Systems bestimmt werden:

$$\underline{F}_w = \frac{x}{w} = \frac{\underline{F}_R \cdot \underline{F}_S}{1 + \underline{F}_R \cdot \underline{F}_S} = \frac{\left(\frac{K_I}{j \cdot \omega}\right) \cdot K_S}{1 + \left[\left(\frac{K_I}{j \cdot \omega}\right) \cdot K_S\right]}$$

Beseitigen des Doppelbruches und Umformen liefert

$$\underline{F}_w = \frac{1}{1 + j \cdot \omega \cdot \left(\frac{1}{K_I \cdot K_S}\right)} \mathrel{\widehat{=}} \frac{1}{1 + j \cdot \omega \cdot T_1}$$

Als Führungsverhalten erhält man die Übertragungsfunktion eines T_1-Gliedes mit der Zeitkonstanten

$$T_1 = \frac{1}{K_I \cdot K_S}$$

Im Beharrungszustand ($\omega = 0$), also nach Abklingen des Einschwingvorganges, wird $\underline{F}_w = 1$ und damit $x = w$ oder $e_b = 0$. Dies bedeutet, daß der I-Regler keine bleibende Regeldifferenz zuläßt.

Störverhalten

Ein Störgrößensprung um Δz verursacht eine Änderung der Ausgangsgröße um $\Delta x = K_S \cdot \Delta z$. Diese Änderung erfolgt wegen des reinen P-Verhaltens der Strecke ohne zeitliche Verzögerung. Bei einer Vergrößerung von x um Δx wird die Regeldifferenz wegen $e = w - x$ sprungartig negativ. Die Regeldifferenz ist die Eingangsgröße des Reglers. Die Stellgröße als seine Ausgangsgröße wird dadurch zusehends kleiner. Dies wiederum führt zur Verkleinerung der Regelgröße x und damit ebenfalls zur Verkleinerung der Regeldifferenz, betragsmäßig gesehen. Die Änderung der Stellgröße wird dadurch langsamer. Dieses Zusammenspiel der Größen kommt erst wieder zur Ruhe, wenn die Regeldifferenz zu null geworden ist. Dadurch wird jede Störung vollständig ausgeregelt; es gibt also auch bei Störungen keine bleibende Regeldifferenz.

Der Nachteil des I-Reglers besteht darin, daß die Regelung relativ langsam ist, da die Sprungantworten des Systems exponentiellen Verlauf haben. Die Sprungantwort bei Störgrößensprung zeigt D-T_1-Verhalten, was sich durch Berechnen des Störverhaltens sehen läßt:

$$\underline{F}_z = \frac{x}{z} = \frac{\underline{F}_S}{1 + \underline{F}_R \cdot \underline{F}_S} = \frac{K_S}{1 + \left[\left(\frac{K_I}{j \cdot \omega}\right) \cdot K_S\right]}$$

Durch Erweitern mit $j \cdot \omega/(K_I \cdot K_S)$ und Umformen läßt sich das Störverhalten in folgender Form schreiben:

$$\underline{F}_z = \frac{j \cdot \omega \cdot \left(\frac{1}{K_I}\right)}{1 + j \cdot \omega \cdot \left(\frac{1}{K_I \cdot K_S}\right)} \mathrel{\widehat{=}} \frac{j \cdot \omega \cdot K_D}{1 + j \cdot \omega \cdot T_1}$$

Dies ist die Gleichung des Übertragungsverhaltens von einem D-T_I-Glied mit den Konstanten

$$T_1 = \frac{1}{K_I \cdot K_S} \quad \text{und} \quad K_D = \frac{1}{K_I}.$$

Bild 7.3 zeigt den Verlauf der Regelgröße bei Anregung mit einem Sollwertsprung und bei Auftreten einer Störung. Auf den Sollwertsprung zur Zeit t_0 mit der Sprunghöhe w_0 reagiert das System mit T_I-Verhalten. Zur Zeit t_1 wird eine Störung der Größe Δz angenommen. Das System reagiert darauf mit D-T_I-Verhalten. In beiden Fällen reagiert das System mit der gleichen Zeitkonstanten $T_1 = 1/(K_I \cdot K_S)$ ohne bleibende Regeldifferenz.

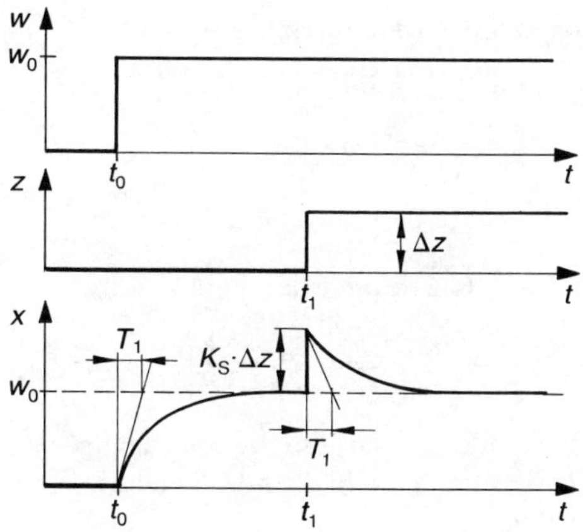

Bild 7.3 P-Strecke mit I-Regler: Führungs- und Störverhalten

Bild 7.4 $\underline{F}_0$-Ortskurve

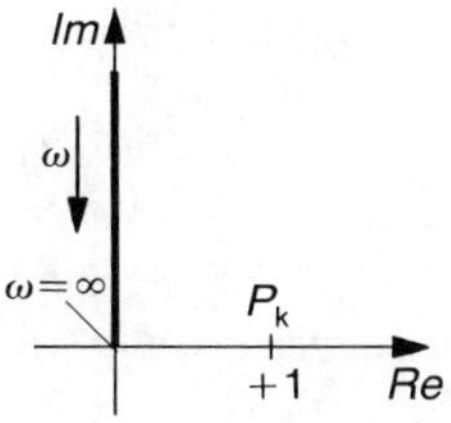

Stabilität

Auch ein I-Regler ergibt mit einer P-Strecke immer ein stabiles System, wie die $\underline{F}_0$-Ortskurve (Bild 4.7) erkennen läßt.

$$\underline{F}_0 = -\underline{F}_R \cdot \underline{F}_S = -\frac{K_I}{j \cdot \omega} \cdot K_S = j \cdot \frac{K_I \cdot K_S}{\omega}$$

Die Betrachtung am Bode-Diagramm erweist sich wieder als trivial. Die P-Strecke hat für alle Frequenzen einen Phasenwinkel von 0°, der I-Regler von −90°. Die Summe von beiden plus 180° ergibt für alle Frequenzen einen Phasenwinkel von +90°. Es gibt also beim Phasengang keinen Schnittpunkt mit der 0°-Linie, das System ist stabil.

7.1.1.3 P-Strecke mit PI-Regler

Auch bei diesem System wird von den Übertragungsfunktionen ausgegangen:

PI-Regler: $\underline{F}_R = K_R + \frac{K_I}{j \cdot \omega}$

P-Strecke: $\underline{F}_S = K_S$

Führungsverhalten

$$\underline{F}_w = \frac{x}{w} = \frac{\underline{F}_R \cdot \underline{F}_S}{1 + \underline{F}_R \cdot \underline{F}_S} = \frac{\left(K_R + \frac{K_I}{j \cdot \omega}\right) \cdot K_S}{1 + \left(K_R + \frac{K_I}{j \cdot \omega}\right) \cdot K_S}$$

Erweitern mit $\frac{j \cdot \omega}{K_I \cdot K_S}$ und Ausmultiplizieren der Klammern ergibt:

$$\underline{F}_w = \frac{1 + j \cdot \omega \cdot \frac{K_R}{K_I}}{1 + j \cdot \omega \cdot \left(\frac{1 + K_R \cdot K_S}{K_I \cdot K_S}\right)} \mathrel{\widehat{=}} \frac{K_P + j \cdot \omega \cdot K_D}{1 + j \cdot \omega \cdot T_1}$$

Dies ist die Übertragungsfunktion eines PD-T_1-Gliedes mit den Parametern:

$$K_P = 1;\ K_D = \frac{K_R}{K_I};\ T_1 = \frac{1}{K_I \cdot K_S} + \frac{K_R}{K_I} \Longrightarrow T_v = \frac{K_D}{K_P} = K_D = \frac{K_R}{K_I}$$

Somit gilt $T_1 > T_v$, und es ergibt sich die in Bild 7.5 dargestellte Sprungantwort.

Auch ein PI-Regler erzeugt an einer P-Strecke keine bleibende Regeldifferenz. Verantwortlich dafür ist der I-Anteil des Reglers.

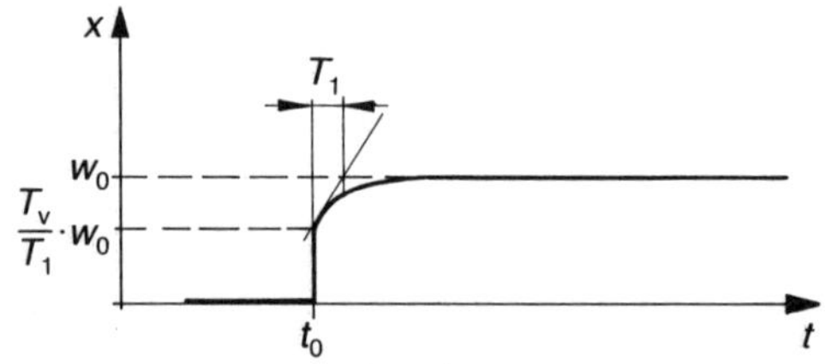

Bild 7.5 P-Strecke mit PI-Regler: Führungsverhalten

Störverhalten

Die kurzzeitige große Regeldifferenz des Systems mit I-Regler bei Störung läßt sich durch den Einsatz eines PI-Reglers verringern, da dessen P-Anteil sofort wirksam wird. Durch den PI-Regler wird allerdings die Ausregelzeit noch größer als beim I-Regler. Dies läßt sich aus dem Störverhalten erkennen:

$$\underline{F}_z = \frac{x}{z} = \frac{\underline{F}_S}{1 + \underline{F}_R \cdot \underline{F}_S} = \frac{K_S}{1 + \left(K_R + \frac{K_I}{j \cdot \omega}\right) \cdot K_S}$$

Nach Umformung:

$$\underline{F}_z = \frac{j \cdot \omega \cdot \left(\frac{1}{K_I}\right)}{1 + j \cdot \omega \cdot \left(\frac{1 + K_R \cdot K_S}{K_I \cdot K_S}\right)} \triangleq \frac{j \cdot \omega \cdot K_D}{1 + j \cdot \omega \cdot T_1}$$

Auf Störungen reagiert das System genau wie das I-geregelte mit D-T_1-Verhalten, allerdings mit der größeren Zeitkonstanten, die vom Führungsverhalten her bekannt ist:

$$T_1 = \frac{1}{K_I \cdot K_S} + \frac{K_R}{K_I};$$

zur Erinnerung: Beim I-Regler war

$$T_1 = \frac{1}{K_I \cdot K_S}$$

Der Differenzierbeiwert beträgt:

$$K_D = \frac{1}{K_I}.$$

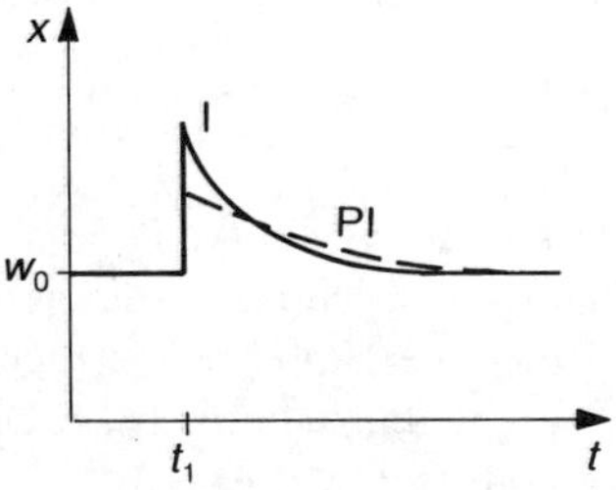

Bild 7.6
P-Strecke mit PI-Regler: Störverhalten

Ein Störgrößensprung um Δz erhöht im Gegensatz zur I-geregelten P-Strecke die Ausgangsgröße x nur um

$$\Delta x = \frac{K_D}{T_1} \cdot \Delta z = \frac{K_S}{1 + K_R \cdot K_S} \cdot \Delta z;$$

vgl. hierzu Abschnitt 5.1.1.1: Zeitverhalten D-T_1-Glied.

Die Sprungantwort des Systems mit PI-Regler bei Störgrößenänderung unterscheidet sich von der mit I-Regler durch die größere Verzögerungszeit sowie das kleinere Δx. Die Unterschiede sind Bild 7.6 zu entnehmen.

Der flachere Verlauf beim PI-Regler und damit die größere Zeitkonstante resultiert aus der durch den P-Anteil bedingten kleineren vorübergehenden Regeldifferenz. Je größer der Proportionalbeiwert K_R des Reglers, desto kleiner wird das von einer Störung verursachte Δx; aber dafür wird auch die Verzögerungszeit T_1 größer! Deshalb muß bei diesem Regler ein Kompromiß geschlossen werden, der je nach Anwendungsfall verschieden ausfallen wird.

Stabilität

Die Stabilität wird an der $\underline{F}_0$-Ortskurve (Bild 7.7) und am Bode-Diagramm (Bild 7.8) untersucht. Beide Betrachtungen ergeben für das System Stabilität.

$$\underline{F}_0 = -\underline{F}_R \cdot \underline{F}_S = -\left(K_R + \frac{K_I}{j \cdot \omega}\right) \cdot K_S$$

$$\underline{F}_0 = -K_R \cdot K_S + j \cdot \frac{K_I \cdot K_S}{\omega}$$

Bild 7.7 $\underline{F}_0$-Ortskurve

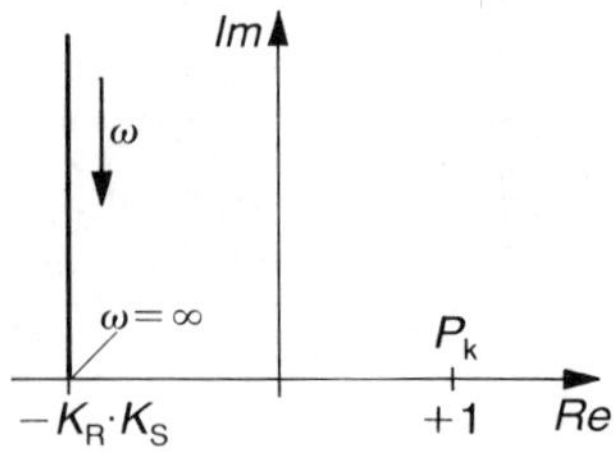

Bild 7.8 Bode-Diagramm

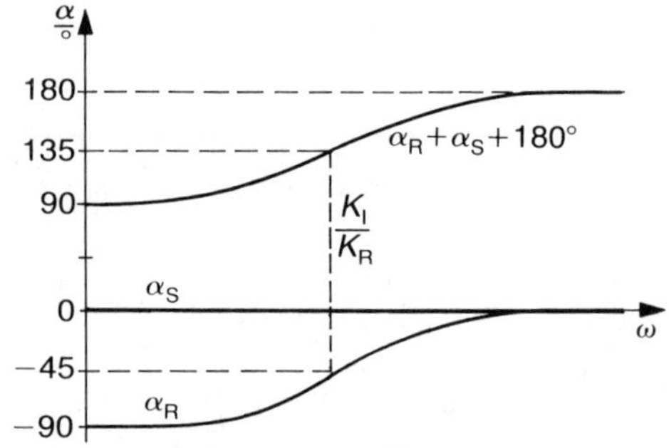

Der kritische Punkt $P_k = +1$ liegt beim Durchlaufen der Ortskurve von $\omega = 0$ nach $\omega = \infty$ immer links von der Kurve, dies bedeutet Stabilität für das System.

Für die Stabilitätsbetrachtung am Bode-Diagramm ist es ausreichend, den Phasengang zu betrachten. Da es keinen Schnittpunkt mit der 0°-Achse gibt, ist das System stabil.

7.1.2 Regelung einer P-T_1-Strecke

Eine P-T_1-Strecke wird zum Beispiel von einer Temperaturregelstrecke gebildet, wenn der Meßwert direkt an der Heizwicklung aufgenommen wird. Dann wirkt sich nur die Verzögerung der Heizwicklung aus, also genau ein Energiespeicher. Auch eine Drehzahlregelung von Maschinen zeigt dieses Verhalten. Die Trägheit der rotierenden Massen stellt dabei den Energiespeicher dar.

Wird zur Regelung einer solchen Strecke ein P-Regler eingesetzt, ergibt sich wieder das Problem der bleibenden Regeldifferenz. Ein I-Anteil im Regler (I- oder PI-Regler) läßt zwar keine bleibende Regeldifferenz zu, kann aber bei ungünstiger Einstellung der Parameter das System zu gedämpften Schwingungen anregen. Die Dämpfung ist mit PI-Regler größer als mit einem reinen I-Regler. Dadurch wird die Regelung mit PI-Regler schneller, das heißt, die Regelgröße erreicht schneller ihren Endwert.

Stabilitätsprobleme gibt es mit keinem der angesprochenen Regler.

Ein zusätzlicher D-Anteil im Regler (PD- oder PID-Regler) führt bei der P-T_1-Strecke zu keiner Verbesserung der Regelung. Da sich die Ausgangsgröße der verzögerten Strecke relativ langsam ändert, ist ein sehr schnelles Eingreifen durch zusätzlichen D-Anteil praktisch unwirksam.

7.1.2.1 P-T_1-Strecke mit P-Regler

Führungsverhalten

Die Übertragungsfunktionen von P-Regler und P-T_1-Strecke lauten:

$$\underline{F}_R = K_R \quad \text{und} \quad \underline{F}_S = \frac{K_S}{1 + j \cdot \omega \cdot T_S}$$

T_S ist die Zeitkonstante der Strecke, dies entspricht T_1. Damit wird das Führungsverhalten bestimmt:

$$\underline{F}_w = \frac{x}{w} = \frac{\underline{F}_R \cdot \underline{F}_S}{1 + \underline{F}_R \cdot \underline{F}_S} = \frac{K_R \cdot \dfrac{K_S}{1 + j \cdot \omega \cdot T_S}}{1 + K_R \cdot \dfrac{K_S}{1 + j \cdot \omega \cdot T_S}}$$

Nach Erweitern mit

$$\frac{1 + j \cdot \omega \cdot T_S}{1 + K_R \cdot K_S}$$

und Umformen erhält man:

$$\underline{F}_w = \frac{\dfrac{K_R \cdot K_S}{1 + K_R \cdot K_S}}{1 + j \cdot \omega \cdot \left(\dfrac{T_S}{1 + K_R \cdot K_S}\right)} \mathrel{\hat{=}} \frac{K_P}{1 + j \cdot \omega \cdot T_1}$$

Dies ist die Übertragungsfunktion eines P-T_1-Gliedes mit den Konstanten

$$K_P = \frac{K_R \cdot K_S}{1 + K_R \cdot K_S} \quad \text{und} \quad T_1 = \frac{T_S}{1 + K_R \cdot K_S}$$

Bemerkenswert ist die Zeitkonstante T_1 des Gesamtsystems. Die Zeitkonstante T_S der Regelstrecke wird um den Regelfaktor $R = 1/(1 + K_R \cdot K_S)$ verkleinert. Das bedeutet, daß das System – bedingt durch den Regler – seinen Beharrungswert schneller erreicht als ohne Regler.

Der Beharrungswert, den die Regelgröße nach Beendigung des Einschwingvorganges bei einer Anregung mit w_0 annimmt, ergibt sich aus dem Führungsverhalten, indem gesetzt wird: $\omega = 0$.

$$x = \frac{K_R \cdot K_S}{1 + K_R \cdot K_S} \cdot w_0;$$

damit läßt sich die bleibende Regeldifferenz berechnen:

$$e_b = w_0 - x = \frac{1}{1 + K_R \cdot K_S} \cdot w_0 = R \cdot w_0$$

Störverhalten

$$\underline{F}_z = \frac{x}{z} = \frac{\underline{F}_S}{1 + \underline{F}_R \cdot \underline{F}_S} = \frac{\dfrac{K_S}{1 + K_R \cdot K_S}}{1 + \mathrm{j} \cdot \omega \cdot \left(\dfrac{T_S}{1 + K_R \cdot K_S}\right)}$$

Das Störverhalten ist bereits umgeformt, so daß das Übertragungsverhalten erkannt werden kann. Auch auf Störungen reagiert das System mit P-T_1-Verhalten. Die Zeitkonstante T_1 ist die gleiche wie beim Führungsverhalten. Der Proportionalbeiwert beträgt:

$$K_P = \frac{K_S}{1 + K_R \cdot K_S}.$$

Bei einer Störung Δz würde sich die Ausgangsgröße ohne Regelung ändern um $\Delta x = K_S \cdot \Delta z$. Mit Regelung läßt sie sich berechnen, indem im Störverhalten $\omega = 0$ gesetzt wird:

$$\Delta x = \frac{K_S}{1 + K_R \cdot K_S} \cdot \Delta z;$$

also gilt:

$$\Delta x_{\text{mit Regler}} = R \cdot \Delta x_{\text{ohne Regler}}.$$

Dies sind die Beharrungswerte, sie gelten also nach Beendigung des Einschwingvorganges.

Stabilität

Für die Stabilitätsuntersuchung wird die $-\underline{F}_0$-Ortskurve konstruiert. Da $-\underline{F}_0$ aufgetragen wird, bildet -1 den kritischen Punkt.

$$-\underline{F}_0 = \underline{F}_R \cdot \underline{F}_S = K_R \cdot \frac{K_S}{1 + \mathrm{j} \cdot \omega \cdot T_S}$$

Dies ist das Übertragungsverhalten eines P-T_1-Gliedes. Damit wird die Ortskurve von einem Halbkreis im IV. Quadranten mit dem Radius $\frac{1}{2} \cdot K_R \cdot K_S$ gebildet (Bild 7.9).

Ein Regelkreis aus P-T_1-Strecke und P-Regler ist grundsätzlich stabil. Dies ergibt sich auch aus dem Bode-Diagramm. Da die Betrachtung aber trivial ist, soll hierauf verzichtet werden.

Zu diesen allgemeinen Betrachtungen soll ein Beispiel gerechnet werden.

Berechnungsbeispiel
Ein P-Regler mit $K_R = 9$ regelt eine P-T_1-Strecke mit $K_S = 1$ und $T_S = 1$ s. Zur Zeit t_0 springe w von 0 auf 4; bei t_1 trete eine Störung mit $\Delta z = 1$ auf ($t_1 > t_0$).

Ermitteln Sie den Verlauf der Regelgröße.

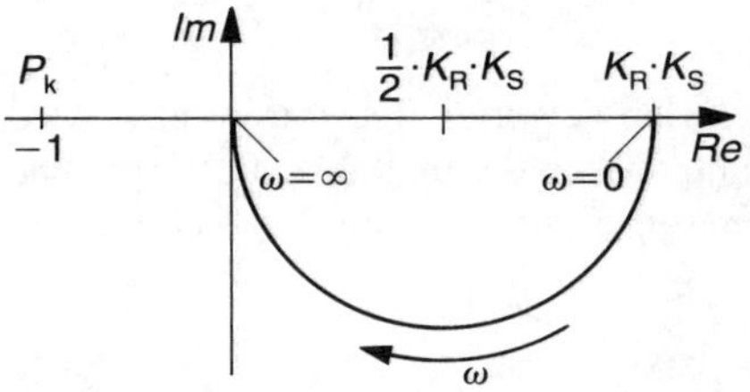

Bild 7.9 $-\underline{F}_0$-Ortskurve

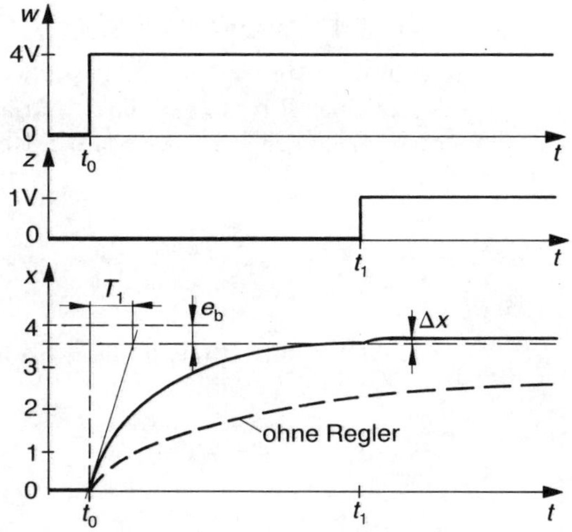

Bild 7.10

Lösung: 1. Zuerst wird die Zeitkonstante des Systems berechnet:

$$T_1 = \frac{T_S}{1 + K_R \cdot K_S} = 0{,}1 \text{ s}$$

2. Beharrungswert bei Anregung mit $w_0 = 4$:

$$x = \frac{K_R \cdot K_S}{1 + K_R \cdot K_S} \cdot w_0 = 3{,}6.$$

Damit ergibt sich als bleibende Regeldifferenz
$e_b = w_0 - x = 0{,}4.$

3. Zur Zeit t_1 wirke eine Störung $\Delta z = 1$:
   a) Änderung der Ausgangsgröße ohne Regler:
   $\Delta x = K_S \cdot \Delta z = 1.$
   b) Änderung mit Regler (Beharrungswert):

$$\Delta x = \frac{K_S}{1 + K_R \cdot K_S} \cdot \Delta z = 0{,}1.$$

Durch Einsatz des P-Reglers wird das Störverhalten des Systems verbessert. Außerdem reagiert es durch die kleinere Zeitkonstante wesentlich schneller als ohne Regler. Je größer K_R gewählt wird, desto kleiner werden T_1 und e_b. Ideal wäre also wieder ein Regler mit $K_R = \infty$. Aber in der Praxis würde ein System mit einem solchen Regler wegen der immer noch vorhandenen Verzögerungen höherer Ordnung instabil werden.

Den Verlauf der Regelgröße zeigt Bild 7.10.

7.1.2.2 P-T_1-Strecke mit I-Regler

Der charakteristische Nachteil des P-Reglers – die bleibende Regeldifferenz – wird auch bei einer P-T_1-Strecke durch Einsatz eines I-Anteils im Regler beseitigt. Die Betrachtungen gehen wieder von den Übertragungsfunktionen des Reglers und der Strecke aus:

$$\underline{F}_R = \frac{K_I}{j \cdot \omega} \quad \text{und} \quad \underline{F}_S = \frac{K_S}{1 + j \cdot \omega \cdot T_S}$$

Führungsverhalten

$$\underline{F}_w = \frac{x}{w} = \frac{\underline{F}_R \cdot \underline{F}_S}{1 + \underline{F}_R \cdot \underline{F}_S} = \frac{\dfrac{K_I}{j \cdot \omega} \cdot \dfrac{K_S}{1 + j \cdot \omega \cdot T_S}}{1 + \dfrac{K_I}{j \cdot \omega} \cdot \dfrac{K_S}{1 + j \cdot \omega \cdot T_S}}$$

Beseitigen des Doppelbruches liefert:

$$\underline{F}_w = \frac{K_I \cdot K_S}{j \cdot \omega \cdot (1 + j \cdot \omega \cdot T_S) + K_I \cdot K_S}.$$

Erweitern mit

$$\frac{1}{K_I \cdot K_S}$$

und Umformen ergibt

$$\underline{F}_w = \frac{1}{1 - \left(\dfrac{T_S}{K_I \cdot K_S}\right) \cdot \omega^2 + j \cdot \omega \cdot \left(\dfrac{1}{K_I \cdot K_S}\right)} \mathrel{\hat{=}} \frac{1}{1 - (T_2)^2 \cdot \omega^2 + j \cdot \omega \cdot T_1}$$

Die Übertragungsfunktion weist auf T_2-Verhalten hin. Durch Koeffizientenvergleich können die Zeitkonstanten ermittelt werden:

$$T_1 \text{ ist der Faktor bei } j \cdot \omega \Longrightarrow T_1 = \frac{1}{K_I \cdot K_S}$$

$$(T_2)^2 \text{ ist der Faktor bei } \omega^2 \Longrightarrow (T_2)^2 = \frac{T_S}{K_I \cdot K_S} \Longrightarrow T_2 = \sqrt{\frac{T_S}{K_I \cdot K_S}}$$

Ein Maß für das dynamische Verhalten eines T_2-Gliedes ist der Dämpfungsgrad D. Er kann berechnet werden:

$$D = \frac{T_1}{2 \cdot T_2} = \frac{\dfrac{1}{K_I \cdot K_S}}{2 \cdot \sqrt{\dfrac{T_S}{K_I \cdot K_S}}} = \frac{1}{2 \cdot \sqrt{K_I \cdot K_S \cdot T_S}}$$

Die Streckenparameter K_S und T_S können im allgemeinen nicht verändert werden.

Eine Vergrößerung des Reglerparameters K_I führt zu einer Verringerung der Dämpfung. Aber die Dämpfung wird immer positiv sein, also gibt es keine Dauer- oder aufklingenden Schwingungen. Das bedeutet, daß das System grundsätzlich stabil ist, was auch später noch zu sehen sein wird. Bei $D < 1$ führt das System gedämpfte Schwingungen aus, deren Periodendauer sich nach Abschnitt 4.6.5.2 wie folgt berechnen läßt:

Frequenz des ungedämpften Systems:

$$\omega_E = \frac{1}{T_2}.$$

Daraus ergibt sich die Frequenz des gedämpften Systems:

$$\omega_e = \omega_E \cdot \sqrt{1 - D^2}$$

mit der Periodendauer:

$$T_e = \frac{2 \cdot \pi}{\omega_e}.$$

Die gleiche Dämpfung erhält man auch beim Störverhalten, wie noch gezeigt wird. Also können auch Störungen das System zum Schwingen anregen.

Wenn die Strecke eine große Verzögerungszeit T_S hat, ergibt das eine entsprechend schwache Dämpfung und eine große Periodendauer der Schwingung. Dies bewirkt eine langsame Regelung. Die gleichen Zusammenhänge ergeben sich bei großem K_I. Um die Regelung schneller zu machen, muß also K_I kleiner gewählt werden. Dadurch wird allerdings der I-Einfluß schwächer.

Zur Bestimmung der bleibenden Regeldifferenz wird der Beharrungswert hergeleitet. Dazu wird im Führungsverhalten $\omega = 0$ gesetzt. Dies liefert:

$$\underline{F}_w = 1 \Longrightarrow x = w \Longrightarrow e_b = 0.$$

Wie nicht anders zu erwarten, läßt der I-Regler auch an einer P-T_1-Strecke keine bleibende Regeldifferenz zu.

Störverhalten

$$\underline{F}_z = \frac{x}{z} = \frac{\underline{F}_S}{1 + \underline{F}_R \cdot \underline{F}_S} = \frac{\dfrac{K_S}{1 + j \cdot \omega \cdot T_S}}{1 + \dfrac{K_I}{j \cdot \omega} \cdot \dfrac{K_S}{1 + j \cdot \omega \cdot T_S}}$$

Die Umformung erfolgt ähnlich wie beim Führungsverhalten, deshalb soll hier darauf verzichtet werden. Man erhält als Störverhalten:

$$\underline{F}_z = \frac{j \cdot \omega \cdot \dfrac{1}{K_I}}{1 - \left(\dfrac{T_S}{K_I \cdot K_S}\right) \cdot \omega^2 + j \cdot \omega \cdot \left(\dfrac{1}{K_I \cdot K_S}\right)} \mathrel{\widehat{=}} \frac{j \cdot \omega \cdot K_D}{1 - (T_2)^2 \cdot \omega^2 + j \cdot \omega \cdot T_1}$$

Das Störverhalten zeigt D-T_2-Verhalten. Eine Störung verursacht also nur eine vorübergehende, aber keine bleibende Regeldifferenz. Nach abgeschlossenem Regelvorgang wird trotz bestehender Störgröße der Sollwert wieder erreicht. Ob es dabei zu gedämpften Schwingungen kommt, hängt vom Dämpfungsgrad ab, der genau wie beim Führungsverhalten berechnet werden kann.

Stabilität

Die Stabilität kann an der $-\underline{F}_0$-Ortskurve untersucht werden:

$$-\underline{F}_0 = \underline{F}_R \cdot \underline{F}_S = \frac{K_I}{j \cdot \omega} \cdot \frac{K_S}{1 + j \cdot \omega \cdot T_S}$$

Die Konstruktion der Ortskurve soll hier nicht näher erläutert werden. Da $-\underline{F}_0$ aufgetragen wird, ist -1 wieder der kritische Punkt. Er liegt beim Durchlaufen der Ortskurve mit wachsendem ω immer links von der Kurve, wie Bild 7.11 zeigt. Damit ist das System stabil.

Im Bode-Diagramm werden die Phasengänge von I- und P-T_1-Glied betrachtet. Es gibt beim Phasengang des Gesamtsystems keinen *Schnitt*punkt mit der 0°-Achse, also läßt sich auch daran die Stabilität erkennen (Bild 7.12).

Berechnungsbeispiel

Eine P-T_1-Strecke habe die Parameter: $K_S = 2$; $T_S = 20$ s.

Sie wird von einem I-Regler mit $K_I = 0{,}1\ \text{s}^{-1}$ geregelt. Das System wird mit einem Sollwertsprung der Höhe $w_0 = 4$ angeregt.

Ermitteln Sie den Verlauf der Regelgröße!

Lösung: Zuerst werden die Zeitkonstanten des sich ergebenden T_2-Verhaltens sowie die Dämpfung berechnet:

$$T_1 = \frac{1}{K_I \cdot K_S} = 5\ \text{s};\ T_2 = \sqrt{\frac{T_S}{K_I \cdot K_S}} = 10\ \text{s} \Longrightarrow D = \frac{T_1}{2 \cdot T_2} = 0{,}25$$

Die Dämpfung ist somit kleiner als 1, so daß gedämpfte Schwingungen zu erwarten sind.

Berechnung der Periodendauer:

$$\omega_E = \frac{1}{T_2} = 0{,}1\ \text{s}^{-1} \Longrightarrow \omega_e = \omega_E \cdot \sqrt{1 - D^2} \approx 0{,}0968\ \text{s}^{-1}$$

$$T_e = \frac{2 \cdot \pi}{\omega_e} \approx 65\ \text{s}$$

Die Berechnung der Amplituden der gedämpften Schwingung eines T_2-Gliedes wurde in Abschnitt 4.6.5.2 gezeigt. Hierzu muß eine Konstante bestimmt werden:

$$A = -\frac{\pi \cdot D}{\sqrt{1 - D^2}} \approx -0{,}811 \Longrightarrow e^A \approx 0{,}44$$

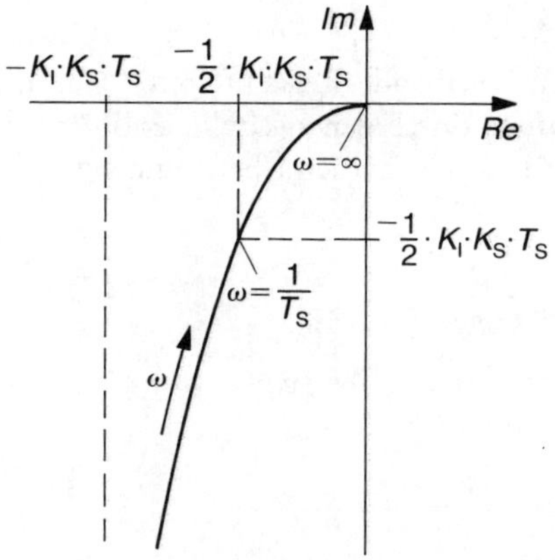

Bild 7.11 $-\underline{F}_0$-Ortskurve

Bild 7.12 Phasengang

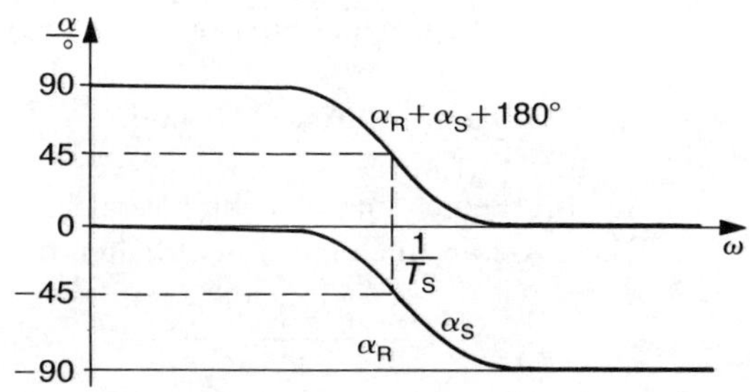

Damit können die Amplituden der Schwingungen berechnet werden.

$\hat{x}_{m1} = w_0 \cdot e^A \approx 1{,}78$

$\hat{x}_{m2} = \hat{x}_{m1} \cdot e^A \approx 0{,}79$

$\hat{x}_{m3} = \hat{x}_{m2} \cdot e^A \approx 0{,}35$

$\hat{x}_{m4} = \hat{x}_{m3} \cdot e^A \approx 0{,}16$ usw.

Die Zeit t_{01}, bei der die Regelgröße zum erstenmal die w_0-Linie schneidet, berechnet sich:

$$t_{01} = \frac{1 \cdot \pi - \delta}{\omega_e};$$

mit $\delta = \text{arc cos } 0{,}25 \approx 1{,}318$ wird $t_{01} \approx 18{,}8$ s.

Mit diesen Werten kann der Verlauf der Regelgröße gezeichnet werden. Er ist in Bild 7.13 dargestellt.

Bild 7.13

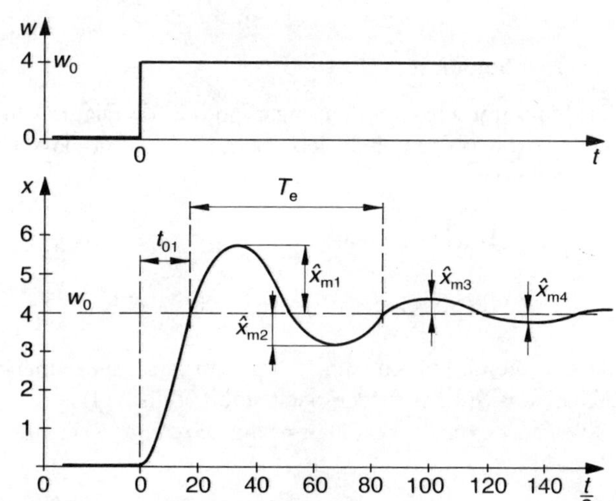

7.1.2.3 P-T_1-Strecke mit PI-Regler

Ein PI-Regler hinterläßt wie der I-Regler keine bleibende Regeldifferenz. Gegenüber dem reinen I-Regler wird aber die Dämpfung durch den zusätzlichen P-Anteil größer. Die Herleitung erfolgt genau wie beim I-Regler mit den Übertragungsfunktionen für Regler und Strecke:

$$\underline{F}_{\mathrm{R}} = K_{\mathrm{R}} + \frac{K_{\mathrm{I}}}{\mathrm{j} \cdot \omega} \quad \text{und} \quad \underline{F}_{\mathrm{S}} = \frac{K_{\mathrm{S}}}{1 + \mathrm{j} \cdot \omega \cdot T_{\mathrm{S}}}$$

Auf die Berechnung soll hier verzichtet werden. Es ergibt sich sowohl für das Führungs- als auch das Störverhalten der Dämpfungsgrad:

$$D = \frac{1 + K_{\mathrm{R}} \cdot K_{\mathrm{S}}}{2 \cdot \sqrt{K_{\mathrm{I}} \cdot K_{\mathrm{S}} \cdot T_{\mathrm{S}}}}$$

Je größer K_{R} gewählt wird, desto stärker wird die Dämpfung. Als Beispiel wird die Dämpfung berechnet bei Regelung einer P-T_1-Strecke mit I- bzw. PI-Regler:

Parameter der Strecke:

$$T_{\mathrm{S}} = 20\ \mathrm{s};\ K_{\mathrm{S}} = 2.$$

1. I-Regler mit $K_{\mathrm{I}} = 0{,}1\ \mathrm{s}^{-1}$ ergibt einen Dämpfungsgrad

$$D = \frac{1}{2 \cdot \sqrt{K_{\mathrm{S}} \cdot K_{\mathrm{I}} \cdot T_{\mathrm{S}}}} = 0{,}25 < 1;$$

das System führt gedämpfte Schwingungen aus.

2. PI-Regler mit $K_{\mathrm{I}} = 0{,}1\ \mathrm{s}^{-1}$ und $K_{\mathrm{R}} = 2{,}5$ ergibt

$$D = \frac{1 + K_{\mathrm{R}} \cdot K_{\mathrm{S}}}{2 \cdot \sqrt{K_{\mathrm{S}} \cdot K_{\mathrm{I}} \cdot T_{\mathrm{S}}}} = 1{,}5 > 1;$$

durch den P-Anteil tritt kein Überschwingen mehr auf.

Stabilität

Die Stabilität wird am Phasengang des Bode-Diagramms betrachtet. Es werden die Werte des obigen Beispiels benutzt. Damit lassen sich die Eckfrequenzen berechnen:

$$\text{PI-Regler:} \quad \omega_{\mathrm{ER}} = \frac{1}{T_{\mathrm{n}}} = \frac{K_{\mathrm{I}}}{K_{\mathrm{R}}} = 0{,}04\ \mathrm{s}^{-1}$$

$$\text{P-T}_1\text{-Strecke:} \quad \omega_{\mathrm{ES}} = \frac{1}{T_1} = 0{,}05\ \mathrm{s}^{-1}$$

Es gibt beim Phasengang des Gesamtsystems keinen Schnittpunkt mit der 0°-Achse, das System ist demnach stabil (Bild 7.14).

Wegen der größeren Dämpfung wird zur Regelung einer P-T_1-Strecke der PI-Regler bevorzugt.

Bild 7.14 Phasengang

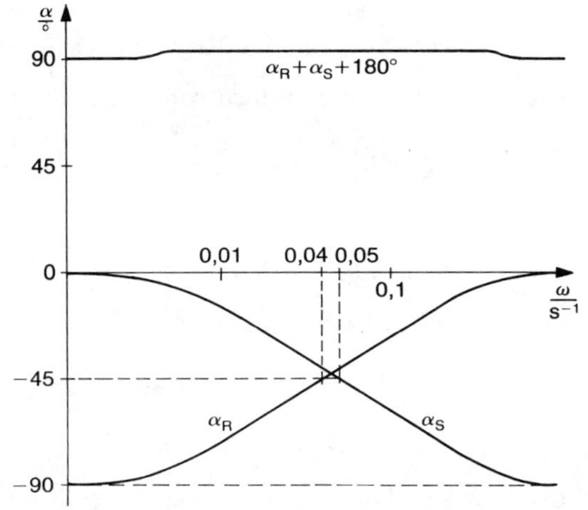

7.1.3 Regelung einer P-T₂-Strecke

P-T_2-Verhalten zeigt z.B. eine Temperaturregelstrecke, wenn der Meßwert nicht direkt an der Heizwicklung aufgenommen wird. Zur Verzögerung der Heizwicklung kommt dann noch die verzögerte Übertragung einer Temperaturänderung von der Heizwicklung zum Meßfühler.

Ein P-Regler verursacht wie immer eine bleibende Regeldifferenz. Wird der Proportionalbeiwert K_P vergrößert, verkleinert sich zwar diese Regeldifferenz. Dadurch wird aber auch die Dämpfung des Systems kleiner, wodurch die Schwingneigung zunimmt.

Ein I-Regler beseitigt die bleibende Regeldifferenz, aber das System neigt dann zur Instabilität. Der I-Regler führt zu starkem Überschwingen und langer Regelzeit, da seine Parametereinstellung durch die Forderung nach Stabilität begrenzt ist. Er ist wenig geeignet.

Ein PI-Regler arbeitet schneller als ein I-Regler. Dank des I-Anteils gibt es keine bleibende Regeldifferenz, aber bezüglich Überschwingweite und Regelzeit ist er schlechter als ein P-Regler. Auch mit PI-Regler kann das System bei verkehrter Parameterwahl instabil werden.

Mit einem PD-Regler wird es keine Stabilitätsprobleme geben. Bezüglich Überschwingung und Regelzeit ist er besser als ein I- oder PI-Regler. Wegen des fehlenden I-Anteils ergibt sich aber wieder eine bleibende Regeldifferenz.

Optimal zur Regelung einer P-T_2-Strecke ist ein PID-Regler, der allerdings kompliziert einzustellen ist. Für optimales Regelverhalten müssen die drei Parameter K_P, T_n und T_v exakt aufeinander abgestimmt sein.

Je höher die Ordnung der Streckenverzögerung ist, desto aufwendiger wird die Berechnung des Systems. Deshalb wird das Verhalten der verschiedenen Reglertypen an einer P-T_2-Strecke nicht so ausführlich berechnet wie bei den einfacher zu behandelnden Strecken in den vorangegangenen Abschnitten. Meist behilft man sich bei der Berechnung von Systemen mit verzögerten Strecken höherer Ordnung mit Näherungslösungen, auf die später noch eingegangen wird.

7.1.3.1 P-T_2-Strecke mit P-Regler

Die Übertragungsfunktionen von Regler und Strecke lauten:

$$\underline{F}_R = K_R \quad \text{und} \quad \underline{F}_S = \frac{K_S}{1 - (T_2)^2 \cdot \omega^2 + j \cdot \omega \cdot T_1}$$

Führungsverhalten

Manchmal ist es sinnvoll, die allgemeine Gleichung des Führungsverhaltens durch Erweitern mit

$$\frac{1}{\underline{F}_R \cdot \underline{F}_S}$$

umzuformen. Dies vereinfacht auch bei diesem System die Rechnungen:

$$\underline{F}_w = \frac{\underline{F}_R \cdot \underline{F}_S}{1 + \underline{F}_R \cdot \underline{F}_S} \cdot \frac{\frac{1}{\underline{F}_R \cdot \underline{F}_S}}{\frac{1}{\underline{F}_R \cdot \underline{F}_S}} \Longrightarrow \underline{F}_w = \frac{1}{\frac{1}{\underline{F}_R \cdot \underline{F}_S} + 1}$$

Berechnen des Ausdrucks $1/\underline{F}_R \cdot \underline{F}_S$ liefert

$$\frac{1}{\underline{F}_R \cdot \underline{F}_S} = \frac{1 - (T_2)^2 \cdot \omega^2 + j \cdot \omega \cdot T_1}{K_R \cdot K_S};$$

damit wird das Führungsverhalten ermittelt:

$$\underline{F}_w = \frac{1}{\frac{1 - (T_2)^2 \cdot \omega^2 + j \cdot \omega \cdot T_1}{K_R \cdot K_S} + 1};$$

Beseitigen des Doppelbruches durch Erweitern mit $K_R \cdot K_S$:

$$\underline{F}_w = \frac{K_R \cdot K_S}{1 - (T_2)^2 \cdot \omega^2 + j \cdot \omega \cdot T_1 + K_R \cdot K_S}$$

$$= \frac{K_R \cdot K_S}{(1 + K_R \cdot K_S) - (T_2)^2 \cdot \omega^2 + j \cdot \omega \cdot T_1}$$

Erweitern mit $1/(1 + K_R \cdot K_S)$ ergibt

$$\underline{F}_w = \frac{\frac{K_R \cdot K_S}{1 + K_R \cdot K_S}}{1 - \frac{(T_2)^2}{1 + K_R \cdot K_S} \cdot \omega^2 + j \cdot \omega \cdot \frac{T_1}{1 + K_R \cdot K_S}}$$

$$\triangleq \frac{K_P}{1 - (T_2)^2 \cdot \omega^2 + j \cdot \omega \cdot T_1}$$

Im Beharrungszustand sind alle Schwingungen nach einer Anregung mit w_0 abgeklungen. Man setzt $\omega = 0$ und erhält die gleiche bleibende Regeldifferenz wie bei der P-Regelung einer P- oder P-T_1-Strecke.

$$\omega = 0 \Longrightarrow x = \frac{K_R \cdot K_S}{1 + K_R \cdot K_S} \cdot w_0$$

Damit ergibt sich als bleibende Regeldifferenz:

$$e_b = w_0 - x = \frac{1}{1 + K_R \cdot K_S} \cdot w_0$$

Demzufolge wäre wieder ein möglichst großes K_R wünschenswert, damit die bleibende Regeldifferenz möglichst klein wird. Die Betrachtung der Dämpfung wird allerdings ein anderes Ergebnis liefern!

Das Führungsverhalten zeigt, daß das System wie ein P-T_2-Glied reagiert. Seine Parameter lassen sich durch Koeffizientenvergleich im Führungsverhalten finden, und damit kann die Dämpfung des Systems berechnet werden. Zur Unterscheidung werden die Größen des Gesamtsystems mit einem * markiert, damit sie von denen der Strecke zu unterscheiden sind:

> T_1, T_2 und D sind die Zeitkonstanten bzw. die Dämpfung der P-T_2-Strecke;
> $T_1{}^*$, $T_2{}^*$ und D^* sind die entsprechenden Größen des Gesamtsystems aus P-T_2-Strecke und P-Regler.

Es ergeben sich die Zeitkonstanten des Gesamtsystems $T_1{}^*$ als Faktor bei $j \cdot \omega$ und $(T_2{}^*)^2$ als Faktor bei ω^2:

$$T_1{}^* = \frac{T_1}{1 + K_R \cdot K_S}; \; T_2{}^* = \frac{T_2}{\sqrt{1 + K_R \cdot K_S}}$$

Damit läßt sich der Dämpfungsgrad D^* des Systems berechnen:

$$D^* = \frac{T_1{}^*}{2 \cdot T_2{}^*} = \frac{\dfrac{T_1}{1 + K_R \cdot K_S}}{2 \cdot \dfrac{T_2}{\sqrt{1 + K_R \cdot K_S}}}$$

$$= \frac{T_1}{2 \cdot T_2 \cdot \sqrt{1 + K_R \cdot K_S}} = \frac{D}{\sqrt{1 + K_R \cdot K_S}}$$

Zu erkennen ist, daß die Dämpfung bei Vergrößerung von K_R schwächer wird. Somit widersprechen sich die beiden Forderungen nach möglichst kleiner bleibender Regeldifferenz und nach großer Dämpfung. Auch hier muß je nach Anforderung der Aufgabe ein Kompromiß geschlossen werden.

Störverhalten

Das Störverhalten kann wie bei der P- bzw. P-T_1-Strecke berechnet werden. Es liefert bezüglich der durch eine Störung bedingten Änderung der Regelgröße das gleiche Ergebnis:

$$\Delta x = \frac{K_S}{1 + K_R \cdot K_S} \cdot \Delta z;$$

dies ist wieder der Beharrungswert.

Die Berechnung der Dämpfung liefert das gleiche Ergebnis wie beim Führungsverhalten. Damit ergibt sich auch bei der Betrachtung des Störverhaltens der Widerspruch: Um die störungsbedingte Änderung der Regelgröße möglichst klein zu halten, müßte K_R möglichst groß gewählt werden. Dadurch wird aber wie gesehen die Dämpfung entsprechend klein.

Stabilität

Der P-Regler bildet mit P-T_2-Strecke grundsätzlich ein stabiles System. Zu sehen ist dies an der Ortskurve von $-\underline{F}_0 = \underline{F}_R \cdot \underline{F}_S$ (Bild 7.15). Der kritische Punkt -1 liegt immer links von der Ortskurve, wenn sie mit wachsenden Frequenzen ($\omega = 0$ bis $\omega = \infty$) durchlaufen wird. Die Ortskurve ist die eines P-T_2-Gliedes mit $K_P = K_R \cdot K_S$. Die Zeitkonstanten sind die gleichen wie die der Strecke.

Die Stabilitätsbetrachtung anhand des Bode-Diagramms ist wieder trivial, und es soll deshalb darauf verzichtet werden. Natürlich weist auch diese Betrachtung auf Stabilität hin.

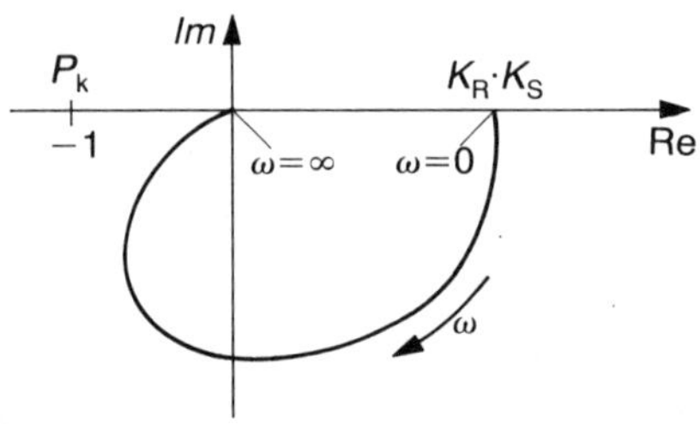

Bild 7.15 $-\underline{F}_0$-Ortskurve

7.1.3.2 P-T_2-Strecke mit I-Regler

Der I-Regler läßt zwar keine bleibende Regeldifferenz zu, dafür reagiert er sehr langsam auf Änderungen von Führungs- oder Störgrößen. Dadurch wird die Dämpfung sehr schwach, was zu einem starken Überschwingen und einer langen Regelzeit führt. Diese Nachteile könnten durch Vergrößern des Integrationsbeiwertes K_I des Reglers abgeschwächt werden. Einem Vergrößern von K_I sind aber durch die Forderung nach Stabilität Grenzen gesetzt, wie am Bode-Diagramm zu erkennen ist. Somit ist der I-Regler wenig geeignet zur Regelung einer P-T_2-Strecke.

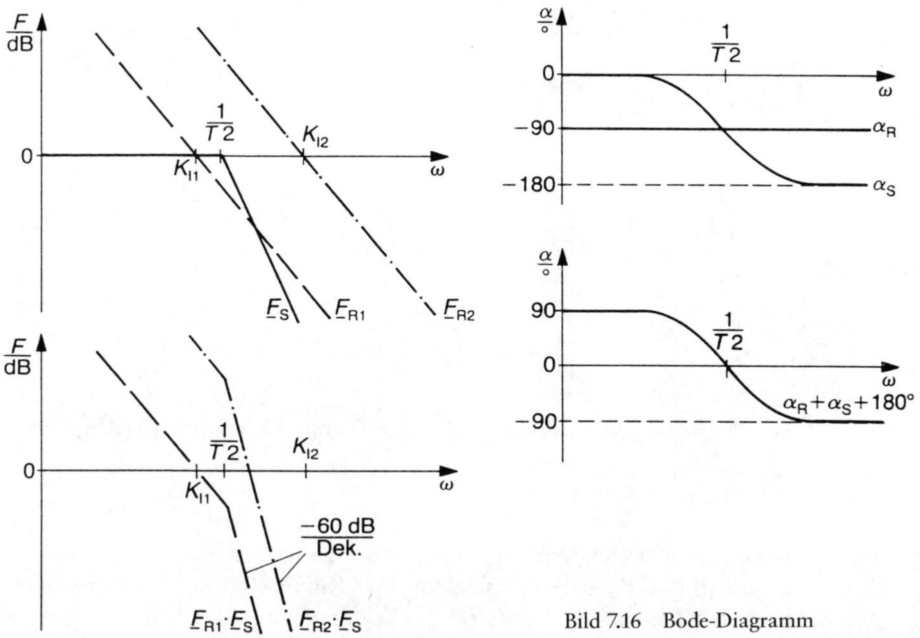

Bild 7.16 Bode-Diagramm

Die Stabilitätsbetrachtung dieses Systems anhand des Bode-Diagramms wurde bereits als Beispiel in Abschnitt 6.4.2 behandelt. Dort wurde ebenfalls gezeigt, daß das System instabil wird, wenn K_I zu groß gewählt wird (Bild 7.16).

Der maximale Wert von K_I, bei dem das System noch stabil ist, kann relativ einfach berechnet werden. Dazu muß nur überlegt werden, bei welchem Wert von K_I der Betrag von $\underline{F}_R \cdot \underline{F}_S$ bei der kritischen Frequenz $\omega = 1/T_2$ gerade noch kleiner ist als 1.

$$\underline{F}_R \cdot \underline{F}_S = \frac{\frac{K_I}{j \cdot \omega} \cdot K_S}{1 - T_2{}^2 \cdot \omega^2 + j \cdot \omega \cdot T_1};$$

bei $\omega = 1/T_2$ ergibt sich:

$$\underline{F}_R \cdot \underline{F}_S(\omega = \frac{1}{T_2}) = \frac{\frac{K_I \cdot K_S \cdot T_2}{j}}{j \cdot \frac{T_1}{T_2}} = \frac{K_I \cdot K_S \cdot T_2{}^2}{j^2 \cdot T_1} = -\frac{K_I \cdot K_S \cdot T_2{}^2}{T_1};$$

mit $j^2 = -1$.

Damit erhält man als Betrag:

$$F_R \cdot F_S(\omega = \frac{1}{T_2}) = \frac{K_I \cdot K_S \cdot T_2{}^2}{T_1};$$

dieser Betrag muß kleiner als 1 sein, damit das System stabil ist.

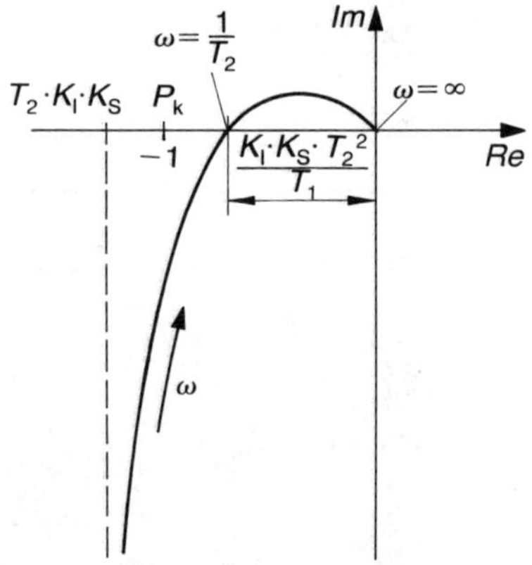

Bild 7.17 $-\underline{F}_0$-Ortskurve

Unter dieser Bedingung kann der Einstellbereich von K_I bestimmt werden:

$$\frac{K_I \cdot K_S \cdot T_2^2}{T_1} < 1 \Longrightarrow K_I < \frac{T_1}{K_S \cdot T_2^2}$$

Der gleiche Zusammenhang für K_I ergibt sich auch, wenn die $-\underline{F}_0$-Ortskurve betrachtet wird (Bild 7.17). Die Konstruktion der Kurve wird nicht näher behandelt. Zu beachten ist, daß der kritische Punkt der Punkt -1 ist! Er muß beim Durchlaufen der Ortskurve mit wachsender Frequenz links von der Kurve liegen. Das ist der Fall, solange K_I die oben hergeleitete Bedingung erfüllt.

Dies ist die Bedingung für Stabilität. Aus der in Abschnitt 6.4.1.1 behandelten Forderung nach ausreichender Stabilitätsgüte ergibt sich eine härtere Bedingung für K_I. Ausreichende Stabilitätsgüte ist gegeben, wenn der Amplitudenrand A_{Rd} größer ist als 2. Das ist erfüllt, wenn die $-\underline{F}_0$-Ortskurve die reelle Achse bei $-0{,}5$ oder rechts davon schneidet. Damit ergibt sich folgende Bedingung für K_I:

$$\frac{K_I \cdot K_S \cdot T_2^2}{T_1} < 0{,}5 \Longrightarrow K_I < 0{,}5 \cdot \frac{T_1}{K_S \cdot T_2^2}$$

7.1.3.3 P-T$_2$-Strecke mit PI-Regler

Wesentlich besseres Regelverhalten als mit einem I-Regler erhält man bei PI-Regelung. Es kommt aber immer noch zu einem größeren Überschwingen als mit einem P-Regler. Außerdem ist die Regelung viel langsamer als mit P-Regler. Gegenüber diesem hat der PI-Regler den Vorteil, ohne bleibende Regeldifferenz zu arbeiten. Bei zu groß gewähltem K_I oder K_R ist wieder die Gefahr der Instabilität gegeben, was sich sehr leicht am Bode-Diagramm erkennen läßt, worauf hier aber wegen der Ähnlichkeit mit dem Diagramm des I-Reglers verzichtet werden soll.

7.1.3.4 P-T$_2$-Strecke mit PD-Regler

Bezüglich Regelgeschwindigkeit und Überschwingverhalten ist der PD-Regler wesentlich besser als der I- oder PI-Regler, allerdings ergibt sich wieder die gleiche bleibende Regeldifferenz wie beim P-Regler:

$$e_b = \frac{1}{1 + K_R \cdot K_S} \cdot w_0$$

Das Ergebnis ist nicht überraschend, da der D-Anteil nur bei einer Änderung der Eingangsgröße wirksam ist und im Beharrungszustand seine Wirkung verliert. Somit hängt die bleibende Regeldifferenz nur von K_R ab.

Aber auf die Dämpfung des Systems hat der D-Anteil großen Einfluß. Der Dämpfungsgrad läßt sich berechnen zu

$$D^* = \frac{T_1 + K_D \cdot K_S}{2 \cdot T_2 \cdot \sqrt{1 + K_R \cdot K_S}};$$

er wird mit zunehmendem K_D größer.

Dadurch wird zwar das Führungsverhalten verbessert, durch ein großes K_D wird aber das Störverhalten verschlechtert, das Ausregeln von Störungen wird länger dauern.

Ein Kompromiß, der ein befriedigendes Führungs- und Störverhalten liefert, wird erreicht für:

$$D^* = \frac{1}{\sqrt{2}}$$

Bild 7.18 Phasengang

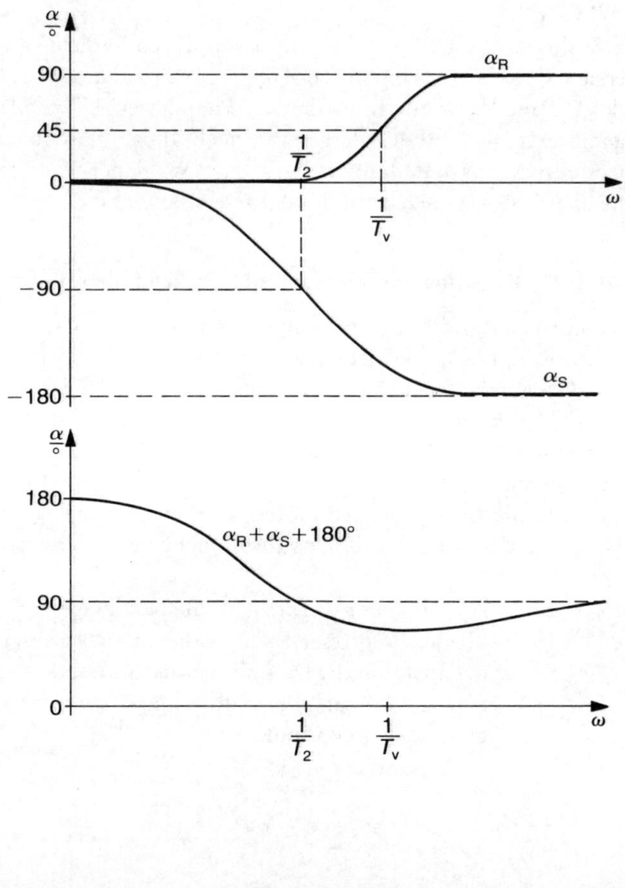

Stabilität

Der D-Anteil bewirkt eine Phasendrehung von +90°, so daß sich keine kritische Phasenlage von 0° ergeben kann wie beim I- oder PI-Glied. Mit dem PD-Regler gibt es also keine Probleme bezüglich der Stabilität.

In Bild 7.18 sind die Phasengänge von Regler, Strecke und Gesamtsystem gezeichnet.

7.1.3.5 P-T_2-Strecke mit PID-Regler

Optimal zur Regelung einer P-T_2-Strecke ist der PID-Regler. Durch den I-Anteil tritt sowohl beim Führungs- als auch beim Störverhalten keine bleibende Regeldifferenz auf. Bezüglich Überschwingweite und Regelzeit erreicht der PID-Regler die guten Werte des P-Reglers. Nachteilig ist die schwierige Einstellung seiner Parameter. Sie kann wie bei verzögerten Strecken mit Verzugs- und Ausgleichszeit nach einem Näherungsverfahren erfolgen. Auf diese Verfahren wird im nächsten Abschnitt eingegangen.

Stabilität

Zur Stabilitätsuntersuchung wird der Phasengang des Bode-Diagramms betrachtet (Bild 7.19).

Sollte das System instabil sein, kann durch Vergrößern von T_n und T_v Stabilität erzielt werden. Dies entspricht einer Schwächung des I-Anteils und einer Stärkung des D-Anteils. Dadurch werden die Frequenzen $1/T_n$ und $1/T_v$ kleiner, die Phasengangkurve des PID-Reglers wird nach links verschoben. Der Phasengang des Gesamtsystems hat dann bei richtiger Wahl der Parameter keine Schnittpunkte mehr mit der 0°-Achse, und das System ist stabil.

7.1.4 Regelung von verzögerten Strecken höherer Ordnung

Regelstrecken höherer Ordnung lassen sich durch Übertragungsbeiwert K_S, Verzugszeit T_u und Ausgleichszeit T_g mit genügender Genauigkeit beschreiben. Diese drei Größen lassen sich aus der Sprungantwort der Strecke ermitteln, wie Bild 7.20 zeigt. Mit ihnen kann die optimale Einstellung für die verschiedenen Reglertypen näherungsweise berechnet werden. Eine eventuell vorhandene Totzeit wird der Verzugszeit zugerechnet.

Bevor die Einstellungsverfahren vorgestellt werden, sollen erst noch Vor- und Nachteile der einzelnen Regler zusammengefaßt werden:

P-Regler: schnell, aber verursacht bleibende Regeldifferenz; sie wird um so kleiner, je größer K_R ist. Aber bei zu großem K_R besteht die Gefahr der Instabilität. Deshalb ist die bleibende Regeldifferenz im allgemeinen größer als bei P-Regelung einer P-T_1-Strecke, da K_R kleiner gewählt werden muß.

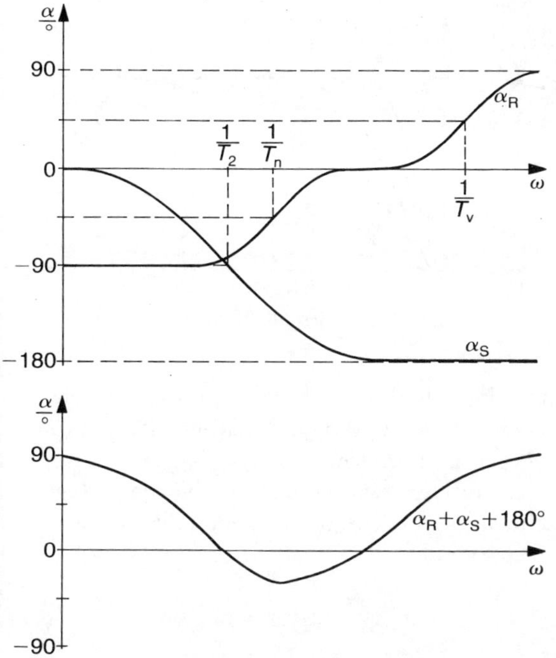

Bild 7.19 Phasengang

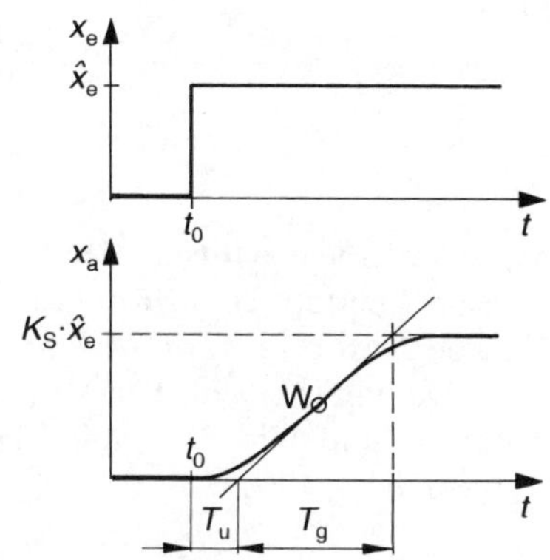

Bild 7.20 T_n-Strecke: Sprungantwort

PD-Regler: erlaubt größeres K_R als der P-Regler, ohne daß das System instabil wird. Verantwortlich dafür ist die Phasendrehung des D-Anteils um +90°. Daher gibt es mit PD-Regler kleinere bleibende Regeldifferenzen als mit P-Regler. Bei langsamen Änderungen von Führungs- oder Störgröße reagiert er schneller als der P-Regler.

I-Regler: beseitigt die Regeldifferenz. Sehr langsam. Führt zu Überschwingen.

PI-Regler: erzeugt ebenfalls keine bleibende Regeldifferenz. Schneller als I-Regler.

PID-Regler: schneller als PI-Regler. Der D-Anteil erlaubt ein größeres K_I als beim PI-Regler, ohne daß das System instabil wird. Dadurch wird die Regeldifferenz schneller ausgeregelt als vom PI-Regler. Der I-Anteil erlaubt ein größeres K_D, dadurch reagiert er bei langsamen Änderungen schneller als der PD-Regler. Die optimale Parametereinstellung ist sehr schwierig.

7.1.4.1 Reglereinstellung bei verzögerten Strecken höherer Ordnung

Für die Reglerparameter ergeben sich unterschiedliche Werte – je nachdem, ob das Führungs- oder das Störverhalten optimiert werden soll. Denn ein Regelkreis ist unterschiedlich einzustellen, wenn er eine Störung möglichst rasch ausgleichen oder einem Führungsbefehl möglichst getreu und schnell folgen soll. Bei letzterem müssen kleinere Nachstellzeiten gewählt werden. Dies bewirkt einen stärkeren Einfluß des I-Anteils.

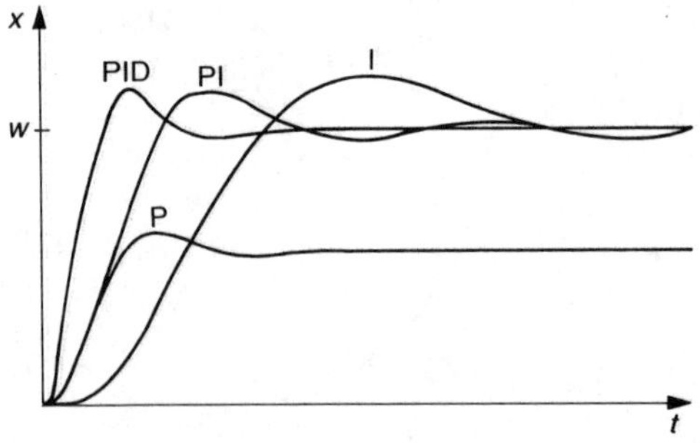

Bild 7.21 Verläufe mit Überschwingen

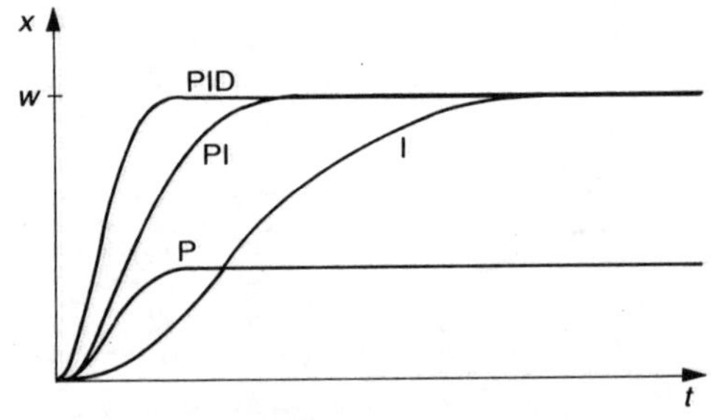

Bild 7.22 Aperiodische Verläufe

Außerdem wird bei der Parametereinstellung berücksichtigt, ob der Regelvorgang aperiodisch oder mit 20 % Überschwingung verlaufen soll. Beim Verlauf mit Überschwingen wird die kürzeste Anregelzeit erreicht.

Die unterschiedlichen Verläufe der Sprungantworten mit verschiedenen Reglertypen sind Bild 7.21 (mit Überschwingen) bzw. Bild 7.22 (aperiodisch) zu entnehmen.

Einstellung nach CHR

Nach Chien, Hrones und Reswick (CHR) ist ein Näherungsverfahren benannt, mit dessen Hilfe die Reglerparameter berechnet werden können, wenn die Parameter der Strecke bekannt sind. Diese Parameter K_S, T_u und T_g können empirisch über die Sprungantwort ermittelt werden, so daß dieses Verfahren gerade für Praktiker interessant ist.

Reglertyp		Aperiodischer Regelvorgang mit kürzester Dauer		20 % Überschwingen mit kleinster Schwingungsdauer	
		Führung	Störung	Führung	Störung
P-Regler	K_P	$0{,}3 \cdot \frac{T_g}{T_u \cdot K_S}$		$0{,}7 \cdot \frac{T_g}{T_u \cdot K_S}$	
PI-Regler	K_P	$0{,}35 \cdot \frac{T_g}{T_u \cdot K_S}$	$0{,}6 \cdot \frac{T_g}{T_u \cdot K_S}$	$0{,}6 \cdot \frac{T_g}{T_u \cdot K_S}$	$0{,}7 \cdot \frac{T_g}{T_u \cdot K_S}$
	T_n	$1{,}2 \cdot T_g$	$4 \cdot T_u$	$1 \cdot T_g$	$2{,}3 \cdot T_u$
PID-Regler	K_P	$0{,}6 \cdot \frac{T_g}{T_u \cdot K_S}$	$0{,}95 \cdot \frac{T_g}{T_u \cdot K_S}$	$0{,}95 \cdot \frac{T_g}{T_u \cdot K_S}$	$1{,}2 \cdot \frac{T_g}{T_u \cdot K_S}$
	T_n	$1 \cdot T_g$	$2{,}4 \cdot T_u$	$1{,}35 \cdot T_g$	$2 \cdot T_u$
	T_v	$0{,}5 \cdot T_u$	$0{,}42 \cdot T_u$	$0{,}47 \cdot T_u$	$0{,}42 \cdot T_u$

Einstellung nach Ziegler und Nichols

Ziegler und Nichols haben ein experimentelles Näherungsverfahren für die Reglereinstellung entwickelt, das sich anbietet, wenn die Kenngrößen der Strecke unbekannt und nicht oder nur schwer zu ermitteln sind. Voraussetzung für dieses Verfahren ist, daß das System zum Schwingen angeregt werden kann. Dazu wird der Regler zuerst als P-Regler eingestellt. Eventuell vorhandener I- und D-Anteil wird abgeschaltet, indem $T_n = \infty$ (!) und $T_v = 0$ gesetzt werden. Jetzt wird das K_R des Reglers so lange vergrößert, bis der Regelkreis bei einer Sollwertänderung gerade ungedämpfte Schwingungen ausführt, also bis das System sich an der Stabilitätsgrenze befindet. Der dabei eingestellte Proportionalbeiwert wird mit K_{RKr} (Kr ≙ «kritisch») bezeichnet. Außerdem muß die Schwingungsdauer T_{Kr} dieser Dauerschwingungen bestimmt werden. Mit K_{RKr} und T_{Kr} lassen sich dann die Kenngrößen für verschiedene Reglertypen wie folgt bestimmen:

P-Regler: $K_R = 0{,}5 \cdot K_{RKr}$

PD-Regler: $K_R = 0{,}8 \cdot K_{RKr}$
$T_v = 0{,}12 \cdot T_{Kr}$

PI-Regler: $K_R = 0{,}45 \cdot K_{RKr}$
$T_n = 0{,}83 \cdot T_{Kr}$

PID-Regler: $K_R = 0{,}6 \cdot K_{RKr}$
$T_n = 0{,}5 \cdot T_{Kr}$
$T_v = 0{,}125 \cdot T_{Kr}$

Der Vorteil dieser praktischen Einstellkriterien besteht darin, daß kein mathematischer Aufwand notwendig ist, der bei Strecken höherer Ordnung ungleich größer wäre als bei den einfachen betrachteten Beispielen. Die erzielten Ergebnisse sind jedoch nur als Näherungswerte zu verstehen. Die Reglereinstellung ist den Anforderungen des jeweiligen Systems entsprechend noch zu optimieren.

7.1.4.2 Kontrolle der Optimierung

Man kann nicht erwarten, daß der Regelkreis nach der ersten Parametereinstellung bereits optimal arbeitet. Besonders bei «schwer regelbaren» Strecken mit $T_g/T_u < 3$ muß meist nachjustiert werden. Die Sprungantwort der Regelgröße auf eine Führungsgrößenänderung zeigt Fehlanpassungen der Reglerparameter recht deutlich. Aus den sich ergebenden Einschwingvorgängen können Rückschlüsse auf notwendige Korrekturen gezogen werden. Dabei werden meistens T_v und T_n gemeinsam verändert.

In den gezeichneten Beispielen in Bild 7.23 wird PID-Regelung angenommen.

1. Der I-Anteil wirkt zu stark, der D-Anteil zu schwach: T_v und T_n größer wählen.
2. Der I-Anteil ist zu schwach, der D-Anteil zu stark: T_v und T_n kleiner wählen.
3. Der P-Anteil ist zu schwach: K_P größer wählen.
4. Der P-Anteil ist zu stark: K_P kleiner wählen.
5. Optimale Reglereinstellung!

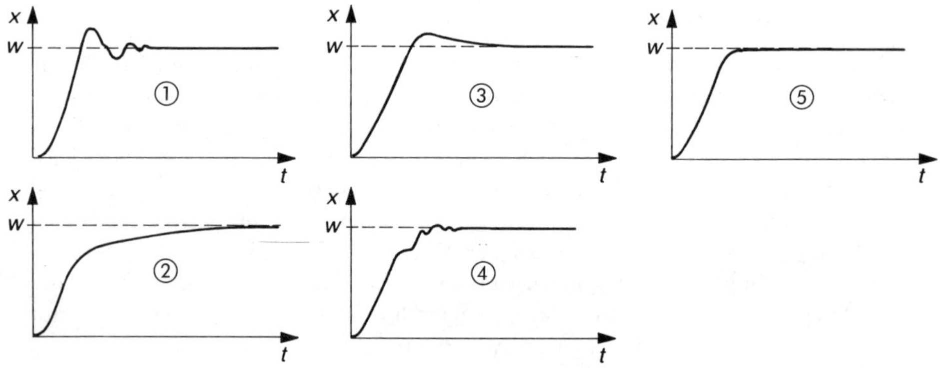

Bild 7.23 Kontrolle der Optimierung

Übung 27

Eine Regelstrecke mit nebenstehender Sprungantwort soll geregelt werden (Bild Übung 27).

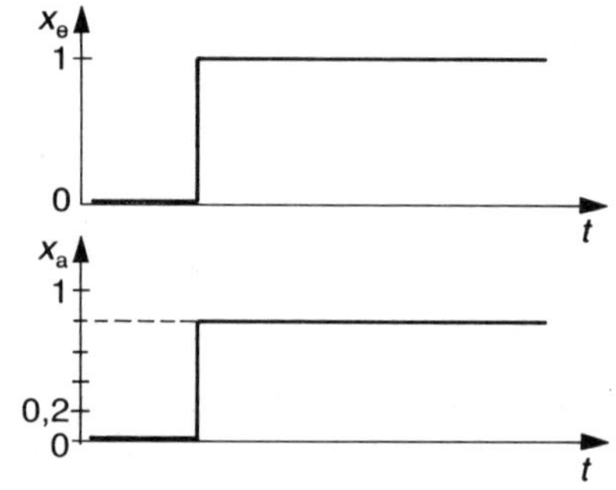

Bild Übung 27

a) Gewählt wird ein idealer P-Regler mit $K_P = 11{,}25$.
Das System wird zur Zeit $t_0 = 0$ s mit einem Sollwertsprung $w = 2$ angeregt. Bestimmen Sie

☐ die Ausgangsgröße des Systems,
☐ die bleibende Regeldifferenz!

Zur Zeit $t_1 = 4$ s tritt eine Störung mit $z = 1$ auf. Wie groß ist die störungsbedingte Änderung der Ausgangsgröße?
Zeichnen Sie den Verlauf der Ausgangsgröße!

b) Gewählt wird ein idealer I-Regler mit $K_I = 2{,}5\ \text{s}^{-1}$. Sollwert und Störung seien die gleichen wie bei Teil a der Aufgabe. Bestimmen Sie für dieses System

☐ die bleibende Regeldifferenz,
☐ die Änderung der Ausgangsgröße direkt nach Auftreten der Störung!

Welches Verhalten zeigt das System bei Anregung mit

☐ Sollwertsprung?
☐ Störgrößensprung?

Ermitteln Sie die nötigen Parameter, und zeichnen Sie den Verlauf der Regelgröße!

c) Gewählt wird ein PI-Regler mit $K_I = 2{,}5\ \text{s}^{-1}$ und $K_R = 5$. Bestimmen Sie den Verlauf der Regelgröße bei gleicher Sollwertanregung wie bei a und b! Die Störung mit $z = 1$ tritt nach $t_1 = 25$ s auf.

Übung 28

Eine P-T_1-Strecke mit $K_S = 0{,}8$ und $T_S = 1$ s soll geregelt werden.

a) Gewählt wird ein P-Regler mit $K_R = 5$. Zur Zeit $t_0 = 0$ s erfolgt ein Sollwertsprung auf $w = 2$; zur Zeit $t_1 = 3$ s erfolgt ein Störgrößensprung mit $\Delta z = 1$. Ermitteln Sie den Verlauf der Regelgröße!

b) 1. Gewählt wird ein I-Regler mit $K_I = 1\ \text{s}^{-1}$.
   2. Gewählt wird ein PI-Regler mit $K_I = 1\ \text{s}^{-1}$ und $K_R = 2{,}5$.

Mit welchem Regler führt das System Schwingungen aus?
Bestimmen Sie jeweils die bleibende Regeldifferenz!

Übung 29

Eine Strecke mit folgender Übertragungsfunktion soll geregelt werden:

$$\underline{F}_S = \frac{0{,}8}{1 - 4\ \text{s}^2 \cdot \omega^2 + \text{j} \cdot \omega \cdot 2{,}8\ \text{s}}.$$

Es wird dazu ein I-Regler mit $K_I = 1\ \text{s}^{-1}$ gewählt. Untersuchen Sie anhand des Bode-Diagramms, ob das System stabil ist.
Wie müßte die Reglereinstellung geändert werden, damit das System stabil wird?

Übung 30

Die Parameter eines PID-Reglers sind auf folgende Werte eingestellt:
$K_P = 10$; $T_n = \infty$; $T_v = 0$.
Der Regelkreis führt damit Dauerschwingungen aus mit einer Periodendauer von 2 s. Nach welchem Einstellkriterium lassen sich geeignete Parameter berechnen? Berechnen Sie sie für P-, PI- und PID-Regelung!

Übung 31

Eine Regelstrecke reagiert auf einen Sollwertsprung mit der Sprungantwort gemäß Bild Übung 31.

- ☐ Ermitteln Sie aus der Sprungantwort die Streckenparameter!
- ☐ Bestimmen Sie damit die Parameter für einen PID-Regler, der an dieser Strecke Störungen so ausregelt, daß es zu 20 % Überschwingen mit kleinster Schwingungsdauer führt!

Bild Übung 31

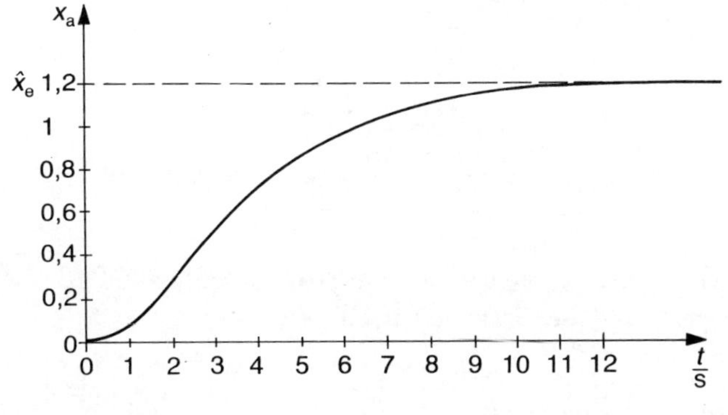

7.2 Strecken ohne Ausgleich

Strecken ohne Ausgleich sind I-Strecken mit oder ohne Zeitverzögerungen.

7.2.1 Regelung einer I-Strecke

I-Strecken sind zum Beispiel Füllstandsregelstrecken oder bestimmte Positionierregelstrecken. Sie erreichen ohne Regler keinen Beharrungswert und reagieren sehr langsam. Deshalb ist der langsame I-Regler zum Regeln von I-Strecken ungeeignet. Sowohl der Regler als auch die Strecke bewirken eine Phasendrehung von $-90°$, was zusammen eine Mitkopplung ergibt, die Dauerschwingungen bewirkt.

Keine Stabilitätsprobleme gibt es dagegen mit einem P- oder PI-Regler. Der P-Regler kann allerdings bestimmte Störungen nicht vollständig ausregeln.

Da die I-Strecke langsam reagiert, bringt ein zusätzlicher D-Anteil im Regler keine Vorteile. Bei verzögerten I-Strecken allerdings ist ein D-Anteil sinnvoll, wie gezeigt wird.

7.2.1.1 I-Strecke mit P-Regler

Das Verhalten des P-Reglers an einer I-Strecke läßt sich wieder sehr einfach berechnen. Das Führungsverhalten führt zum gleichen Ergebnis wie der I-Regler an einer P-Strecke, da bei einer Reihenschaltung bekanntlich die Blöcke vertauscht werden können.

Führungsverhalten

Auch hierbei wird von den Übertragungsfunktionen von Regler und Strecke ausgegangen:

$$\underline{F}_R = K_R \quad \text{und} \quad \underline{F}_S = \frac{K_{IS}}{j \cdot \omega};$$

K_{IS} ist der Integrierbeiwert der Strecke $\triangleq K_I$.

Damit ergibt sich als Führungsverhalten für $z = 0$:

$$\underline{F}_w = \frac{x}{w} = \frac{1}{\dfrac{1}{\underline{F}_R \cdot \underline{F}_S} + 1}; \text{ es gilt } \frac{1}{\underline{F}_R \cdot \underline{F}_S} = \frac{j \cdot \omega}{K_R \cdot K_{IS}}$$

$$\underline{F}_w = \frac{1}{1 + j \cdot \omega \cdot \dfrac{1}{K_R \cdot K_{IS}}} \triangleq \frac{1}{1 + j \cdot \omega \cdot T_1}$$

Das Führungsverhalten zeigt T_1-Verhalten. Die Regelgröße x strebt mit der Verzögerung T_1 dem Endwert w zu:

$$T_1 = \frac{1}{K_R \cdot K_{IS}}$$

Eine bleibende Regeldifferenz tritt nicht auf!

Störverhalten

Das Störverhalten nimmt nach entsprechender Umformung folgende Form an:

$$\underline{F}_z = \frac{x}{z} = \frac{\underline{F}_S}{1 + \underline{F}_R \cdot \underline{F}_S} = \frac{\frac{1}{K_R}}{1 + j \cdot \omega \cdot \frac{1}{K_R \cdot K_{IS}}} \mathrel{\hat{=}} \frac{K_P}{1 + j \cdot \omega \cdot T_1}$$

Damit wird nach einer Störung Δz die Regelgröße x geändert um

$$\Delta x = \frac{1}{K_R} \cdot \Delta z.$$

Störungen werden also nicht ganz ausgeregelt. Theoretisch kann zwar K_R beliebig groß gewählt werden, ohne daß das System instabil wird. Aber in der Praxis sind immer noch Verzögerungen vorhanden, so daß der Regelkreis schon bei endlichen Werten von K_R instabil wird.

Beim Störverhalten ergibt sich die gleiche Verzögerung wie beim Führungsverhalten:

$$T_1 = \frac{1}{K_R \cdot K_{IS}}$$

Störungen, die im Regelkreis hinter der I-Strecke einwirken, werden von einem P-Regler vollständig ausgeregelt. Das System reagiert auf solche Störungen mit D-T_1-Verhalten. Darauf soll hier aber nicht weiter eingegangen werden.

Stabilität

Das System aus I-Strecke mit P-Regler ist grundsätzlich stabil, wie die $-\underline{F}_0$-Ortskurve zeigt (Bild 7.24):

$$-\underline{F}_0 = \underline{F}_R \cdot \underline{F}_S = -j \cdot \frac{K_R \cdot K_{IS}}{\omega}$$

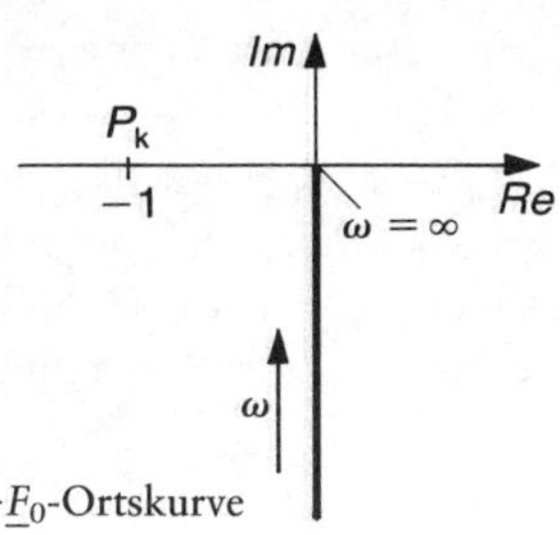

Bild 7.24 $-\underline{F}_0$-Ortskurve

7.2.1.2 I-Strecke mit I-Regler

Führungsverhalten

$$\underline{F}_R = \frac{K_{IR}}{j \cdot \omega} \quad \text{und} \quad \underline{F}_S = \frac{K_{IS}}{j \cdot \omega};$$

damit wird $\dfrac{1}{\underline{F}_R \cdot \underline{F}_S} = \dfrac{(j \cdot \omega)^2}{K_{IR} \cdot K_{IS}} = -\dfrac{\omega^2}{K_{IR} \cdot K_{IS}}$

$$\underline{F}_w = \frac{x}{w} = \frac{1}{\frac{1}{\underline{F}_R \cdot \underline{F}_S} + 1}$$

$$\underline{F}_W = \frac{1}{1 - \omega^2 \cdot \frac{1}{K_{IR} \cdot K_{IS}}} \mathrel{\hat{=}} \frac{1}{1 - T_2{}^2 \cdot \omega^2 + j \cdot \omega \cdot T_1}$$

Dies entspricht der Übertragungsfunktion eines T_2-Gliedes mit $T_1 = 0$, so daß der Dämpfungsgrad D zu Null wird. Das System führt somit ungedämpfte Dauerschwingungen aus, es befindet sich an der Stabilitätsgrenze. Der I-Regler ist also nicht brauchbar zur Regelung einer I-Strecke! Aus diesem Grund kann auf die Betrachtung des Störverhaltens verzichtet werden.

7.2.1.3 I-Strecke mit PI-Regler

$$\underline{F}_R = K_R + \frac{K_{IR}}{j \cdot \omega}; \quad \underline{F}_S = \frac{K_{IS}}{j \cdot \omega}$$

Führungsverhalten

Die Berechnung des Führungsverhaltens ergibt nach erfolgter Umformung:

$$\underline{F}_w = \frac{x}{w} = \frac{1 + j \cdot \omega \cdot \dfrac{K_R}{K_{IR}}}{1 - \omega^2 \cdot \dfrac{1}{K_{IR} \cdot K_{IS}} + j \cdot \omega \cdot \dfrac{K_R}{K_{IR}}}$$

$$\triangleq \frac{1 + j \cdot \omega \cdot K_D}{1 - \omega^2 \cdot {T_2}^2 + j \cdot \omega \cdot T_1}$$

Dies entspricht PD-T_2-Verhalten mit dem Dämpfungsgrad:

$$D = \frac{T_1}{2 \cdot T_2} = \frac{1}{2} \cdot K_R \cdot \sqrt{\frac{K_{IS}}{K_{IR}}}$$

$$\left(\text{Es ist } T_1 = \frac{K_R}{K_{IR}} \quad \text{und} \quad T_2 = \frac{1}{\sqrt{K_{IR} \cdot K_{IS}}}\right)$$

Je größer K_R, desto stärker wird die Dämpfung. Mit einem PI-Regler kann das System nur noch aperiodische oder gedämpfte Schwingungen ausführen, da D immer größer ist als Null. Die bleibende Regeldifferenz wird Null, wie die Berechnung des Beharrungswertes zeigt:

$$\omega = 0 \Longrightarrow \underline{F}_w = 1 \Longrightarrow e_b = 0$$

Störverhalten

$$\underline{F}_z = \frac{\underline{F}_S}{1 + \underline{F}_R \cdot \underline{F}_S} = \frac{\dfrac{K_{IS}}{j \cdot \omega}}{1 + \left(K_R + \dfrac{K_{IR}}{j \cdot \omega}\right) \cdot \dfrac{K_{IS}}{j \cdot \omega}}$$

Daraus ergibt sich nach entsprechender Umformung als Störverhalten:

$$\underline{F}_z = \frac{j \cdot \omega \cdot \frac{1}{K_{IR}}}{1 - \omega^2 \cdot \frac{1}{K_{IR} \cdot K_{IS}} + j \cdot \omega \cdot \frac{K_R}{K_{IR}}}$$

$$\triangleq \frac{j \cdot \omega \cdot K_D}{1 - \omega^2 \cdot T_2^2 + j \cdot \omega \cdot T_1}$$

Auf Störungen reagiert das System demnach mit D-T_2-Verhalten. Man erhält die gleichen Zeitkonstanten und damit auch die gleiche Dämpfung wie beim Führungsverhalten.

Stabilität

Das System aus I-Strecke mit PI-Regler ist stabil, wie sein Phasengang in Bild 7.25 zeigt.

Bild 7.25 Phasengang

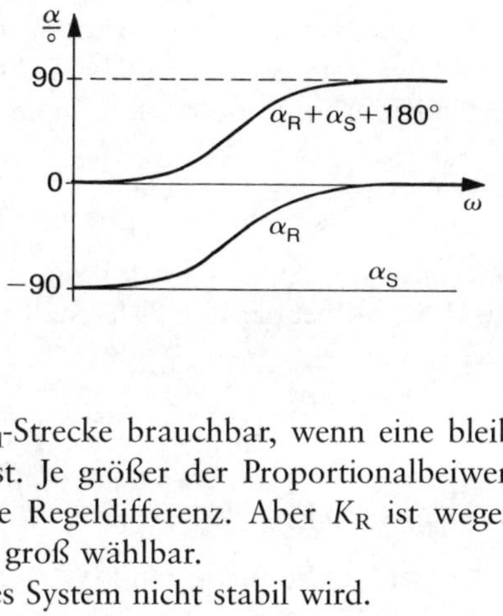

7.2.2 Regelung einer I-T_1-Strecke

Ein P-Regler ist zur Regelung einer I-T_1-Strecke brauchbar, wenn eine bleibende Regeldifferenz bei Störungen zulässig ist. Je größer der Proportionalbeiwert des Reglers K_R ist, desto kleiner wird diese Regeldifferenz. Aber K_R ist wegen der Forderung nach Stabilität nicht beliebig groß wählbar.

Unbrauchbar ist ein I-Regler, da dieses System nicht stabil wird.

Geeignete Regler sind PI- und PID-Regler, die ohne bleibende Regeldifferenz arbeiten.

Ein geeigneter Regler für eine Strecke mit I-T_1-Verhalten ist auch ein PD-Regler. Der D-Anteil des Reglers kompensiert bei entsprechender Wahl seines Parameters K_D (bzw. T_v) den Verzögerungsanteil der Strecke. Dies läßt sich erkennen, wenn man die Übertragungsfunktionen $\underline{F}_R$ und $\underline{F}_S$ betrachtet.

7.2.2.1 I-T_1-Strecke mit PD-Regler

$$\underline{F}_R = K_R \cdot (1 + j \cdot \omega \cdot T_v) \quad \text{und} \quad \underline{F}_S = \frac{K_{IS}}{j \cdot \omega} \cdot \frac{1}{(1 + j \cdot \omega \cdot T_1)}$$

Führungsverhalten

$$\underline{F}_R \cdot \underline{F}_S = \frac{K_R \cdot (1 + j \cdot \omega \cdot T_v) \cdot K_{IS}}{j \cdot \omega \cdot (1 + j \cdot \omega \cdot T_1)};$$

T_v ist der Parameter des D-Anteils des Reglers. Er wird so gewählt, daß gilt: $T_v = T_1$; dann wird

$$\underline{F}_R \cdot \underline{F}_S = \frac{K_R \cdot K_{IS}}{j \cdot \omega},$$

und man erhält als Führungsverhalten:

$$\underline{F}_w = \frac{1}{\dfrac{1}{\underline{F}_R \cdot \underline{F}_S} + 1} = \frac{1}{\dfrac{j \cdot \omega}{K_R \cdot K_{IS}} + 1}$$

$$= \frac{1}{1 + j \cdot \omega \cdot \dfrac{1}{K_R \cdot K_{IS}}} \mathrel{\widehat{=}} \frac{1}{1 + j \cdot \omega \cdot T_1}$$

Diese Beziehung gilt aber **nur, wenn $T_v = T_1$!**

Unter dieser Voraussetzung ($T_v = T_1$) reagiert das System mit T_1-Verhalten auf Sollwertänderungen. Seine Zeitkonstante beträgt:

$$T_1^* = \frac{1}{K_R \cdot K_{IS}}.$$

Je größer also K_R gewählt wird, desto kleiner wird die Verzögerungszeit T_1^* des Systems. Eine bleibende Regeldifferenz wird es wegen des I-Verhaltens der Strecke nicht geben:

$$\omega = 0 \Longrightarrow \underline{F}_w = 1 \Longrightarrow e_b = 0$$

Störverhalten

Unter der gleichen Voraussetzung ($T_v = T_1$) wird das Störverhalten betrachtet:

$$\underline{F}_z = \frac{\underline{F}_S}{1 + \underline{F}_R \cdot \underline{F}_S} = \frac{\dfrac{K_{IS}}{j \cdot \omega \cdot (1 + j \cdot \omega \cdot T_1)}}{1 + \dfrac{K_R \cdot K_{IS}}{j \cdot \omega}}$$

Daraus wird nach entsprechender Umformung:

$$\underline{F}_z = \frac{\dfrac{1}{K_R}}{1 - \omega^2 \cdot \dfrac{T_1}{K_R \cdot K_{IS}} + j \cdot \omega \cdot \left(\dfrac{1 + T_1 \cdot K_R \cdot K_{IS}}{K_R \cdot K_{IS}}\right)}$$

$$\mathrel{\widehat{=}} \frac{K_P}{1 - \omega^2 \cdot T_2^2 + j \cdot \omega \cdot T_1}$$

Das Störverhalten zeigt das Verhalten eines P-T_2-Gliedes mit folgenden Parametern:

$$K_P{}^* = \frac{1}{K_R};\ T_2{}^* = \sqrt{\frac{T_1}{K_R \cdot K_{IS}}};\ T_1{}^* = \frac{1 + T_1 \cdot K_R \cdot K_{IS}}{K_R \cdot K_{IS}}$$

Mit den Zeitkonstanten T_1^* und T_2^* kann die Dämpfung des Systems berechnet werden:

$$D^* = \frac{T_1^*}{2 \cdot T_2^*} = \frac{1 + T_1 \cdot K_R \cdot K_{IS}}{2 \cdot \sqrt{T_1 \cdot K_R \cdot K_{IS}}}$$

Der Nachteil des PD-Reglers besteht darin, daß er Störungen nicht exakt ausregelt, wie die Änderung der Regelgröße bei $\omega = 0$ zeigt:

$$\omega = 0 \Longrightarrow \underline{F}_z = \frac{\Delta x}{\Delta z} = \frac{1}{K_R} \Longrightarrow \Delta x = \frac{1}{K_R} \cdot \Delta z.$$

Je größer K_R gewählt wird, desto kleiner wird diese Änderung Δx. Es wird gleich am Bode-Diagramm gezeigt werden, daß das System keine Stabilitätsprobleme hat, so daß K_R möglichst groß gewählt werden sollte.

Bild 7.26 Phasengang

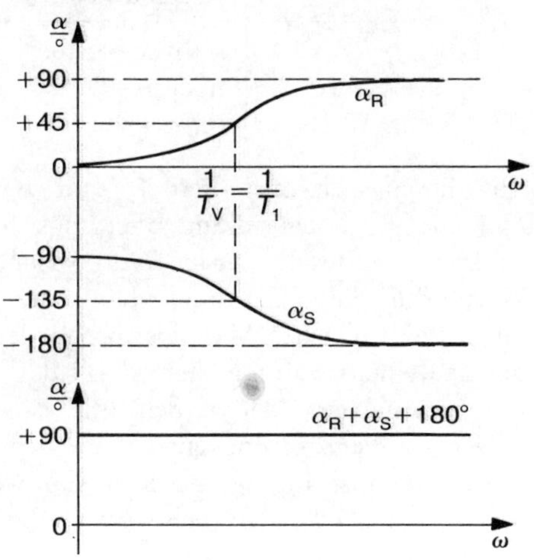

Stabilität

Der Phasengang des Bode-Diagramms in Bild 7.26 zeigt, daß das System einer I-T_1-Strecke mit PD-Regler grundsätzlich stabil ist. Also kann theoretisch der Proportionalbeiwert K_R des Reglers beliebig groß gewählt werden, ohne daß die Stabilität gefährdet wird.

Auf die Berechnung der Systeme, die von einer I-T_1-Strecke mit anderen Reglertypen gebildet werden, soll hier verzichtet werden. Statt dessen soll wieder ein Verfahren vorgestellt werden, nach dem die optimalen Einstellungen von P-, PI-

und PID-Reglern zur Regelung von verzögerten I-Strecken näherungsweise bestimmt werden können. Damit lassen sich auch die Reglerparameter für Strekken mit Verzögerungen höherer Ordnung berechnen.

7.2.3 Reglereinstellung bei verzögerten I-Strecken

Verzögerte Regelstrecken mit Ausgleich (P-T_n-Strecken) können näherungsweise mit den Parametern K_S, T_u und T_g beschrieben werden. Eine ähnliche Näherung läßt sich auch bei verzögerten I-Strecken anwenden. Dazu wird ihre Sprungantwort aufgenommen bei Anregung mit einem Eingangsgrößensprung der Höhe $\hat{x}_e$. Der Verlauf dieser Sprungantwort kann angenähert werden durch eine Verzugszeit und anschließendes unverzögertes I-Verhalten, wie Bild 7.27 zeigt. Zur Auswertung wird der lineare Teil der Kurve nach unten bis zum Schnittpunkt mit der Zeitachse verlängert. Daraus lassen sich die Verzugszeit T_u und die Integrationszeit T_{IS} bestimmen. Es gilt: $1/T_{IS} = K_{IS}$.

Wie bei verzögerten Regelstrecken mit Ausgleich (vgl. Abschnitte 3.4.2, 3.4.3) läßt sich auch bei verzögerten I-Strecken aus dem Verhältnis dieser Zeitkonstanten die Regelbarkeit der Strecke bestimmen:

T_{IS}/T_u	Regelbarkeit
< 3	schwer regelbar
3 ... 10	noch regelbar
> 10	gut regelbar

Mit diesen Zeitkonstanten T_u und T_{IS} (bzw. K_{IS}) können die Parameter für optimale Reglereinstellung allerdings noch nicht berechnet werden. Es muß zusätzlich ermittelt werden, von welchem Grad die Verzögerung ist. Für das Verständnis dieser Zusammenhänge werden die Sprungantworten von I-Gliedern mit 0 bis 3 gleichen Verzögerungsgliedern betrachtet. Diese I-T_n-Glieder können durch Reihenschaltung eines I-Gliedes mit n gleichen Verzögerungsgliedern 1. Ordnung nachgebildet werden (Bild 7.28).

Je mehr Verzögerungsglieder mit dem I-Glied in Reihe geschaltet sind, desto flacher verläuft anfangs die Sprungantwort. Der geradlinige Teil der Kurve wird um die Zeit $n \cdot T_S$ nach rechts verschoben. Zu erkennen ist an den Sprungantworten, daß gilt:

$$T_u = n \cdot T_S;$$

T_S ist die Zeitkonstante der einzelnen Verzögerungsglieder.

Die Sprungantwort eines I-T_n-Gliedes bei Anregung mit $\hat{x}_e$ wird wie folgt berechnet:

$$x_a = K_{IS} \cdot \hat{x}_e \cdot T_u \cdot \left[\frac{t}{T_u} - 1 + \left\{ \sum_{m=0}^{n-1} \frac{n-m}{m!} \cdot \left(\frac{n \cdot t}{T_u} \right)^m \right\} \cdot \frac{e^{-\frac{n \cdot t}{T_u}}}{n} \right]$$

Bild 7.27
I-T_n-Strecke:
Sprungantwort

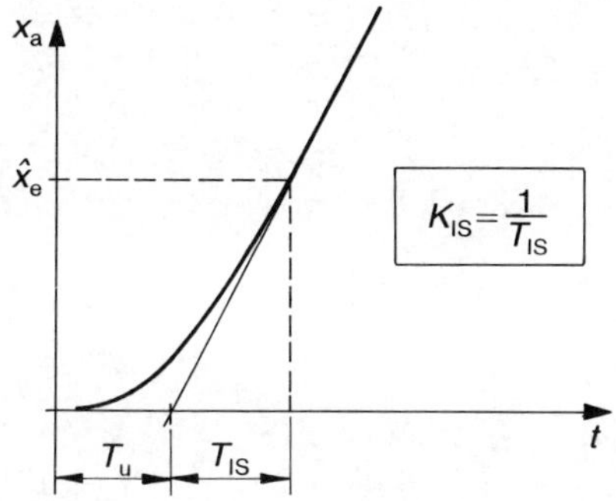

Hierbei bedeutet *m!* (gelesen «*m* Fakultät») das Produkt aller natürlichen Zahlen von 1 bis *m*:

z.B.: $2! = 1 \cdot 2 = 2$
$3! = 1 \cdot 2 \cdot 3 = 6$
$4! = 1 \cdot 2 \cdot 3 \cdot 4 = 24$
laut Definition ist $0! = 1$ und $1! = 1$

Damit können die Gleichungen zur Berechnung der Sprungantworten für I-T_n-Glieder bestimmt werden. Als Beispiele werden die Sprungantworten für I-T_1-, I-T_2- und I-T_3-Glieder berechnet:

Bild 7.28 I-T_n-Strecken:
Schaltung und
Sprungantwort

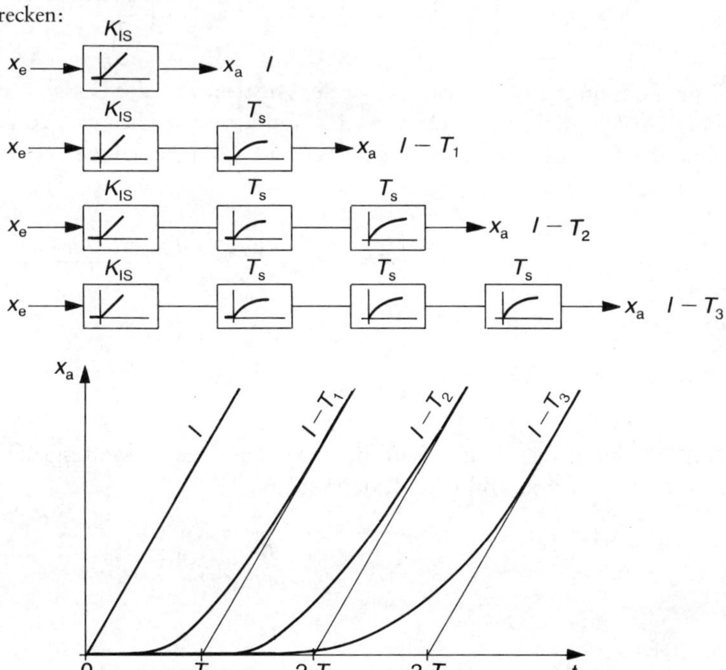

1. I-T_1-Glied; $n = 1$; $T_u = T_S$

$$x_a = K_{IS} \cdot \hat{x}_e \cdot T_u \cdot \left[\frac{t}{T_u} - 1 + \left\{1\right\} \cdot e^{-\frac{t}{T_u}}\right]$$

$$x_a = K_{IS} \cdot \hat{x}_e \cdot T_u \cdot \left[\frac{t}{T_u} - 1 + e^{-\frac{t}{T_u}}\right]$$

2. I-T_2-Glied: $n = 2$; $T_u = 2 \cdot T_S$

$$x_a = K_{IS} \cdot \hat{x}_e \cdot T_u \cdot \left[\frac{t}{T_u} - 1 + \left\{\frac{2-0}{0!} \cdot \left(\frac{2 \cdot t}{T_u}\right)^0 + \frac{2-1}{1!} \cdot \left(\frac{2 \cdot t}{T_u}\right)^1\right\} \cdot \frac{e^{-\frac{2 \cdot t}{T_u}}}{2}\right]$$

$$x_a = K_{IS} \cdot \hat{x}_e \cdot T_u \cdot \left[\frac{t}{T_u} - 1 + \left\{2 + \frac{2 \cdot t}{T_u}\right\} \cdot \frac{e^{-\frac{2 \cdot t}{T_u}}}{2}\right]$$

3. I-T_3-Glied: $n = 3$; $T_u = 3 \cdot T_S$

$$x_a = K_{IS} \cdot \hat{x}_e \cdot T_u \cdot \left[\frac{t}{T_u} - 1 + \left\{\frac{3-0}{0!} \cdot \left(\frac{3 \cdot t}{T_u}\right)^0 + \frac{3-1}{1!} \cdot \left(\frac{3 \cdot t}{T_u}\right)^1 + \frac{3-2}{2!} \cdot \left(\frac{3 \cdot t}{T_u}\right)^2\right\} \cdot \frac{e^{-\frac{3 \cdot t}{T_u}}}{3}\right]$$

$$x_a = K_{IS} \cdot \hat{x}_e \cdot T_u \cdot \left[\frac{t}{T_u} - 1 + \left\{3 + \frac{6 \cdot t}{T_u} + \frac{1}{2} \cdot \left(\frac{3 \cdot t}{T_u}\right)^2\right\} \cdot \frac{e^{-\frac{3 \cdot t}{T_u}}}{3}\right]$$

Zum Zeitpunkt $t = T_u = n \cdot T_S$ ist der Ausdruck in der eckigen Klammer jeweils eine Größe, die nur noch von der Zahl n der gleichen Verzögerungsglieder abhängt. Dies ist gut zu erkennen, wenn in der allgemeinen Form der Sprungantwort gesetzt wird $t = T_u$:

$$x_a(t{=}T_u) = K_{IS} \cdot \hat{x}_e \cdot T_u \cdot \left[\frac{T_u}{T_u} - 1 + \left\{\sum_{m=0}^{n-1} \frac{n-m}{m!} \cdot \left(\frac{n \cdot T_u}{T_u}\right)^m\right\} \cdot \frac{e^{-\frac{n \cdot T_u}{T_u}}}{n}\right]$$

$$x_a(t{=}T_u) = K_{IS} \cdot \hat{x}_e \cdot T_u \cdot \left[\left\{\sum_{m=0}^{n-1} \frac{n-m}{m!} \cdot (n)^m\right\} \cdot \frac{e^{-n}}{n}\right]$$

Darüber kann die Zahl n berechnet werden. Die Ausgangsgröße habe zur Zeit $t = T_u$ den Wert x_u (Bild 7.29), dann gilt:

$$x_a(t{=}T_u) = x_u \Longrightarrow \frac{x_u}{K_{IS} \cdot \hat{x}_e \cdot T_u} = f(n).$$

Bild 7.29 I-T_n-Strecke: Sprungantwort

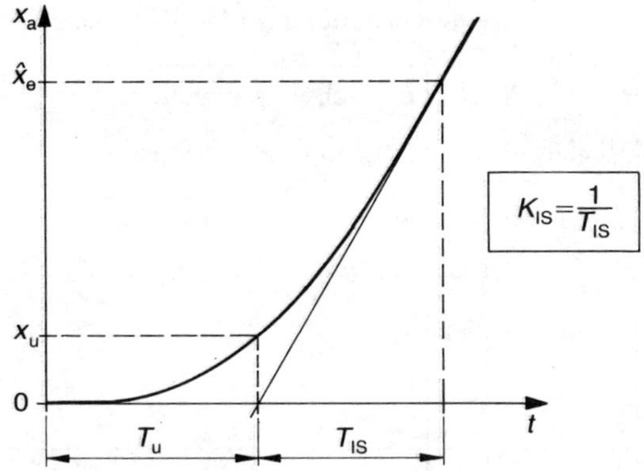

Den Zusammenhang zwischen diesem Ausdruck und der Zahl *n* zeigt die folgende Tabelle:

n	1	2	3	4	5	6	7	8
$\frac{x_u}{K_{IS} \cdot \hat{x}_e \cdot T_u}$	0,368	0,271	0,224	0,195	0,175	0,161	0,149	0,140

Mit den Streckenparametern T_S, K_{IS} und *n* kann die optimale Reglereinstellung berechnet werden. Es muß auch hierbei, wie schon beim CHR-Verfahren, unterschieden werden, ob das Führungs- oder das Störverhalten des Regelkreises optimiert werden soll. Außerdem gibt es Unterschiede in der Einstellung – je nachdem, ob der Regelverlauf mit oder ohne Schwingungen verlaufen soll. In beiden Fällen wird aber auf kürzeste Regelzeit Wert gelegt.

Auch diese Parameter sind nur Näherungswerte, sie müssen überprüft und eventuell nachjustiert werden (vgl. Abschnitt 7.1.4.2).

Der optimale Regler ist ein PID-Regler. Er hinterläßt weder bei Führungsgrößenänderung noch bei Störung eine bleibende Regeldifferenz. Den gleichen Vorteil hat zwar auch ein PI-Regler, dieser führt aber gegenüber dem PID-Regler zu größerem Überschwingen und ist wesentlich langsamer.

Ein P-Regler erzeugt wie der PD-Regler bei Führungsregelung wegen des I-Verhaltens der Strecke keine bleibende Regeldifferenz, wohl aber bei Störungen.

Die Verbesserung des Regelverhaltens durch einen D-Anteil im Regler kommt daher, daß durch den D-Anteil die Wirkung der Verzögerungsglieder der Strecke teilweise kompensiert wird. Dies wurde bereits ausführlich beim PD-Regler an einer I-T_1-Strecke gezeigt. Die Ordnung einer Verzögerung wird durch einen D-Anteil im Regler um eins vermindert.

7.2.3.1 Reglereinstellung für I-T_1-Strecke

Reglertyp		mit Schwingungen Führung	mit Schwingungen Störung	ohne Schwingungen Führung	ohne Schwingungen Störung
P	K_R	$1{,}5 \cdot \frac{1}{K_{IS} \cdot T_S}$	$1{,}5 \cdot \frac{1}{K_{IS} \cdot T_S}$ *	$0{,}48 \cdot \frac{1}{K_{IS} \cdot T_S}$	$1{,}05 \cdot \frac{1}{K_{IS} \cdot T_S}$ *
PI	K_R	$1{,}8 \cdot \frac{1}{K_{IS} \cdot T_S}$	$1{,}3 \cdot \frac{1}{K_{IS} \cdot T_S}$	$0{,}5 \cdot \frac{1}{K_{IS} \cdot T_S}$	$0{,}85 \cdot \frac{1}{K_{IS} \cdot T_S}$
	T_n	$4{,}5 \cdot T_S$	$2{,}6 \cdot T_S$	$16 \cdot T_S$	$4{,}1 \cdot T_S$
PID	K_R	$8 \cdot \frac{1}{K_{IS} \cdot T_S}$	$11{,}5 \cdot \frac{1}{K_{IS} \cdot T_S}$	$1{,}67 \cdot \frac{1}{K_{IS} \cdot T_S}$	$8{,}1 \cdot \frac{1}{K_{IS} \cdot T_S}$
	T_n	$4{,}2 \cdot T_S$	$0{,}72 \cdot T_S$	$4{,}2 \cdot T_S$	$1{,}1 \cdot T_S$
	T_v	$0{,}85 \cdot T_S$	$0{,}18 \cdot T_S$	$0{,}85 \cdot T_S$	$0{,}28 \cdot T_S$

* Ein P-Regler regelt Störungen nicht aus, er erzeugt eine bleibende Regeldifferenz!

7.2.3.2 Reglereinstellung für I-T_2-Strecke

Reglertyp		mit Schwingungen Führung	mit Schwingungen Störung	ohne Schwingungen Führung	ohne Schwingungen Störung
P	K_R	$0{,}44 \cdot \frac{1}{K_{IS} \cdot T_S}$	$0{,}5 \cdot \frac{1}{K_{IS} \cdot T_S}$ *	$0{,}21 \cdot \frac{1}{K_{IS} \cdot T_S}$	$0{,}35 \cdot \frac{1}{K_{IS} \cdot T_S}$ *
PI	K_R	$0{,}29 \cdot \frac{1}{K_{IS} \cdot T_S}$	$0{,}21 \cdot \frac{1}{K_{IS} \cdot T_S}$	$0{,}1 \cdot \frac{1}{K_{IS} \cdot T_S}$	$0{,}16 \cdot \frac{1}{K_{IS} \cdot T_S}$
	T_n	$6{,}2 \cdot T_S$	$5{,}8 \cdot T_S$	$16 \cdot T_S$	$16 \cdot T_S$
PID	K_R	$1{,}1 \cdot \frac{1}{K_{IS} \cdot T_S}$	$0{,}8 \cdot \frac{1}{K_{IS} \cdot T_S}$	$0{,}38 \cdot \frac{1}{K_{IS} \cdot T_S}$	$0{,}47 \cdot \frac{1}{K_{IS} \cdot T_S}$
	T_n	$7{,}9 \cdot T_S$	$3{,}3 \cdot T_S$	$10{,}1 \cdot T_S$	$6{,}2 \cdot T_S$
	T_v	$0{,}65 \cdot T_S$	$0{,}78 \cdot T_S$	$2 \cdot T_S$	$1{,}3 \cdot T_S$

* Ein P-Regler regelt Störungen nicht aus, er erzeugt eine bleibende Regeldifferenz!

Auf die Betrachtung von verzögerten I-Strecken höherer Ordnung soll in diesem Rahmen verzichtet werden. Ebenso soll nicht betrachtet werden, wie sich Verzögerungen mit unterschiedlichen Zeitkonstanten behandeln lassen.

Berechnungsbeispiel
Eine verzögerte I-Strecke soll geregelt werden! Die Auswertung ihrer Sprungantwort bei Anregung mit $\hat{x}_e = 1{,}5$ ergibt folgende Werte:

$$x_u = 0{,}03252; \quad T_u = 1\ \text{s}; \quad K_{IS} = 0{,}08\ \text{s}^{-1}.$$

Berechnen Sie die Parameter für P-, PI- und PID-Regler bei optimaler Führungsregelung; Schwingungen sind zulässig.

Lösung: Zuerst muß der Grad der Verzögerung bestimmt werden:

$$\frac{x_u}{K_{IS} \cdot T_u \cdot \hat{x}_e} \approx 0{,}271 \Longrightarrow n = 2 \text{ (laut Tabelle)} \Longrightarrow T_S = T_u/2 = 0{,}5\ \text{s}$$

P-Regler: $K_R = 0{,}44 \cdot \dfrac{1}{K_{IS} \cdot T_S} = 11$

PI-Regler: $K_R = 0{,}29 \cdot \dfrac{1}{K_{IS} \cdot T_S} = 7{,}25$
$T_n = 6{,}2 \cdot T_S = 3{,}1\ \text{s}$

PID-Regler: $K_R = 1{,}1 \cdot \dfrac{1}{K_{IS} \cdot T_S} = 27{,}5$
$T_n = 7{,}9 \cdot T_S = 3{,}95\ \text{s}$
$T_v = 0{,}65 \cdot T_S = 0{,}325\ \text{s}$

Übung 32

Eine Regelstrecke zeigt bei Anregung mit $\hat{x}_e = 1$ die nebenstehende Sprungantwort (Bild Übung 32). Die Tangente an den geradlinigen Teil der Kurve ist bereits eingezeichnet. Berechnen Sie die Parameter eines Reglers, der folgende Bedingungen erfüllen soll:

- ☐ keine bleibende Regeldifferenz, weder bei Führung noch bei Störung,
- ☐ optimales Störverhalten,
- ☐ kürzeste Regelzeit,
- ☐ keine Schwingungen.

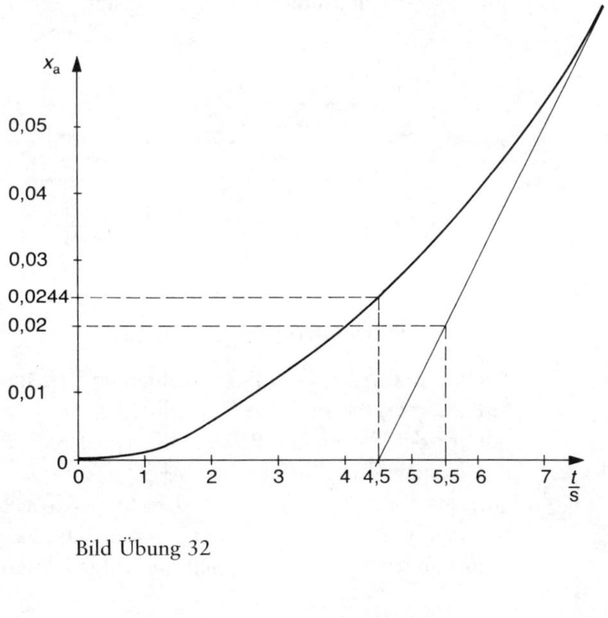

Bild Übung 32

7.3 Strecken mit Totzeit

7.3.1 Regelung einer Totzeit-Strecke

Ist bei einer Regelstrecke nur eine Totzeit vorhanden, so läßt sich der Regelvorgang leicht verfolgen. Bedingt durch die Totzeit treten bei P-, I- und PI-Regler Schwingungen auf. Wieder führt der P-Regler zu bleibenden Regeldifferenzen, die jetzt sogar besonders groß sind. K_R kann nämlich nur sehr klein gewählt werden, da sonst das System instabil wird.

Der I-Regler läßt solche bleibende Regeldifferenz nicht zu. Außerdem wird die Ausgangsgröße nicht wie beim P-Regler immer wieder sprungförmig verändert.

Ein zusätzlicher D-Anteil bringt keine Verbesserung des Regelverhaltens. Der durch die Totzeit entstandene Zeitverlust kann durch einen D-Anteil nicht wieder aufgeholt werden, da sich in der Strecke während der Totzeit nichts ändert. Dadurch bleibt auch die Regelgröße und damit die Regeldifferenz als Eingangsgröße des Reglers unverändert während der Totzeit. Der D-Anteil kann aber nur auf Veränderungen dieser Eingangsgröße reagieren.

7.3.1.1 Totzeit-Strecke mit P-Regler

Die Verhältnisse bei der Regelung einer T_t-Strecke mit einem P-Regler lassen sich am einfachsten an einem konkreten Beispiel erkennen.

Regler und Strecke haben die Parameter:

$$K_R = 1 \text{ und } K_S = 0{,}5.$$

Zur Zeit $t = 0$ ändere sich w sprungförmig von 0 auf $w_0 = 2$. Die Störgrößen z_1 und z_2 werden zunächst vernachlässigt (Bild 7.30).

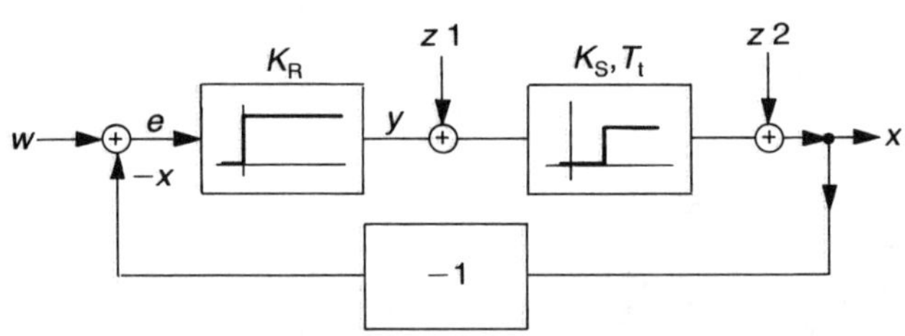

Bild 7.30 Regelkreis mit T_t-Strecke

Führungsverhalten

Nach Ablauf der Totzeit T_t springt die Regelgröße x auf $K_R \cdot K_S \cdot w_0 = 1$.

Damit ergibt sich die Regeldifferenz $e = w_0 - x = 1$. Sie wird wieder nach Ablauf der Totzeit die Regelgröße x auf $K_R \cdot K_S \cdot e = 0{,}5$ springen lassen.

Die neue Regeldifferenz wird jetzt $e = 2 - 0{,}5 = 1{,}5$. Nach der nächsten T_t springt x auf $K_R \cdot K_S \cdot e = 0{,}75$ usw. Zu sehen ist an diesem Beispiel, daß die Sprünge von x immer kleiner werden. Die Regelgröße x nähert sich immer mehr dem Beharrungswert, der sich wie folgt berechnen läßt:

Bild 7.31
Regelgröße bei verschiedenen K_R

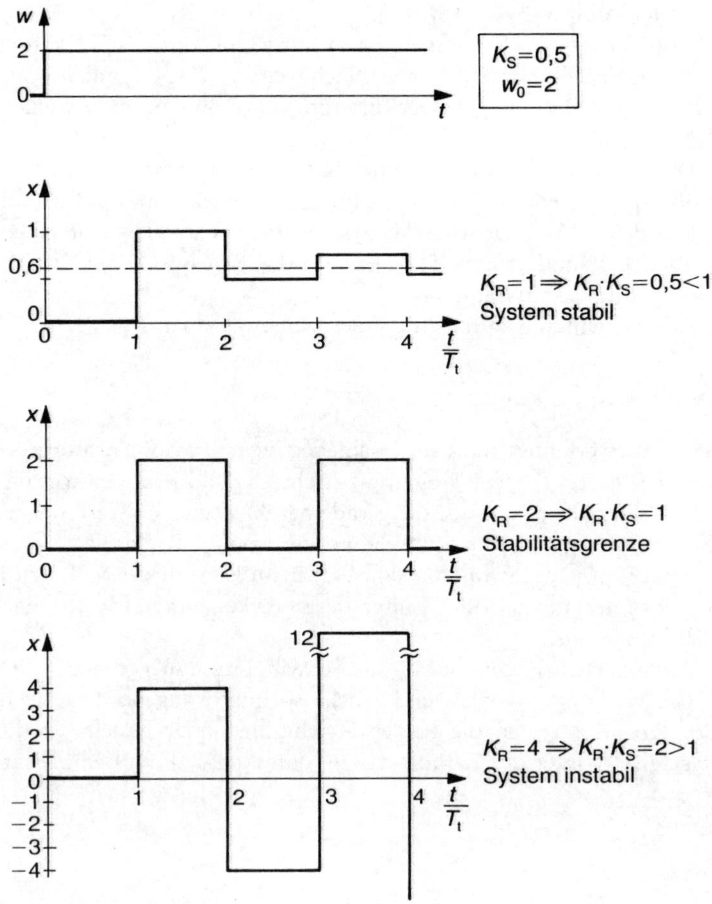

$$x(t{=}\infty) = \frac{K_R \cdot K_S}{1 + K_R \cdot K_S} \cdot w_0;$$

mit den Werten des Beispiels ergibt dies

$$x(t{=}\infty) = \frac{1}{3} \cdot w_0 \approx 0{,}67;$$

die bleibende Regeldifferenz ist damit

$$e = \frac{1}{1 + K_R \cdot K_S} \cdot w_0 \approx 1{,}33.$$

Die bleibende Regeldifferenz ist sehr groß. Natürlich wird sie bei größerem K_R kleiner, aber bei $K_R \cdot K_S = 1$ ist bereits die Stabilitätsgrenze erreicht. Auch dies soll an einem Beispiel gezeigt werden.

In dem obigen System wird K_R auf 2 erhöht ($K_R \cdot K_S = 1$). Dann springt nach Ablauf der ersten T_t die Regelgröße x auf $K_R \cdot K_S \cdot w_0 = 2$. Die Regeldifferenz wird dadurch zu null: $e = w_0 - x = 0$. Nach weiterer T_t springt also x auf $K_R \cdot K_S \cdot 0 = 0$. Dieser Wert erzeugt eine Regeldifferenz $e = 2$, womit man wieder am Anfang der Betrachtung ist.

Das System führt mit diesem Regler also Dauerschwingungen aus. Die Regelgröße springt jedesmal nach Ablauf einer Totzeit von 0 auf 2 und umgekehrt.

Wenn $K_R \cdot K_S > 1$, wird das System sogar instabil, die Sprünge der Regelgröße werden jedesmal größer. Die Verläufe der Regelgröße bei drei verschiedenen K_R sind in Bild 7.31 dargestellt.

Alle Schwingungen haben die Schwingungsdauer $T = 2 \cdot T_t$.

Störverhalten

Beim Störverhalten muß unterschieden werden, ob die Störgröße vor (z_1) oder hinter (z_2) der T_t-Strecke eingreift (siehe Bild 7.30). Eine Störung vor der Strecke wirkt sich ähnlich aus wie die gerade beschriebene Sollwertänderung, da zwischen dieser Störung und dem Sollwert nur der ideale P-Regler liegt. Nur die Amplituden der Regelgrößenschwingung sind bei einem Eingriff des Sollwertes um den Faktor K_R größer. Eine Störung hinter der Strecke wirkt sich dagegen sofort auf die Regelgröße aus.

Auch bei Störungen beträgt die Schwingungsdauer $T = 2 \cdot T_t$.

Die Wirkungen von z_1 und z_2, die sprungförmig bei $t = 0$ eingreifen, auf die Regelgröße x zeigen die beiden Zeichnungen. Dargestellt ist die Änderung der Regelgröße unter der Voraussetzung, daß $\Delta w = 0$ mit dem Beharrungswert Δx_b.

Störgröße z_1 (Bild 7.32)

$$\Delta x_b = \frac{K_S}{1 + K_R \cdot K_S} \cdot z_1$$

Störgröße z_2 (Bild 7.33)

$$\Delta x_b = \frac{1}{1 + K_R \cdot K_S} \cdot z_2.$$

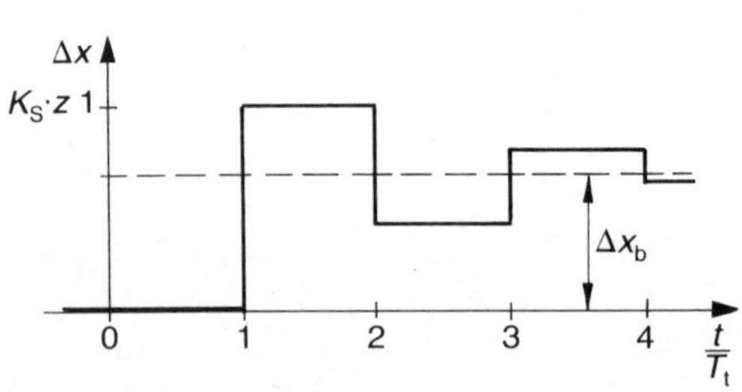

Bild 7.32 Störverhalten bei z_1

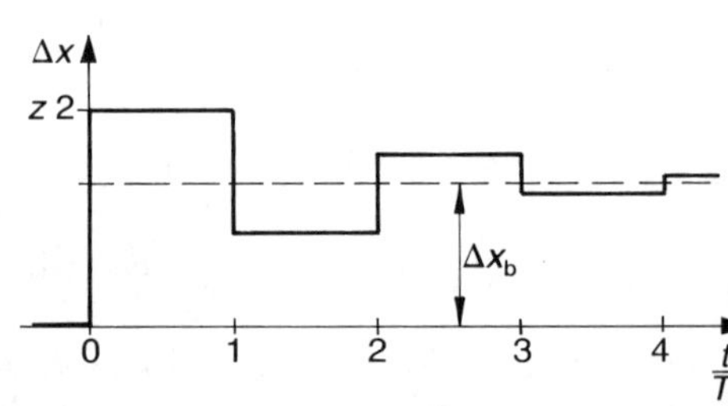

Bild 7.33 Störverhalten bei z_2

Stabilität

Die Stabilitätsuntersuchung basiert auf der Ortskurve des T_t-Gliedes. Sie besteht aus einem Kreis mit dem Radius K_S. Betrachtet man die $\underline{F}_0$-Ortskurve, so besteht diese ebenfalls aus einem Kreis, allerdings mit dem Radius $K_R \cdot K_S$ (Bild 7.34). Der kritische Punkt ist -1. Er liegt links von der Ortskurve für wachsende ω, solange der Radius (also $K_R \cdot K_S$) kleiner als 1 ist. Wenn $K_R \cdot K_S = 1$, befindet sich das System an der Stabilitätsgrenze. Ist $K_R \cdot K_S > 1$, herrscht Instabilität.

Die Regelung einer T_t-Strecke mit einem P-Regler ist also nicht befriedigend. Sein Versagen ist darin begründet, daß er die Stellgröße unverzögert verstellt und nicht erst die Rückmeldung darüber abwartet, wie sich eine vorhergegangene Stellgrößenänderung auf die Regelgröße ausgewirkt hat. Im Unterschied zum P-Regler ändert ein I-Regler die Stellgröße nur allmählich. Deshalb eignet sich ein I-Regler besser zur Regelung einer T_t-Strecke.

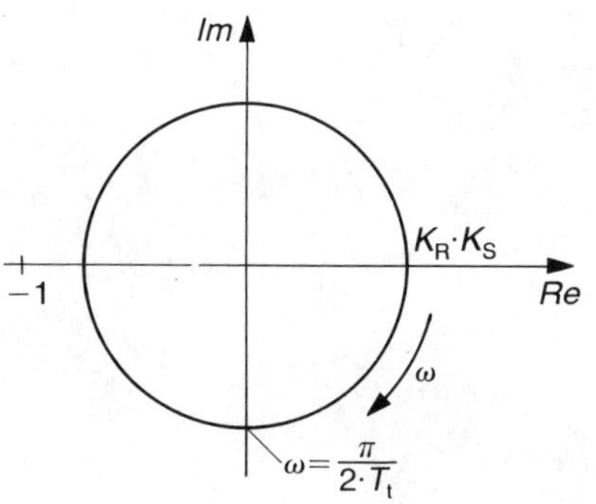

Bild 7.34 $\underline{F}_0$-Ortskurve

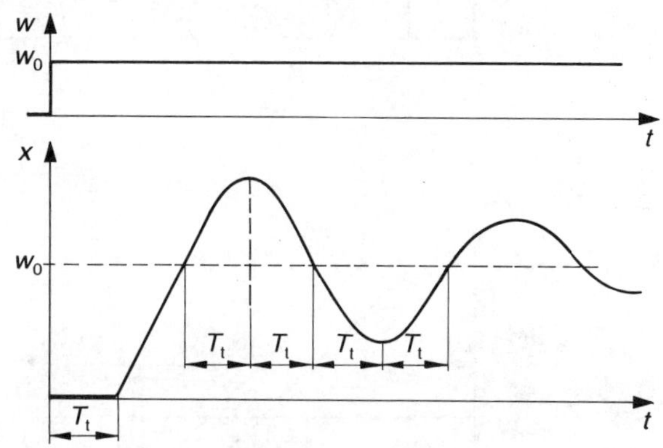

Bild 7.35 T_t-Strecke mit I-Regler: Führungsverhalten

7.3.1.2 Totzeit-Strecke mit I-Regler

Nach einer Änderung der Störgrößen tritt zwar auch bei Einsatz eines I-Reglers eine sprunghafte Änderung der Regelgröße auf, der weitere Regelverlauf weist jedoch keine Sprünge mehr auf, da der I-Regler keine sprunghaften Verstellungen ausführen kann. Bei Änderung der Führungsgröße gibt es gar keinen Sprung mehr. Bleibende Regeldifferenzen läßt der I-Regler nicht zu.

Führungsverhalten

Betrachtet wird wieder ein Sollwertsprung von 0 auf w_0. Der Regler integriert sofort los; wegen der positiven Regeldifferenz als seine Eingangsgröße wächst die Stellgröße als seine Ausgangsgröße zunehmend an. Die Regelgröße x reagiert aber erst um T_t verzögert. Je größer jetzt x wird, desto kleiner wird die Regeldifferenz e. Sobald x den Wert w_0 erreicht hat, wird e zu null. Bedingt durch T_t wächst aber x

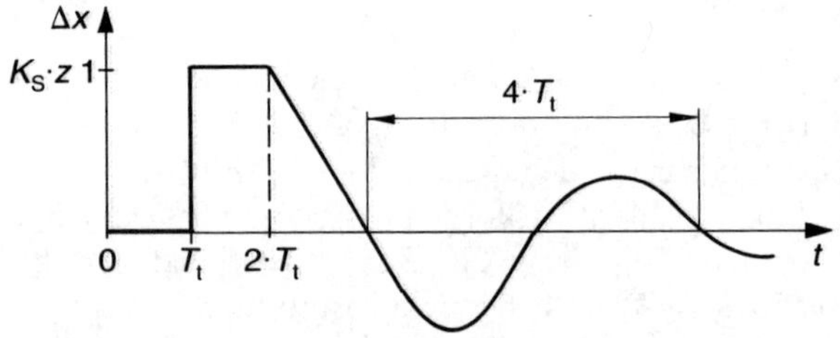

Bild 7.36 Störverhalten bei z_1

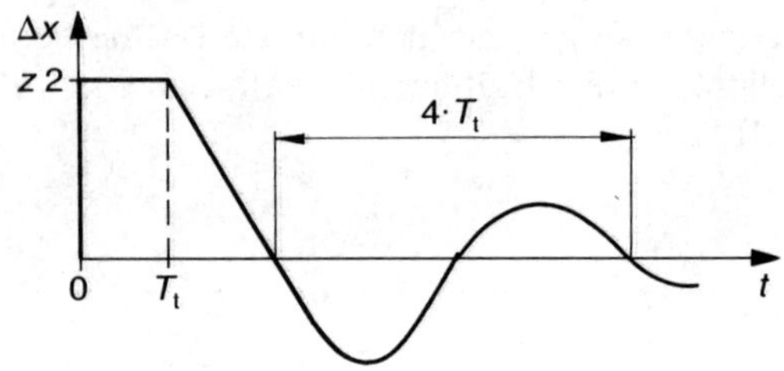

Bild 7.37 Störverhalten bei z_2

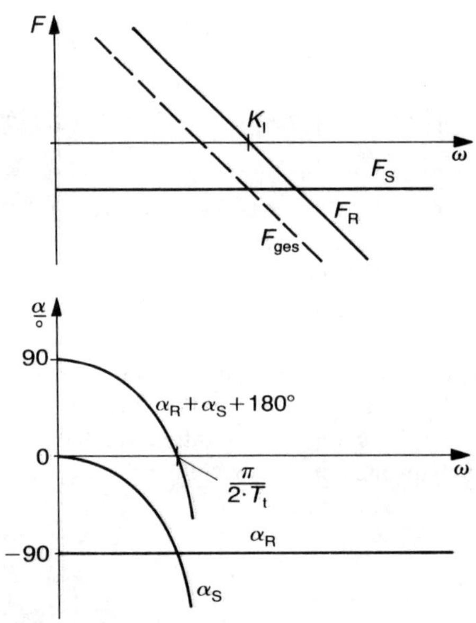

Bild 7.38 Bode-Diagramm

noch weiter an, so daß e negativ wird. Dadurch wird der I-Regler die Stellgröße y verkleinern. Diese Verkleinerung von y kann sich erst nach Ablauf einer weiteren T_t auf x auswirken. Danach wird x also wieder kleiner. Sobald x kleiner als w_0 wird, entsteht ein positives e, das y erneut anwachsen läßt. Die Regelgröße x verkleinert sich aber noch eine T_t lang weiter und wird erst danach größer. Das System führt gedämpfte Schwingungen mit der Schwingungsdauer $T = 4 \cdot T_t$ aus.

Dieser kompliziert klingende Zusammenhang läßt sich an Bild 7.35 gut erkennen.

Störverhalten

Die Reaktion auf Störgrößen, die sprungartig zur Zeit $t = 0$ eingreifen, hängt davon ab, ob die Störung vor oder hinter der Strecke einwirkt.

Eine Störgröße z_1, die vor der Strecke eingreift, wirkt sich mit T_t verzögert aus. Nach Ablauf von T_t ändert sich x sprungartig um $K_S \cdot z_1$. Dadurch wird die Regeldifferenz e negativ, der Regler verkleinert zunehmend die Stellgröße. Die Regelgröße x reagiert darauf aber erneut erst um T_t verzögert. Nach $2 \cdot T_t$ kommt es dann zu den charakteristischen Schwingungen, wie Bild 7.36 zeigt.

Eine Störgröße z_2, die hinter der Strecke eingreift, wirkt sich sofort auf x und damit auch auf e aus. Dadurch wird die Reaktion um eine Totzeit schneller, als dies bei einer Störung z_1 der Fall ist (Bild 7.37).

Stabilität

Die Stabilitätsbetrachtung läßt sich sehr einfach am Bode-Diagramm durchführen. Für den Betrag F_{ges} ergibt sich

$$F_{ges} = \frac{K_I \cdot K_S}{\omega}.$$

K_I ist der Parameter des I-Reglers, K_S der der Strecke. Die Totzeit geht hierbei nicht mit ein.

Dem Phasengang in Bild 7.38 ist die kritische Frequenz zu entnehmen:

$$\omega_k = \frac{\pi}{2 \cdot T_t}$$

Bei dieser Frequenz hat F_{ges} den Wert:

$$F_{ges}(\omega_k) = \frac{K_I \cdot K_S}{\omega} = \frac{K_I \cdot K_S \cdot 2 \cdot T_t}{\pi}$$

Wenn dieser Wert von F_{ges} kleiner als 1 ist, ist das System stabil. Ist der Wert größer als 1, bedeutet das Instabilität. Die Stabilitätsgrenze ist bei

$$\frac{K_I \cdot K_S \cdot 2 \cdot T_t}{\pi} = 1.$$

8 Unstetige Regler

Die bisher behandelten Regler waren in der Lage, jeden Wert der Stellgröße y im Stellbereich zwischen dem Wert Null und dem Endwert Y_h stufenlos (= stetig) einzustellen. Dadurch ist es Reglern mit I-Anteil möglich, die Regelgröße im ausgeregelten Zustand immer gleich der Führungsgröße zu halten.

Unstetige Regler können die Stellgröße nur in groben Stufen einstellen. So sind einem *Zweipunktregler* nur die beiden Werte $y = 0$ und $y = Y_h$ als Stellgrößen möglich. *Mehrpunktregler* gestatten noch einige wenige Zwischenwerte der Stellgröße.

Das Stellglied in einem Regelkreis mit Zweipunktregler ist meist ein elektrischer oder elektronischer Schalter, der den zu regelnden Energiefluß nur ein- oder ausschalten kann. Dadurch pendelt die Regelgröße andauernd um ihren Sollwert w.

8.1 Zweipunktregler

Ein bekannter sehr einfacher Zweipunktregler befindet sich im Bügeleisen. Dort erfolgt das temperaturabhängige Ein- und Ausschalten der elektrischen Leistung durch einen Bimetallstreifen, der einen Kontaktschalter betätigt. Das Prinzip zeigt Bild 8.1.

Der Bimetallstreifen biegt sich mit steigender Erwärmung. Bei einer bestimmten Temperatur hat er sich so weit aufgebogen, daß der Kontakt geöffnet wird – die Heizleistung wird abgeschaltet. Ist die Temperatur wieder auf einen bestimmten Wert abgesunken, so streckt sich der Bimetallstreifen und schaltet die Heizleistung wieder ein.

Auch unstetige Regler lassen sich durch Kennlinien charakterisieren. Der Übergang zwischen den beiden möglichen Zuständen der Stellgröße erfolgt sprungartig. Deshalb wird dieser Übergang in Bild 8.2 gestrichelt gezeichnet.

Folgende Bezeichnungen werden für den Zweipunktregler eingeführt:

x_{ob}: *oberer Schaltpunkt*
x_{un}: *unterer Schaltpunkt*
x_{sd}: *Schaltdifferenz* oder *Schalthysterese*
Es gilt: $x_{sd} = x_{ob} - x_{un}$.

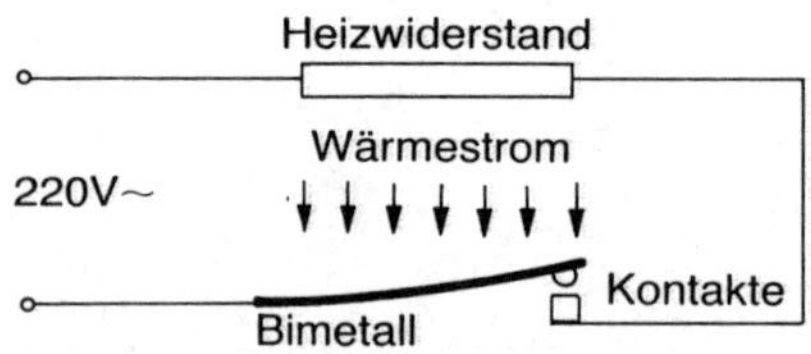

Bild 8.1 Prinzip eines Zweipunktreglers

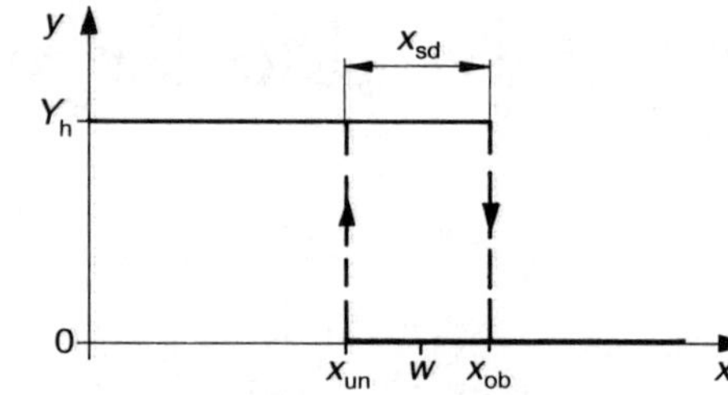

Bild 8.2 Zweipunktregler: Kennlinie

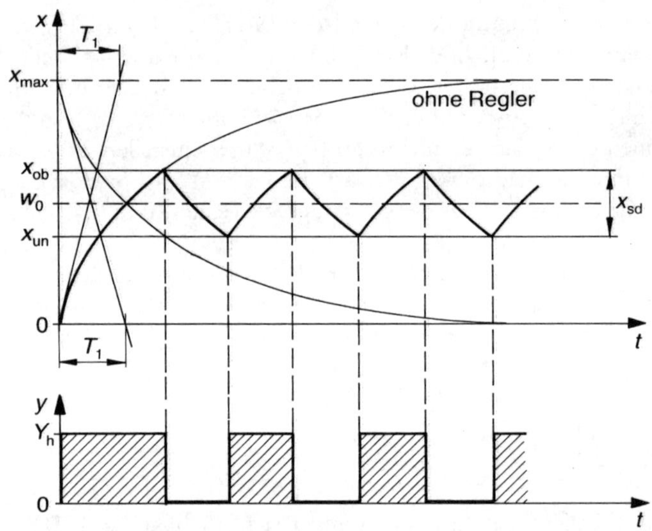

Bild 8.3 Regelverhalten an P-T_1-Strecke

8.1.1 Regelung einer P-T_1-Strecke mit Zweipunktregler

Das Regelverhalten eines Zweipunktreglers an einer P-T_1-Strecke zeigt Bild 8.3. Ohne Regler würde die Regelgröße nach dem Einschalten verzögert nach einer e-Funktion mit der Zeitkonstanten T_1 auf den Endwert x_{max} ansteigen. Vereinfachend wird angenommen, daß die Zeitkonstanten des Ein- und Ausschaltvorganges gleich sind. Dies ist in der Praxis zwar meistens nicht der Fall. Für das Verständnis der Zusammenhänge bei unstetiger Regelung kann man diese vereinfachende Annahme aber ruhig zulassen.

Wird der Sollwert auf w_0 eingestellt, so ist nach dem Einschalten zunächst $x = 0$ und damit die Regeldifferenz $e = w_0 - x = w_0$. Demzufolge schaltet der Zweipunktregler ein, und die Regelgröße steigt gemäß der Einschaltkurve an. Infolge der Schalthysterese schaltet der Regler bei Erreichen des Sollwertes noch nicht ab, sondern erst bei $x = x_{ob}$. Nach Abschalten fällt die Regelgröße entsprechend der Ausschaltkurve bis auf $x = x_{un}$, bevor wieder eingeschaltet wird usw.

Zusätzlich zur Regelgröße x ist der Verlauf der Stellgröße y gezeichnet, die zwischen den Werten 0 und Y_h wechselt. Daran kann jeweils das Ein- und Ausschalten des Zweipunktreglers erkannt werden.

Bild 8.4

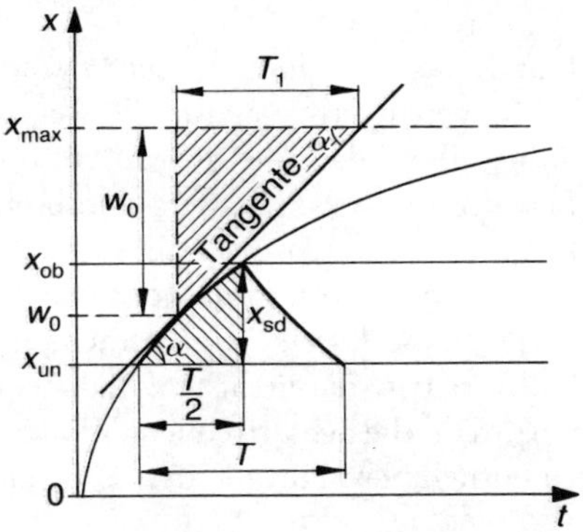

8.1.1.1 Schaltfrequenz

Bei $w_0 = ½ \cdot x_{max}$ läßt sich die Schaltfrequenz relativ einfach aus dem Verlauf der Schwingungen ermitteln. Dazu ist in Bild 8.4 ein Ausschnitt aus dem Verlauf gezeichnet. Im Punkt w_0 wird an die Kurve der Sprungantwort die Tangente angelegt. Dann kann näherungsweise die Sprungantwort zwischen x_{ob} und x_{un} durch diese Tangente ersetzt werden.

Es bedeuten:

T_1: Zeitkonstante der P-T_I-Strecke
T: Schwingungsdauer

Bild 8.5

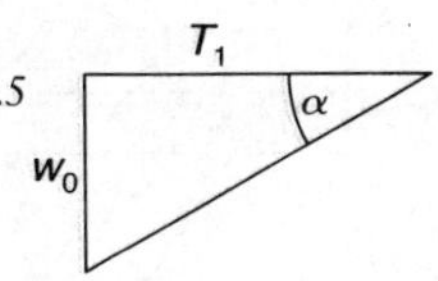

Im oberen Dreieck (Bild 8.5) gilt:

$$\tan \alpha = \frac{w_0}{T_1}$$

Bild 8.6

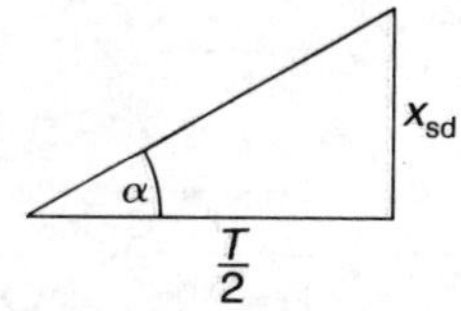

Im unteren Dreieck (Bild 8.6) gilt:

$$\tan \alpha = \frac{x_{sd}}{T/2}$$

Zusammengefaßt und umgeformt läßt sich die Schwingungsdauer und daraus die Frequenz berechnen:

$$\frac{w_0}{T_1} = \frac{x_{sd}}{T/2} \Longrightarrow T = 2 \cdot T_1 \cdot \frac{x_{sd}}{w_0} \Longrightarrow f = \frac{1}{T} = \frac{w_0}{2 \cdot T_1 \cdot x_{sd}}$$

Die Frequenz dieser Schwingungen ist von verschiedenen Faktoren abhängig:

1. *Zeitkonstante der Strecke.* Wird T_1 kleiner, werden die ansteigenden und abfallenden Flanken der Schwingung steiler. Dadurch erreicht die Regelgröße schneller den oberen Schaltpunkt x_{ob} bzw. den unteren Schaltpunkt x_{un}. Dies bewirkt kleinere Periodendauer und damit größere Frequenz. Dieser Zusammenhang geht auch aus der Berechnungsformel hervor: $T \sim T_1$.
2. *Schalthysterese.* Je kleiner die Schalthysterese, desto schneller ändert sich die Regelgröße von x_{un} bis x_{ob} und zurück – die Periodendauer der Regelschwingung wird kleiner:

   $T \sim x_{sd}$

Durch die Verkleinerung der Hysterese wird die Schwankungsbreite der Regelgröße verringert, was für die Regelung natürlich positiv ist. Zu bedenken ist dabei aber, daß die hierdurch bedingte Erhöhung der Schaltfrequenz die Lebensdauer des Schalters herabsetzt, die bei elektromechanischen Schaltern bekanntlich durch die Zahl der Schaltvorgänge begrenzt ist. Abhilfe läßt sich durch Einsatz von kontaktlosen Schaltern (Transistoren) schaffen.

3. *Lage des Sollwertes.* Im betrachteten Beispiel war $w_0 = \frac{1}{2} \cdot x_{max}$. Bei diesem Sollwert tritt die höchste Schaltfrequenz auf. Wird w vergrößert oder verkleinert, wird die Schaltfrequenz jeweils kleiner. Dieser Zusammenhang ist Bild 8.7 zu entnehmen. Für alle drei Fälle gilt die gleiche Schalthysterese x_{sd}.

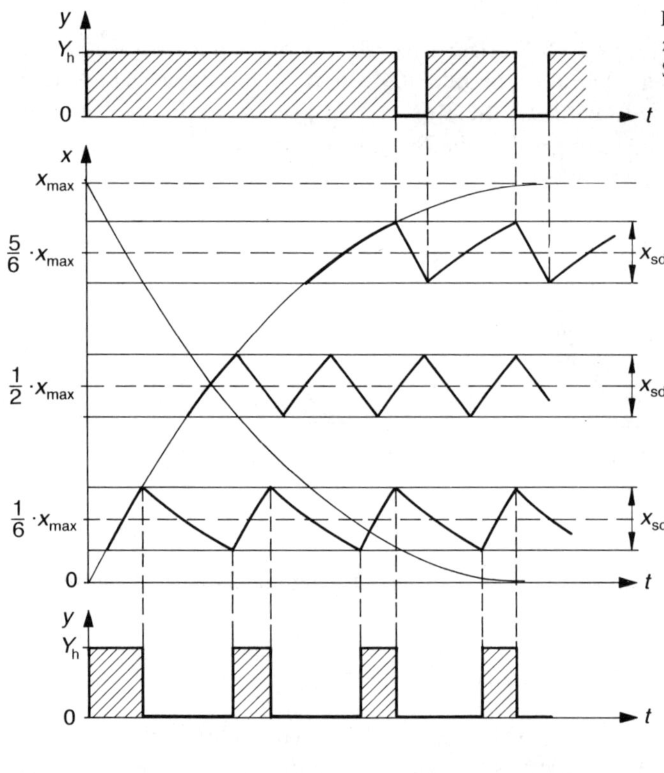

Bild 8.7 Zusammenhang zwischen Sollwert und Schaltfrequenz

Zu sehen ist, daß das Aufheizen bei großem w wesentlich länger dauert als das Abkühlen. Umgekehrt sind die Verhältnisse bei kleinem w. Verantwortlich dafür ist der *Leistungsüberschuß* $ü_L$.

8.1.1.2 Leistungsüberschuß

Der Begriff der «Leistung» darf hierbei nicht im physikalischen Sinn verstanden werden. Betrachtet wird der Überschuß der Stellgröße, also z.B. elektrischer Strom, Spannung, Zuflußmenge usw.

Der Leistungsüberschuß beträgt bei $w = ½ \cdot x_{max}$ gerade 100 %. Das bedeutet, daß die beim Einschalten zur Verfügung stehende Stellgröße genau doppelt so groß ist, wie sie sein müßte, damit die Regelgröße den Sollwert beibehält.

Wird der Sollwert größer, so steht weniger Leistungsüberschuß zur Verfügung – die Einschaltdauer zum Erreichen des höheren Wertes wird größer.

Wird der Sollwert kleiner, ist der Leistungsüberschuß entsprechend größer – die Einschaltdauer wird kleiner.

Der Leistungsüberschuß berechnet sich:

$$ü_L = \left(\frac{x_{max}}{w} - 1\right) \cdot 100\,\%$$

Damit ergibt sich für die in Bild 8.7 betrachteten Sollwerte:

1. $w = \frac{5}{6} \cdot x_{max} \Longrightarrow ü_L = 20\,\%$
2. $w = \frac{1}{2} \cdot x_{max} \Longrightarrow ü_L = 100\,\%$
3. $w = \frac{1}{6} \cdot x_{max} \Longrightarrow ü_L = 500\,\%$

8.1.2 Regelung einer P-T_n-Strecke mit Zweipunktregler

Bei einer P-T_I-Strecke werden die Schwingungen der Regelgröße durch x_{ob} und x_{un} begrenzt, also nur durch Werte des Reglers. Die Streckenparameter haben keinen Einfluß auf die Schwankungsbreite. Dies ändert sich, wenn die Strecke Verzögerungen höherer Ordnung aufweist. Eine solche Strecke kann wieder näherungsweise beschrieben werden durch Verzugszeit T_u und Ausgleichszeit T_g.

Es wird angenommen, daß die Regelgröße während T_u noch gar nicht auf das sprungförmige Stellsignal reagiert. Die minimale Änderung während T_u wird also vernachlässigt. Nach T_u steigt die Regelgröße mit der Zeitkonstanten T_g verzögert an.

Sobald die Regelgröße den oberen Schaltpunkt x_{ob} erreicht hat, schaltet der Regler die Stellgröße auf Null. Die Regelgröße steigt aber eine Verzugszeit lang noch weiter an, da sie um T_u verzögert erst auf das Abschalten reagiert. Das gleiche Überschwingen ist auch bei Erreichen von x_{un} zu erkennen. Sobald die Regelgröße den unteren Schaltpunkt x_{un} erreicht, schaltet der Regler die Stellgröße wieder ein. Die Regelgröße sinkt eine Verzugszeit lang noch weiter ab (Bild 8.8).

Durch die Verzugszeit der Strecke wird die Schwankungsbreite der Regelgrößenschwingung vergrößert, die Schaltfrequenz wird kleiner.

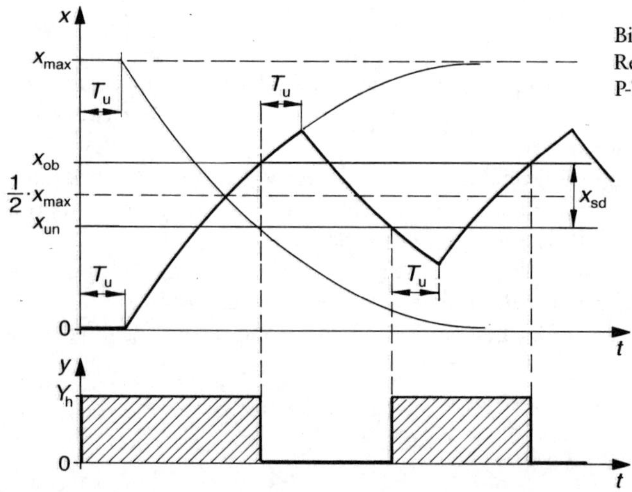

Bild 8.8
Regelverhalten an P-T_n-Strecke

Wenn der Leistungsüberschuß keine 100 % beträgt ($w \neq ½ \cdot x_{max}$), bewirkt die Verzugszeit außerdem eine bleibende Regeldifferenz e_b, wie sie vom P-Regler bekannt ist. Sie ergibt sich aus der Differenz zwischen w und dem Mittelwert der Regelgröße x_m.

Der Übersichtlichkeit wegen wird in Bild 8.9 ein Zweipunktregler ohne Schalthysterese angenommen. Mit Hysterese ergeben sich ähnliche Zusammenhänge. Die Schwankungsbreite wird dann allerdings größer, die Frequenz kleiner.

Die bleibende Regeldifferenz wird berechnet über

$$e_b = w - x_m.$$

Damit können sich je nach Lage des Sollwertes drei Fälle ergeben:

1. $w > \frac{1}{2} \cdot x_{max} \Longrightarrow e_b$ positiv
2. $w = \frac{1}{2} \cdot x_{max} \Longrightarrow e_b = 0$
3. $w < \frac{1}{2} \cdot x_{max} \Longrightarrow e_b$ negativ

Die Berechnung der Schwingungen läßt sich ähnlich wie bei der P-T_1-Strecke betrachtet durchführen. Besonders einfach sind die Zusammenhänge, wenn ein Regler ohne Schalthysterese angenommen wird. Dann ergibt sich für die Regelgröße bei $w = ½ \cdot x_{max}$ ein Verlauf gemäß Bild 8.10.

Bei w wird wieder die Tangente an die Kurve angelegt.

Es gilt im großen Dreieck (Bild 8.11):

$$\tan \alpha = \frac{\frac{1}{2} \cdot x_{max}}{T_g}.$$

Bild 8.9 Bleibende Regeldifferenz

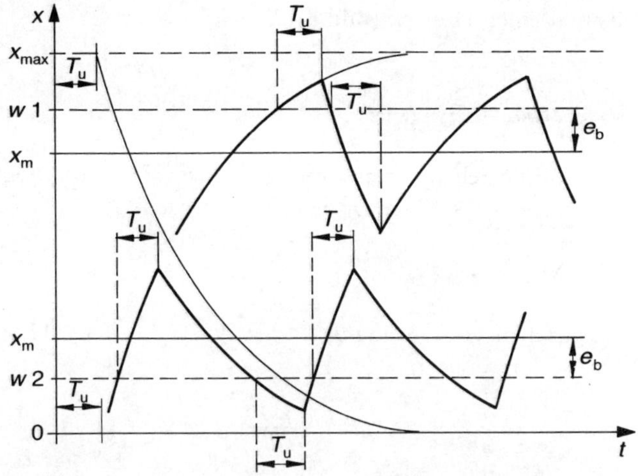

Bild 8.10 Regelverhalten bei $w = \frac{1}{2} \cdot x_{max}$

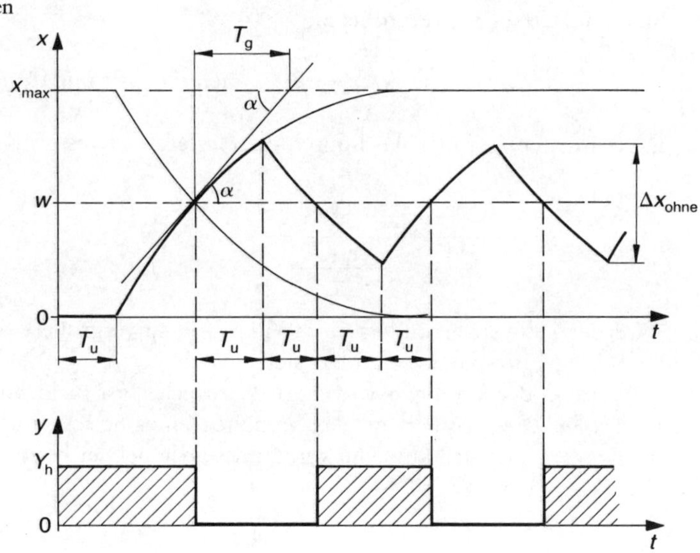

Bild 8.11

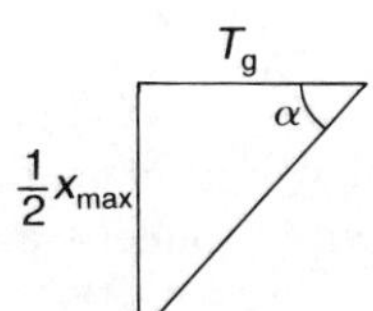

Bild 8.12

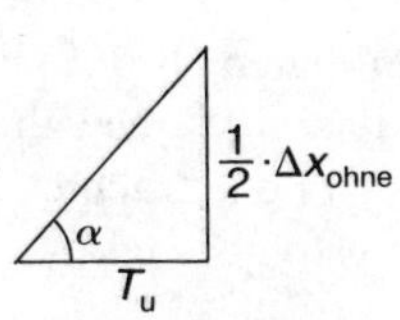

Es gilt im kleinen Dreieck (Bild 8.12):

$$\tan \alpha = \frac{\frac{1}{2} \cdot \Delta x_{\text{ohne}}}{T_\text{u}}.$$

Damit kann die Schwankungsbreite bei einem Zweipunktregler ohne Schalthysterese Δx_{ohne} bei $w = ½ \cdot x_{\max}$ berechnet werden:

$$\Delta x_{\text{ohne}} = x_{\max} \cdot \frac{T_\text{u}}{T_\text{g}}.$$

Bei den gleichen Voraussetzungen ($w = ½ \cdot x_{\max}$, keine Hysterese) ergibt sich für die Schwingungsdauer:

$$T = 4 \cdot T_\text{u} \Longrightarrow f = \frac{1}{4 \cdot T_\text{u}}.$$

Weist der Zweipunktregler eine Schalthysterese x_{sd} auf, so wird die Schwankungsbreite um dieses x_{sd} vergrößert:

$$\Delta x_{\text{mit}} = x_{\text{sd}} + x_{\max} \cdot \frac{T_\text{u}}{T_\text{g}}; \quad \text{auch dies gilt nur für } w = ½ \cdot x_{\max}.$$

Die Schwingungsdauer wird durch die Hysterese etwas größer als $4 \cdot T_\text{u}$:

$$T = \frac{T_\text{u} + \frac{x_{\text{sd}}}{x_{\max}} \cdot (T_\text{g} - T_\text{u})}{\left(\frac{1}{2} - \frac{x_{\text{sd}}}{2 \cdot x_{\max}}\right)^2}$$

Wird der Sollwert verändert ($w \neq ½ \cdot x_{\max}$), so vergrößert sich jeweils Δx. Auch die Schwingungsdauer verändert sich.

Während der Verzugszeit reagiert die Strecke fast nicht auf eine Änderung der Stellgröße. Dies erinnert an das Verhalten einer Strecke mit Totzeit. Bei Totzeitstrecken ergeben sich ähnliche Verhältnisse wie bei der betrachteten Strecke mit T_u und T_g.

8.1.2.1 Zweipunktregelung mit Grundlast

Besseres Regelverhalten ist an einer P-T_n-Strecke zu erzielen, wenn vom Regler nicht immer die volle Leistung geschaltet wird, sondern ein Teil der Leistung permanent als Stellgröße ansteht, die *Grundlast*. Bei Bedarf wird dann eine zusätzliche Leistung zugeschaltet. Sie wird so gewählt, daß die Gesamtleistung über den zum Erreichen von w benötigten 100 % liegt. So können z.B. als Grundlast 75 % und als zuschaltbare Last 50 % gewählt werden.

Als Beispiel wird eine Temperaturregelung betrachtet. Der Aufheizvorgang läuft wie gewohnt ab, jedoch das Abkühlen erfolgt langsamer, da die Grundlast immer vorhanden ist. Deshalb kühlt die Strecke in der Zeit T_u nicht so stark aus, wie dies ohne Grundlast der Fall wäre, Δx wird somit kleiner. Die Schwankungsbreite berechnet sich jetzt nicht mit x_{max}, sondern mit dem Wert Δx_{max}, der sich beim Zuschalten der 50 % Leistung ergibt:

$$\Delta x = \Delta x_{max} \cdot \frac{T_u}{T_g}$$

In Bild 8.13 wurde wieder ein Regler ohne Schalthysterese angenommen.

Bild 8.13
Zweipunktregler mit 75 % Grundlast

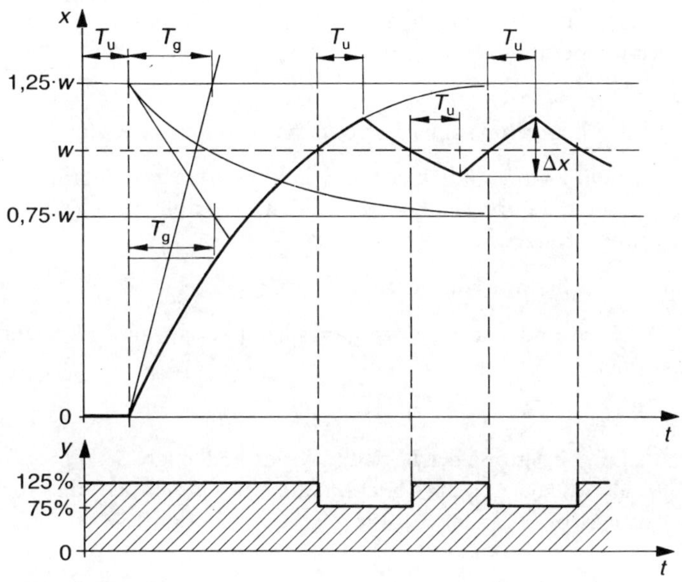

Der kleineren Schwankungsbreite als Vorteil der Grundlast stehen aber auch Nachteile gegenüber. Größter Nachteil der Grundlast ist das ungünstige Störverhalten. Die Grundlast schränkt den Wirkungsbereich des Reglers sowohl nach oben als auch nach unten ein. Wird der Leistungsbedarf einmal kleiner als die Grundlast, steht der Regler dem Anstieg der Regelgröße machtlos gegenüber, da die Stellgröße nicht kleiner als die Grundlast werden kann. Somit muß die Grundlast bei einer Änderung der Führungsgröße neu bestimmt werden. Bei einer Sollwertänderung nach oben kann der Leistungsüberschuß zu klein sein – eine lange Regelzeit wäre die Folge.

Damit die Schwankungsbreite möglichst klein wird, muß die Grundlast größer sein als die zuschaltbare Leistung. Die Grundlast wiederum muß kleiner sein als die zum Erreichen von w benötigte Leistung. Durch diese Forderungen ergeben Grundlast und zugeschaltete Leistung zusammen nur einen geringen Leistungsüberschuß, was eine lange Anregelzeit zur Folge hat.

Übung 33

Ein Heizwiderstand erreicht bei ständig anstehender konstanter Spannung 20 min nach dem Einschalten eine Endtemperatur von 200 °C. Er zeigt als Sprungantwort T_1-Verhalten.
Ein Bimetall-Temperaturregler soll ihn mit einem Leistungsüberschuß von 100 % regeln. Er hat eine Schalthysterese von 20 °C.
Berechnen und zeichnen Sie den Verlauf der Temperatur!

Übung 34

Die Auswertung der Sprungantwort einer Temperatur-Regelstrecke ergibt folgende Werte:

$T_u = 30$ s; $T_g = 25$ min;
$x_{max} = 1500$ °C.

Ein Zweipunktregler mit einer Schaltdifferenz von 4 °C soll die Temperatur auf 750 °C halten. Berechnen Sie Schwankungsbreite und Schwingungsdauer!

8.1.3 Regelung einer I-Strecke mit Zweipunktregler

Wird ein Zweipunktregler mit Schalthysterese zur Regelung einer reinen I-Strecke eingesetzt, ergibt sich der in Bild 8.14 dargestellte Verlauf der Regelgröße bei sprungförmiger Sollwertänderung:

Schwankungsbreite: $\Delta x = x_{sd}$.

Zur Berechnung der Schwingungsdauer sei an die Sprungantwort eines I-Gliedes erinnert:

$$x_a = K_I \cdot \hat{x}_e \cdot t.$$

Als Eingangsgröße der I-Strecke wirkt die Stellgröße Y_h, die Ausgangsgröße ist die Regelgröße x. Aus der Zeichnung ist zu entnehmen, daß die Regelgröße für den Anstieg von x_{un} nach x_{ob} die Zeit $T/2$ benötigt.

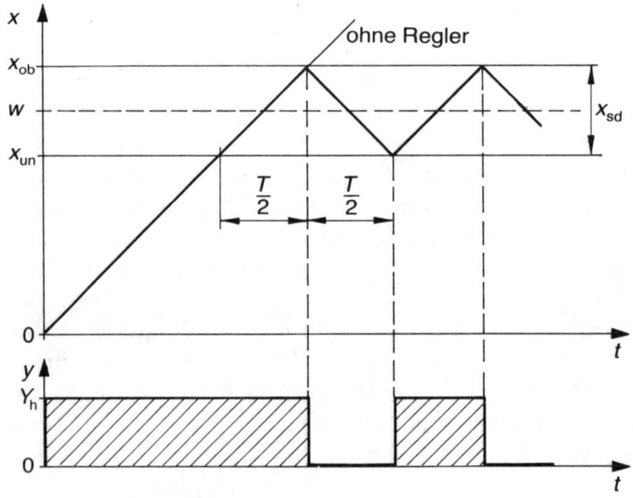

Bild 8.14 Regelverhalten an I-Strecke

Unter Verwendung der Gleichung für die Sprungantwort der I-Strecke läßt sich dies wie folgt ausdrücken:

$$x_{sd} = K_I \cdot Y_h \cdot \frac{T}{2};$$

hierbei ist T die Schwingungsdauer.

Nach T aufgelöst erhält man

$$T = \frac{2 \cdot x_{sd}}{K_I \cdot Y_h} \Longrightarrow f = \frac{1}{T} = \frac{K_I \cdot Y_h}{2 \cdot x_{sd}};$$

f ist die Frequenz der Schwingung.

Weist die I-Strecke Verzögerungen auf, führen sie wie bei den P-Strecken mit Verzugszeit zu Überschwingen.

8.1.4 Regelung einer verzögerten I-Strecke mit Zweipunktregler

Die Verzögerungen werden als Verzugszeit T_u berücksichtigt. Es ergeben sich folgende Verläufe der Regelgröße – je nachdem, ob der Regler mit oder ohne Hysterese betrachtet wird.

1. *Ohne Hysterese*
   Bild 8.15 ist zu entnehmen, daß sich die Regelgröße während T_u um die halbe Schwankungsbreite ändert. Wie oben kann damit die Schwankungsbreite berechnet werden:

   $$\frac{1}{2} \cdot \Delta x_{ohne} = K_I \cdot Y_h \cdot T_u;$$

   daraus ergibt sich

   $$\Delta x_{ohne} = 2 \cdot K_I \cdot Y_h \cdot T_u.$$

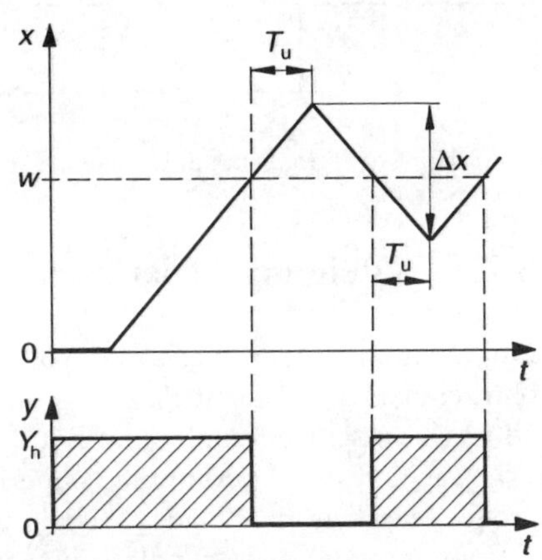

Bild 8.15 Regelverhalten (ohne Hysterese) an I-T_n-Strecke

Die Schaltfrequenz berechnet sich wieder über die Schwingungsdauer:

$$T = 4 \cdot T_u \Longrightarrow f = \frac{1}{T} = \frac{1}{4 \cdot T_u}$$

2. *Mit Hysterese*
Die Schalthysterese addiert sich zu der ohne Hysterese berechneten Schwankungsbreite, wie Bild 8.16 erkennen läßt:

$$\Delta x_{\text{mit}} = x_{\text{sd}} + \Delta x_{\text{ohne}}$$
$$\Delta x_{\text{mit}} = x_{\text{sd}} + 2 \cdot K_{\text{I}} \cdot Y_{\text{h}} \cdot T_{\text{u}}$$

Die Schwingungsdauer setzt sich zusammen aus der obigen Dauer mit Verzugszeit ohne Hysterese und der vorher berechneten Dauer ohne Verzugszeit mit Hysterese:

$$T = 4 \cdot T_{\text{u}} + \frac{2 \cdot x_{\text{sd}}}{K_{\text{I}} \cdot Y_{\text{h}}};$$

die Frequenz berechnet sich über den Kehrwert.

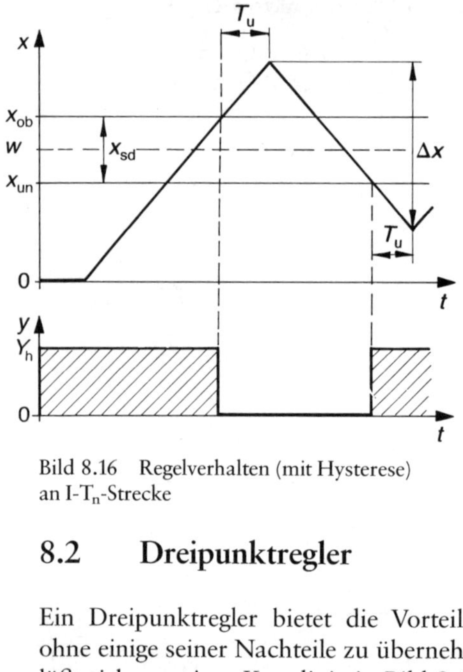

Bild 8.16 Regelverhalten (mit Hysterese) an I-T_n-Strecke

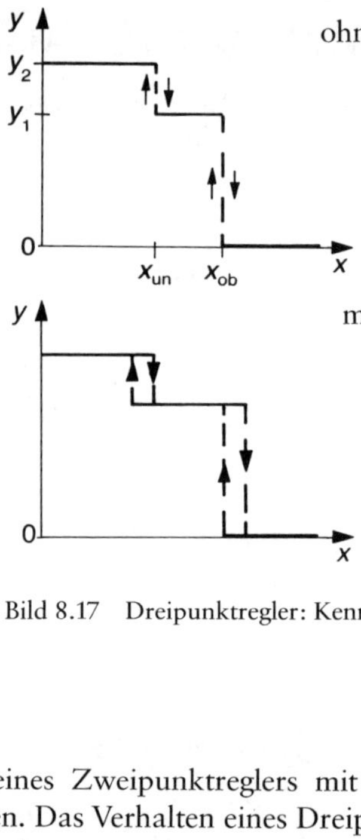

Bild 8.17 Dreipunktregler: Kennlinien

8.2 Dreipunktregler

Ein Dreipunktregler bietet die Vorteile eines Zweipunktreglers mit Grundlast, ohne einige seiner Nachteile zu übernehmen. Das Verhalten eines Dreipunktreglers läßt sich an seiner Kennlinie in Bild 8.17 erkennen.

Betrachten wir die Kennlinie ohne Hysterese etwas genauer. Solange die Regelgröße zwischen den beiden Schaltpunkten x_{un} und x_{ob} liegt, steht wie beim Zweipunktregler mit Grundlast die Stellgröße y_1 an. Sinkt x unter x_{un}, so wird die Stellgröße auf y_2 erhöht.

Im Gegensatz zum Zweipunktregler mit Grundlast kann aber die «Grundlast» jetzt abgeschaltet werden, wenn die Regelgröße zu groß wird – genauer gesagt, wenn sie über x_{ob} hinauswächst.

Die Stellgrößen werden z.B. so gewählt, daß y_2 110 % der Leistung entspricht, die zum Erreichen von w erforderlich ist. y_1 entspreche 90 % der Leistung. Wenn x den Wert x_{ob} übersteigt, soll die Stellgröße 0 % betragen.

Die Regelgröße schwingt um x_{un}, und es stehen je nach Bedarf 90 % oder 110 % der Leistung als Stellgröße an. Wegen der hohen «Grundlast» ist die Schwankungsbreite relativ klein.

Bei großen Änderungen der Regelgröße als Folge von Störungen kann die Stellgröße auf Null gestellt werden, wodurch große Störungen ausgeregelt werden können im Gegensatz zur Zweipunktregelung mit Grundlast.

In Bild 8.18 werden die Verhältnisse für einen Dreipunktregler ohne Hysterese gezeigt, der eine P-T_n-Strecke regelt.

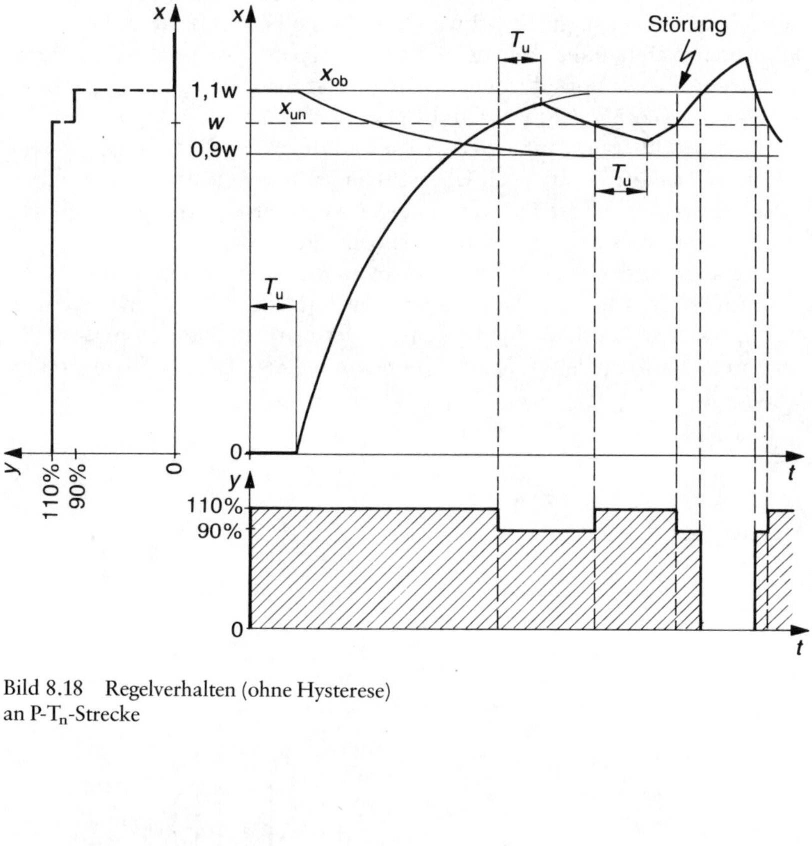

Bild 8.18 Regelverhalten (ohne Hysterese) an P-T_n-Strecke

8.3 Unstetige Regler mit Rückführung

Als stetige Regler theoretisch und praktisch immer einfacher zu beherrschen waren (besonders durch den Einsatz von Operationsverstärkern), waren viele Regelungstechniker der Ansicht, unstetige Regler würden nur noch dank ihres günstigen Preises bei relativ anspruchslosen Regelungen, z.B. in Haushaltsgeräten, Einsatz finden. Zusehends gewinnen aber unstetige Regler, deren Nachteile durch sinnvoll gewählte Rückführungen weitgehend gemindert werden können, an Einfluß.

Störend an der Regelung mit den bisher betrachteten unstetigen Reglern ist die periodische Schwankung der Regelgröße. Sie ist, wie gesehen, besonders groß bei Strecken mit größeren Verzugszeiten. Da man auf die Streckenparameter im allgemeinen keinen Einfluß hat, läßt sich das Verhalten von unstetigen Reglern an solchen Strecken nur verbessern, indem man den Regler verändert. Dazu soll zunächst die Ursache für die große Schwankungsbreite betrachtet werden.

Dem leichteren Verständnis zuliebe wird von einem Zweipunktregler ohne Grundlast mit einem Leistungsüberschuß von 100 % (also $w = \frac{1}{2} \cdot x_{max}$) ausgegangen. Während der Zeit $2 \cdot T_u$ werden die gesamten 100 % Leistung eingeschaltet. Dies ergibt einen Energieschub von $Y_h \cdot 2 \cdot T_u$. Infolge der Trägheit der Strecke macht sich dieser Energieschub durch Überschwingen der Regelgröße bemerkbar. Je größer die Verzugszeit der Strecke, desto länger bleibt diese Leistung eingeschaltet, und die Schwankungsbreite Δx wird entsprechend größer.

Könnte man den Regler dazu bringen, nicht immer erst nach jeweils $2 \cdot T_u$, sondern wesentlich öfter zu schalten, würden die Energieschübe kleiner werden. Die Schwankungsbreite würde dadurch ebenfalls verkleinert. Dadurch muß natürlich eine höhere Schaltfrequenz in Kauf genommen werden. Dies ist beim Einsatz

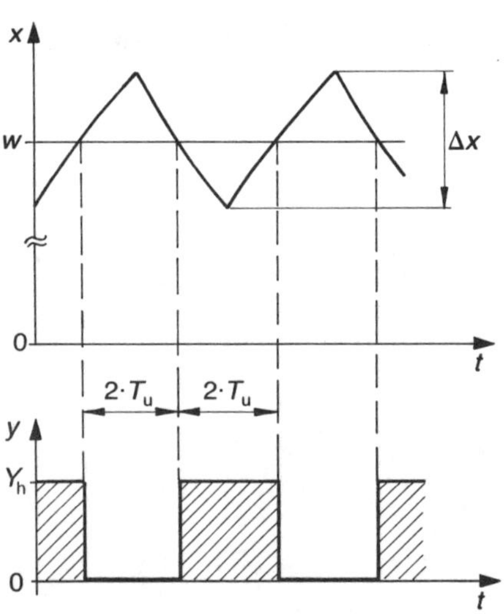

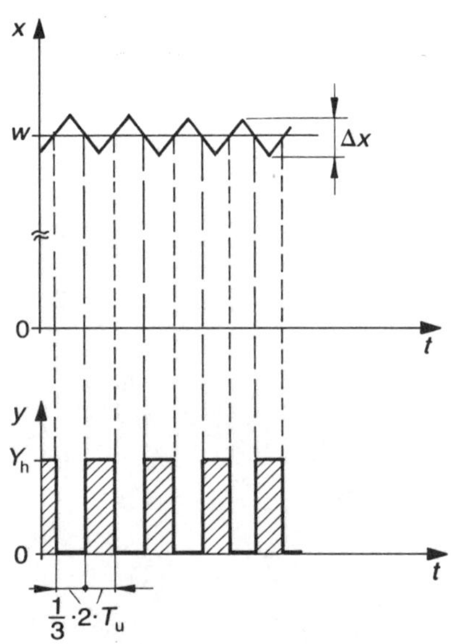

Bild 8.19 Schaltfrequenz und Schwankungsbreite

von elektronischen Schaltern (Thyristoren, Triacs, Transistoren) aber nicht problematisch.

Es wird in Bild 8.19 die Regelgröße einer Strecke mit T_u und T_g betrachtet, deren maximale Stellgröße Y_h mit einem Zweipunktregler jeweils die Zeit $2 \cdot T_u$ ein- und die gleiche Zeit $2 \cdot T_u$ ausgeschaltet wird. Daneben ist die Regelgröße derselben Strecke gezeichnet, aber das Schalten erfolgt jetzt genau dreimal schneller. Die maximale Stellgröße y_h ist jeweils die Zeit $1/3 \cdot 2 \cdot T_u$ ein- und die gleiche Zeit ausgeschaltet. Die Schwankungsbreite wird deutlich geringer. Dargestellt ist jeweils der eingeschwungene Zustand.

Dieses Reglerverhalten läßt sich erreichen, indem der unstetige Regler mit einer Rückführung versehen wird. Der Rückführung wird die Stellgröße y als Eingangsgröße zugeführt, seine Ausgangsgröße x_r wird zu der Ausgangsgröße x der Strecke hinzuaddiert. Diese Summe $x + x_r$ wird mit der Führungsgröße w verglichen; dieser Vergleich ergibt die Regeldifferenz e als Eingangsgröße des Zweipunktreglers. Dadurch wird dem Regler das Erreichen der Führungsgröße w «vorgegaukelt», obwohl die Regelgröße x die Führungsgröße noch gar nicht erreicht hat. Der Zweipunktregler schaltet dadurch früher, als dies ohne Rückführung der Fall wäre.

Deutlich wird dieser Zusammenhang anhand des Blockschaltbildes eines Zweipunktreglers mit verzögerter Rückführung zur Regelung einer P-T_n-Strecke, das Bild 8.20 zeigt.

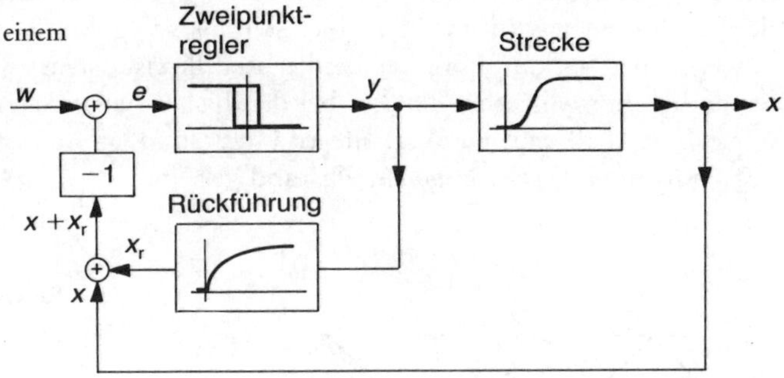

Bild 8.20 Regelkreis mit einem Zweipunktregler mit verzögerter Rückführung

8.3.1 Zweipunktregler mit verzögerter Rückführung

Nach Bild 8.20 gilt für die Regeldifferenz:

$$e = w - (x + x_r).$$

Der Zweipunktregler bildet mit der Rückführung einen geschlossenen Wirkungskreis, also einen eigenen Regelkreis im «äußeren» Regelkreis.

Nach dem Einschalten der Führungsgröße steht y_h als Stellgröße an. Dadurch steigt die Regelgröße verzögert mit der Zeitkonstanten der Strecke an. Gleichzeitig bildet y_h auch das Eingangssignal des Rückführungsgliedes. Sein Ausgangssignal x_r steigt mit der Verzögerung T_1 an.

Die Zeitkonstante T_1 des Rückführungsgliedes wird wesentlich kleiner gewählt als die Streckenkonstante T_g. Deshalb wird x_r viel schneller ansteigen als die Regelgröße x.

Dem Vergleicher wird die Summe von x und x_r zugeführt zum Vergleich mit der Führungsgröße w. Diese Summe hat natürlich den oberen Schaltpunkt x_{ob} viel schneller erreicht, als dies ohne Rückführung der Fall wäre, wo dann ja nur das wesentlich langsamer anwachsende x zur Verfügung stehen würde.

Sobald $x + x_r = x_{ob}$, wird die Stellgröße auf $y = 0$ umgeschaltet. Bedingt durch die große Verzugszeit T_u reagiert die Strecke auf diese Änderung ihres Eingangssignals wesentlich schwächer als das Rückführungsglied. Also nimmt x_r schneller ab als x. Sobald $x + x_r = x_{un}$, wird die Stellgröße wieder auf y_h umgeschaltet. Während sich x wieder kaum ändert, steigt x_r schnell an – so lange, bis $x + x_r = x_{ob}$.

Sind die Zeitkonstanten von Strecke und Rückführung günstig aufeinander abgestimmt, lassen sich die Schaltzyklen am Ausgang der Regelstrecke fast nicht mehr feststellen, so daß man Ergebnisse erhält, die denen von stetigen Reglern durchaus vergleichbar sind.

Die Ausgangsgröße x_r des «inneren» Regelkreises zeigt zwar die Dauerschwingung des Zweipunktregelvorganges. Die Schwankungen von x_r einerseits und $(x + x_r)$ andererseits sind aber nach einigen Einschwingvorgängen nahezu gleich groß, so daß die Regelgröße x fast nicht mehr schwingt. Da $(x + x_r)$ um die Führungsgröße w schwingt, entsteht allerdings eine bleibende Regeldifferenz e_b; die Regelgröße x wird immer kleiner sein als w.

Wegen der Verknüpfung der beiden Regelkreise ist der Verlauf der Regelgröße wesentlich komplizierter, als dies bei den bisher behandelten einfachen unstetigen Reglern der Fall war. Die Verläufe von x, x_r und $(x + x_r)$ werden deshalb in Bild 8.21 nur im eingeschwungenen Zustand gezeigt.

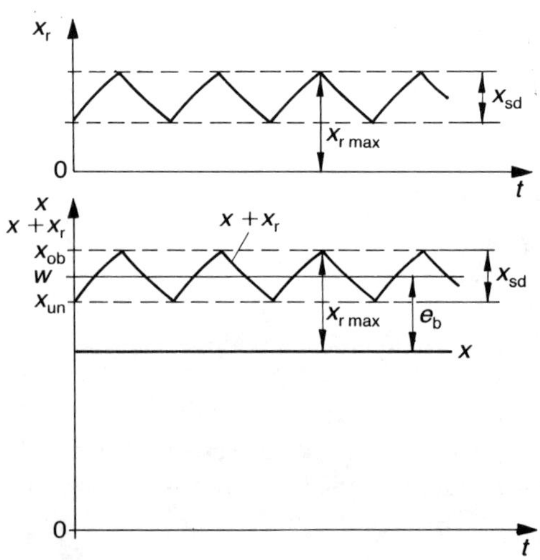

Bild 8.21 Regelverhalten eines Zweipunktreglers mit verzögerter Rückführung

Genauere theoretische Untersuchungen zeigen, daß ein Zweipunktregler mit verzögerter Rückführung ein ähnliches Verhalten zeigt wie ein stetiger PD-Regler.

8.3.2 Zweipunktregler mit verzögert-nachgebender Rückführung

Wird ein Rückführungsglied mit einem anderen Übertragungsverhalten gewählt, so läßt sich die bleibende Regeldifferenz beseitigen. Hierfür bietet sich verzögert-nachgebendes Verhalten an. Bei einem solchen Glied beginnt die Ausgangsgröße bei sprungförmiger Anregung verzögert, erreicht einen Höchstwert und nimmt dann allmählich wieder auf Null ab. Ein verzögert-nachgebendes Glied entsteht durch Parallelschalten von zwei T_1-Gliedern mit unterschiedlichen Zeitkonstanten, deren Ausgangssignale subtrahiert werden (Bild 8.22). Die Eingangsgröße des Rückführgliedes ist wieder die Stellgröße y, Ausgangsgröße ist x_r.

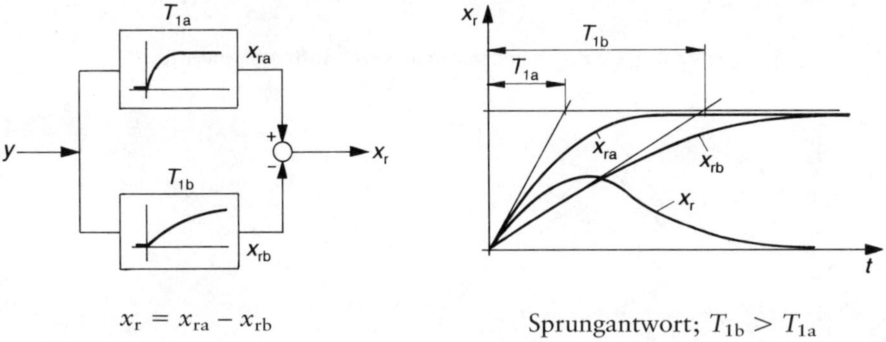

Bild 8.22 Verzögert-nachgebende Rückführung

Einen vollständigen Regelkreis mit einem Zweipunktregler und verzögert-nachgebender Rückführung zeigt Bild 8.23.

Zum Verständnis der Zusammenhänge werden in Bild 8.24 die Rückführgrößen x_{ra}, $-x_{rb}$ und x_r im eingeschwungenen Zustand gezeichnet.

Genau wie bei der verzögerten Rückführung schwingt $(x + x_r)$ um die Führungsgröße w. Da jedoch jetzt x_r um 0 schwingt, ist $x = w$, es gibt somit keine bleibende Regeldifferenz e_b.

Der Zweipunktregler mit verzögert-nachgebender Rückführung zeigt ein ähnliches Verhalten wie ein stetiger PID-Regler.

Auch das Regelverhalten von Dreipunktreglern kann durch eine geeignete Rückführung verbessert werden. Die Zusammenhänge sind dann aber sehr kompliziert und würden den Rahmen dieser Grundlagenbetrachtungen sprengen.

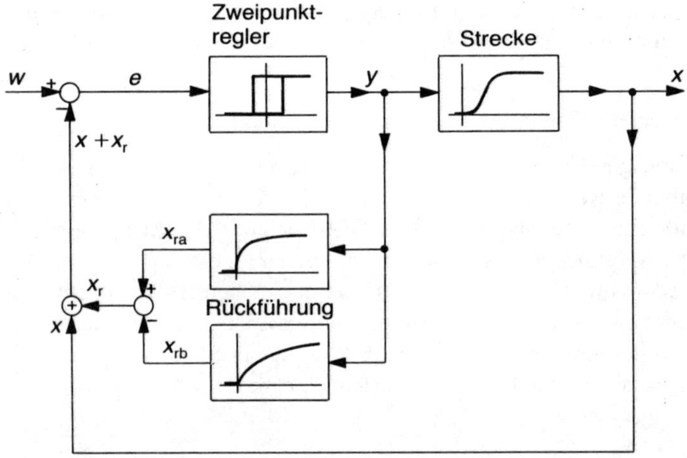

Bild 8.23 Regelkreis mit einem Zweipunktregler mit verzögert-nachgebender Rückführung

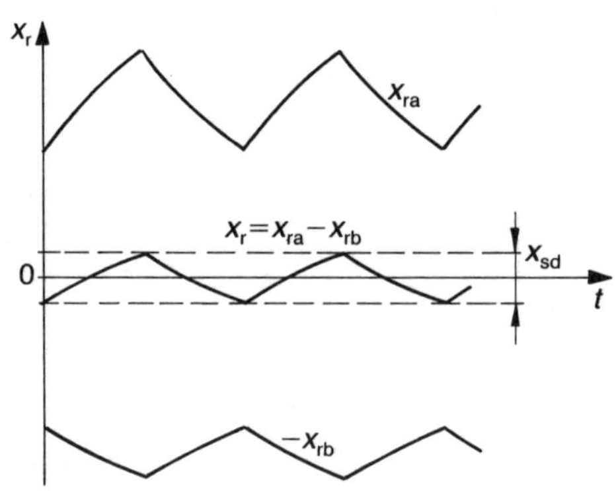

Bild 8.24 Regelverhalten eines Zweipunktreglers mit verzögert-nachgebender Rückführung

9 Digitale Regelung

Digitale Regler erfordern eine Bereitstellung des jeweils aktuellen Wertes der Regelgröße in digitaler Form. Auch der Sollwert wird als digitaler Wert vorgegeben. Aus diesen beiden Zahlenwerten errechnet ein Mikroprozessor im Regler nach einem vom Hersteller fest einprogrammierten Rechenalgorithmus die Stellgröße. Für die meisten Stellglieder muß diese wieder in ein Analogsignal umgewandelt werden.

Der Bediener kann durch entsprechende Programmwahl zwischen verschiedenen Reglerverhalten wählen, ohne wie beim Analogregler in die Hardware eingreifen zu müssen. Damit kann der Regler einfacher an neue Streckenverhältnisse angepaßt werden, als dies mit einem analogen Typ möglich ist.

Die Parameterwahl erfolgt entweder von Hand (bei den meisten Geräten über Folientastaturen) oder – bei anspruchsvolleren Geräten – selbständig. Dabei analysiert der Regler das Verhalten der zu regelnden Strecke und optimiert mit den so gefundenen Werten seine Einstellung.

Die meisten digitalen Regler besitzen die Möglichkeit, über eine Schnittstelle mit einem Rechner gekoppelt zu werden. Vom Rechner (PC oder bei großen Anlagen Großrechner) kann die Reglereinstellung für mehrere Regler zentral vorgenommen werden. Außerdem kann ein Prozeß, der aus mehreren Regelfunktionen besteht, von dieser *Leitstelle* überwacht werden. Die einzelnen Regler können dabei eigenständig arbeiten oder miteinander kombiniert sein.

9.1 Funktion eines digitalen Reglers

Bild 9.1 zeigt das Blockschaltbild eines Regelkreises mit digitaler Regelung. In den nächsten Abschnitten wird beschrieben, wie aus der Regelgröße x die Stellgröße y erzeugt wird.

9.1.1 Abtasten und Digitalisieren der Regelgröße

Die Regelgröße x muß dem Mikrocomputer in digitaler Form zugeführt werden. Bei einigen Regelaufgaben bieten sich deshalb digitale Meßsensoren an, z.B. bei einer Wegmessung entsprechend codierte Lineale oder bei Drehwinkelmessung kreisförmig codierte Scheiben. Dies sind aber Themen der Meßtechnik, auf die hier nicht eingegangen werden soll.

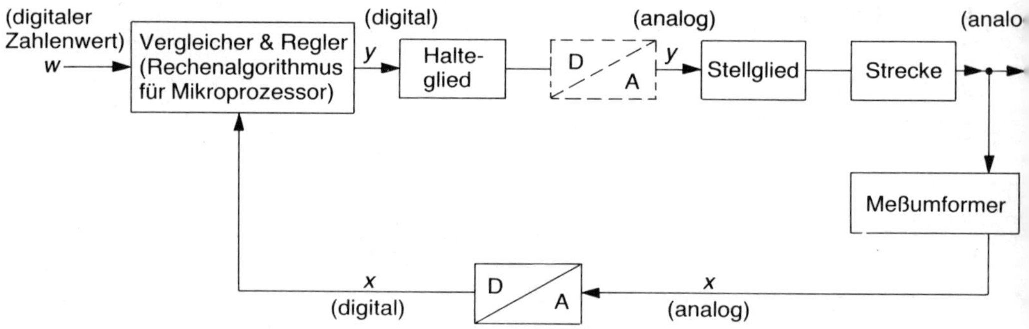

Bild 9.1 Regelkreis mit digitalem Regler

In den meisten Fällen wird die Regelgröße, bei der es sich bekanntlich um ganz verschiedene physikalische Größen handeln kann, analog gemessen. Es ergibt sich ein kontinuierlicher Verlauf der Regelgröße, das heißt, daß zu jedem Zeitpunkt ein Wert der Regelgröße existiert. Wie bei analogen Signalen üblich, kann die Regelgröße jeden beliebigen Wert zwischen bestimmten Extremwerten (z.B. von 0 bis x_{max}) annehmen. Der Meßumformer wandelt sie in eine elektrische Spannung oder Strom um.

Einen angenommenen Verlauf der analogen Regelgröße nach Umformung in eine elektrische Spannung zeigt Bild 9.2. Der angenommene Meßumformer hat eine maximale Ausgangsspannung von 3,5 Volt.

Der Analog-Digital-Wandler (A/D-Wandler) tastet diese analoge Regelgröße ab und wandelt sie in einen Zahlenwert um. Dabei wird sie jeweils nach einer bestimmten Zeit, der *Abtastzeit T*, erfaßt und einem diskreten Wert zugeordnet, wie Bild 9.3 zeigt.

Hier wird als Beispiel der zum Abtastzeitpunkt aktuelle analoge Spannungswert durch einen von 8 Werten (von 0 bis 7) ausgedrückt nach folgender Vorschrift:

$$0 \text{ V} \leq x_{\text{analog}} < 0{,}25 \text{ V} \Longrightarrow x_{\text{digital}} = 0$$
$$0{,}25 \text{ V} \leq x_{\text{analog}} < 0{,}75 \text{ V} \Longrightarrow x_{\text{digital}} = 1$$
$$0{,}75 \text{ V} \leq x_{\text{analog}} < 1{,}25 \text{ V} \Longrightarrow x_{\text{digital}} = 2$$
$$1{,}25 \text{ V} \leq x_{\text{analog}} < 1{,}75 \text{ V} \Longrightarrow x_{\text{digital}} = 3$$
$$1{,}75 \text{ V} \leq x_{\text{analog}} < 2{,}25 \text{ V} \Longrightarrow x_{\text{digital}} = 4$$
$$2{,}25 \text{ V} \leq x_{\text{analog}} < 2{,}75 \text{ V} \Longrightarrow x_{\text{digital}} = 5$$
$$2{,}75 \text{ V} \leq x_{\text{analog}} < 3{,}25 \text{ V} \Longrightarrow x_{\text{digital}} = 6$$
$$3{,}25 \text{ V} \leq x_{\text{analog}} \leq 3{,}5 \text{ V} \Longrightarrow x_{\text{digital}} = 7$$

Zu erkennen sind teilweise recht große Abweichungen des Zahlenwertes vom tatsächlichen Verlauf der Kurve. Diese Ungenauigkeiten lassen sich bei digitalisierten Signalen nie vermeiden. Sie werden aber um so kleiner, je feiner die Teilung vorgenommen wird. Wenn der Mikrocomputer wie heute üblich eine Wortbreite von 8 bit verarbeiten kann, bedeutet das eine Einteilung in $2^8 = 256$ Werte. Es ist leicht einzusehen, daß in diesem Fall der Fehler vernachlässigbar gering wird. Eine

Bild 9.2 Analoge Regelgröße

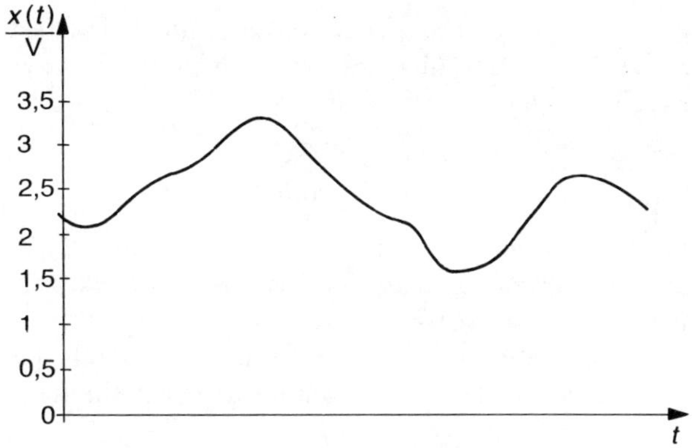

Bild 9.3 A/D-Wandlung

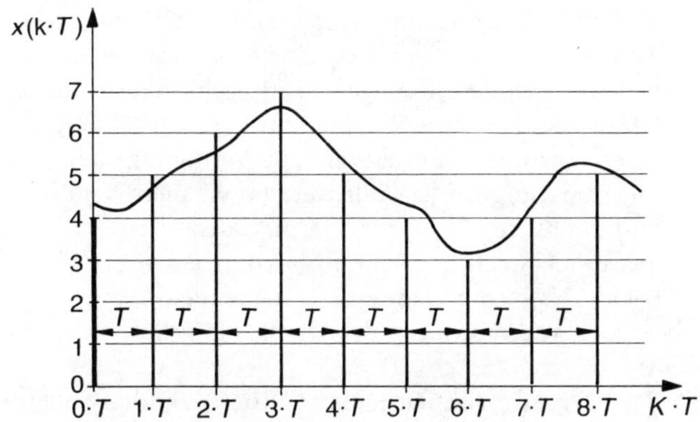

Wortbreite von nur 3 bit (ergibt $2^3 = 8$ Werte), wie in dem Beispiel zugrunde gelegt, ist natürlich in der Praxis nicht gebräuchlich. Sie wurde nur gewählt, um die grundlegenden Zusammenhänge in der Zeichnung anschaulich darstellen zu können.

Aus dem kontinuierlichen analogen Signal $x(t)$ entsteht durch diese Abtastung und A/D-Wandlung ein diskontinuierlich-diskretes Signal. Es besteht aus einer Folge von Werten

$$x(\mathrm{k} \cdot T), \text{ mit } \mathrm{k} = 0, 1, 2, \ldots$$

Nur zu den Zeitpunkten 0, $1 \cdot T$, $2 \cdot T$, $3 \cdot T$, … existieren Werte für die Regelgröße:

$x(\mathrm{k} \cdot T)$ ist dabei der digitale Wert der Regelgröße im k-ten Abtastschritt.

Zwischenwerte zwischen den diskreten Zahlenwerten kann die Regelgröße nicht annehmen, wie das aus der Digitaltechnik bekannt ist. Auch werden zwischen zwei

Abtastzeiten keine weiteren Werte ermittelt. Dies setzt natürlich voraus, daß die Abtastzeit so gewählt wird, daß sich in der Zeit zwischen zwei Abtastungen die Regelgröße nicht zu stark ändert.

9.1.2 Erzeugen der Stellgröße

Im Rechner wird aus der Folge von Istwerten $x(\mathrm{k} \cdot T)$ und dem bereits gespeicherten digitalen Sollwert w_0 die Regeldifferenz $e(\mathrm{k} \cdot T)$ berechnet. Auch sie ist eine Folge von diskreten Zahlenwerten.

Um das Verständnis zu erleichtern, wird als Führungsgröße ein konstanter Sollwert w_0 angenommen. Dann ergibt sich die Regeldifferenz zu

$$e(\mathrm{k} \cdot T) = w_0 - x(\mathrm{k} \cdot T);$$

die Erzeugung der Regeldifferenzfolge zeigt Bild 9.4

Anhand der im Rechner gespeicherten Rechenvorschrift, dem *Regelalgorithmus*, wird aus dieser digitalen Regeldifferenzfolge die Stellgrößenfolge $y(\mathrm{k} \cdot T)$ berechnet. Für diese Berechnungen der Regeldifferenz und der Stellgröße benötigt der Rechner eine gewisse Rechenzeit, die ihm durch den Abtastvorgang bei der Digitalisierung der Regelgröße zur Verfügung steht. Deshalb muß die Abtastzeit mindestens so groß gewählt werden wie diese benötigte Rechenzeit, die abhängig vom gewählten Mikroprozessor und dem Programm ist.

Natürlich spielt auch die Regelaufgabe bei der Wahl der Abtastzeit eine Rolle. Sie kann bei einer langsam reagierenden Temperaturregelung einige Sekunden betragen, während bei einer Drehzahlregelung nur einige Millisekunden zulässig sind.

Der Regelalgorithmus und die Differenzbildung übernehmen die Aufgaben eines analogen Reglers. Je nach Programm zeigt der Regler P-, I-, D-, PID-Verhalten, vergleichbar einem analogen Regler. Die Regelalgorithmen werden im nächsten Abschnitt näher analysiert. Natürlich kann auch unstetiges Reglerverhalten (Zwei- oder Dreipunktverhalten, mit und ohne Rückführung) gewählt werden.

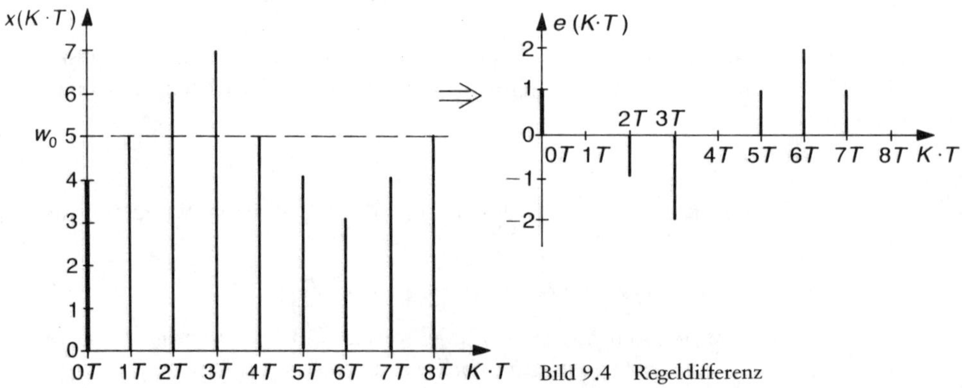

Bild 9.4 Regeldifferenz

Bild 9.5 Stellgröße

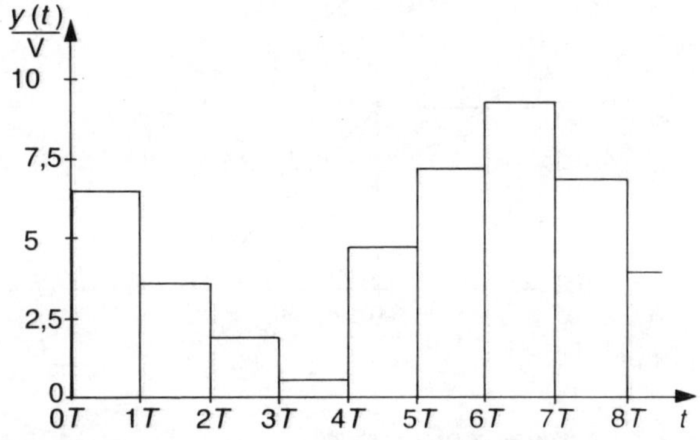

Viele Stellglieder erfordern analoge Eingangssignale, so z. B. Ventile und Kolben, die in der Hydraulik und Pneumatik mit signalproportionalen Wegen arbeiten, oder elektrische Stellglieder, die auf Spannungen reagieren. Dann muß das digitale Stellsignal, das der Regler als Ausgangssignal liefert, über einen Digital-Analog-Wandler (D/A-Wandler) wieder in eine analoge Größe umgewandelt werden. Dies kann eine elektrische Spannung oder ein Strom sein.

Natürlich kann ein Stellglied nicht mit einem impulsförmigen Stellsignal angesteuert werden. Deshalb wird der jeweils aktuelle Wert der Stellgröße während der Abtastzeit konstant gehalten, so daß ein treppenförmiger Verlauf entsteht. In Bild 9.5 ist ein möglicher Stellgrößenverlauf dargestellt für einen Regler, der als Ausgangssignal eine Spannung zwischen 0 und 10 Volt liefert.

9.2 Regelalgorithmus

Ein kontinuierlich arbeitender analoger PID-Regler besteht aus drei Anteilen mit P-, I- und D-Verhalten. Er erzeugt aus der Regeldifferenz $e(t)$ die Stellgröße $y(t)$ nach der Gleichung

$$y(t) = \underbrace{K_P \cdot e(t)}_{\text{P-}} + \underbrace{K_I \cdot \int e(t)\mathrm{d}t}_{\text{I-}} + \underbrace{K_D \cdot \frac{\Delta e(t)}{\Delta t}}_{\text{D-Anteil}}$$

Im folgenden wird betrachtet, wie die einzelnen Anteile der Stellgrößenfolge durch einen Rechenalgorithmus aus der Regeldifferenzfolge berechnet werden können.

9.2.1 P-Anteil

Die Berechnung des P-Anteils bietet auch für die digitalen Werte keine Probleme. Es müssen nur die jeweils zum Zeitpunkt der Abtastung $\mathrm{k} \cdot T$ aktuellen Werte $e(\mathrm{k} \cdot T)$ mit dem Proportionalitätsfaktor K_P multipliziert werden:

$$y_P(\mathrm{k} \cdot T) = K_P \cdot e(\mathrm{k} \cdot T)$$

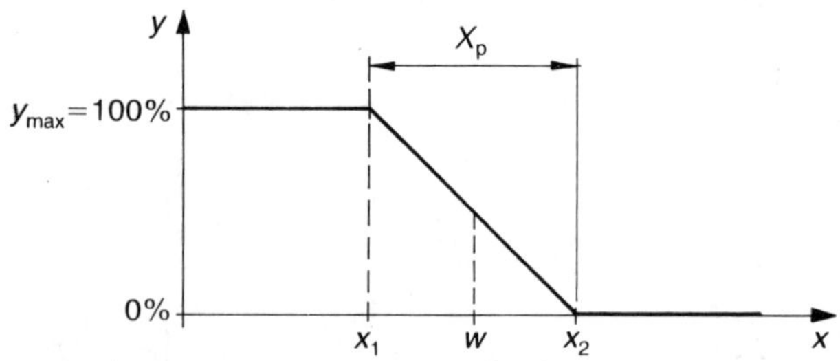

Bild 9.6 Proportionalbereich

9.2.1.1 Proportionalbereich

Bei digitalen Reglern wird häufig anstelle des Proportionalitätsfaktors K_P der *Proportionalbereich* (oder *Proportionalband*) X_P als Parameter eingestellt. Dies ist der Bereich der Regelgröße, in dem der gesamte Stellbereich von 0 bis y_{max} durchfahren wird. Nur in diesem Bereich besteht Proportionalität zwischen Regelgröße und Stellgröße.

X_P ist entweder ein Wert in der Dimension der Regelgröße oder in % vom Meßbereich des Reglers.

Betrachtet man eine Temperaturregelung, dann ist die Regelgröße x die zu regelnde Temperatur. Bei Temperaturen unterhalb von x_1 wird die volle Heizleistung eingeschaltet, oberhalb von x_2 ist die Heizleistung vollständig abgeschaltet; zwischen x_1 und x_2 liegt bei diesem Beispiel der Proportionalbereich X_P (Bild 9.6).

Der Zusammenhang zwischen K_P und X_P läßt sich herleiten, wenn die Stellgröße in Abhängigkeit von der Regeldifferenz e aufgetragen wird (Bild 9.7). Es gilt die bekannte Beziehung zwischen y als Ausgangsgröße und e als Eingangsgröße eines P-Reglers:

$$\Delta y = K_P \cdot \Delta e.$$

Wenn $\Delta e = X_P$, folgt daraus, daß $\Delta y = y_{max}$ bzw. $\Delta y = 100\,\%$. Damit ergibt sich

$$y_{max} = K_P \cdot X_P \Longrightarrow X_P = \frac{y_{max}}{K_P}$$

bzw.

$$100\,\% = K_P \cdot X_P \Longrightarrow X_P = \frac{1}{K_P} \cdot 100\,\%$$

9.2.2 I-Anteil

9.2.2.1 Integrieren bei Analogreglern

Bevor der Regelalgorithmus für I-Verhalten angegeben werden kann, muß kurz erklärt werden, welche Aufgaben man durch die mathematische Operation «Integrieren» lösen kann.

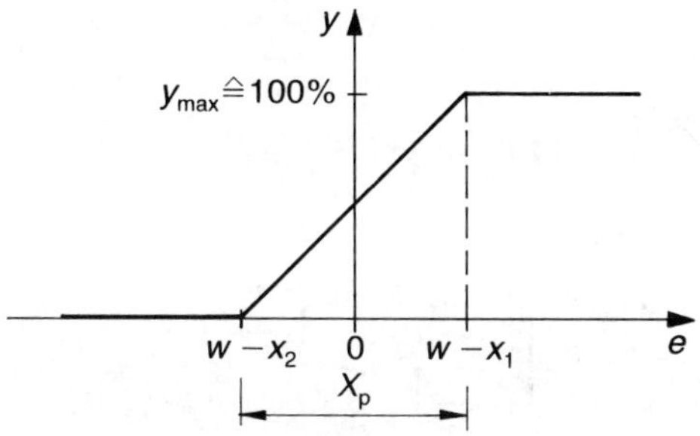

Bild 9.7 Proportionalbereich

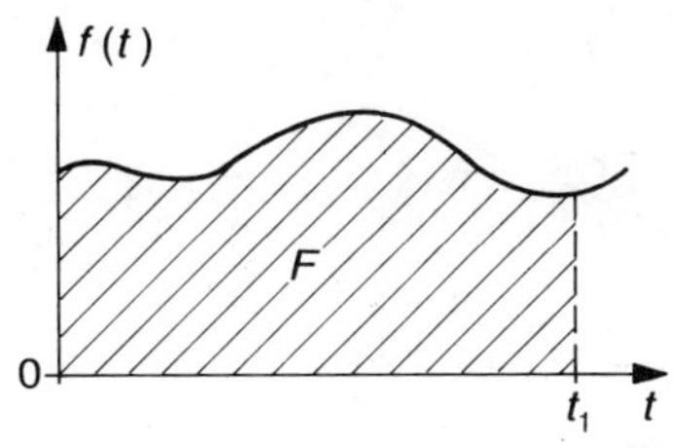

Bild 9.8 Flächenberechnung

Es läßt sich damit die Fläche berechnen, die von der Kurve einer Funktion und der Abszisse (z. B. der Zeitachse) begrenzt wird. Bild 9.8 zeigt eine beliebige Funktion in Abhängigkeit von der Zeit f(t). Mit Integralrechnung kann die schraffierte Fläche F berechnet werden:

$$F = \int_0^{t_1} f(t)\, dt$$

(gesprochen: «Integral f von t dt von 0 bis t_1»).

Ein analoger Regler mit I-Verhalten erzeugt seine Ausgangsgröße, die Stellgröße, durch kontinuierliches Integrieren der Regeldifferenz als seiner Eingangsgröße. Es ist die Stellgröße zu einem Zeitpunkt t_1:

$$y(t_1) = K_I \cdot \int_0^{t_1} e(t)\, dt$$

Dies entspricht der Fläche zwischen der Regeldifferenzfunktion $e(t)$ und der Zeitachse, beginnend bei $t = 0$ und begrenzt bei $t = t_1$.

Zu erklären ist damit auch die Fähigkeit eines I-Reglers, keine bleibende Regeldifferenz zu erzeugen. Ist die Regeldifferenz Null (also $x = w_0$), wird keine neue Fläche mehr hinzuaddiert, die Stellgröße behält also konstant den zuletzt ermittelten Wert bei. Erst sobald, z. B. durch eine Störung, eine erneute Regeldifferenz auftritt, wird die Stellgröße wieder verändert. Dies geht so lange, bis die Regeldifferenz zu null geworden ist.

9.2.2.2 Näherungsverfahren bei Digitalreglern

Angenähert werden kann die gesuchte Fläche über Rechteckflächen, die einzeln berechnet und addiert werden. Dies zeigt Bild 9.9.

Aus der Folge der durch Abtastung und A/D-Wandlung sowie der Differenzbildung mit w_0 entstandenen Werte $e(k \cdot T)$ lassen sich durch Konstanthalten der jeweiligen Größe Rechtecke bilden, wie Bild 9.10 zeigt. Das Integral der Regeldifferenz kann durch die Summe der einzelnen Rechteckflächen angenähert werden:

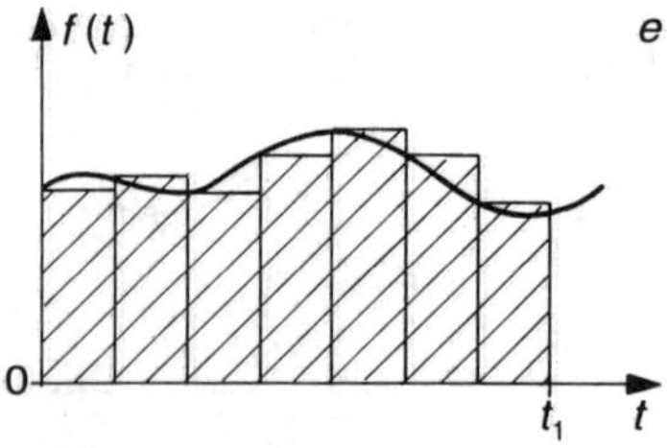

Bild 9.9 Flächenberechnung (Näherung)

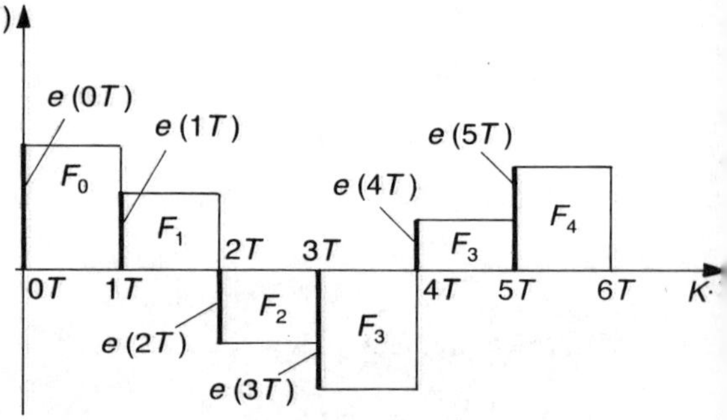

Bild 9.10 Berechnung des I-Anteils (Näherung)

$$y_I(\mathrm{k} \cdot T) \approx K_I \cdot \left(F_0 + F_1 + F_2 + F_3 + \ldots + F_\mathrm{k}\right) = K_I \cdot \sum_{\mathrm{i}=0}^{\mathrm{k}} F_\mathrm{i}$$

Dies ist dann der I-Anteil der Stellgröße als Ausgangsgröße des Reglers zur Zeit $\mathrm{k} \cdot T$. Die einzelnen Rechtecke haben alle die gleiche Breite, nämlich die Abtastzeit T. Die Höhe ist der jeweilige Wert der Regeldifferenz $e(\mathrm{k} \cdot T)$. Die Flächen der einzelnen Rechtecke ergeben sich damit zu

$$F_0 = e(0 \cdot T) \cdot T;\ F_1 = e(1 \cdot T) \cdot T;\ F_2 = e(2 \cdot T) \cdot T;\ \ldots;\ F_\mathrm{k} = e(\mathrm{k} \cdot T) \cdot T,$$

und es wird

$$y_I(\mathrm{k} \cdot T) \approx K_I \cdot \sum_{\mathrm{i}=0}^{\mathrm{k}} e(\mathrm{i} \cdot T) \cdot T = K_I \cdot T \cdot \sum_{\mathrm{i}=0}^{\mathrm{k}} e(\mathrm{i} \cdot T).$$

Die Stellgröße zwischen dem 3. und 4. Abtastschritt $y_I(3 \cdot T)$ ergibt sich aus der Summe der ersten vier Rechtecke, multipliziert mit K_I:

$$y_I(3 \cdot T) = K_I \cdot \left(F_0 + F_1 + F_2 + F_3\right) = K_I \cdot \sum_{\mathrm{i}=0}^{3} e(\mathrm{i} \cdot T) \cdot T = K_I \cdot T \cdot \sum_{\mathrm{i}=0}^{3} e(\mathrm{i} \cdot T)$$

Die Stellgröße nach dem nächsten Abtastschritt ergibt sich zu

$$\begin{aligned} y_I(4 \cdot T) &= \underbrace{K_I \cdot \left(F_0 + F_1 + F_2 + F_3\right.}_{y_I(3 \cdot T)} \left. + F_4\right) = y_I(3 \cdot T) + K_I \cdot F_4 \\ &= y_I(3 \cdot T) + K_I \cdot e(4 \cdot T) \cdot T \end{aligned}$$

Die Stellgröße nach dem fünften Abtastschritt berechnet sich dementsprechend:

$$y_I(5 \cdot T) = y_I(4 \cdot T) + K_I \cdot e(5 \cdot T) \cdot T$$

Allgemein kann man diese vereinfachte Rechenvorschrift formulieren:

$$y_I(k \cdot T) = \underbrace{y_I\big((k-1) \cdot T\big)}_{\text{dies ist die Stellgröße, die bereits nach dem vorigen Abtastschritt ermittelt wurde.}} + K_I \cdot \overbrace{e(k \cdot T)}^{\text{die aktuelle Regeldifferenz}} \cdot T$$

Die nächstfolgende Stellgröße berechnet sich also immer, indem zu der aktuellen Stellgröße das Produkt der aktuellen Regeldifferenz mit dem konstanten Faktor $K_I \cdot T$ addiert wird. So ergibt sich für den (k+1)-ten Schritt:

$$y_I\big((k+1) \cdot T\big) = y_I(k \cdot T) + K_I \cdot e\big((k+1) \cdot T\big) \cdot T$$

Das Integrieren kann also angenähert erfolgen durch Multiplizieren mit einer Konstanten und durch Addieren. Diese mathematischen Operationen führt bei einem digitalen Regler ein Mikrocomputer aus.

9.2.3 D-Anteil

Die «Differentialrechnung» bietet eine mathematische Beschreibungsmöglichkeit für das Wachstum einer Funktion. Es interessiert dabei die Frage, wie rasch bzw. wie stark die Funktionswerte zu- oder abnehmen, wenn sich die Werte auf der Abszisse ändern. Um diese Frage zu beantworten, betrachtet man am besten die Kurve der Funktion im Koordinatensystem (Bild 9.11). Verläuft die Kurve steil (wie in P_1), so wächst die Funktion rasch mit wachsendem t; verläuft sie weniger steil (wie in P_2), so wächst die Funktion langsamer. Die Steilheit der Kurve ist somit ein Maß für das Wachstum der Funktion.

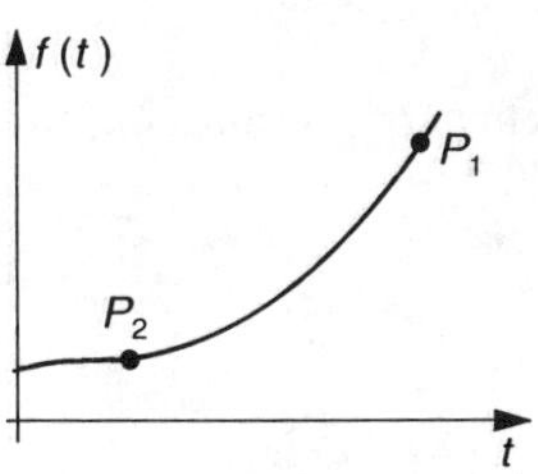

Bild 9.11 Wachstum von Funktionen

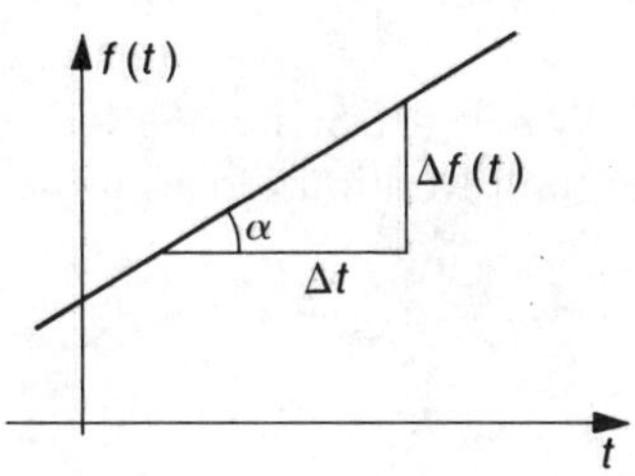

Bild 9.12 Steigung bei Geraden

Bei einer Geraden ist die Steilheit durch die konstante Steigung

$$m = \tan \alpha = \frac{\Delta f(t)}{\Delta t}$$

definiert (Bild 9.12). Bei einer gekrümmten Kurve ist die Steigung dagegen nicht konstant, sondern sie hat in jedem Punkt der Kurve einen anderen Wert. Unter der

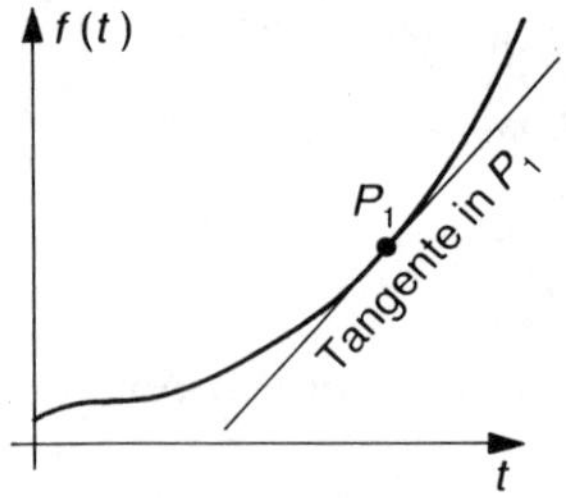

Bild 9.13 Tangente

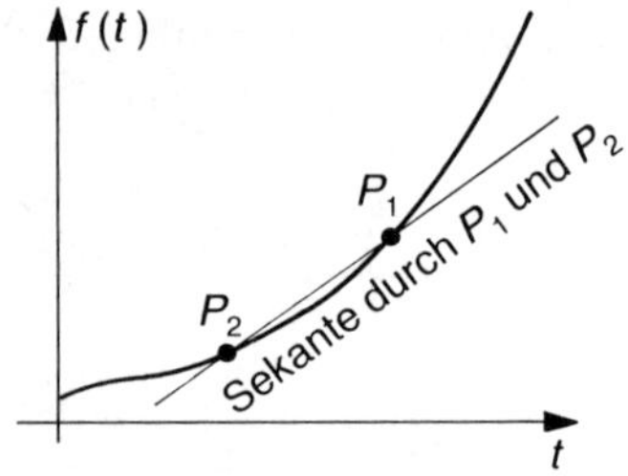

Bild 9.14 Sekante

Steigung einer solchen Kurve in einem bestimmten Punkt P_1 versteht man die Steigung der Tangente in P_1 (Bild 9.13). Sie läßt sich allerdings nur mit Hilfe der Differentialrechnung bestimmen, auf die hier nicht eingegangen wird.

Als Näherung für die Steigung der Tangente wird die Steigung einer Sekante genommen. Dies ist eine Gerade, die durch zwei möglichst dicht nebeneinander auf der Kurve liegende Punkte gelegt wird, wie Bild 9.14 zeigt. Zwischen den beiden Punkten P_1 und P_2 darf keine zu große Änderung des Kurvenverlaufs erfolgen, dann bleibt die Abweichung der Steigung der Sekante von der der Tangente relativ klein. Dies war bereits bei der Wahl der Abtastzeit T gefordert worden, so daß diese Voraussetzung für die Näherung über die Sekantenberechnung bei der digitalisierten Regeldifferenzfolge erfüllt ist. Damit kann der D-Anteil der Stellgröße gemäß Bild 9.15 näherungsweise wie folgt berechnet werden:

$$y_D(k \cdot T) = K_D \cdot \frac{e(k \cdot T) - e\big((k-1) \cdot T\big)}{T}$$

$$y_D(k \cdot T) = \frac{K_D}{T} \cdot \Big[e(k \cdot T) - e\big((k-1) \cdot T\big)\Big]$$

Auch der D-Anteil der Stellgröße läßt sich mit Grundrechenarten ermitteln, mit Subtrahieren und Multiplizieren mit der Konstanten K_D/T.

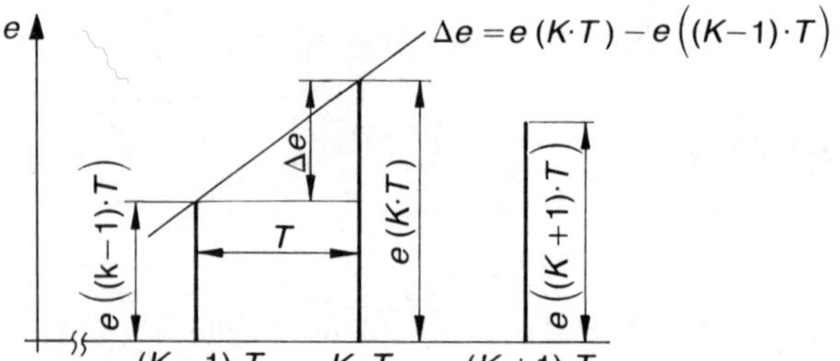

Bild 9.15 Berechnung des D-Anteils (Näherung)

9.2.4 PID-Algorithmus

Wie von den Analogreglern bekannt, werden P-, I- und D-Anteil der Stellgröße addiert. Dies ergibt den Regelalgorithmus für den Mikrocomputer eines digitalen PID-Reglers:

$$y(\mathrm{k} \cdot T) = y_{\mathrm{P}}(\mathrm{k} \cdot T) + y_{\mathrm{I}}(\mathrm{k} \cdot T) + y_{\mathrm{D}}(\mathrm{k} \cdot T)$$

$$y(\mathrm{k} \cdot T) = K_{\mathrm{P}} \cdot e(\mathrm{k} \cdot T) + K_{\mathrm{I}} \cdot T \cdot \sum_{\mathrm{i}=0}^{\mathrm{k}} e(\mathrm{i} \cdot T) + \frac{K_{\mathrm{D}}}{T} \cdot \left[e(\mathrm{k} \cdot T) - e\big((\mathrm{k}-1) \cdot T\big)\right]$$

Hier kann wieder K_{P} ausgeklammert werden. Dadurch erhält man die von den analogen Reglern her bekannten Parameter T_{n} und T_{v}.

$$y(\mathrm{k} \cdot T) = K_{\mathrm{P}} \cdot \left\{e(\mathrm{k} \cdot T) + \frac{T}{T_{\mathrm{n}}} \cdot \sum_{\mathrm{i}=0}^{\mathrm{k}} e(\mathrm{i} \cdot T) + \frac{T_{\mathrm{v}}}{T} \cdot \left[e(\mathrm{k} \cdot T) - e\big((\mathrm{k}-1) \cdot T\big)\right]\right\}$$

Es gilt wieder:

$$T_{\mathrm{n}} = \frac{K_{\mathrm{P}}}{K_{\mathrm{I}}} \quad \text{und} \quad T_{\mathrm{v}} = \frac{K_{\mathrm{D}}}{K_{\mathrm{P}}}$$

Die Parameter K_{P} (bzw. X_{P}), T_{n} und T_{v} können nach Analyse der zu regelnden Strecke z.B. mit Hilfe des Verfahrens von Ziegler und Nichols oder nach dem CHR-Verfahren ermittelt werden.

Bei vielen in der Praxis vorkommenden Reglern sind für die Parameter nur bestimmte feste Werte gespeichert, so daß unter Umständen der exakte berechnete Wert nicht wählbar ist. Dann sollte für K_{P} der nächstkleinere Wert (X_{P} der nächsthöhere %-Wert) gewählt werden, der im Speicher angeboten wird; für T_{n} wird der nächstgrößere verfügbare Zeitwert, für T_{v} der nächstkleinere gewählt.

Berechnungsbeispiel

Berechnungsbeispiel für eine Modellregelstrecke.

Die Temperatur eines Heizwiderstandes soll mit einem digitalen PID-Regler geregelt werden. Die Auswertung der Sprungantwort der Strecke bei Anregung mit maximaler Heizleistung ergibt als Zeitkonstanten: $T_{\mathrm{u}} = 20$ s und $T_{\mathrm{g}} = 360$ s.

Die maximal erreichte Temperatur beträgt 130 °C.

Der Regler hat als Ausgangssignal einen stetigen Strom von 0 bis 20 mA. Dieser Strom wird in der Strecke umgewandelt in eine Spannung, die verstärkt wird und die Heizleistung bestimmt. Der Meßbereich des Reglers ist auf 100 °C eingestellt. Er hat folgende Werte gespeichert:

X_{P}/% = 0,5; 1; 2; 2,5; 3; 5; 10; 20 (% vom Meßbereich)

T_{n}/s = 25; 50; 100; 200; 350; 600; 1000

T_{v}/s = 5; 10; 25; 50; 100; 200

Bestimmen Sie nach dem CHR-Verfahren die für Störung optimalen Regelparameter für aperiodischen Verlauf der Regelgröße!

Lösung: 1. Bestimmen von K_S aus den über die Sprungantwort ermittelten Werten: die Temperatur ändert sich um 110 °C (20 °C als Ausgangstemperatur)

$$K_S = \frac{\Delta x}{y_{max}} = \frac{110\,°C}{20\ mA} = 5{,}5\ \frac{°C}{mA}$$

K_S ist dimensionsbehaftet, da x und y unterschiedliche Dimensionen haben.

2. Bestimmen von K_P nach CHR:

$$K_P = 0{,}95 \cdot \frac{T_g}{T_u \cdot K_S} = 0{,}95 \cdot \frac{360\ s \cdot mA}{20\ s \cdot 5{,}5\,°C} \approx 3{,}11\ \frac{mA}{°C}$$

3. Bestimmen von X_P:

$$X_P = \frac{y_{max}}{K_P} \approx \frac{20\ mA \cdot °C}{3{,}11\ mA} \approx 6{,}43\,°C$$

Umrechnen von X_P in % vom Meßbereich:

$$X_{P\%} = \frac{X_P}{\text{Meßbereich}} \cdot 100\,\% \approx \frac{6{,}43\,°C}{100\,°C} \cdot 100\,\% = 6{,}43\,\%$$

Gewählt wird der nächstgrößere Wert: $X_{P\%} = 10\,\%$

4. Bestimmen von T_n und T_v:

$$T_n = 2{,}4 \cdot T_u = 48\ s \Longrightarrow \text{gewählt wird } T_n = 50\ s$$

$$T_v = 0{,}42 \cdot T_u = 8{,}4\ s \Longrightarrow \text{gewählt wird } T_v = 5\ s$$

Diese Reglereinstellung erfolgt vor der Inbetriebnahme des Regelkreises. Es ist jedoch nicht möglich, den Regler so auszulegen, daß er bei allen denkbaren Betriebsfällen (Änderung des Sollwertes, Störgrößen) gleich gut arbeitet. Außerdem kommt oftmals hinzu, daß die Regelstrecke im Lauf der Zeit ihr Verhalten ändern kann. So kommt es häufig vor, daß sich die Streckenverstärkung ändert. Aber auch ihre Zeitkonstanten sind nicht immer konstant.

Anschauliche Beispiele für Regelstrecken mit veränderlichem Verhalten sind Flugregelungen (hierbei Kurs-, Lage- und Rollwinkelregelung), die von Flughöhe und Geschwindigkeit abhängen, sowie die Regelung der Triebwerke, abhängig vom Luftdruck, außerdem Regelungen in der Hebe- und Fördertechnik, wobei das Verhalten abhängig ist von der Last. Auch bei der Regelung in chemischen Anlagen gibt es die Problematik variabler Streckenparameter.

Ein Regler mit einer festen Parametereinstellung wird daher im allgemeinen nicht optimal arbeiten, zumindest kann dies nicht in allen Betriebszuständen erwartet werden. Abhilfe schaffen Regler, die während des Betriebes laufend ihre Parameter der aktuellen Situation entsprechend optimal anpassen. Solche Typen werden *adaptive Regler* genannt (adaptiv ≙ anpassend).

9.3 Adaptive Regler

Bei Analogreglern ist eine solche Anpassung wegen des nötigen Hardware-Eingriffs nahezu unmöglich. Aber mit Mikrocomputer arbeitende Digitalregler können entsprechend programmiert werden. Die Programmierung ist allerdings sehr aufwendig, was sich im Preis dieser Regler ausdrückt. Der Anwender kann bei schnellen Regelvorgängen Probleme mit der Rechenzeit bekommen, die bei den aufwendigen Programmen natürlich relativ groß ist.

Selbstoptimierende adaptive Regler überprüfen ihre Parameter laufend nach Analyse des Streckenverhaltens und passen sie evtl. geänderten Streckenverhältnissen an. Dazu werden Stellgröße als Eingangssignal und Regelgröße als Ausgangssignal der Regelstrecke vom Regler erfaßt. Aus diesen Daten bestimmt er das Übertragungsverhalten der Strecke und die dazu passenden Reglerparameter, die als Tabelle im Mikrocomputer gespeichert sind. Das Prinzip dieser selbstoptimierenden Regler zeigt Bild 9.16. Dabei sind Meßumformer, A/D- und D/A-Wandler nicht berücksichtigt, um das Prinzip des Reglers anschaulich darstellen zu können.

Beim Anfahren wird ein Vorabgleich durchgeführt. Er kann z.B. in folgenden Schritten erfolgen (Bild 9.17):

1. Eingabe des Sollwertes
2. Ausgabe der größtmöglichen Stellgröße y_{max}
3. Ist die Regelgröße auf halbem Weg vom Anfangswert zum Sollwert, wird die Stellgröße abgeschaltet ($y = 0$).
4. Regelgröße schwingt über und kehrt um.
5. Analyse der Streckendaten aus dem Betrag und der Dauer des Überschwingens
6. Anhand gespeicherter Tabelle Berechnen der Reglerparameter K_P (oder X_P), T_n und T_v

Bild 9.16 Prinzip einer adaptiven Regelung

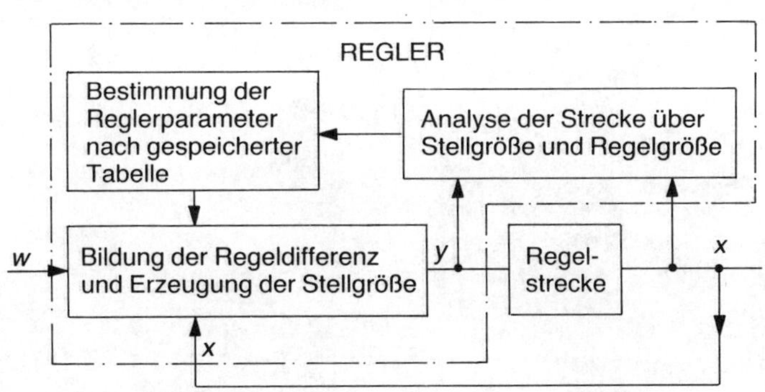

7. Anfahren des Sollwertes

Die Algorithmen für adaptive Regler erfordern einen großen mathematischen Aufwand, so daß darauf an dieser Stelle nicht eingegangen werden kann.

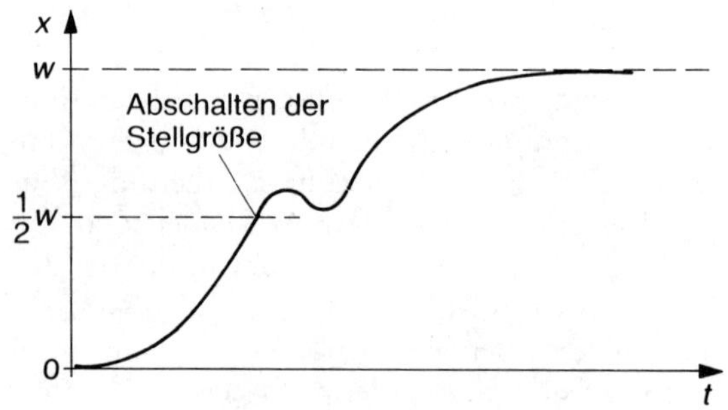

Bild 9.17 Vorabgleich beim Anfahren

10 Fuzzy-Logik

10.1 Was ist Fuzzy-Logik?

Der Begriff Fuzzy-Logik (engl. «fuzzy» = unscharf, ungenau) taucht seit einiger Zeit immer wieder als Schlagwort in der Fachliteratur für Meß-, Steuer- und Regelungstechnik auf.

Der persische Professor Lofti Zadeh hat bereits 1965 an der kalifornischen Universität Berkeley eine Arbeit über «Fuzzy-Sets» veröffentlicht. Darin hat er sich mit der Verarbeitung von Daten beschäftigt, die sich nicht nach der in der Computertechnik benötigten binären Logik mit den Werten 0 und 1 beschreiben lassen.

Im menschlichen Denken und Kommunizieren spielen solche «unscharfen Mengen» von Daten eine wichtige Rolle. Wir sagen z.B. nicht: «das Badewasser hat eine Temperatur von 38 °C.» Vielmehr beschreiben wir die Temperatur des Wassers mit Begriffen wie «kalt», «lauwarm», «angenehm», «heiß», «sehr heiß», ...

Mit diesen Begriffen wird die Temperatur des Badewassers nicht physikalisch exakt beschrieben, trotzdem wird einem Mitmenschen mit entsprechender Erfahrung eine präzise Vorstellung dieser Eigenschaft vermittelt.

Mit dieser «unscharfen Denkweise» gelingt es uns, das Badewasser unserem Wunsch entsprechend zu temperieren. Dazu verarbeiten wir die unscharfe Eingangsvariable – die subjektiv empfundene Temperatur (z.B. durch Handeintauchen «gemessen») – nach einfach konstruierten Regeln zu einer Ausgangsvariablen.

Die Regeln sind dabei aus eigener Erfahrung entstanden. Sie werden ungefähr so aussehen:

1. Wenn die Temperatur zu heiß ist, lasse kaltes Wasser zulaufen.
2. Wenn die Temperatur zu kalt ist, lasse heißes Wasser zulaufen.
3. Wenn die Temperatur viel zu kalt ist, lasse viel heißes Wasser zulaufen.
4. .....

Fuzzy-Logik arbeitet mit solchen unscharfen Begriffen der Umgangssprache (heiß, kalt, groß, mittelgroß, sehr groß, klein, ...). Diese unscharfen Begriffe werden allerdings über zuverlässige mathematische Methoden quantifiziert, so daß am Ende ein exaktes Ergebnis steht.

Damit ist ein Fuzzy-Regler in der Lage, als Ausgangsvariable ein klar definiertes Stellsignal auszugeben wie ein konventioneller Regler. In der Regel wird dies ein Normsignal sein (Strom 0/4 bis 20 mA; Spannung 0/2 bis 10 V).

10.2 Vorteile von Fuzzy-Regelung

Fuzzy-Regler zeigen Vorteile gegenüber konventionellen PID-Reglern bei der Regelung von zeitkritischen, zeitvarianten und nichtlinearen Regelstrecken.

10.2.1 Zeitkritisch

Bei einer Anlage, die 2 Eingangsvariable über 20 Regeln zu einer Ausgangsvariablen verknüpft, arbeitet ein Fuzzy-Prozessor mit einer Zykluszeit von ca. 0,5 ms. Im Vergleich dazu arbeitet ein mikroprozessorgesteuerter digitaler Regler mit einer Abtastzeit von ca. 100 ms!

Damit ist ein Fuzzy-Regler in der Lage, Prozesse zu regeln, die für digitale PID-Regler «zu schnell» sind.

10.2.2 Zeitvariant

Bei vielen Strecken ändert sich das Übertragungsverhalten während des Betriebs. Zum Beispiel hängt das Temperaturverhalten eines Schmelzofens davon ab, wie weit er mit Material gefüllt ist. Das Drehzahlverhalten eines Motors ändert sich mit seiner Belastung. Das Schwingungsverhalten eines Hängekranes ist von Gewicht, Form und Geschwindigkeit der Last abhängig.

10.2.3 Nichtlinear

Die Linearität eines Systems ist an seiner statischen Kennlinie zu erkennen. Bei Linearität einer Regelstrecke gilt, daß in jedem Punkt der Kennlinie eine Änderung der Stellgröße um einen festen Betrag (z. B. $\Delta y = 10\,\%$) die gleiche Änderung der Regelgröße bewirkt. Eine Vervielfachung der Stellgrößenänderung bewirkt außerdem eine Vervielfachung der Regelgrößenänderung mit dem gleichen Faktor:

$$n \cdot \Delta y \quad \text{bewirkt} \quad n \cdot \Delta x$$

Die statische Kennlinie einer linearen Strecke zeigt Bild 10.1a:

In der Praxis wird man oft mit nichtlinearen Strecken konfrontiert. Ein Beispiel für die Kennlinie eines Systems mit nichtlinearem Verhalten zeigt Bild 10.1b.

Soll bei einem solchen nichtlinearen System der Arbeitspunkt verändert werden (Sollwertänderung), muß beim Einsatz eines konventionellen PID-Reglers wegen des unterschiedlichen Übertragungsverhaltens der Strecke in verschiedenen Arbeitspunkten ein Neuabgleich zur Optimierung der Reglerparameter durchgeführt werden. Dies ist in der Praxis auch mit adaptiven Reglern nicht immer

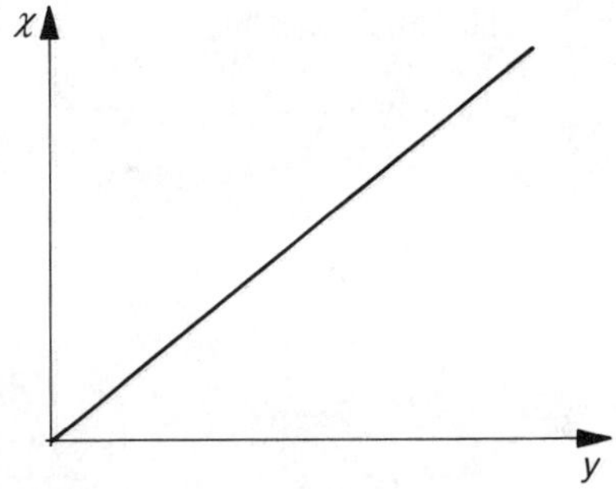

Bild 10.1a
Statische Kennlinie einer linearen Strecke

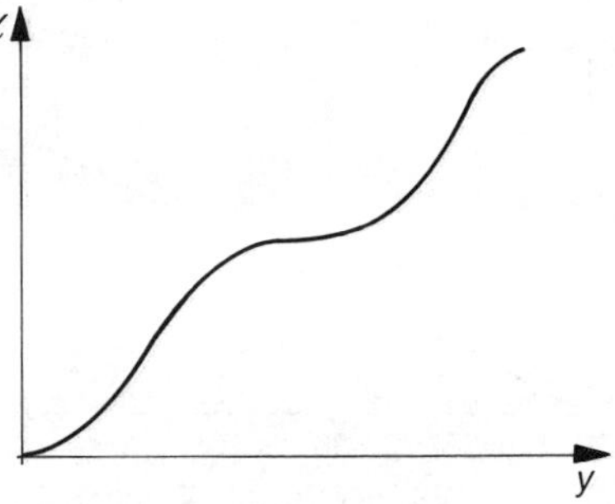

Bild 10.1b Statische Kennlinie einer nichtlinearen Strecke

möglich. Außerdem ist adaptive Regelung immer mit hohem Entwicklungsaufwand und entsprechend hohen Kosten verbunden.

Die Probleme bei zeitvarianten oder/und nichtlinearen Strecken lassen sich oft nur durch wechselweisen Hand- und Automatikbetrieb lösen. Einige Strecken können mit konventionellen Methoden auch nur von Hand gefahren werden. Voraussetzung hierfür ist entsprechende Erfahrung des Bedienungspersonals.

Bezüglich der Automatisierung mit Blick auf Produktqualität, Reproduzierbarkeit der Produkte, Verringerung von Material- und Energieeinsatz werden mit Hilfe der Fuzzy-Logik Fortschritte angestrebt und sind vielfach schon sehr vielversprechend realisiert.

Hierbei bietet Fuzzy-Logik die Möglichkeit, Erfahrungen des Bedienungspersonals bei der Definition der Regeln zu verwerten.

10.3 Grundlagen der Fuzzy-Logik

In verschiedenen Bereichen werden physikalisch-technische Größen unterschiedlich verarbeitet.

10.3.1 Regelungstechnik

In der mit Analogwerten arbeitenden konventionellen Regelungstechnik wird jedem möglichen Zustand der Größe ein Zahlenwert zugeordnet. Die Art der Weiterverarbeitung – ob analog oder digital – ist bei dieser Betrachtung nicht von Interesse. Der Zahlenwert gibt bei richtiger Sensorwahl und -plazierung z.B. Auskunft über die exakte aktuelle Temperatur, die zu regeln ist (Bild 10.2). Damit kann die jeweils aktuelle Regeldifferenz ermittelt werden, aus der sich entweder analog verarbeitet (z.B. mit OPs) oder nach einem geeigneten Rechenalgorithmus berechnet (mit Mikroprozessor) die Stellgröße des Reglers ergibt.

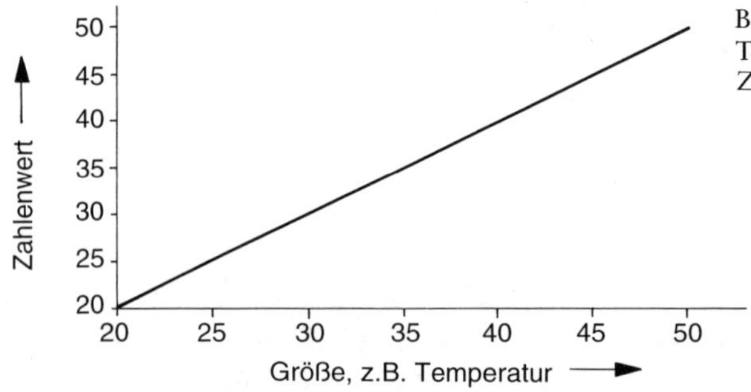

Bild 10.2 Wandlung der Temperaturwerte in analoge Zahlenwerte

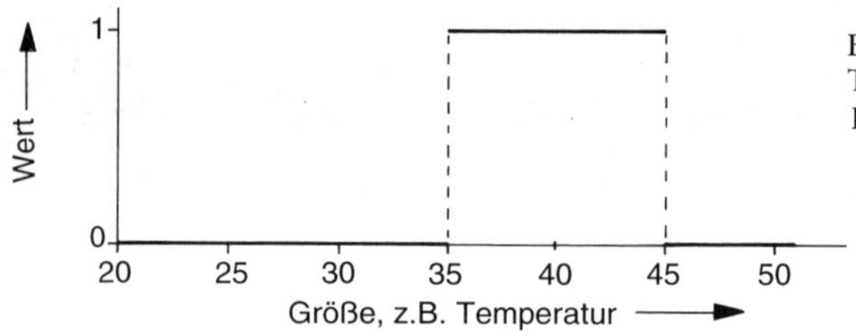

Bild 10.3 Wandlung der Temperaturwerte in Logikpegelsignale

10.3.2 Steuerungstechnik

Die Verarbeitung derselben Größe in einer steuerungstechnischen Anlage erfordert die Zuordnung von Logikpegelsignalen 0 und 1 zu einzelnen Temperaturwerten oder -bereichen. Bild 10.3 zeigt eine mögliche Zuordnung der Logikpegelsignale zu Temperaturbereichen.

Diese Darstellungsart ermöglicht die Feststellung, ob eine Gleichheit vorliegt oder ob ein Grenzwert über- bzw. unterschritten wird. Daraus lassen sich entsprechende steuerungstechnische Reaktionen ableiten (z. B. Heizen, Kühlen, Ventil auf, Ventil zu).

Charakteristisch für diese Art der Datenaufbereitung ist die scharfe Zuordnung der Temperaturwerte zu den Signalen 0 und 1.

10.3.3 Fuzzy-Logik

Wie oben beschrieben werden in der Umgangssprache physikalischen Größen, wie z. B. der Badewassertemperatur, Eigenschaften zugeordnet: kalt, angenehm, heiß ...

Hierbei spielt noch das subjektive Empfinden eine Rolle. So wird z. B. eine Temperatur von 40 °C angenehmer empfunden als eine Temperatur von 36 °C.

Dieser Zusammenhang wird in der Fuzzy-Logik durch den Zugehörigkeitsgrad zu den Aussagen ausgedrückt. Es gibt hier nicht nur die in der Steuerungstechnik üblichen Wahrheitsgrade der Aussagen 1 und 0 (entweder Zugehörigkeit zu einer

Menge oder keine Zugehörigkeit), sondern der Zugehörigkeit eines Temperaturwertes zu einer bestimmten Aussage wird ein Zahlenwert zwischen 0 und 1 zugeordnet. Dies ist in Bild 10.4 zu erkennen.

Nach Bild 10.4 gehört z.B. eine Temperatur von 38 °C mit dem Grad 0,6 zu der Menge von Temperaturwerten, der die Eigenschaft «angenehm» zugeschrieben wird. Der Zugehörigkeitsgrad zur Temperatur T wird mit $\mu\,(T)$ bezeichnet. Aus Bild 10.4 ergeben sich folgende Zugehörigkeitsgrade zur Aussage «angenehm»:

$$
\begin{aligned}
T &= 20\ \text{°C} \Longrightarrow \mu\,(20) = 0\\
T &= 35\ \text{°C} \Longrightarrow \mu\,(35) = 0\\
T &= 37\ \text{°C} \Longrightarrow \mu\,(37) = 0{,}4\\
T &= 38\ \text{°C} \Longrightarrow \mu\,(38) = 0{,}6\\
T &= 38{,}5\ \text{°C} \Longrightarrow \mu\,(38{,}5) = 0{,}7\\
T &= 40\ \text{°C} \Longrightarrow \mu\,(40) = 1\\
T &= 41{,}5\ \text{°C} \Longrightarrow \mu\,(41{,}5) = 0{,}7\\
T &= 43\ \text{°C} \Longrightarrow \mu\,(43) = 0{,}4\\
T &= 45\ \text{°C} \Longrightarrow \mu\,(45) = 0
\end{aligned}
$$

10.3.4 Zugehörigkeitsfunktionen

Die Zuordnung der Zugehörigkeitsgrade zu Werten der Variablen erfolgt über Zugehörigkeitsfunktionen. Durch eine Zugehörigkeitsfunktion wird die Variable «fuzzyfiziert».

Die grafische Beschreibung einer möglichen Zugehörigkeitsfunktion zur Eigenschaft «angenehm» zeigt Bild 10.4. Die dreieckförmige Kurve beschreibt eine Fuzzy-Menge. Solche linear berandeten Funktionen (Dreieck, Trapez) werden wegen ihrer einfachen Berechnung in der Regelungstechnik überwiegend benutzt, da hier besonderer Wert auf die Rechengeschwindigkeit gelegt wird.

In anderen Bereichen kommen auch nichtlineare Funktionen zum Einsatz, z.B. Exponentialfunktionen oder parabelförmige Funktionen. Darauf soll an dieser Stelle nicht weiter eingegangen werden, zumal Fuzzy-Prozessoren im allgemeinen nur linear berandete Zugehörigkeitsfunktionen zur Verfügung stellen.

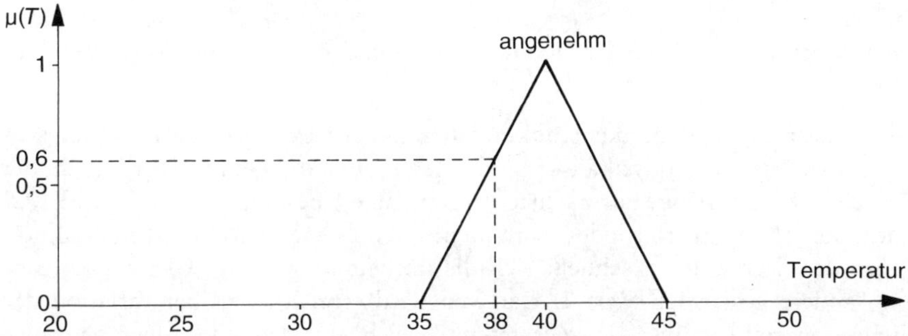

Bild 10.4 Fuzzy-Menge «angenehm»

Für jede Eigenschaft der Variablen wird eine Fuzzy-Menge über die Zugehörigkeitsfunktion definiert (Bild 10.5).

Dreiecksfunktionen sind Trapezfunktionen vorzuziehen (außer an den Rändern), da Änderungen der Eingangsvariablen im waagerechten Teil der Trapeze nicht weiterverarbeitet werden. Alle Temperaturen unterhalb von 30 °C werden wegen der Trapezform der Zugehörigkeitsfunktion für «sehr kalt» nicht mehr differenziert behandelt – die entsprechende Regel wird mit der gleichen Gewichtung behandelt. Entsprechendes gilt für alle Temperaturen, die größer sind als 50 °C.

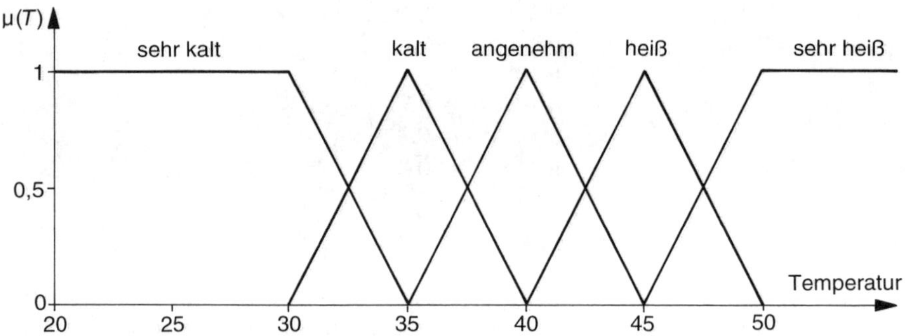

Bild 10.5 Zugehörigkeitsfunktionen für 5 Temperatureigenschaften

Für die Definition der Zugehörigkeitsfunktionen (Anzahl und Form) gibt es nach dem heutigen Kenntnisstand kein allgemeingültiges Verfahren. In der Praxis ist man daher neben Erfahrungswerten auf «trial and error» (Versuch und Irrtum) angewiesen. Das gleiche gilt für die Erstellung der Regeln.

Die Auswirkungen von Regeln werden durch Beobachtung der Prozeßreaktionen überprüft. Das gleiche gilt bei Änderungen von Zugehörigkeitsfunktionen oder Regeln. Hierbei ist der Einsatz von PC-Simulationsprogrammen sehr hilfreich.

Zwei Aspekte müssen bei der Definition der Zugehörigkeitsfunktionen beachtet werden:

a) Die einzelnen Zugehörigkeitsfunktionen müssen sich überlappen, damit sich bei Änderungen der physikalischen Größe (Temperatur) ein weicher Übergang von einer Fuzzy-Menge zur nächsten ergibt. Eine Überlappung wie in Bild 10.5 dargestellt bewirkt folgendes Verhalten: Wenn eine Zugehörigkeitsfunktion gegen den Wert 0 geht, schließt sich die nächste nahtlos an. Gleichzeitig geht eine andere gegen den Wert 1. Dadurch wird erreicht, daß bei Variation der Eingangsvariablen über den gesamten Bereich ein gleitender Übergang zwischen allen fünf Zugehörigkeitsfunktionen stattfindet.

b) Der gesamte Wertebereich der Eingangsvariablen muß von den Zugehörigkeitsfunktionen vollständig abgedeckt sein. Eine Lücke würde zwangsläufig zu einer Lücke bei den Regeln führen. Wenn ein solcher nicht erfaßter Wert der Eingangsvariablen auftritt, könnte deshalb nicht darauf reagiert werden.

Die Überlappung der Fuzzy-Mengen führt dazu, daß bestimmte Werte der Eingangsvariablen zu mehreren (in Bild 10.5 zu zwei) Fuzzy-Mengen gehören. Dies ist aber auch im subjektiven Empfinden der Badewassertemperatur der Fall:

Eine Temperatur von 37°C wird noch als angenehm empfunden, aber schon etwas zur Eigenschaft «kalt» zugehörig.

Diesen Umstand setzt die Fuzzy-Logik wie folgt um:

Eine Temperatur von 37°C wird nach Bild 10.6 mit dem Zugehörigkeitsgrad 0,4 der Fuzzy-Menge «angenehm» zugeordnet und mit dem Grad 0,6 der Fuzzy-Menge «kalt».

In den Bildern 10.5 und 10.6 bestehen die Zugehörigkeitsfunktionen aus gleichschenkligen Dreiecken und zwei Trapezen an den Rändern. Alle schrägen Geraden haben betragsmäßig die gleiche Steigung. Dies muß nicht immer der Fall sein. Eine andere Möglichkeit, die Zugehörigkeitsfunktionen zu definieren, zeigt Bild 10.7.

In Bild 10.7 ist für die Zugehörigkeitsfunktionen ein anderes Schema verwendet. Wie in den Bildern 10.5 und 10.6 sind 5 Zugehörigkeitsfunktionen definiert, aber hier mit unterschiedlichen Definitionsbereichen. Durch die schmaleren Zugehörigkeitsfunktionen erhält man im Bereich des Sollwertes eine größere Auflösung. Es gibt dadurch bei kleinen Schwankungen der Temperatur um den Sollwert mehr Regeln als bei großen Abweichungen.

Eine weitere Änderungsmöglichkeit für die Zugehörigkeitsfunktionen ist deren Anzahl. In Bild 10.8 sind auf den Temperaturen 3, in Bild 10.9 7 Zugehörigkeitsfunktionen definiert.

Meistens genügt es nicht, nur eine Eingangsvariable zu verarbeiten. Bei zwei oder mehr physikalischen Größen als Eingangsvariable müssen auf jeder dieser Variablen Zugehörigkeitsfunktionen definiert werden.

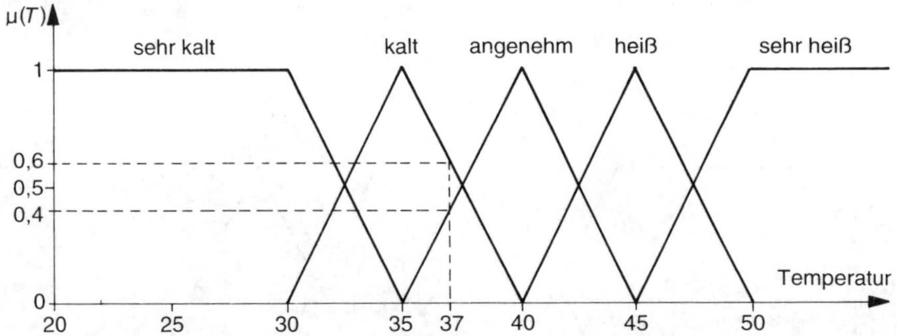

Bild 10.6 Zugehörigkeit einer Eingangsvariablen zu zwei Fuzzy-Mengen

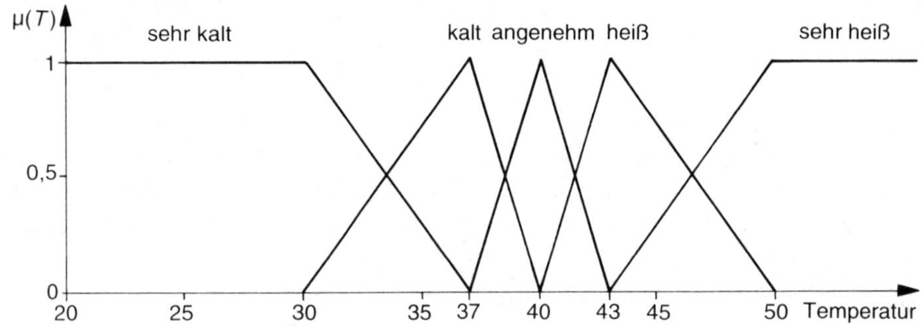

Bild 10.7 Zugehörigkeitsfunktionen für 5 Temperatureigenschaften

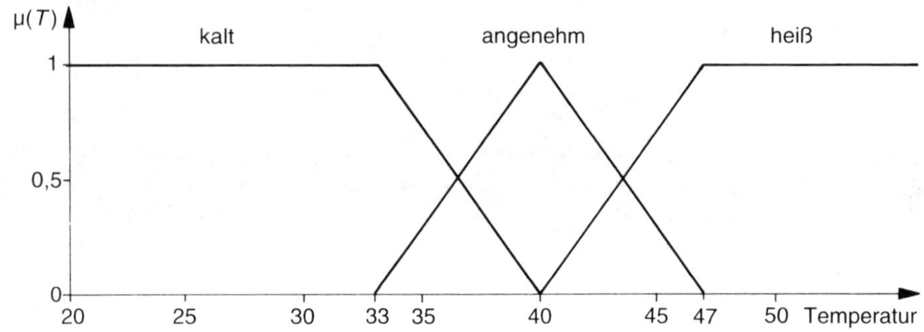

Bild 10.8 Zugehörigkeitsfunktionen zu 3 Fuzzy-Mengen

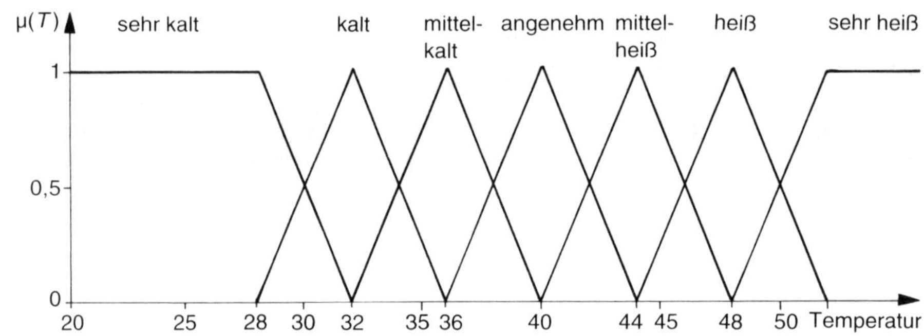

Bild 10.9 Zugehörigkeitsfunktionen zu 7 Fuzzy-Mengen

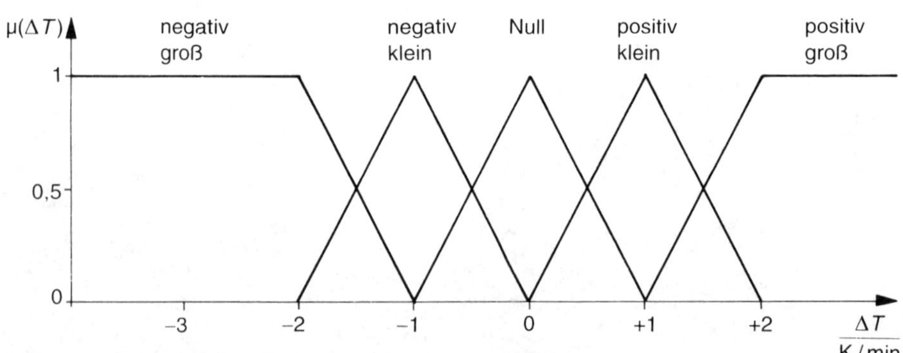

Bild 10.10 Zugehörigkeitsfunktionen für Temperaturänderungen

Bild 10.11 Drehknopf für Mischventil

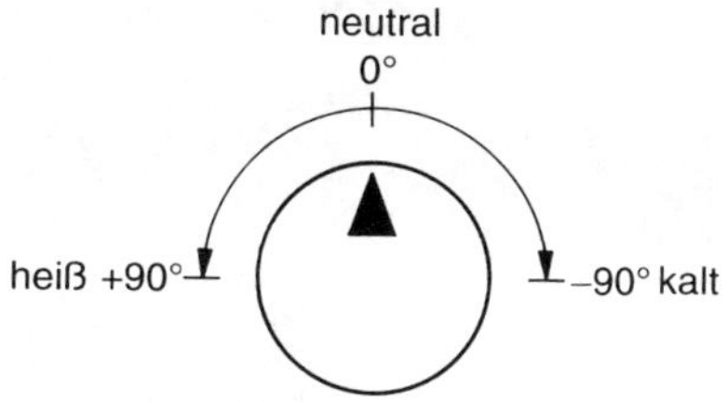

Um eine sehr genaue Regelung der Badewassertemperatur zu erreichen, wäre es sinnvoll, die Temperaturänderung als zweite Eingangsvariable zu erfassen. Eine mögliche Definition von Zugehörigkeitsfunktionen für diese Variable zeigt Bild 10.10. Die Dimension der Temperaturänderung ist «Kelvin pro Minute» (K/min).

Ähnlich wie die Eingangsgrößen wird auch die Ausgangsvariable über Zugehörigkeitsfunktionen definiert. Die Ausgangsvariable ergibt nach entsprechender Auswertung der Regeln die Stellgröße des Reglers.

Der Wasserhahn der Badewanne bestehe aus einem Mischventil, mit dem über einen Drehknopf das Verhältnis zwischen dem kalten und heißen Wasser bestimmt wird. Der Fuzzy-Regler soll als Stellgröße die Winkelstellung des Drehknopfes ausgeben. Der Knopf lasse sich aus einer Mittelstellung um jeweils 90° nach links (positive Winkel) und rechts (negative Winkel) bewegen. Bei einer Winkelstellung von +90° ist das zufließende Wasser am heißesten, bei −90° am kältesten (Bild 10.11).

Eine Möglichkeit, die Zugehörigkeitsfunktion für die Variable «Ventilstellung» zu definieren, zeigt Bild 10.12. Die Ventilstellung ist als Winkel α in Grad aufgetragen.

In Bild 10.13 sind noch einmal die Zugehörigkeitsfunktionen für die beiden Eingangsvariablen Temperatur (T) und Temperaturänderung (ΔT) und die Ausgangsvariable Ventilstellung (α) zusammengestellt. Mit diesen Zugehörigkeitsfunktionen werden im weiteren Verlauf dieser Betrachtung die Regeln erstellt und die Stellgröße ermittelt.

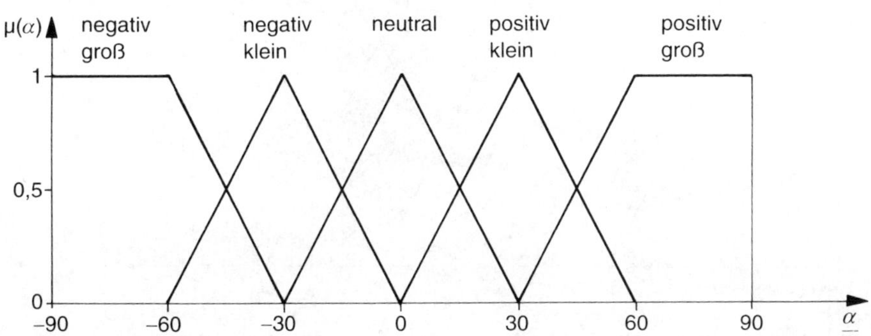

Bild 10.12 Zugehörigkeitsfunktionen für die Ausgangsvariable

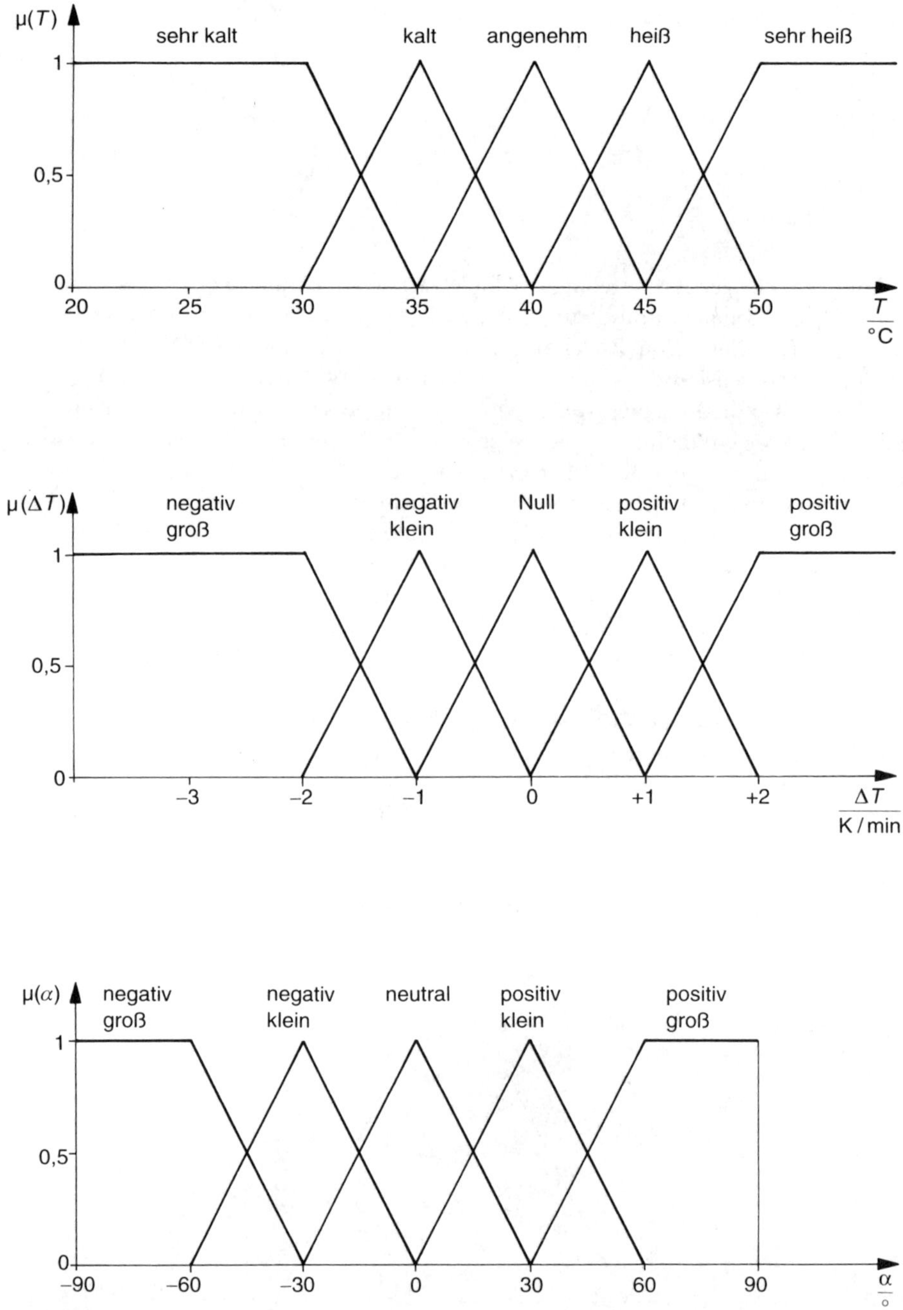

Bild 10.13 Zugehörigkeitsfunktionen für Ein- und Ausgangsvariable

10.3.5 Verknüpfungen von Zugehörigkeitsfunktionen

Nachdem die Variablen in Form von Zugehörigkeitsfunktionen fuzzyfiziert sind, werden diese unscharfen Mengen, die Fuzzy-Mengen, über Regeln miteinander verknüpft.

Ziel dieser Regeln ist bei dem Beispiel der Badewasser-Temperaturregelung die Bestimmung des Drehwinkels bei einer bestimmten gemessenen Temperatur.

Bevor die Regeln erstellt werden, sollen noch die Verfahren vorgestellt werden, nach denen diese Verknüpfungen erfolgen. Grundsätzlich gibt es zwei Verknüpfungsoperationen:

- ☐ Bei der *UND-Verknüpfung* wird der kleinere der beiden Zugehörigkeitsgrade der Berechnung der Ausgangsvariablen zugrunde gelegt (Minimumfunktion).
- ☐ Bei der *ODER-Verknüpfung* wird der größere der beiden Zugehörigkeitsgrade der Berechnung der Ausgangsvariablen zugrunde gelegt (Maximumfunktion).

Diese Operationen finden sowohl bei der Verknüpfung der Eingangsvariablen als auch bei der Regelverknüpfung Anwendung. Wie sie in der Praxis umgesetzt werden, wird nach der Regelerstellung an praktischen Beispielen gezeigt.

10.3.6 Fuzzy-Regeln

Diese Regeln bestehen aus einem Bedingungs- und einem Schlußfolgerungsteil, ähnlich wie dies eingangs für den umgangssprachlichen Gebrauch geschildert wurde. So könnte z. B. eine Regel wie folgt aussehen:

Bedingungsteil: «*WENN* die Temperatur sehr kalt *UND* die Temperaturänderung negativ groß ist,»
Schlußfolgerungsteil: «*DANN* drehe den Knopf positiv groß!»

In Kurzform wird diese Regel in der folgenden Form geschrieben:

Regel 1: WENN T sehr kalt *UND* ΔT negativ groß, *DANN* α positiv groß!

Eine zweite Regel könnte folgende Aussage treffen (in Kurzform):

Regel 2: WENN T kalt *UND* ΔT negativ klein, *DANN* α positiv klein!

Die Auswirkungen dieser Regeln soll an einem konkreten Beispiel gezeigt werden.

Beispiel 1: Gemessen wird eine Temperatur $T = 31\,°C$, und aus den beiden letzten Meßwerten ergibt sich die aktuelle Temperaturänderung $\Delta T = -1{,}6$ K/min.
Zu ermitteln ist die Ausgangsvariable mit Hilfe der beiden Regeln!

Die Temperatur 31 °C gehört mit dem Zugehörigkeitsgrad 0,8 zur Fuzzy-Menge «sehr kalt» (vgl. Bild 10.13). Daß sie gleichzeitig mit dem Grad 0,2 der Fuzzy-Menge «kalt» angehört, wird später noch berücksichtigt.

Die Temperaturänderung –1,6 K/min gehört mit dem Grad 0,6 zur Fuzzy-Menge «negativ groß» (vgl. Bild 10.13). Die Zugehörigkeit zur Menge «negativ klein» mit dem Grad 0,4 wird ebenfalls erst später berücksichtigt.

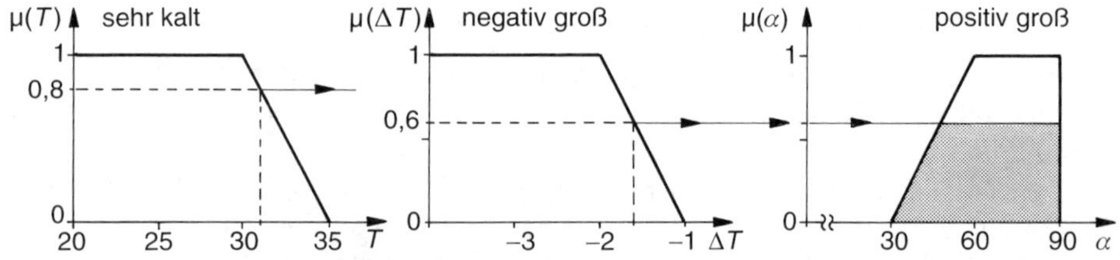

Bild 10.14 Anwendung von Regel 1

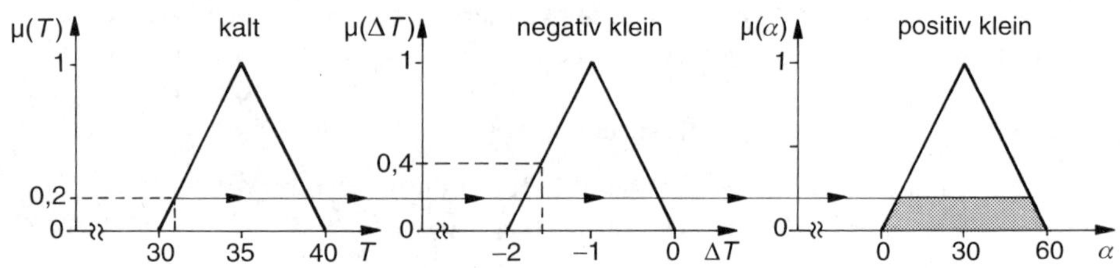

Bild 10.15 Anwendung von Regel 2

Da die Bedingungen für Regel 1 erfüllt sind, kommt diese zur Anwendung – Regel 1 «zündet». Die Frage, mit welchem Grad Regel 1 zündet, klärt die Art der Verknüpfung. Regel 1 verknüpft T und ΔT über eine *UND*-Verknüpfung, also muß der kleinere der beiden Zugehörigkeitsgrade der Berechnung der Ausgangsvariablen zugrunde gelegt werden:

$$\min(0{,}8\ ;\ 0{,}6) = 0{,}6$$

Die Ausgangsvariable α für dieses Beispiel bei Anwendung von Regel 1 zeigt Bild 10.14.

Mit der Zugehörigkeit zur T-Eigenschaft «kalt» und zur ΔT-Eigenschaft «negativ klein» erfüllen die Meßwerte auch noch die Bedingungen von Regel 2. Die Anwendung dieser Regel zeigt Bild 10.15:

Die einzelnen Regeln werden über eine ODER-Funktion miteinander verknüpft. In dem Beispiel besteht das Regelwerk nur aus zwei Regeln, die vollständig bearbeitet sind.

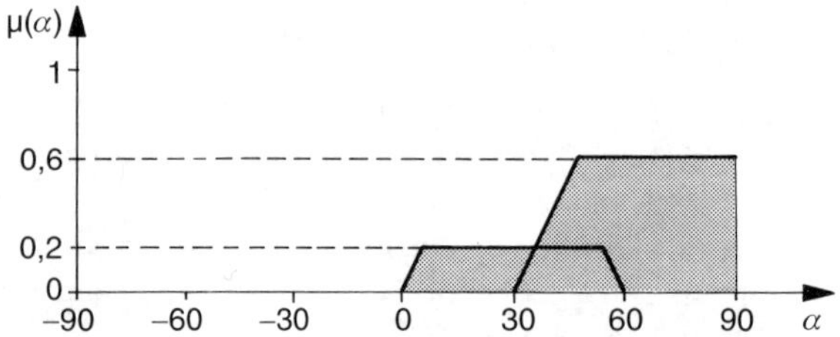

Bild 10.16 Fuzzy-Menge für die Ausgangsvariable «Ventilstellung»

Damit ergibt sich die Zugehörigkeitsfunktion der aktuellen Ausgangsvariablen durch Addition der beiden ermittelten unscharfen Mengen (Bild 10.16).

Wenn mehr als zwei Regeln zünden, setzt sich die Fuzzy-Menge der Ausgangsvariablen aus mehr als zwei Teilflächen zusammen. Die Weiterverarbeitung wird dann entsprechend durch Zusammenfassen aller Teilflächen durchgeführt.

10.3.7 Defuzzyfizierung

Natürlich muß der Fuzzy-Regler einen exakten Wert als Stellgröße ausgeben. Die Berechnung dieses scharfen Wertes aus dem Fuzzy-Ausgangssignal wird «defuzzyfizieren» genannt. Das einfachste Verfahren der Defuzzyfikation ist die Bildung des Schwerpunktes von der Fläche, die durch die Addition der Fuzzy-Mengen der Ausgangsvariablen gebildet wird (Bild 10.17). Ausführlich wird die Berechnung von Flächenschwerpunkten im nächsten Abschnitt gezeigt.

Aus den Werten der Eingangsvariablen resultiert in diesem Beispiel eine Stellung des Drehknopfes von +56,66°.

Bild 10.17 Defuzzyfizieren der Ausgangsvariablen «Ventilstellung»

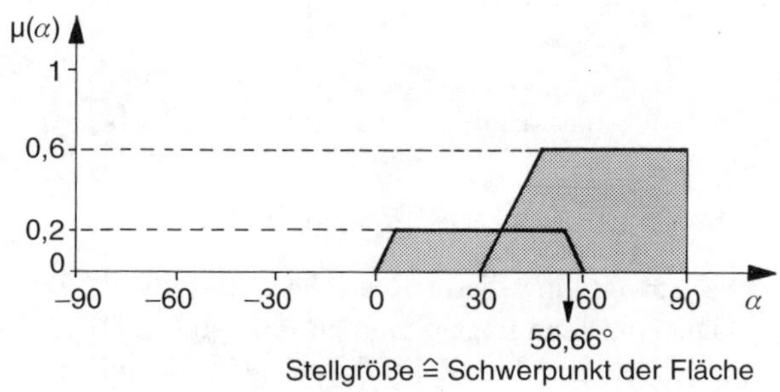

Beispiel 2

Regel 3: WENN T heiß *ODER ΔT* positiv klein, *DANN α* negativ klein!

Regel 4: WENN T sehr heiß *ODER ΔT* positiv klein, *DANN α* negativ groß!

Gemessen wird eine Temperatur $T = 47\,°C$, und aus den beiden letzten Meßwerten ergibt sich die aktuelle Temperaturänderung $\Delta T = +1{,}5$ K/min.

Zu ermitteln ist die Ausgangsvariable mit Hilfe der beiden Regeln!

Die Temperatur 47°C gehört mit dem Zugehörigkeitsgrad 0,6 zur Fuzzy-Menge «heiß» (vgl. Bild 10.13) und mit dem Grad 0,4 zur Fuzzy-Menge «sehr heiß».

Die Temperaturänderung +1,5 K/min gehört mit dem Zugehörigkeitsgrad 0,5 zur Fuzzy-Menge «positiv klein» (vgl. Bild 10.13), mit dem Grad 0,5 zur Fuzzy-Menge «positiv groß».

Damit zünden Regel 3 und Regel 4. Wegen der ODER-Verknüpfung der Eingangsvariablen muß der größere der beiden Zugehörigkeitsgrade der Berechnung der Ausgangsvariablen zugrunde gelegt werden:

Regel 3: max (0,6 ; 0,5) = 0,6

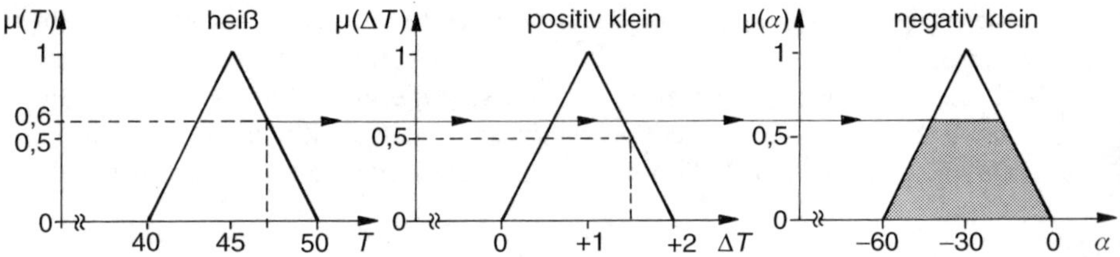

Bild 10.18 Anwendung von Regel 3

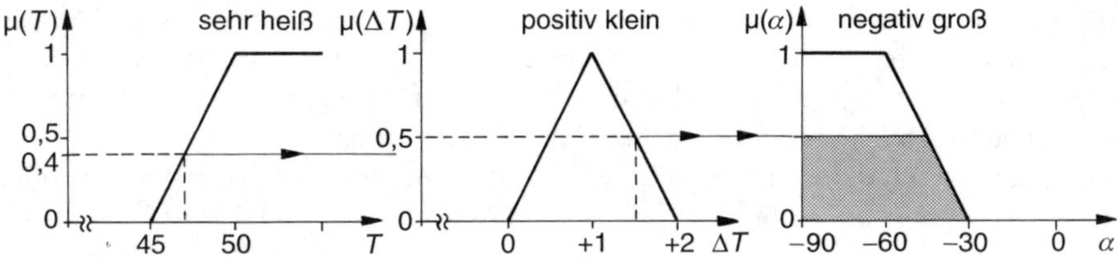

Bild 10.19 Anwendung von Regel 4

Die Ausgangsvariable α für dieses Beispiel bei Anwendung von Regel 3 zeigt Bild 10.18.

$$\text{Regel 4: max } (0{,}4\ ;\ 0{,}5) = 0{,}5$$

Die Anwendung dieser Regel zeigt Bild 10.19.

Die einzelnen Regeln werden über eine *ODER*-Funktion miteinander verknüpft. In dem Beispiel besteht das Regelwerk nur aus zwei Regeln, die vollständig bearbeitet sind.

Damit ergibt sich die Zugehörigkeitsfunktion der aktuellen Ausgangsvariablen durch Addition der beiden ermittelten unscharfen Mengen (Bild 10.20).

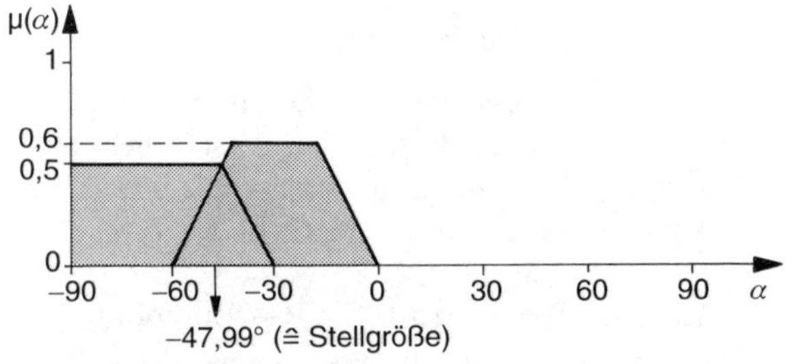

Bild 10.20 Fuzzy-Menge für die Ausgangsvariable «Ventilstellung» mit Stellgröße

10.3.8 Einsatz der Fuzzy-Logik in der Regelungstechnik

In der Regelungstechnik ist es nicht sinnvoll, die Zugehörigkeitsfunktionen der Eingangsvariablen in der beschriebenen Art zu definieren. Dann müßten nämlich bei jeder Sollwertänderung die Fuzzy-Mengen neu angepaßt werden. Besser ist es, die Regeldifferenz und die Änderung der Regeldifferenz als Eingangsvariable zu nehmen.

Das Blockschaltbild eines Regelkreises mit Fuzzy-Regler zeigt Bild 10.21.

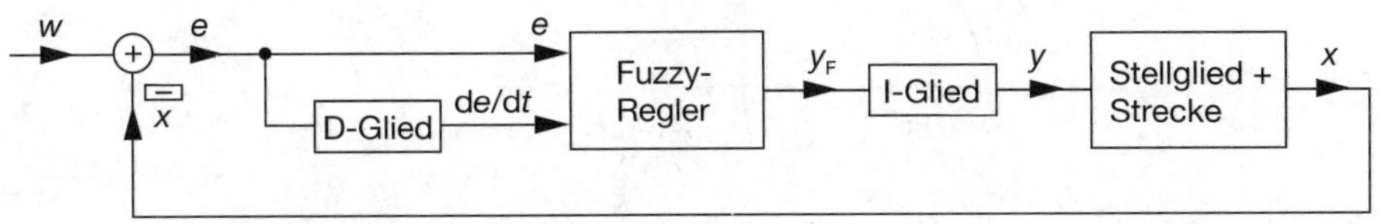

Bild 10.21 Regelkreis mit Fuzzy-Regler

Eingangssignal des D-Gliedes ist die Regeldifferenz. Durch Differenzieren wird daraus die Änderung d*e*/d*t*. Damit stehen dem Fuzzy-Regler die Regeldifferenz *e* und die Änderung d*e*/d*t* als Eingangsvariable zur Verfügung.

Die vom Regler nach dem Fuzzy-Algorithmus erzeugte Ausgangsvariable y_F wird über ein I-Glied zur Stellgröße *y* verarbeitet. Die Stellgröße wird in der Praxis ein übliches Normsignal (0/4 – 20 mA oder 0 – 10 V) sein, mit dem das Stellglied angesteuert wird.

Durch Sollwertänderungen oder auftretende Störgrößen wird sich im Regelbetrieb der Arbeitspunkt immer wieder verschieben. Um bei wechselnden Arbeitspunkten die Regeldifferenz auf Null ausregeln zu können, ist das I-Glied notwendig. Voraussetzung für eine erfolgreiche Regelung ist, daß die Ausgangsvariable y_F des Fuzzy-Reglers sowohl positive als auch negative Werte annehmen kann.

Die Wertebereiche der Eingangs- und Ausgangsvariablen müssen dem jeweiligen Anwendungsfall angepaßt werden. Hierfür ist inzwischen eine Vielzahl von Computerprogrammen zur Simulation von Fuzzy-Regelungen erhältlich.

Als Beispiel für eine Fuzzy-Regelung wird wieder die Regelung der Badewassertemperatur betrachtet. Dabei wird von folgenden Werten ausgegangen: Der Anfangswert der Wassertemperatur betrage 15 °C, der Maximalwert 50 °C. Der Sollwert kann zwischen 35 °C und 42 °C gewählt werden. Damit ergibt sich eine maximale Regeldifferenz von 27 K (42 °C...15 °C) und eine minimale von –15 K (35 °C...50 °C). Als maximale Änderung der Regeldifferenz wird ein Wert von 2 K/min angenommen. Die Ausgangsgröße des Fuzzy-Reglers y_F variiert zwischen –1 und +1.

Die möglichen Zugehörigkeitsfunktionen mit jeweils 3 Fuzzy-Mengen (Negativ, Null und Positiv) für diese angenommene Regelaufgabe zeigt Bild 10.22.

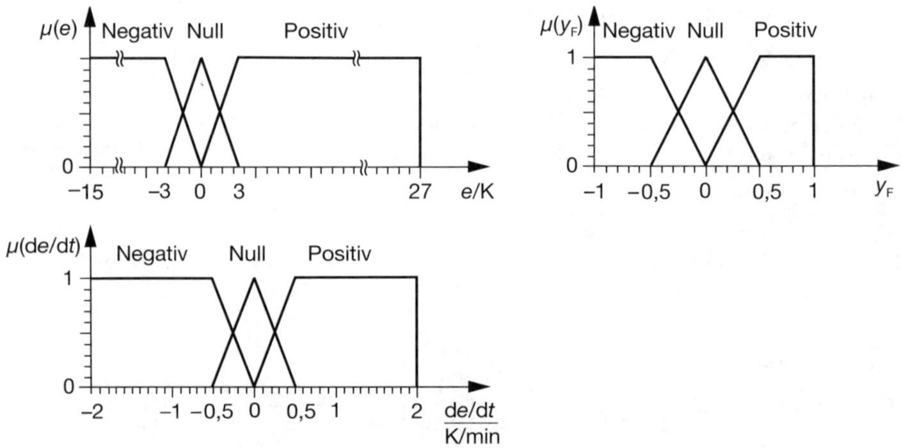

Bild 10.22 Zugehörigkeitsfunktionen für das Beispiel

Bei der Regelerstellung muß ständig der Zusammenhang zwischen Regelgröße x und Regeldifferenz e bzw. Änderung der Regeldifferenz de/dt beachtet werden (Bild 10.23)!

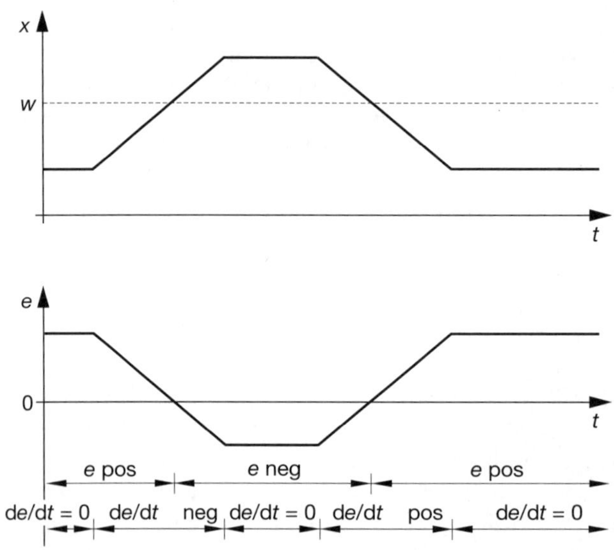

Bild 10.23
Zusammenhang zwischen Regelgröße und Regeldifferenz bzw. Änderung der Regeldifferenz

Bild 10.23 zeigt einen beliebig gewählten Verlauf der Regelgröße und die sich daraus ergebende Regeldifferenz. Der Sollwert wird hierbei als konstant angenommen. Es gilt: $e = w - x$.

Zu erkennen ist beispielsweise, daß ein Ansteigen der Regelgröße eine negative Änderung der Regeldifferenz de/dt bewirkt usw. Ein mögliches Regelwerk zeigt Tabelle 10.1.

Tabelle 10.1

		Änderung der Regeldifferenz de/dt		
		NE	NU	PO
Regeldifferenz e	NE	NE	NE	NE (3)
	NU	NE (1)	NU	PO
	PO	PO	PO (2)	PO

Diese Matrixform ist eine sehr übersichtliche Art der Regeldarstellung. An drei Beispielen soll gezeigt werden, wie die Matrix zu verstehen ist:

(1) Wenn e NULL und de/dt NEGATIV, dann y_F NEGATIV
(2) Wenn e POSITIV und de/dt NULL, dann y_F POSITIV
(3) Wenn e NEGATIV und de/dt POSITIV, dann y_F NEGATIV

Jetzt müssen nur noch die Parameter des D- und I-Gliedes auf den jeweiligen Anwendungsfall abgestimmt werden. Auch dazu sind die bereits oben erwähnten Simulationsprogramme eine große Hilfe. Der Parameter des D-Gliedes muß natürlich auf den Wertebereich der Variablen de/dt abgestimmt werden.

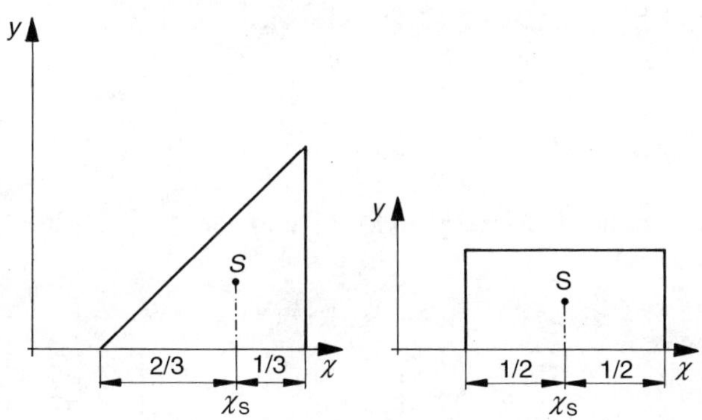

Bild 10.24
Schwerpunkte von elementaren geometrischen Figuren

Dies ist selbstverständlich ein sehr einfaches Beispiel für die Erstellung eines Fuzzy-Reglers. Zu überprüfen wäre, ob die Regelung mit mehr als drei Fuzzy-Mengen pro Variable optimiert werden kann. Dies würde aber den Rahmen dieser einführenden Betrachtung sprengen.

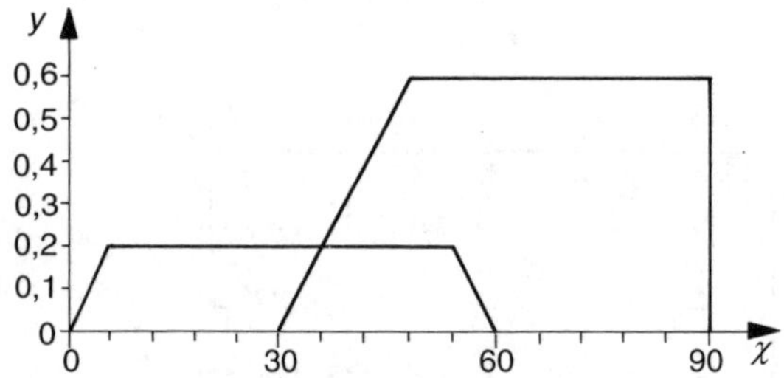

Bild 10.25

10.4 Berechnung von Flächenschwerpunkten

Bei der Defuzzyfizierung der Ausgangsvariablen stellt sich die Aufgabe, den Schwerpunkt von Flächen zu berechnen. Von Interesse ist dabei nur die *x*-Koordinate des Schwerpunktes x_S. Bei linear berandeten Zugehörigkeitsfunktionen lassen sich die Flächen immer in einfache Teilflächen wie Dreieck, Rechteck oder Trapez zerlegen. Der Schwerpunkt der Gesamtfläche läßt sich sehr einfach aus den Schwerpunkten und Flächen der Teilflächen ermitteln (Bild 10.24).

Die Fläche, die sich bei Beispiel 1 für die Ausgangsvariable ergibt, zeigt Bild 10.25.

Diese Fläche wird in 4 Teilflächen zerlegt (Bild 10.26).

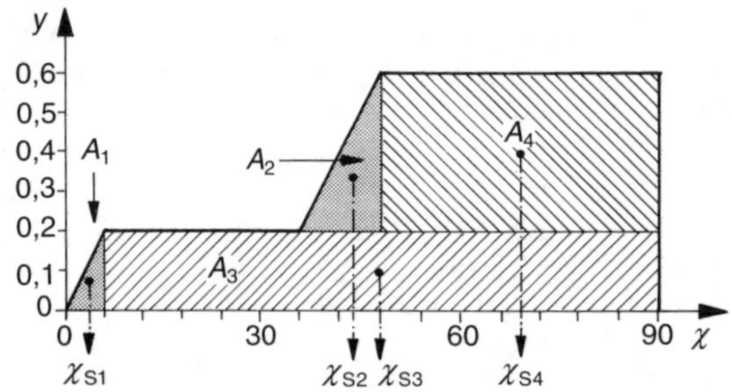

Bild 10.26

Für die 4 Schwerpunkte x_{Si} und die 4 Teilflächen A_i ergeben sich folgende Werte:

$$x_{S1} = 4 \qquad x_{S2} = 44 \qquad x_{S3} = 48 \qquad x_{S4} = 69$$

$$A_1 = \tfrac{1}{2} \cdot 6 \cdot 0{,}2 = 0{,}6 \qquad A_3 = 84 \cdot 0{,}2 = 16{,}8$$

$$A_2 = \tfrac{1}{2} \cdot 12 \cdot 0{,}4 = 2{,}4 \qquad A_4 = 42 \cdot 0{,}4 = 16{,}8$$

Daraus läßt sich die x-Koordinate x_{S0} des Schwerpunktes der Gesamtfläche berechnen:

$$x_{S0} = \frac{\sum_{i=1}^{4} A_i \cdot x_{Si}}{\sum_{i=1}^{4} A_i} = \frac{A_1 \cdot x_{S1} + A_2 \cdot x_{S2} + A_3 \cdot x_{S3} + A_4 \cdot x_{S4}}{A_1 + A_2 + A_3 + A_4}$$

Mit den oben bestimmten Werten ergibt sich der Schwerpunkt

$$x_{S0} = \frac{0{,}6 \cdot 4 + 2{,}4 \cdot 44 + 16{,}8 \cdot 48 + 16{,}8 \cdot 69}{0{,}6 + 2{,}4 + 16{,}8 + 16{,}8}$$

$$\underline{\underline{x_{S0} = 56{,}66}}$$

Berechnung für Beispiel 2 (Bild 10.27):

Bild 10.27

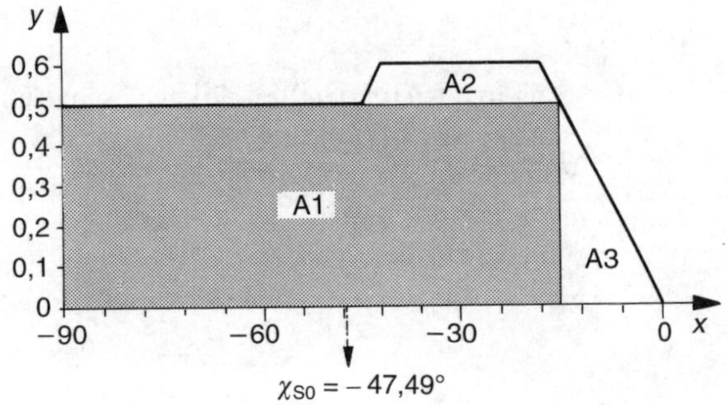

Für die 3 Schwerpunkte x_{Si} und die 3 Teilflächen A_i ergeben sich folgende Werte:

$x_{S1} = -52{,}5$ $\quad$ $x_{S2} = -30$ $\quad$ $x_{S3} = -10$

$A_1 = 0{,}5 \cdot (-75) = -37{,}5$ $\quad$ $A_3 = ½ \cdot 0{,}5 \cdot (-15) = -3{,}75$

$A_2 = ½ \cdot 0{,}1 \cdot (-30-24) = -2{,}7$ (Trapez)

Damit wird

$$\underline{\underline{x_{S0} = -47{,}49°}}$$

Anhang

Lösungen der Übungsaufgaben

Übung 1

Potentiometer am Anschlag a: $R_G = 10\ \text{k}\Omega + 40\ \text{k}\Omega = 50\ \text{k}\Omega$

$$V_{u\,max} = 1 + \frac{R_G}{R_E} = 6$$

Potentiometer am Anschlag b: $R_G = 10\ \text{k}\Omega \Longrightarrow V_{u\,min} = 2$

Übung 2

Der OP ist als invertierender Verstärker geschaltet. Also gilt:

$$V_u = -\frac{R_G}{R_E} = -2$$

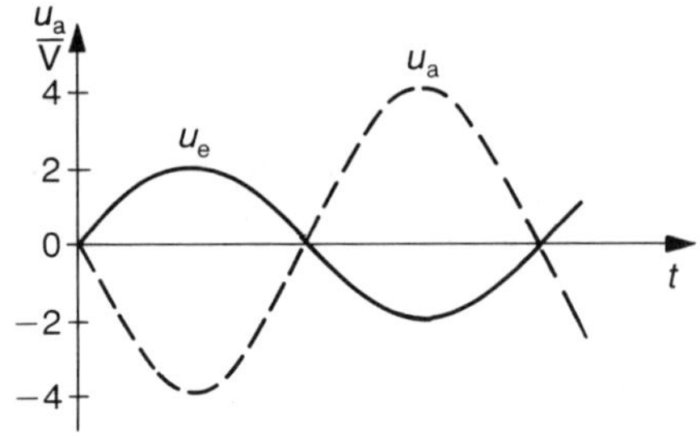

Bild Übung 2b Lösung

Damit läßt sich die Amplitude der Ausgangsspannung berechnen:

$$\hat{u}_a = |V_u| \cdot \hat{u}_e = 2 \cdot 2\ \text{V} = 4\ \text{V}$$

Da die Verstärkung einen negativen Wert hat, besteht zwischen Ein- und Ausgangsspannung eine Phasenverschiebung von 180°, so daß sich nebenstehender Zeitverlauf ergibt.

Übung 3

Die Spannungsverstärkung kann über die Spannungen ermittelt werden:

$$V_u = \frac{u_a}{u_e} = 6;$$

die Spannungsverstärkung dieses nichtinvertierenden Verstärkers ergibt sich zu

$$V_u = 1 + \frac{R_x}{2\ k\Omega} = 6 \Longrightarrow R_x = 10\ k\Omega$$

Übung 4

Der erste OP ist als Subtrahierer geschaltet mit $u_1 = u_{e2} - u_{e1}$. Nach t_0 gilt somit für u_1:

$$u_1 = 3\ V - 5\ V = -2\ V.$$

Dies ist die Eingangsspannung des Integrierers, der von dem zweiten OP gebildet wird. Seine Ausgangsspannung ist u_2:

$$u_2 = -(\Delta u_2 + U_0) = -\left(\frac{u_1}{R \cdot C} \cdot \Delta t + U_0\right);$$

hierbei ist $R \cdot C = 68\ k\Omega \cdot 47\ \mu F \approx 3{,}2\ s$.

u_2 wird berechnet für verschiedene Zeiten:

$$1.\ t = t_0 \Longrightarrow \Delta t = 0 \Longrightarrow \Delta u_2 = 0 \Longrightarrow u_2\ (0) = -U_0;\ u_2 = -2\ V$$

$$2.\ t_1 = t_0 + 3{,}2\ s \Longrightarrow \Delta t_1 = 3{,}2\ s \Longrightarrow \Delta u_2 = \frac{(-2\ V)}{3{,}2\ s} \cdot 3{,}2\ s;\ \Delta u_2 = -2\ V$$

$$u_2\ (3{,}2\ s) = -(-2\ V + 2\ V) = 0\ V$$

$$3.\ t_2 = t_0 + 6{,}4\ s \Longrightarrow \Delta t_2 = 6{,}4\ s \Longrightarrow \Delta u_2 = \frac{(-2\ V)}{3{,}2\ s} \cdot 6{,}4\ s;\ \Delta u_2 = -4\ V$$

$$u_2\ (6{,}4\ s) = -(-4\ V + 2\ V) = +\ 2\ V$$

Oder:

$$t_2 = t_1 + 3{,}2\ s \Longrightarrow \Delta t_3 = 3{,}2\ s \quad \text{und} \quad U_{01} = u_2\ (3{,}2\ s) = 0\ V$$

$$\Delta u_2 = \frac{(-2\ V)}{3{,}2\ s} \cdot 3{,}2\ s;\ \Delta u_2 = -2\ V$$

$$u_2\ (6{,}4\ s) = -(-2\ V + 0\ V) = +2\ V$$

Der dritte OP ist als invertierter Verstärker geschaltet mit der Verstärkung $V_u = -1$. Er bewirkt lediglich eine Vorzeichenumkehr von u_2, so daß gilt: $u_a = u_2$.

Bild Übung 4b Lösung

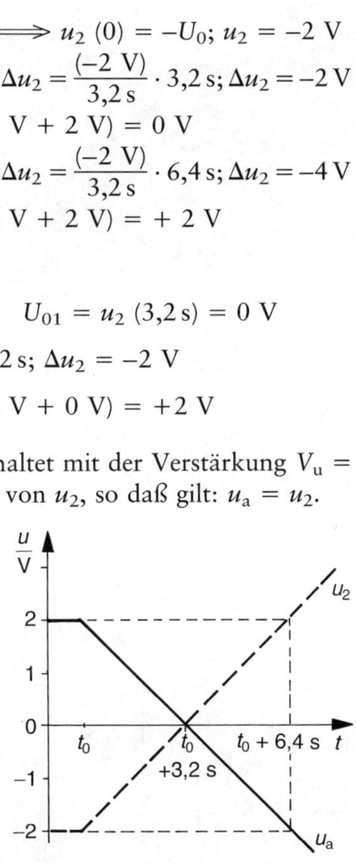

Übung 5

Bestimmungsgleichung nach GAUSS:

$$j^2 = -1 \Longleftrightarrow j = \sqrt{-1}$$

Übung 6

$$z_1 - z_2 = (-3 + j5) - j7 = -3 + j \cdot (5 - 7) = -3 + j \cdot (-2)$$
$$\mathbf{z_1 - z_2 = -3 - j2 \Longleftrightarrow Re(z_1 - z_2) = -3}$$
$$\mathbf{Im(z_1 - z_2) = -2}$$

Übung 7

Auch bei komplexen Zahlen gilt: Punktrechnung geht vor Strichrechnung. Deshalb wird zuerst das Produkt $z_1 \cdot z_2$ berechnet:

$$z_1 \cdot z_2 = (1 - j2) \cdot (-2 + j3) = -2 + j3 + j4 - j^2 \cdot 6$$
$$z_1 \cdot z_2 = (-2 + 6) + j \cdot (3 + 4); \left\{\textit{Beachte: } -j^2 \cdot 6 = +6\right\}$$
$$z_1 \cdot z_2 = 4 + j7;$$

hierzu wird jetzt z_3 addiert:

$$z = z_1 \cdot z_2 + z_3 = (4 + j7) + (-3 - j8) = (4 - 3) + j \cdot (7 - 8)$$
$$z = 1 + j \cdot (-1)$$
$$\mathbf{z = 1 - j \Longleftrightarrow Re(z) = 1}$$
$$\mathbf{Im(z) = -1}$$

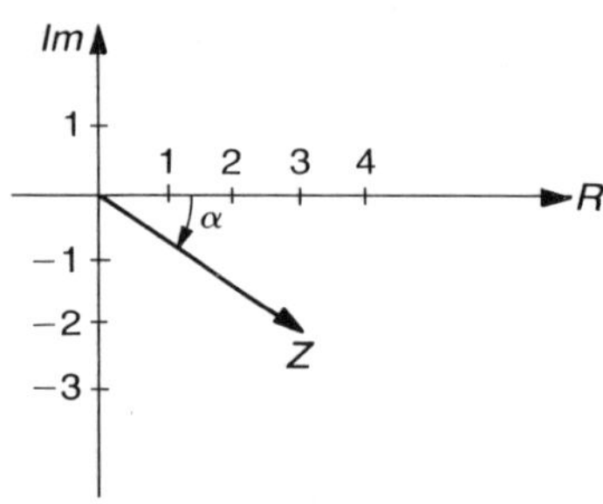

Übung 8

$$z = 3 - j2$$
$$|z| = \sqrt{3^2 + 2^2} = \sqrt{13} \approx \mathbf{3{,}6}$$
$$\tan\alpha = \frac{-2}{3} = -0{,}67 \Longleftrightarrow \alpha = \mathbf{-33{,}7°}$$

Bild Übung 8 Lösung

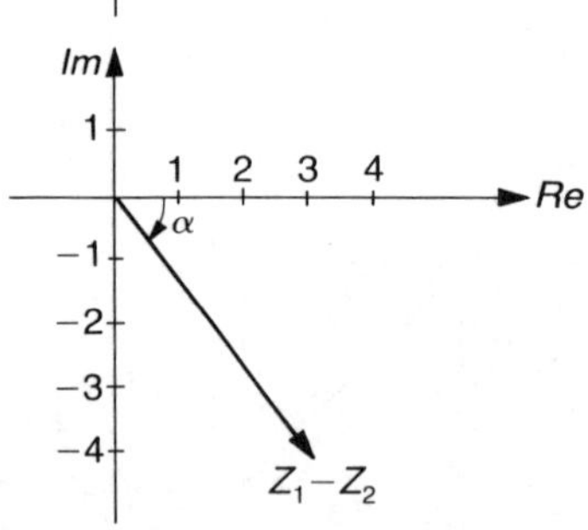

Bild Übung 9 Lösung

Übung 9

$$z_1 - z_2 = (2 - j) - (-1 + j3)$$
$$z_1 - z_2 = 3 - j4 \Longleftrightarrow Re(z_1 - z_2) = 3$$
$$Im(z_1 - z_2) = -4$$
$$|z_1 - z_2| = \sqrt{3^2 + (-4)^2} = \sqrt{25} = 5$$
$$\tan\alpha = \frac{-4}{3} = -1{,}33 \Longleftrightarrow \alpha = \mathbf{-53{,}13°}$$

Übung 10

$$z = \frac{5}{3 - j4} \cdot \frac{(3 + j4)}{(3 + j4)} = \frac{5 \cdot (3 + j4)}{(3 - j4) \cdot (3 + j4)}$$

$$z = \frac{15 + j20}{25}$$

$$z = \frac{3}{5} + j \cdot \frac{4}{5} \Longleftrightarrow \text{Re}(z) = \frac{3}{5};\ \text{Im}(z) = \frac{4}{5}$$

Damit ergeben sich folgende Ergebnisse: **$|z| = 1$ und $\alpha = 53{,}13°$**

Übung 11

Auch hier muß mit dem konjugiert komplexen Nenner erweitert werden:

$$z = \frac{(3 - j)}{(2 - j2)} \cdot \frac{(2 + j2)}{(2 + j2)} = \frac{6 + j6 - j2 + 2}{8} = \frac{8 + j4}{8}$$

$$z = 1 + j \cdot \frac{1}{2} \Longleftrightarrow \text{Re}(z) = 1;\ \text{Im}(z) = \frac{1}{2}$$

Damit wird **$|z| = 1{,}12$ und $\alpha = 26{,}6°$**

Übung 12

$\underline{Z} = R + j \cdot (X_L - X_C)$

$R = 20\ \Omega$

$X_L = 2 \cdot \pi \cdot f \cdot L = 18{,}85\ \Omega$

$X_C = \frac{1}{2 \cdot \pi \cdot f \cdot C} = 14{,}15\ \Omega)$

$\underline{Z} = 20\ \Omega + j \cdot (18{,}85\ \Omega - 14{,}15\ \Omega$

$\underline{Z} = 20\ \Omega + j \cdot 4{,}7\ \Omega$

$\underline{Z} = \sqrt{(20\ \Omega)^2 + (4{,}7\ \Omega)^2}$

$\mathbf{Z = 20{,}54\ \Omega}$

$\tan \alpha = \frac{4{,}7\ \Omega}{20\ \Omega} = 0{,}235 \Longrightarrow \alpha = \mathbf{13{,}2°}$

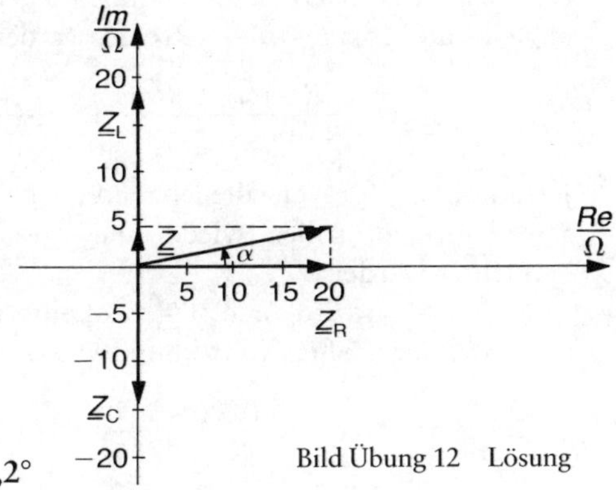

Bild Übung 12 Lösung

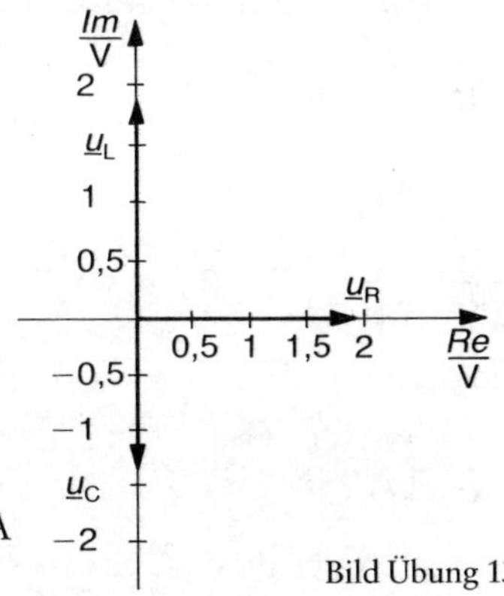

Bild Übung 13 Lösung

Übung 13

$I = \frac{2\ V}{20{,}54\ \Omega} = 97\ mA$

$\underline{u}_R = R \cdot I = 20\ \Omega \cdot 97\ mA$

$\mathbf{\underline{u}_R = 1{,}95\ V}$

$\underline{u}_L = j \cdot X_L \cdot I = j \cdot 18{,}85\ \Omega \cdot 97\ mA$

$\mathbf{\underline{u}_L = j \cdot 1{,}84\ V}$

$\underline{u}_C = -j \cdot X_C \cdot I = -j \cdot 14{,}15\ \Omega \cdot 97\ mA$

$\mathbf{\underline{u}_C = -j \cdot 1{,}38\ V}$

Übung 14

Die Gesamtimpedanz ist bereits im zweiten Berechnungsbeispiel von Abschnitt 4.4.2 berechnet worden:

$$\underline{Z} = R - \frac{j}{\omega \cdot C}$$

Diese Beziehung wird umgeformt:

$$\underline{Z} = \frac{R \cdot \omega \cdot C - j}{\omega \cdot C}$$

Jetzt kann die Admittanz bestimmt werden durch Bildung des Kehrwertes:

$$\underline{Y} = \frac{1}{\underline{Z}} = \frac{\omega \cdot C}{R \cdot \omega \cdot C - j}$$

Erweitern mit dem konjugiert komplexen Nenner liefert nach Umformung:

$$\underline{Y} = \frac{\omega \cdot C}{R \cdot \omega \cdot C - j} \cdot \frac{R \cdot \omega \cdot C + j}{R \cdot \omega \cdot C + j} = \frac{R \cdot (\omega \cdot C)^2 + j \cdot \omega \cdot C}{(R \cdot \omega \cdot C)^2 + 1}$$

Der Nenner ist nach diesen Umformungen rein reell, deshalb kann die Admittanz in Real- und Imaginärteil getrennt werden:

$$\underline{Y} = \frac{R \cdot (\omega \cdot C)^2}{(R \cdot \omega \cdot C)^2 + 1} + j \cdot \frac{\omega \cdot C}{(R \cdot \omega \cdot C)^2 + 1}$$

Jetzt können für verschiedene Frequenzen die Admittanzen berechnet werden. Etwas genauer sollen wieder die Zusammenhänge bei der Frequenz $f = \infty$ betrachtet werden.

Wenn $f = \infty$, wird auch $\omega = \infty$; damit wird $(R \cdot \omega \cdot C)^2 = \infty$. Gegenüber diesem unvorstellbar großen Wert kann +1 im Nenner vernachlässigt werden:

$$\underline{Y}(f = \infty) \approx \frac{R \cdot (\omega \cdot C)^2}{(R \cdot \omega \cdot C)^2} + j \cdot \frac{\omega \cdot C}{(R \cdot \omega \cdot C)^2}$$

Durch Kürzen läßt sich dieser Ausdruck vereinfachen:

$$\underline{Y}(f = \infty) \approx \frac{1}{R} + j \cdot \frac{1}{R^2 \cdot \omega \cdot C}$$

Damit wird der Realteil zu:

$$\frac{1}{R} = \frac{1}{300\ \Omega} = 3{,}3\ \text{mS}$$

Der Imaginärteil besteht aus

$$\frac{1}{R^2 \cdot \omega \cdot C};$$

da aber $\omega = \infty$, ergibt dies $1/\infty$, das ist näherungsweise Null.

Für verschiedene Frequenzen ergeben sich folgende Werte:

f/Hz	$\underline{Y}$
0	$0 + j \cdot 0$
50	$1{,}01\ \text{mS} + j \cdot 1{,}53\ \text{mS}$
100	$2{,}12\ \text{mS} + j \cdot 1{,}6\ \ \text{mS}$
300	$3{,}13\ \text{mS} + j \cdot 0{,}79\ \text{mS}$
∞	$3{,}3\ \ \text{mS} + j \cdot 0$

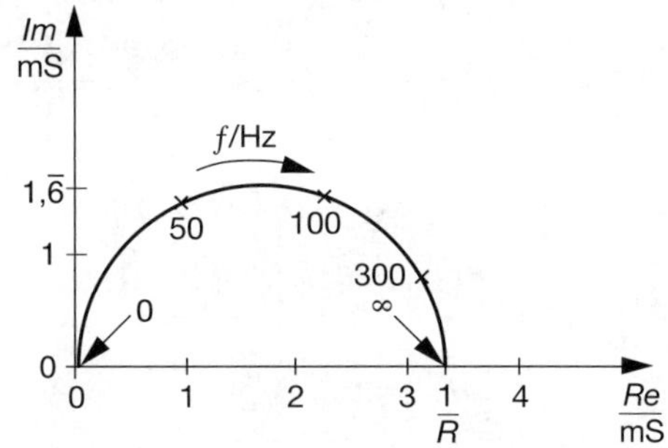

Bild Übung 14 Lösung

Die zugehörige Ortskurve zeigt Bild Übung 14.

Die Ortskurve der Admittanz einer *RC*-Reihenschaltung bildet einen Halbkreis im I. Quadranten. Sie beginnt für $f = 0$ Hz im Ursprung des Koordinatensystems und endet für $f = \infty$ auf der reellen Achse im Punkt $1/R$.

Übung 15

Der Verlauf der Ortskurve deutet auf **T_2-Verhalten.** Es müssen als Parameter die beiden Zeitkonstanten T_1 und T_2 bestimmt werden.

T_2 erhalten wir über die Eckfrequenz ω_E; bei dieser Frequenz wird gerade die negative Imaginärachse von der Ortskurve geschnitten. Aus der Zeichnung lesen wir ab:

$$\omega_E = 1\ \text{s}^{-1};\ \text{mit}\ \omega_E = \frac{1}{T_2}\ \text{erhalten wir}\ \mathbf{T_2 = 1\ s}$$

Die negative Imaginärachse wird bei -2 geschnitten; der Betrag von $\underline{F}$ beträgt somit 2 bei ω_E.

$$F(\omega_E) = 2;$$

über

$$F(\omega_E) = \frac{T_2}{T_1}$$

läßt sich T_1 errechnen:

$$T_1 = \frac{T_2}{2}$$

$$\mathbf{T_1 = 0{,}5\ s}$$

Mit diesen Zeitkonstanten kann die Dämpfung des T_2-Gliedes berechnet werden:

$$D = \frac{T_1}{2 \cdot T_2} = 0{,}25$$

Übung 16

Die Dämpfung erhalten wir über die Amplituden $\hat{x}_{m1}$ und $\hat{x}_{m2}$:

$$D = \frac{1}{\sqrt{1 + \left[\dfrac{\pi}{\ln\left(\dfrac{\hat{x}_{m1}}{\hat{x}_{m2}}\right)}\right]^2}}$$

Mit

$$\frac{\hat{x}_{m1}}{\hat{x}_{m2}} = \frac{0{,}4}{0{,}2} = 2$$

erhalten wir

$$D = \frac{1}{\sqrt{1 + \left(\dfrac{\pi}{\ln 2}\right)^2}}$$

$$\boldsymbol{D \approx 0{,}215}$$

Die Eigenfrequenz des gedämpften Systems ergibt sich aus der Periodendauer T_e:

$$\omega_e = \frac{2 \cdot \pi}{T_e} \approx 11{,}22\ \mathrm{s}^{-1};$$

mit ω_e und der Dämpfung D können wir die Eckfrequenz und damit T_2 berechnen:

$$\omega_e = \omega_E \cdot \sqrt{1 - D^2} \Longrightarrow \omega_E = \frac{\omega_e}{\sqrt{1 - D^2}} = \frac{11{,}22\ \mathrm{s}^{-1}}{\sqrt{1 - 0{,}215^2}}$$

$$\omega_E \approx 11{,}49\ \mathrm{s}^{-1}$$

$$T_2 = \frac{1}{\omega_E} \Longrightarrow \boldsymbol{T_2 \approx 0{,}087\ s}$$

Um T_1 zu erhalten, wird die Berechnungsformel für D nach T_1 aufgelöst:

$$D = \frac{T_1}{2 \cdot T_2} \Longrightarrow T_1 = 2 \cdot D \cdot T_2 = 2 \cdot 0{,}215 \cdot 0{,}087\ \mathrm{s}$$

$$\boldsymbol{T_1 \approx 0{,}037\ s}$$

Das Verhältnis von zwei benachbarten Amplituden ist immer konstant. Also gilt:

$$\frac{\hat{x}_{m2}}{\hat{x}_{m1}} = 0{,}5 = \frac{\hat{x}_{m3}}{\hat{x}_{m2}} \Longrightarrow \hat{x}_{m3} = 0{,}5 \cdot \hat{x}_{m2}$$

$$\boldsymbol{\hat{x}_{m3} = 0{,}1}$$

Schließlich werden noch t_{01}, t_{02} und t_{03} berechnet:

$$t_{0K} = \frac{K \cdot \pi - \delta}{\omega_e},$$

mit $\delta = \arccos D \approx 1{,}354$

$$t_{01} = \frac{\pi - 1{,}354}{11{,}22\ s^{-1}}$$

$$\mathbf{t_{01} \approx 0{,}16\ s}$$

$$t_{02} = \frac{2 \cdot \pi - 1{,}354}{11{,}22\ s^{-1}}$$

$$\mathbf{t_{02} \approx 0{,}44\ s}$$

$$t_{03} = \frac{3 \cdot \pi - 1{,}354}{11{,}22\ s^{-1}}$$

$$\mathbf{t_{03} \approx 0{,}72\ s}$$

Übung 17

Mit $\hat{u}_e = 10$ V; $K_P = 0{,}5$; $T_1 = 2{,}5$ s kann u_a berechnet werden:

$$u_a = K_P \cdot \hat{u}_e \cdot \left(1 - e^{-\frac{t}{T_1}}\right) \Longrightarrow u_a = 0{,}5 \cdot 10\ V \cdot \left(1 - e^{-\frac{t}{2{,}5\ s}}\right)$$

Damit können die Werte für die angegebenen Zeiten berechnet werden:

t/s	1	2,5	4	12,5
u_a/V	1,65	3,16	3,99	4,97

Mit diesen Werten kann die Sprungantwort gezeichnet werden (Bild Übung 17).

Bild Übung 17 Lösung

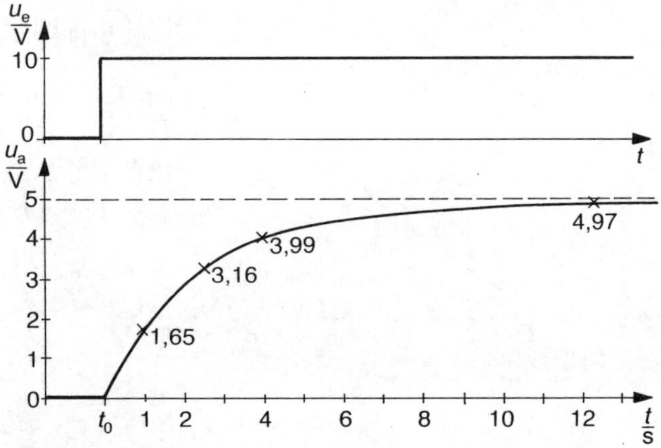

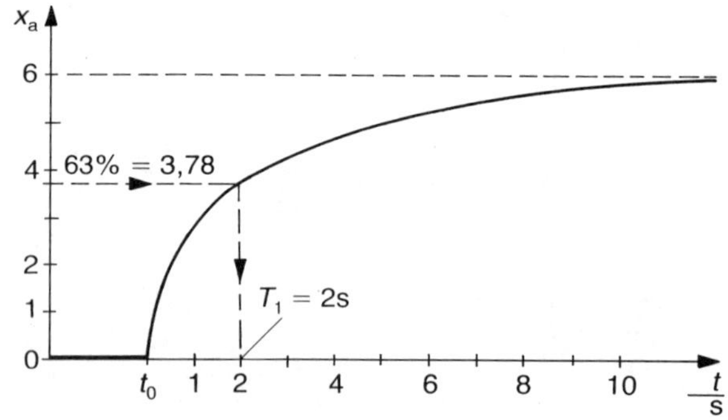

Bild Übung 18 Lösung

Übung 18

Das Übertragungsglied hat P-T_1-Verhalten. Die Ausgangsgröße strebt dem Endwert 6 zu. Also gilt:

$K_P \cdot \hat{x}_e = 6 \Longrightarrow K_P = 3.$

Die Zeitkonstante T_1 ist die Zeit, nach der x_a gerade 63 % ihres Endwertes erreicht hat. 63 % von 6 sind 3,78. Bei diesem Wert liest man $T_1 = 2$ s ab (Bild Übung 18).

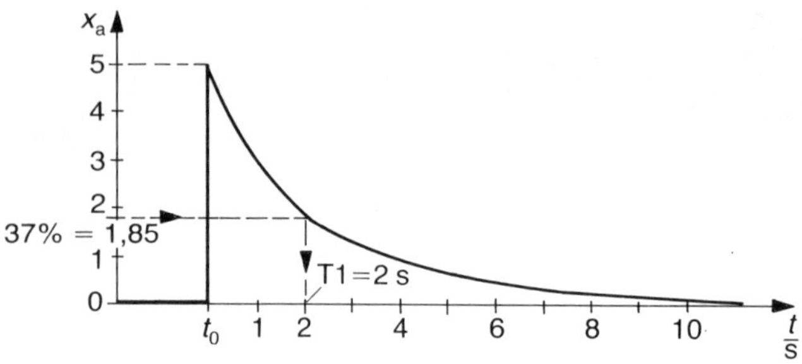

Bild Übung 19 Lösung

Übung 19

Das Übertragungsglied hat D-T_1-Verhalten. Die Zeitkonstante T_1 ist die Zeit, nach der die Ausgangsgröße auf 37 % ihres Höchstwertes gefallen ist. Der Höchstwert beträgt 5, davon 37 % sind 1,85. Damit ergibt sich $T_1 = 2$ s. Der höchste Wert wurde berechnet nach:

$$x_{amax} = \frac{K_D}{T_1} \cdot \hat{x}_e \Longrightarrow K_D = \frac{x_{amax} \cdot T_1}{\hat{x}_e} \Longrightarrow K_D = \frac{5 \cdot 2\ \text{s}}{1}$$

$$K_D = 10\ \text{s (Bild Übung 19)}$$

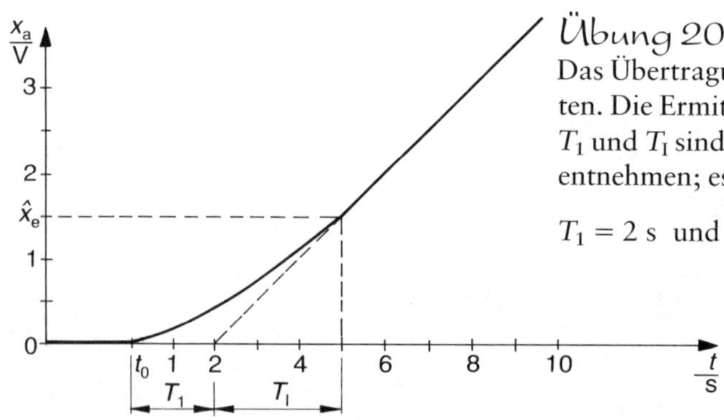

Bild Übung 20 Lösung

Übung 20

Das Übertragungsglied hat I-T_1-Verhalten. Die Ermittlung der Zeitkonstanten T_1 und T_I sind der Zeichnung zu entnehmen; es werden

$T_1 = 2$ s und $T_I = 3$ s (Bild Übung 20).

Übung 21

Das Übertragungsglied hat D-T_1-Verhalten. Als Eckfrequenzen werden abgelesen:
(Bild Übung 21).

$\omega_{ED} = 0{,}1\ s^{-1}$ und $\omega_{ET1} = 0{,}5\ s^{-1}$

Damit erhält man folgende Parameter:

$$K_D = \frac{1}{\omega_{ED}} = 10\ s;\ T_1 = \frac{1}{\omega_{ET1}} = 2\ s$$

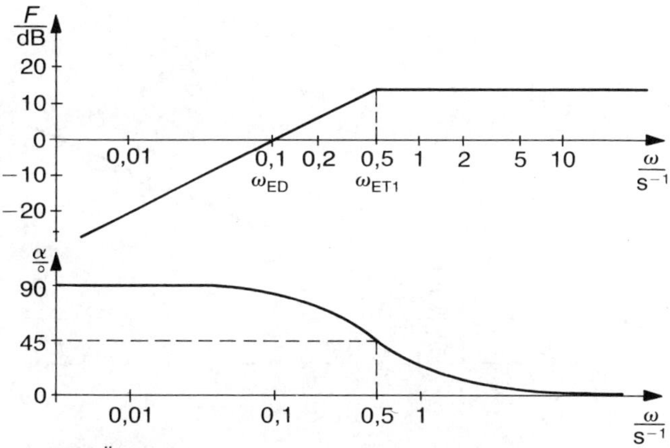

Bild Übung 21 Lösung

Übung 22

Das Übertragungsglied hat P-T_2-Verhalten. Als Eckfrequenz wird abgelesen:

$$\omega_E = 2\ s^{-1} \Longrightarrow T_2 = \frac{1}{\omega_E} = 0{,}5\ s$$

Der Anfangswert des Amplitudenganges beträgt 10 dB:

$20 \cdot \log K_P = 10 \Longrightarrow \log K_P = 0{,}5$ oder $K_P = 10^{0{,}5} \approx 3{,}16$ (Bild Übung 22).

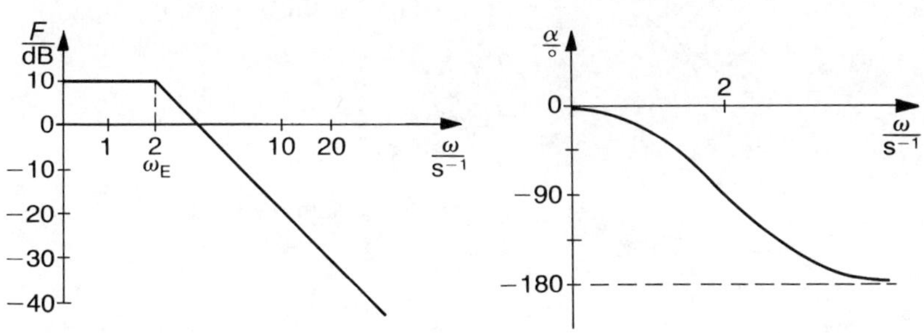

Bild Übung 22 Lösung

Übung 23

$K_P = 4 \Longrightarrow 20 \cdot \log 4 \approx 12$
$T_1 = 20\ ms \Longrightarrow \omega_E = 50\ s^{-1}$
(Bild Übung 23).

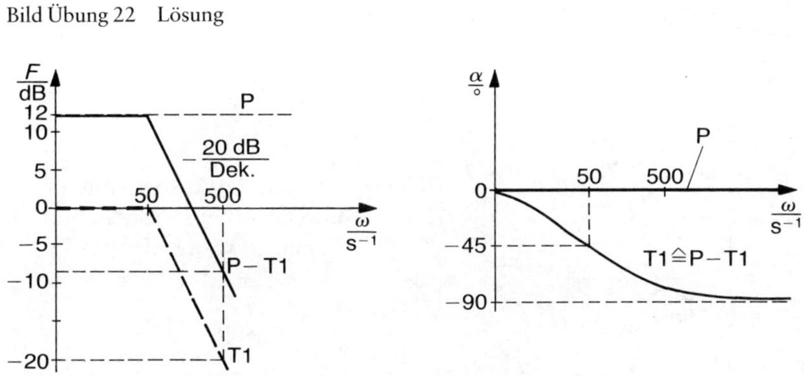

Bild Übung 23 Lösung

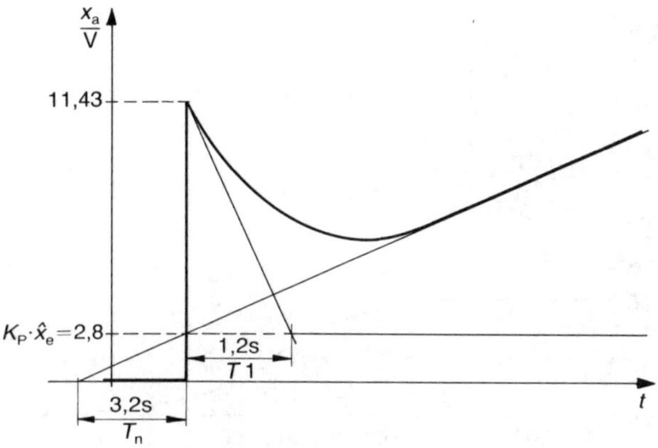

Bild Übung 24 Lösung

Übung 24

Dies ist die Sprungantwort einer PI(D-T_1)-Gruppenschaltung. Die Auswertung ergibt:

$T_1 = 1{,}2$ s; $T_n = 3{,}2$ s
$K_P \cdot \hat{x}_e = 2{,}8 \text{ V} \Longrightarrow K_P = 1{,}4$

Höhe des Anfangsimpulses:

$$K_P \cdot \hat{x}_e \cdot \left(1 + \frac{T_v}{T_1}\right) = 11{,}43 \text{ V}$$

$$T_v = \left(\frac{11{,}43 \text{ V}}{K_P \cdot \hat{x}_e} - 1\right) \cdot T_1$$

$T_v = 3{,}7$ s (Bild Übung 24).

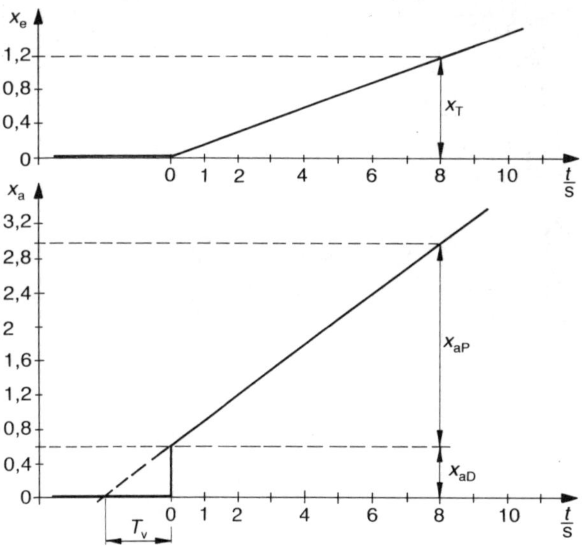

Bild Übung 25a Lösung

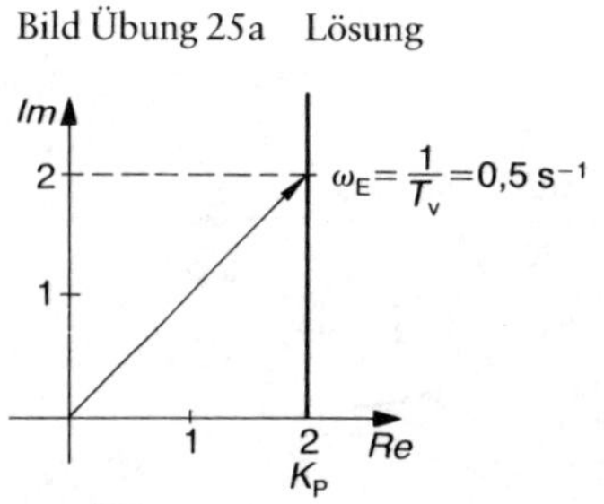

Bild Übung 25b Lösung

Übung 25

Dies ist die Anstiegsantwort eines PD-Gliedes. Zu ermitteln sind die Parameter K_P und K_D bzw. T_v.

Beliebig gewählt zur Auswertung:

$T = 8$ s

Abgelesene Werte: $x_T = 1{,}2$
$x_{aD} = 0{,}6$ und $x_{aP} = 3 - 0{,}6 = 2{,}4$

Damit lassen sich die Parameter berechnen:

$$K_D = \frac{x_{aD}}{x_T} \cdot T \Longrightarrow K_D = 4 \text{ s}$$

$$K_P = \frac{x_{aP}}{x_T} \Longrightarrow K_P = 2$$

$$T_v = \frac{K_D}{K_P} \Longrightarrow T_v = 2 \text{ s}$$

(Bild Übung 25 a)

T_v kann auch aus der Anstiegsantwort direkt ermittelt werden, wie es in Bild Übung 25 a eingetragen ist.

Mit diesen Parametern kann die Ortskurve gezeichnet werden (Bild Übung 25b).

Für das Bode-Diagramm müssen noch die Eckfrequenz ω_E und die Umrechnung von K_P in dB berechnet werden:

$$\omega_E = \frac{1}{T_v} \Longrightarrow \omega_E = 0{,}5\ \mathrm{s}^{-1}$$

$20 \cdot \log K_P \approx 6$ dB (Bild Übung 25c).

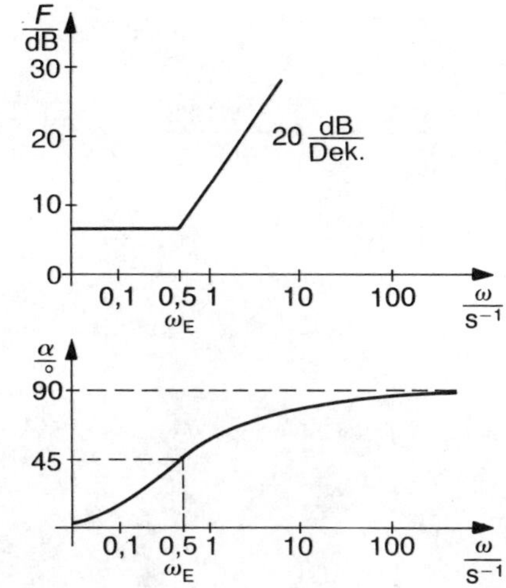

Bild Übung 25c Lösung

Übung 26

Das Glied hat PI-Verhalten.

Beliebig gewählt: $T = 2$ s

Abgelesen: $x_{aP} = 6$; $x_{aI} = 10$; $x_{I0} = 2$

x_{I0} ist für die Bestimmung der Parameter ohne Bedeutung!
(Bild Übung 26a).

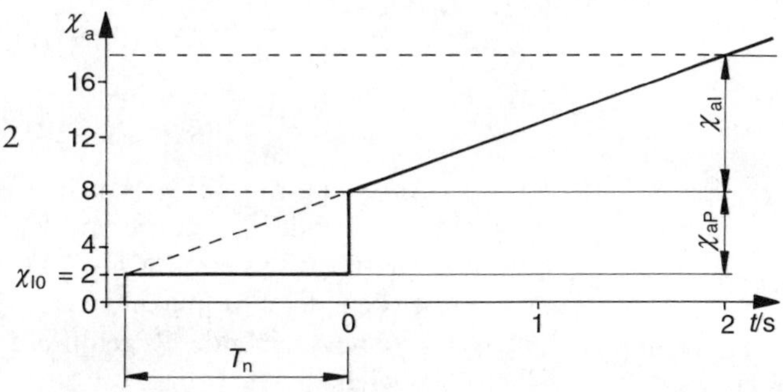

Bild Übung 26a Lösung

$$K_P = \frac{x_{aP}}{\hat{x}_e} \Longrightarrow K_P = 1{,}5$$

$$K_I = \frac{x_{aI}}{\hat{x}_e \cdot T} \Longrightarrow K_I = 1{,}25\ \mathrm{s}^{-1}$$

$$T_n = \frac{K_P}{K_I} \Longrightarrow T_n = 1{,}2\ \mathrm{s}$$

T_n ist auch aus der Sprungantwort ablesbar.

Berechnungen für das Bode-Diagramm:

$$\omega_E = \frac{1}{T_n} \Longrightarrow \omega_E \approx 0{,}83\ \mathrm{s}^{-1}$$

$20 \cdot \log K_P \approx 3{,}5$ dB (Bild Übung 26b).

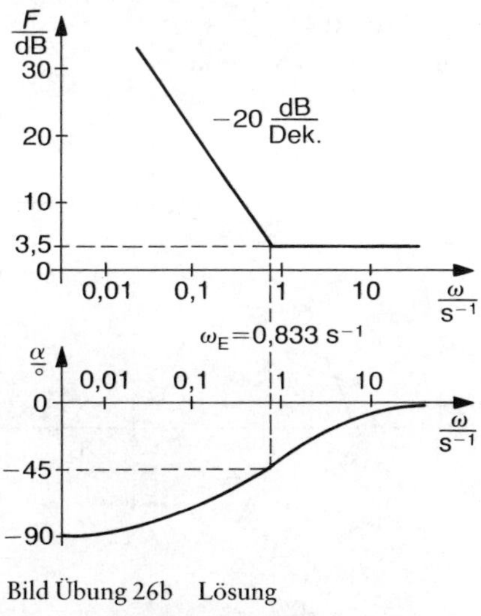

Bild Übung 26b Lösung

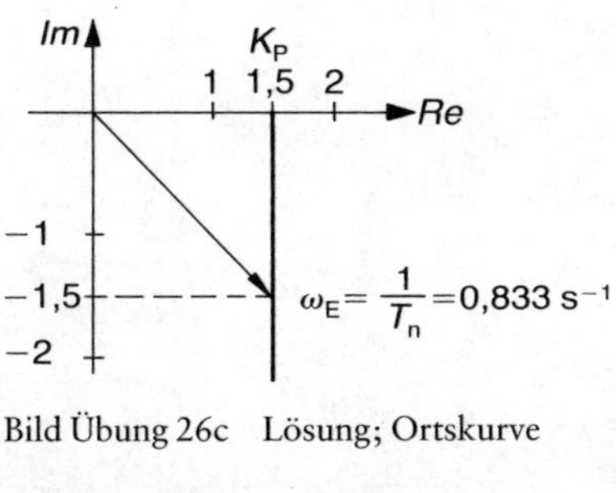

Bild Übung 26c Lösung; Ortskurve

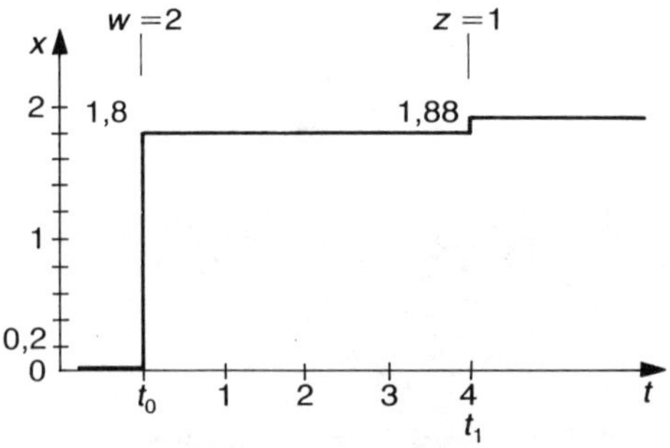

Bild Übung 27a Lösung

Übung 27

Die Strecke hat P-Verhalten mit $K_S = 0{,}8$.

a) Ausgangsgröße des Systems bei $z = 0$ und $w = 2$

$$x = \frac{K_R \cdot K_S}{1 + K_R \cdot K_S} \cdot w = \frac{9}{10} \cdot w = 1{,}8$$

Damit ist die bleibende Regeldifferenz:

$$e_b = w - x = 0{,}2$$

Die störungsbedingte Änderung der Regelgröße bei $\Delta w = 0$:

$$\Delta x = \frac{K_S}{1 + K_R \cdot K_S} \cdot \Delta z = 0{,}08$$

(Bild Übung 27 a).

b) Auf eine Anregung mit Sollwertsprung reagiert das System mit T_1-Verhalten, ohne eine bleibende Regeldifferenz zu hinterlassen. Auf einen Störgrößensprung reagiert das System mit D-T_1-Verhalten. Die Regelgröße springt direkt nach Einwirken der Störung um $\Delta x = K_S \cdot \Delta z = 0{,}8$. Auch eine Störung hinterläßt keine bleibende Regeldifferenz. Die Zeitkonstante ist in beiden Fällen die gleiche:

$$T_1 = \frac{1}{K_I \cdot K_S} = 0{,}5 \text{ s (Bild Übung 27b)}$$

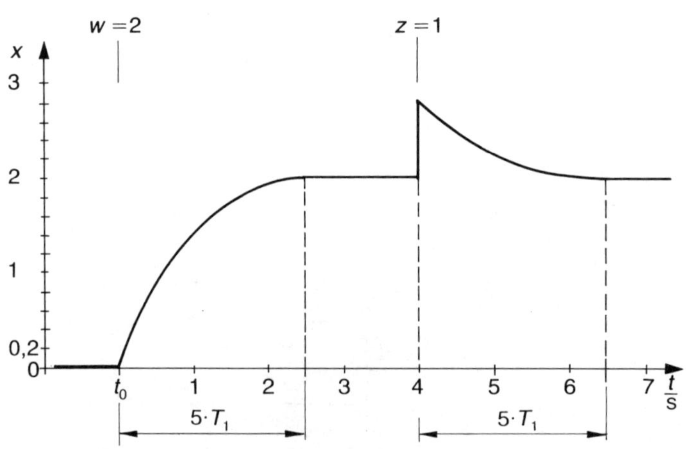

Bild Übung 27b Lösung

c) Das System reagiert auf einen Sollwertsprung mit PD-T_1-Verhalten, auf einen Störgrößensprung mit D-T_1-Verhalten. Die Zeitkonstante ist in beiden Fällen gleich:

$$T_1 = \frac{1}{K_I \cdot K_S} + \frac{K_R}{K_I} = 2{,}5 \text{ s (Bild Übung 27c)}$$

Bild Übung 27c Lösung

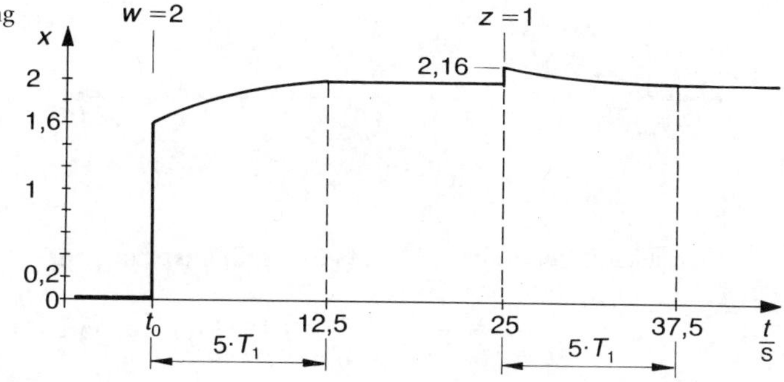

Zur Berechnung des Anfangssprunges bei Sollwertänderung wird außerdem die Vorhaltezeit T_v benötigt:

$$K_P = 1;\; K_D = \frac{K_R}{K_I} = 2 \text{ s} \Longrightarrow T_v = \frac{K_D}{K_P} = 2 \text{ s}$$

Damit springt die Regelgröße bei Anregung mit dem Sollwertsprung zur Zeit t_0 auf den Wert

$$x(t_0) = w \cdot \frac{T_v}{T_1} = 1{,}6$$

Die Regelgröße springt direkt nach Einwirken der Störung um

$$\Delta x = \frac{K_S}{1 + K_R \cdot K_S} \cdot \Delta z = 0{,}16$$

In beiden Fällen gibt es keine bleibende Regeldifferenz (Bild Übung 27c).

Übung 28

a) Das System reagiert mit P-T_1-Verhalten. Die Zeitkonstante T gilt für Sollwert- und Störgrößenänderung:

$$T = \frac{T_S}{1 + K_R \cdot K_S} = 0{,}2 \text{ s}$$

Der Beharrungswert bei Sollwertsprung auf $w = 2$:

$$x = \frac{K_R \cdot K_S}{1 + K_R \cdot K_S} \cdot w = 1{,}6 \qquad \text{Damit wird } e_b = 0{,}4.$$

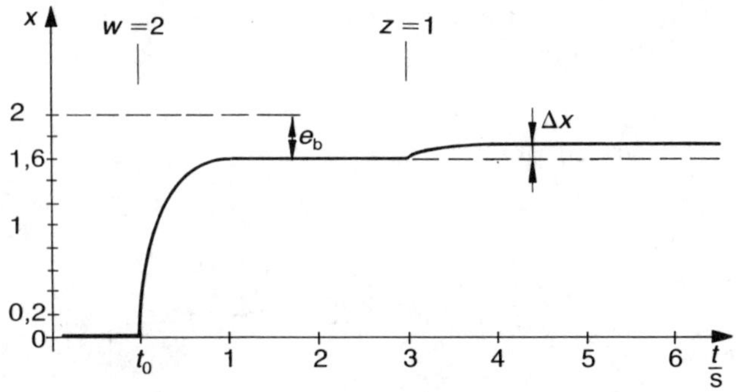

Bild Übung 28 Lösung

Änderung der Regelgröße bei Störgrößensprung auf $z = 1$:

$$\Delta x = \frac{K_S}{1 + K_R \cdot K_S} \cdot \Delta z = 0{,}16 \text{ (Bild Übung 28)}$$

b) 1. Die Dämpfung beträgt:

$$D = \frac{1}{2 \cdot \sqrt{K_I \cdot K_S \cdot T_S}} = 0{,}559 < 1 \Longrightarrow \text{gedämpfte Schwingungen!}$$

2. Die Dämpfung beträgt:

$$D = \frac{1 + K_R \cdot K_S}{2 \cdot \sqrt{K_I \cdot K_S \cdot T_S}} = 1{,}677 > 1 \Longrightarrow \text{keine Schwingungen!}$$

In beiden Fällen gibt es keine bleibende Regeldifferenz!

Übung 29

Die kritische Frequenz ergibt sich aus dem Phasengang zu

$$\omega = \frac{1}{T_2} \text{ (vgl. Abschnitt 6.4.2):}$$

$$\omega = \frac{1}{T_2} = \frac{1}{2\,\text{s}} = 0{,}5\ \text{s}^{-1}$$

Um das Bode-Diagramm zeichnen zu können, benötigt man noch den Wert

$$20 \cdot \log K_S = 20 \cdot \log 0{,}8 \approx -1{,}94.$$

Aus dem Amplitudengang kann abgelesen werden, daß bei $\omega = 0{,}5\ \text{s}^{-1}$ der Betrag F_{ges} größer ist als 1 (≙ 0 dB), damit ist das System instabil!

Stabil ist das System, wenn die folgende Bedingung erfüllt ist:

$$\frac{K_I \cdot K_S \cdot T_2^2}{T_1} < 1 \Longrightarrow K_I < \frac{T_1}{K_S \cdot T_2^2} = 0{,}875\ \text{s}^{-1} \text{ (Bild Übung 29)}$$

Bild Übung 29 Lösung

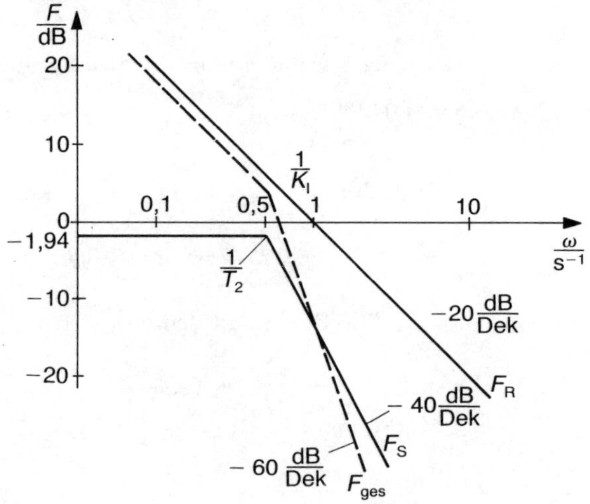

Übung 30

Einstellung nach Ziegler & Nichols mit $K_{Rkr} = 10$ und $T_{kr} = 2$ s:

P-Regler: $K_R = 0{,}5 \cdot K_{Rkr} = 5$

PI-Regler: $K_R = 0{,}45 \cdot K_{Rkr} = 4{,}5$
$T_n = 0{,}83 \cdot T_{kr} = 1{,}66$ s

PID-Regler: $K_R = 0{,}6 \cdot K_{Rkr} = 6$
$T_n = 0{,}5 \cdot T_{kr} = 1$ s
$T_v = 0{,}125 \cdot T_{kr} = 0{,}25$ s

Übung 31

Die Kurve wird durch Anlegen der Tangente im Wendepunkt ausgewertet:

$K_S = 1$; $T_u = 0{,}5$ s; $T_g = 5{,}5$ s (Bild Übung 31)

Einstellung der Reglerparameter nach CHR:

$$K_R = 1{,}2 \cdot \frac{T_g}{T_u \cdot K_S} = 13{,}2$$
$$T_n = 2 \cdot T_u = 1 \text{ s}$$
$$T_v = 0{,}42 \cdot T_u = 0{,}21 \text{ s}$$

Bild Übung 31 Lösung

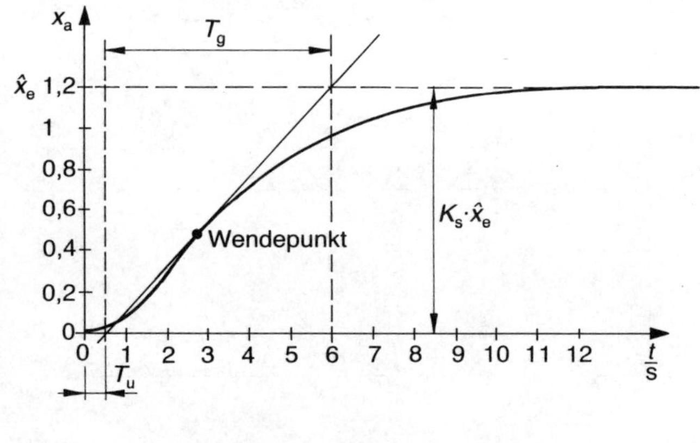

Übung 32

Die Auswertung der Sprungantwort ergibt folgende Werte:

$$x_u = 0{,}0244;\ T_u = 4{,}5\ \text{s};\ K_{IS} \cdot \hat{x}_e = 0{,}02\ \text{s}^{-1} \Longrightarrow K_{IS} = 0{,}02\ \text{s}^{-1} \Longrightarrow T_{IS} = 50\ \text{s}$$

Damit ist das Verhältnis $T_{IS}/T_u \approx 11{,}11 > 10$, demnach ist die Strecke gut regelbar.

$$\frac{x_u}{K_{IS} \cdot T_u \cdot \hat{x}_e} \approx 0{,}271 \Longrightarrow n = 2 \text{ (laut Tabelle)} \Longrightarrow T_S = T_u/2 = 2{,}25\ \text{s}$$

Gewählt wird ein PID-Regler mit den Parametern:

$$K_R = 0{,}47 \cdot \frac{1}{K_{IS} \cdot T_S} \approx 10{,}44$$
$$T_n = 6{,}2 \cdot T_S = 13{,}95\ \text{s}$$
$$T_v = 1{,}3 \cdot T_S = 2{,}925\ \text{s}$$

Übung 33

1. Berechnen der Zeitkonstanten T_1: $5 \cdot T_1 = 20\ \text{min} \Longrightarrow T_1 = 4\ \text{min}$
2. $x_{max} = 200\,°\text{C}$; da $ü_L = 100\,\% \Longrightarrow w = \frac{1}{2} \cdot x_{max} = 100\,°\text{C}$
3. $x_{sd} = 20\,°\text{C} < \begin{matrix} x_{ob} = 110\,°\text{C} \\ x_{un} = 90\,°\text{C} \end{matrix}$
4. Berechnen der Schwingungsdauer T:

$$T = 2 \cdot T_1 \cdot \frac{x_{sd}}{w} = 2 \cdot 4\ \text{min} \cdot \frac{20\,°\text{C}}{100\,°\text{C}} = 1{,}6\ \text{min}$$

Die Temperatur schwingt mit der Periodendauer 1,6 min zwischen 90 °C und 110 °C (Bild Übung 33).

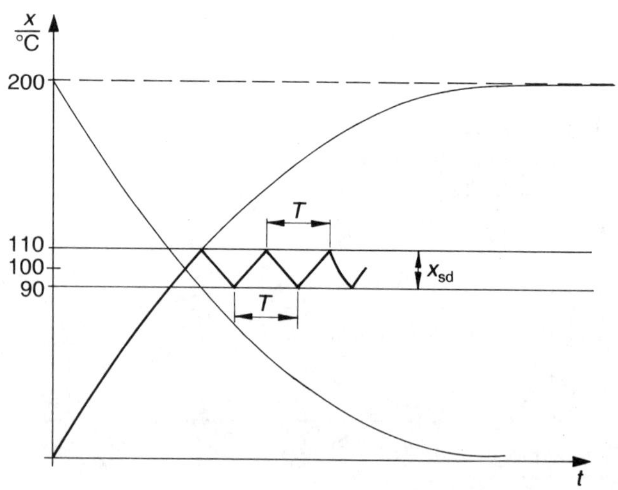

Bild Übung 33 Lösung

Übung 34

Schwankungsbreite:

$$\Delta x = x_{sd} + x_{max} \cdot \frac{T_u}{T_g} = 4\,°C + 1500\,°C \cdot \frac{0{,}5\text{ min}}{25\text{ min}}$$

$\Delta x = 34\,°C \Longrightarrow$ die Temperatur schwankt zwischen 733 °C und 767 °C.

Schwingungsdauer:

$$T = \frac{0{,}5\text{ min} + \frac{4\,°C}{1500\,°C} \cdot (25\text{ min} - 0{,}5\text{ min})}{\left(\frac{1}{2} - \frac{4\,°C}{2 \cdot 1500\,°C}\right)^2} \approx 2{,}27\text{ min}$$

Literaturverzeichnis

DIN 19221: *Formelzeichen der Regelungs- und Steuerungstechnik*. Berlin: Beuth-Verlag.

DIN 19226: *Regelungstechnik und Steuerungstechnik, Begriffe und Benennungen*. Berlin: Beuth-Verlag.

DIN 19229: *Übertragungsverhalten dynamischer Systeme, Begriffe*. Berlin: Beuth-Verlag.

FRAUNBERGER, F.: *Regelungstechnik. Grundlagen und Anwendungen*. Stuttgart: Teubner-Verlag, 1967.

GOTTLOB, Max-Peter: *Rechnen mit komplexen Zahlen in Elektrotechnik, Nachrichtentechnik, Meß- und Regeltechnik*. Würzburg: Vogel Buchverlag, 1980.

HERTLEIN, Kurt: *Regelungstechnik. Prinzipien und Programme zur Simulation regeltechnischer Vorgänge*. Würzburg: Vogel Buchverlag, 1990.

MANN, Heinz/SCHIFFELGEN, Horst: *Einführung in die Regelungstechnik*. München, Wien: Carl Hanser Verlag, 1989.

OPPELT, Winfried: *Kleines Handbuch technischer Regelvorgänge*. Weinheim: Verlag Chemie, 1972.

REUTER, Manfred: *Regelungstechnik für Ingenieure*. Braunschweig: Vieweg-Verlag, 1986.

SAMAL, Erwin: *Grundriß der praktischen Regelungstechnik*. München, Wien: R. Oldenbourg-Verlag, 1985.

SCHÖNFELD, Rolf: *Digitale Regelung elektrischer Antriebe*. Heidelberg: Dr. Alfred Hüthig-Verlag, 1988.

UNBEHAUEN, Heinz: *Regelungstechnik*. Braunschweig: Vieweg-Verlag, 1989.

Stichwortverzeichnis